面向 21 世纪课程教材

普通高等教育"十一五"国家级规划教材

Electronic Technology

电子技术

（电工学Ⅱ）（第 5 版）

天津大学电工学教研室　编

刘全忠　刘艳莉　主编

中国教育出版传媒集团

高等教育出版社·北京

内容简介

本书包括模拟电子技术和数字电子技术两大部分,含有半导体器件、基本放大电路、负反馈放大器、集成运算放大器的应用、电力电子技术、逻辑门电路和组合逻辑电路、时序逻辑电路、脉冲波形的产生和整形、模拟量与数字量的转换、存储器共十章。本书内容简明,概念清楚,例题、习题丰富,各章节均有概述、思考题和小结,书后有附录和部分习题解答。

本书以纸质教材为基础,充分利用移动互联网技术实现与网络多媒体动态教学资源的相互融合和相互补充,以直观的视、听、图、文等方式,丰富了知识的呈现形式,拓展了教材内容,读者通过扫描二维码即可在线同步学习。同时本书配套 Abook 数字资源网站,主要内容有:电子教案(PPT,可下载)、重点难点讲课视频、附录等。

本书可作为高等学校工科非电类各专业本科生、专科生的教材或参考书,也可供工程技术人员自学使用。

图书在版编目(CIP)数据

电子技术. 电工学. Ⅱ／天津大学电工学教研室编;刘全忠,刘艳莉主编. --5 版. --北京:高等教育出版社,2023.6(2025.5重印)

ISBN 978 - 7 - 04 - 059739 - 4

Ⅰ.①电… Ⅱ.①天… ②刘… ③刘… Ⅲ.①电子技术-高等学校-教材②电工技术-高等学校-教材 Ⅳ.①TN②TM

中国国家版本馆 CIP 数据核字(2023)第 011125 号

DIANZI JISHU(DIANGONGXUE Ⅱ)

策划编辑	金春英	责任编辑	孙 琳	封面设计	李树龙	版式设计	杨 树
责任绘图	黄云燕	责任校对	窦丽娜	责任印制	高 峰		

出版发行	高等教育出版社	网　　址	http://www.hep.edu.cn	
社　址	北京市西城区德外大街 4 号		http://www.hep.com.cn	
邮政编码	100120	网上订购	http://www.hepmall.com.cn	
印　刷	固安县铭成印刷有限公司		http://www.hepmall.com	
开　本	787mm×1092mm　1/16		http://www.hepmall.cn	
印　张	23.5	版　　次	1999 年 9 月第 1 版	
字　数	480 千字		2023 年 6 月第 5 版	
购书热线	010-58581118	印　　次	2025 年 5 月第 3 次印刷	
咨询电话	400-810-0598	定　　价	48.80 元	

本书如有缺页、倒页、脱页等质量问题,请到所购图书销售部门联系调换

电子技术

（电工学Ⅱ）

（第5版）

刘全忠　刘艳莉

1 计算机访问 http://abook.hep.com.cn/12164613，或手机扫描二维码、下载并安装 Abook 应用。

2 注册并登录，进入"我的课程"。

3 输入封底数字课程账号（20位密码，刮开涂层可见），或通过 Abook 应用扫描封底数字课程账号二维码，完成课程绑定。

4 单击"进入课程"按钮，开始本数字课程的学习。

Abook
① 重要通知

电子技术

（电工学Ⅱ）

（第5版）

电子技术（Ⅱ）（第5版）数字资源与纸质教材一体化设计。数字资源网站针对全书主要章节内容，制作了与之配套的电子教案（PPT）、课程知识点视频讲解、重点和难点的拓展性分析和总结归纳、补充习题详解。充分运用多种形式媒体资源，丰富了知识的呈现形式，以方便教师授课，学生自学。

用户名：　　　密码：　　　验证码：　2692 忘记密码？　登录　注册 □记住我(30天内免登录)

　　课程绑定后一年为数字课程使用有效期。受硬件限制，部分内容无法在手机端显示，请按提示通过计算机访问学习。

　　如有使用问题，请发邮件至 abook@hep.com.cn。

扫描二维码
下载 Abook 应用

http://abook.hep.com.cn/12164613

第5版前言

天津大学电工学教研室编写的《电子技术（电工学Ⅱ）》（第一版）自1999年由高等教育出版社出版发行至今已20多年,先后被评为普通高等教育"九五""十五""十一五"国家级规划教材,面向21世纪课程教材。

新版教材在保持第4版教材基本内容理论体系和知识阐述风格的基础上,按照教育部电子电气基础课程教学指导分委员会制定的电工学课程教学基本要求,充分利用移动互联网技术,实现纸质教材与网络多媒体动态教学资源的相互融合和补充,构建了新形态教材综合教学体系。

本版教材的特点:

1. 教材版面多样化

现阶段,通用的纸质教材仍以静态图文,黑白印刷为主,这在一定程度上会使读者在阅读时产生单色视觉束缚。修订后的新形态教材,在设计上注重理论概念的梳理,关联知识点的逻辑展示,通过网络多媒体技术,将与纸质教材融合的数字化内容通过彩色文字、多色图形、导引注释等多种方式,使教学内容图文并茂丰富多彩,页面清晰精致美观,便于激发读者的阅读兴趣和学习热情。

2. 教学方式多样化

新形态教材以纸质教材为基础,利用网络信息技术对于知识点进行深度挖掘和加工;以直观的视、听、图、文等方式,对纸质教材内容进行巩固、补充和拓展,既保留了传统教材的阅读体验,还能更好地融合新形态教学的互动性,丰富了教材的呈现形式。

本版教材修订的主要内容:

1. 紧密结合纸质教材内容,以知识点为基础,增加了概念拓展解析、重点难点评析、例题逐步分析、方法归纳总结等贯穿各章文本知识点。

2. 制作了语音讲解配合动态演示的视频文件,帮助读者多层面,多角度地了解器件结构和工作原理,更好地掌握和吸收教材内容。视频素材主要包括:第1章半导体的基本知识与PN结、晶体管、场效晶体管,第2章放大电路动态分析图解法、非线性失真,第4章电压比较器应用,第5章晶闸管伏安特性、单结晶体管工作原理,第7章触发器、移位寄存器、60进制计数器,第8章555定时器构成的单稳态触发器、多谐振荡器等。

3. 为了帮助读者加深对教材内容的理解,在与纸质教材第2章、第3章、第4章、第6章、第7章、第8章相关联的数字资源文档里增加了部分例题及详解。

本版纸质教材在相应章节知识点旁加入了二维码,读者通过扫描可以在线观看上述数字资源内容;配套数字资源网站针对全书主要章节内容,制作了相应的电子教案（PPT）、知识点解析及方法总结归纳、器件结构和工作原理视频讲解,补充拓展习题评析,充分运用多种形式媒体资源,在提升课程教学效果同时,也适应读者在自主学习模式下的学习需求。

　　参加本书修订工作的是刘全忠和刘艳莉,由于本版是在第 4 版的基础上修订完成的,参加前 4 版编写和修订的老师都为本版的基础工作作出了贡献,他们的姓名详见前 4 版前言,此处不再重复。

　　本教材由重庆大学侯世英教授主审,侯世英教授在百忙中对书稿进行了仔细的审阅,提出宝贵的修改意见,编者对侯世英教授表示衷心的感谢,并对提出的意见进行了认真修改。

　　在教材编写过程中参阅和引用了诸多学者和专家的著作及文献,在此向这些作者一并表示诚挚的谢意,同时,也向一贯支持和关心本书出版发行的编辑们表示感谢。

　　由于编者水平和能力有限,修改后的第 5 版教材还会有错误和疏漏之处,敬请各位专家、读者不吝批评指正。

　　作者电子邮件地址:liuyanli@tju.edu.cn

编　者

2023 年 4 月

第4版前言

《电子技术（电工学Ⅱ）》（第1版）是教育部面向21世纪课程教材和教育部电工电子学科"九五"规划教材，于1999年由高等教育出版社出版。第2版是普通高等教育"十五"国家级规划教材，于2004年由高等教育出版社出版。第3版被列入普通高等教育"十一五"国家级规划教材，于2008年由高等教育出版社出版。新版教材在基本保持第三版教材内容、理论体系和风格的基础上，按照教育部电子电气基础课程教学指导分委员会修订的电工学课程教学基本要求，依据以下原则对教材进行修订：

1. 在牢固掌握基础理论的前提下，力求处理好教材内容变化和基础内容相对稳定的关系，突出先进性和注重实用性。

2. 从精简教材内容、加强实用角度出发，注重理论体系的完整，同时兼顾应用实践的拓展。

3. 适当加入一些反映现代电子技术的新成果、新产品，使其更符合电子技术迅速发展的要求。

本版修订的主要内容有：

1. 在第1章中增加了光敏电阻和光伏电池的内容。

2. 删减了第5章中的电力晶体管、电力MOS场效晶体管部分内容，增加了电力二极管、门极可关断晶闸管（GTO）、集成门极换流晶闸管（IGCT）内容。

3. 在第6章中简单介绍了复杂可编程逻辑器件（CPLD）和现场可编程逻辑门阵列（FPGA），增加了多路选择器扩展内容。

4. 调整第10章内容介绍的顺序，删减光盘存储器、移动存储器部分内容。

5. 为了帮助学生加深对课程的理解，增加了较多的思考题和部分习题。

与本教材配套的还有高等教育出版社出版的《电子技术（电工学Ⅱ）（第4版）学习辅导与习题解答》、电子技术（电工学Ⅱ）（第4版）多媒体教学课件，仅供使用本教材时参考。

本教材由刘全忠、刘艳莉任主编，参加修订工作的有贾贵玺（第1、5章）、刘艳莉（第2章）、史婷娜（第3、4章）、薛俊韬（第6、8章）、刘全忠（第7、9、10章），由刘全忠、刘艳莉负责全书的组织和定稿。

本教材由清华大学王鸿明教授主审，王鸿明教授在百忙中对书稿进行了仔细的审阅，提出许多宝贵的修改意见。编者对王鸿明教授表示衷心的感谢，并对提出的意见进行了认真修改。

在教材编写过程中参阅和引用了诸多学者和专家的著作，在此向他们表示感谢，同时，也向一贯支持和关心本教材出版发行的编辑们表示感谢。

由于编者水平和能力有限，修改后的第4版教材还会有错误和疏漏之处，敬请各位专家、读者不吝批评、指正。

（作者电子邮件地址：liuyanli@tju.edu.cn）

编 者
2013年9月

第3版前言

电子技术(电工学Ⅱ)第 1 版是面向 21 世纪课程教材和教育部电工电子学科"九五"规划教材,于 1999 年由高等教育出版社出版。其第 2 版是普通高等教育"十五"国家级规划教材,于 2004 年由高等教育出版社出版。根据高等教育的发展和人才培养的需要,在教育部电工学课程指导小组和高等教育出版社的大力支持下,编者对前两版教材作了进一步修改,并列入普通高等教育"十一五"国家级规划教材。

参加本教材第一版编写的几位教师目前已退休,他们渊博的学识、宝贵的教学经验和高尚的师德,对本教材的编写和修改作出过巨大的贡献。为了在教材中及时反映教改要求和教与学的情况,上述退休教师不再参与本次修改工作,而聘请了几位在职的中、青年教师,他们不但具有扎实的理论基础和较高的科研能力,而且工作在教学第一线,亲身体验和了解教材的使用情况,这对教材的修改和完善是十分重要的。

本教材以教育部颁发的《高等学校工科本科电子技术(电工学Ⅱ)课程教学基本要求》及其修改稿精神为依据进行修改的。这次修改的主要工作有:

1. 保持第 1 版、第 2 版原有的特点,即重点保证"三基",足够大的信息量,突出电子技术的应用知识和技能,便于教与学等。

2. 从精简教学内容的角度出发,有些内容作了适当的精简,如第 2 章的放大器图解分析法,第 4 章的振荡器原理,第 10 章的存储器等。

3. 从加强实用角度出发,有些内容作了适当的增加,如第 2 章的差分放大器、功率放大器等。

4. 为使教材更加严谨、规范,对全书的符号、下标、图形进行了仔细的核对,作到标准、统一。

本教材由刘全忠、刘艳莉任主编,参加修改工作的有贾贵玺(第 1、5 章)、刘艳莉(第 2 章)、史婷娜(第 3、4 章)、薛俊韬(第 6、8 章)、刘全忠(第 7、9、10 章),由刘全忠、刘艳莉定稿。

本教材由清华大学王鸿明教授主审,王鸿明教授在百忙中对书稿进行了仔细的审阅,提出许多宝贵的修改意见。编者对王鸿明教授表示衷心的感谢,并对提出的意见进行了认真的修改。本教材从编写、试用、正式发行,多次修改、三次再版,至今已有十多年了,在这期间,不断听取有关专家和全国众多院校师生的意见和建议,结合编者的教学实践,使本教材在体系结构、内容组织、文字叙述、图形表达等各方面都日臻完善、成熟。当然,由于编者水平和能力有限,修改后的第三版教材还会有不足或错误之处,敬请专家、读者批评、指正。

编 者

2008 年 3 月于天津大学

第2版前言

电子技术（电工学Ⅱ）（第1版）是面向21世纪课程教材和教育部电工电子学科"九五"规划教材，于1999年由高等教育出版社出版。近几年来，我国的科学技术水平迅速提高，高等教育蓬勃发展，对高等教育的教材提出新的要求，在教育部电工学课程指导小组和高等教育出版社的大力支持下，作者对第一版教材进行了修改，并列入普通高等教育"十五"国家级规划教材。

本教材以教育部1995年颁发的《高等学校工科本科电子技术（电工学Ⅱ）课程教学基本要求》和《电子技术（电工学Ⅱ）课程教学基本要求》2003年修改稿精神为依据进行修改的，在保持第一版原有特点（重点保证"三基"，足够大的信息量，突出电子技术的应用知识和技能，便于教与学等）的基础上，重点进行了如下修改：

1. 及时反映现代电子技术的新成果、新技术。在"电力电子技术"一章中，增加了输出电压可调的集成稳压器，加强了"逆变电路"部分。在"存储器"一章中，加强了"光盘存储器"的内容，增加了"移动存储器"一节等内容。

2. 适应多媒体教学需要，适当增加信息量，扩大知识面。增加了交流放大电路、多级放大器和负反馈放大器的内容，强调了放大电路的图解分析方法等。

3. 随着科技的发展，对教材中的某些内容进行了适当的精简，如组合逻辑函数化简、可编程逻辑器件等，并将"可编程逻辑器件"一节从第7章移入第6章。

4. 重新修改和补充了各章、节的概述、思考题和小结。

5. 为适用高等教育各层次的教学要求，加大了各章的习题量，增加了选择题。

在这次修改时，某些章节（如基本放大电路、负反馈放大器、振荡器等）作了较大的变动，主要的出发点是加强概念，扩大知识面，有利于多媒体教学。在教学中，根据具体情况可酌情增减教材内容。

本教材由刘全忠任主编，刘文豪、贾贵玺任副主编。参加修改工作的有贾贵玺、刘文豪、刘曼华、刘全忠、徐芳兰，由刘全忠、刘文豪定稿。

本教材（第2版）由北京工商大学孙骆生教授主审，孙骆生教授对书稿进行了仔细的审阅，提出许多宝贵的修改意见。在此，作者对孙骆生教授表示衷心地感谢，并对提出的意见进行了认真的修改。但由于作者水平和能力有限，修改后的第二版教材一定会有不足或错误之处，敬请读者批评指正。

作　者
2003年10月于天津大学

第1版前言

本教材是天津大学电工学教研室在近几年开展的高等教育面向 21 世纪教学内容和课程体系改革研究的基础上,以教育部(原国家教委)1995 年颁发的《高等学校工科本科电子技术(电工学 II)课程教学基本要求》为依据编写的,参考学时为 55~70 学时。

本教材的内容除覆盖全部教学基本要求外,还充分考虑培养面向 21 世纪人才所必须具备的基础扎实、知识面宽、能力强和素质高的特点。为此,我们注意下列几点:

1. 重点保证"三基"即基本理论、基本知识和基本技能方面的内容,从分立元件入手,建立概念,而重点放在集成电路。加强分析方法(如模拟电路的动态分析、反馈分析、数字电路逻辑功能的分析等)和集成电路芯片的使用(如集成运放、各种组合逻辑部件和时序逻辑部件等),注重"三基"的培养和训练。

2. 尽可能反映现代电子技术的新成果、新技术,本教材增加"电力电子技术"一章,系统介绍整流(AC - DC 转换)、稳压(DC - DC 转换)和逆变(DC - AC 转换)电路。在"时序逻辑电路"一章增加了可编程逻辑器件(PLD)。在"存储器"一章中增加了磁盘存储器和光盘存储器等内容,使教材的内容尽可能跟上时代发展的步伐。

3. 突出电子技术的应用知识,主要体现在三个方面:(1) 从应用角度出发,重点介绍各种常用集成电路芯片的功能和使用方法;(2) 与计算机应用相适应,加强接口电路的内容,如电压比较器,数模、模数转换器等;(3) 联系实际,加强综合训练,引入必要的应用实例,如混合冗余系统、转速测量、计时显示、波形发生器以及温度控制和多点数据采集系统等。

4. 便于教与学,主要体现在三个方面:(1) 配有多种类型的例题、思考题和习题,例题一般是用来巩固基本知识和联系实际,扩展基本内容,多数不必讲述,学生可自学理解。思考题是供学生学完本节内容后复习和加深理解而用。各章的习题大致可分为三种类型:一是在"基本要求"范围内的习题,用于加强概念,理解、掌握"基本要求"的内容;二是较难题,用于加深理解,起到举一反三之功用;三是接近实际的应用题,用于开拓学生视野,掌握实际应用知识。为便于教与学,大部分习题都配有答案。(2) 每章配有概述和小结,便于学生加强理解和熟练掌握本章的主要内容和重要概念。(3) 全书最后编有附录、汉英名词对照及部分习题答案,便于读者查阅。

由于有上述特点,本教材具有足够大的信息量,我们希望能为教师提供丰富的教学内容和各类不同学时对内容取舍的选择余地,也有利于开拓学生眼界和思路,便于学生自学。

本教材与姚海彬教授主编的《电工技术(电工学 I)》均由天津大学电工学教研室编写,作为电工学的一套教材,在章节安排和内容取舍上都作了仔细的协调。本教材由刘全忠主编,刘文豪副主编,参加编写的有贾贵玺(1、5 章),刘文豪(2、3、4 章),刘曼华(6、8 章),刘全忠(7、9、10 章),徐芳兰(附录),刘全忠对全书作了仔细的修改,并最后定稿。

本教材由清华大学电机系王鸿明教授、北京理工大学刘蕴陶教授主审,两位教授对书稿进行了详细的审阅,并提出许多宝贵的意见和修改的建议。在此,谨向他们致以衷心的感谢,我们根据提出的意见和建议进行了认真的修改。高等教育出版社电工电子室的同志们对本书的编写给予了极大的支持和关心,在此对他们表示衷心的感谢。本教材在编写过程中,参考了许多现有的电工学教材,我们对这些教材的所有作者表示衷心的谢意。

本教材在编写和试用过程中,得到天津大学电工学教研室全体教师的关心和帮助,全体教师认真试用,提出许多中肯的修改建议,在此向教研室全体教师表示衷心的感谢。

由于我们水平和认识上的局限,书中必定存在不少问题或错误,我们期盼使用本书的教师和读者提出宝贵意见,指正不当或错误之处,为提高电工学教材的质量共同努力。

编　者

1999 年 6 月于天津大学

目录

主要符号 ……………………………… 1

第1章　半导体器件 ………………… 1

§1.1　半导体的基本知识与 PN 结 … 1

1.1.1　半导体材料的导电性能 ……… 1

1.1.2　PN 结及其单向导电性 ……… 3

§1.2　二极管 …………………………… 4

1.2.1　基本结构 ……………………… 4

1.2.2　伏安特性 ……………………… 4

1.2.3　主要参数 ……………………… 5

1.2.4　二极管的应用 ………………… 6

§1.3　稳压二极管 ……………………… 8

§1.4　双极结型晶体管 ……………… 12

1.4.1　基本结构 …………………… 12

1.4.2　电流分配和电流放大作用 …… 12

1.4.3　特性曲线 …………………… 13

1.4.4　主要参数 …………………… 15

1.4.5　复合晶体管 ………………… 17

§1.5　场效晶体管 …………………… 18

1.5.1　绝缘栅型场效晶体管的结构 …… 18

1.5.2　工作原理和特性曲线 ……… 20

1.5.3　主要参数 …………………… 23

§1.6　光电器件 ……………………… 24

1.6.1　显示器件 …………………… 24

1.6.2　光电器件 …………………… 24

1.6.3　光电耦合器 ………………… 25

1.6.4　光(太阳能)电池 …………… 26

本章小结 ……………………………… 26

习题 …………………………………… 27

第2章　基本放大电路 …………… 34

§2.1　放大器概述 …………………… 34

§2.2　单管放大电路的静态分析 …… 37

2.2.1　单管放大电路的构成 ……… 37

2.2.2　放大电路的静态分析 ……… 38

§2.3　单管放大电路的动态分析 …… 39

2.3.1　小信号模型分析法 ………… 40

2.3.2　图解法 ……………………… 44

2.3.3　放大电路非线性失真和输出动态
　　　 范围 ……………………… 46

§2.4　工作点稳定的放大电路 ……… 48

2.4.1　电路结构特点 ……………… 48

2.4.2　静态工作点稳定原理 ……… 48

§2.5　射极跟随器 …………………… 51

2.5.1　静态分析 …………………… 51

2.5.2　动态分析 …………………… 51

§2.6　场效晶体管放大电路 ………… 53

2.6.1　静态分析 …………………… 54

2.6.2　动态分析 …………………… 54

§2.7　多级放大电路 ………………… 56

2.7.1　多级放大电路的耦合方式 … 57

2.7.2　阻容耦合多级放大电路的分析 … 57

2.7.3　阻容耦合放大电路的频率特性和
　　　 频率失真 ………………… 59

§2.8　差分放大器 …………………… 60

2.8.1　直接耦合放大器的零点漂移 … 60

2.8.2　差分放大器的工作原理 …… 61

2.8.3　典型差分放大电路 ………… 62

2.8.4　差分放大电路的输入和输出
　　　 方式 ……………………… 65

§2.9　功率放大器 …………………… 67

2.9.1　功率放大器的特点 ………… 67

2.9.2　功率放大器的类型 ………… 67

2.9.3　无输出变压器功率放大电路 … 68

I

2.9.4　功率放大器的输出功率和效率 ··· 70

§2.10　集成运算放大器 ············· 71

  2.10.1　集成运算放大器 ············ 71

  2.10.2　集成运算放大器的特性 ······· 72

  2.10.3　集成运放的主要参数 ········· 73

本章小结 ····················· 74

习题 ······················· 75

第3章　负反馈放大器 ············ 85

§3.1　反馈的基本概念 ············· 85

  3.1.1　反馈 ···················· 85

  3.1.2　正反馈和负反馈 ············ 86

  3.1.3　反馈的方式 ··············· 89

  3.1.4　反馈放大器的转移特性 ······· 91

§3.2　负反馈对放大器性能的
　　　影响 ·················· 93

  3.2.1　稳定增益 ················ 93

  3.2.2　减小非线性失真 ············ 95

  3.2.3　展宽频带,减小频率失真 ······ 95

  3.2.4　对输入和输出电阻的影响 ····· 95

本章小结 ····················· 96

习题 ······················· 96

第4章　集成运算放大器的应用 ····· 101

§4.1　模拟运算电路 ·············· 101

  4.1.1　比例运算 ··············· 101

  4.1.2　加法和减法运算 ············ 103

  4.1.3　积分和微分运算 ············ 105

  4.1.4　比例-积分(PI)放大器 ········· 107

  4.1.5　比例-积分-微分(PID)
　　　　放大器 ·············· 107

§4.2　测量放大器 ··············· 108

§4.3　信号处理电路 ·············· 110

  4.3.1　有源滤波器 ·············· 110

  4.3.2　电压比较器 ·············· 113

  4.3.3　采样-保持电路 ············ 115

§4.4　正弦波振荡器 ·············· 117

  4.4.1　反馈放大器自激振荡的条件 ····· 117

  4.4.2　正弦波振荡器的构成 ········· 118

本章小结 ····················· 120

习题 ······················· 120

第5章　电力电子技术 ············ 134

§5.1　电力电子器件 ·············· 134

  5.1.1　电力二极管 ·············· 135

  5.1.2　晶闸管(SCR) ············· 135

  5.1.3　门极可关断晶闸管(GTO) ······ 138

  5.1.4　电力晶体管(GTR) ·········· 138

  5.1.5　电力 MOS 场效晶体管
　　　　(PR-MOSFET) ·········· 139

  5.1.6　绝缘栅双极晶体管(IGBT) ····· 139

  5.1.7　MOS 控制晶闸管(MCT) ······ 140

  5.1.8　集成门极换流晶闸管(IGCT) ··· 141

§5.2　整流电路(AC-DC) ·········· 142

  5.2.1　不可控整流电路 ············ 142

  5.2.2　滤波电路 ················ 145

  5.2.3　单相桥式可控整流电路 ······· 148

§5.3　直流稳压电路(DC-DC) ······ 153

  5.3.1　线性稳压电源 ············· 153

  5.3.2　开关稳压电源 ············· 157

§5.4　逆变电路(DC-AC) ········· 161

  5.4.1　单脉冲宽度调制 ············ 162

  5.4.2　多脉冲宽度调制 ············ 163

  5.4.3　正弦脉冲宽度调制(SPWM) ···· 164

本章小结 ····················· 165

习题 ······················· 167

第6章　逻辑门电路和组合逻辑电路 175

§6.1　基本逻辑关系和逻辑门
　　　电路 ·················· 175

  6.1.1　与逻辑和与门电路 ·········· 176

  6.1.2　或逻辑和或门电路 ·········· 177

  6.1.3　非逻辑和非门电路 ·········· 178

  6.1.4　复合门电路 ·············· 178

§6.2　集成门电路 ··············· 180

  6.2.1　TTL 与非门电路 ··········· 180

  6.2.2　集电极开路的与非门(OC 门) ··· 182

  6.2.3　TTL 三态输出门电路 ········ 183

  6.2.4　单极型(MOS 型)集成逻辑门
　　　　电路 ················ 185

§6.3　逻辑函数的表示和化简 …… 187
　　6.3.1　逻辑代数基本运算规则和
　　　　　定律 …………………… 187
　　6.3.2　逻辑函数的表示 ……… 189
　　6.3.3　逻辑函数的化简 ……… 191
§6.4　组合逻辑电路的分析和
　　　设计 …………………………… 194
　　6.4.1　组合逻辑电路的分析 … 195
　　6.4.2　组合逻辑电路的设计 … 197
§6.5　组合逻辑部件 …………… 199
　　6.5.1　加法器 ………………… 199
　　6.5.2　编码器 ………………… 202
　　6.5.3　译码器 ………………… 205
　　6.5.4　多路选择器和多路分配器 … 211
　　6.5.5　数字比较器 …………… 216
§6.6　可编程逻辑器件 ………… 217
　　6.6.1　简单可编程逻辑器件
　　　　　（SPLD）………………… 217
　　6.6.2　高密度可编程逻辑器件
　　　　　（HDPLD）……………… 221
本章小结 ………………………… 223
习题 ……………………………… 225

第7章　时序逻辑电路 ………… 241
§7.1　双稳态触发器 …………… 241
　　7.1.1　基本 R-S 触发器 …… 241
　　7.1.2　可控 R-S 触发器 …… 243
　　7.1.3　J-K 触发器 ………… 245
　　7.1.4　其他类型的触发器 …… 248
　　7.1.5　触发器应用举例 ……… 251
§7.2　寄存器 …………………… 253
　　7.2.1　数码寄存器 …………… 254
　　7.2.2　移位寄存器 …………… 255
　　7.2.3　集成电路寄存器 ……… 257
　　7.2.4　寄存器应用举例 ……… 260
§7.3　计数器 …………………… 262
　　7.3.1　二进制计数器 ………… 263
　　7.3.2　十进制计数器 ………… 265
　　7.3.3　任意进制计数器 ……… 267

　　7.3.4　集成电路计数器 ……… 271
　　7.3.5　计数器应用举例 ……… 277
本章小结 ………………………… 280
习题 ……………………………… 281

第8章　脉冲波形的产生和整形 … 291
§8.1　无稳态触发器（多谐振荡器）… 291
　　8.1.1　基本的环形振荡器 …… 291
　　8.1.2　RC 环形振荡器 ……… 292
　　8.1.3　RC 耦合式振荡器 …… 292
§8.2　单稳态触发器 …………… 294
　　8.2.1　单稳态触发器的工作原理 … 294
　　8.2.2　集成单稳态触发器 …… 295
　　8.2.3　单稳态触发器应用举例 … 296
§8.3　集成定时器 555 的原理和
　　　应用 …………………………… 297
　　8.3.1　集成定时器 555 ……… 297
　　8.3.2　由集成定时器 555 组成的无稳态
　　　　　触发器 ………………… 299
　　8.3.3　集成定时器 555 组成的单稳态
　　　　　触发器 ………………… 301
　　8.3.4　集成定时器 555 组成的双稳态
　　　　　触发器 ………………… 303
　　8.3.5　集成定时器 555 应用举例 … 304
本章小结 ………………………… 306
习题 ……………………………… 306

第9章　模拟量与数字量的转换 … 312
§9.1　数模转换器 ……………… 312
　　9.1.1　数模转换器（DAC）…… 312
　　9.1.2　主要参数 ……………… 314
　　9.1.3　集成电路 DAC ………… 314
§9.2　模数转换器 ……………… 317
　　9.2.1　逐次逼近模数转换原理 … 317
　　9.2.2　主要参数 ……………… 318
　　9.2.3　集成电路 ADC ………… 318
§9.3　数据采集系统 …………… 320
　　9.3.1　传感器 ………………… 321
　　9.3.2　数据采集系统举例 …… 322
本章小结 ………………………… 325

习题 ……………………………… 325

第 10 章　存储器 …………………… 328

　§ 10.1　磁盘存储器 ……………… 328

　　10.1.1　磁记录原理 …………… 328

　　10.1.2　硬磁盘存储器 ………… 329

　　10.1.3　移动硬盘 ……………… 329

　　10.1.4　技术指标 ……………… 330

　§ 10.2　光盘存储器 ……………… 330

　§ 10.3　半导体存储器 …………… 332

　　10.3.1　可读写存储器(RAM) … 332

　　10.3.2　只读存储器(ROM) …… 332

本章小结 ………………………… 334

附录 ……………………………… 335

　附录 1　半导体器件型号命名方法 … 335

　附录 2　国产半导体集成电路型号
　　　　　命名方法 ………………… 337

　附录 3　国标、部标和国外逻辑门
　　　　　符号对照表 ……………… 341

　附录 4　触发器新、旧符号
　　　　　对照表 ………………… 342

部分习题答案 ………………………… 343

参考文献 ……………………………… 355

主要符号

A_c　共模电压放大倍数

A_d　差模电压放大倍数

A_u　电压放大倍数

A_f　有反馈的闭环放大倍数

A_{uf}　有反馈时的电压放大倍数

A_{um}　通频带增益

A_{us}　考虑信号源内阻时的电压放大倍数（源电压放大倍数）

BW　通频带宽

C　电容

C_E　射极旁路电容

C_S　源极旁路电容

F　反馈系数

f　频率

f_c　截止频率

g_m　跨导

I　电流的通用符号,恒定电流,交流电流有效值

$\dot{I}$　正弦交流电流的相量符号

I_B　基极直流电流

ΔI_B　基极直流变化量

I_{BS}　临界饱和基极电流

I_C　集电极直流电流

I_{CEO}　集电极-发射极的穿透电流

I_{CBO}　集电极-基极间反向饱和电流

I_{CM}　集电极最大允许电流

I_{CS}　临界饱和集电极电流

ΔI_C　集电极直流变化量

I_D　漏极直流电流,二极管直流电流

I_E　发射极直流电流

I_G　栅极直流电流

I_O　整流电流平均值

i_B　基极瞬时总电流

i_b　基极交流电流

i_C　集电极瞬时总电流

i_D　漏极瞬时总电流,二极管瞬时电流

i_d　漏极交流电流

i_F　反馈电流

K_{CMR}　共模抑制比

P　功率,平均功率

P_{CM}　集电极最大允许耗散功率

P_{DM}　漏极最大耗散功率

P_Z　额定功率

R　电阻

R_B　基极电阻

R_C　集电极电阻

R_D　漏极电阻

R_E　发射极电阻

R_F　反馈电阻

R_G　栅极电阻

R_L　负载电阻

R_P　可调电阻

R_S　源极电阻,信号源内阻

R_t　热电阻

r　转移电阻,动态电阻

r_{be}　共发射极接法下晶体管动态输入电阻

r_i　输入电阻

r_o　输出电阻

r_Z　稳压管动态电阻

S　反馈深度

T　周期

t　时间,温度

t_{pd}　平均传输延迟时间

t_{re}　二极管反向恢复时间

t_w　脉冲宽度

U　电压通用符号,恒定电压、交流电压有效值

$\dot{U}$　交流电压的复数符号

U_{BE} 基极-发射极直流电压

U_{CE} 集电极-发射极直流电压

U_D 二极管的正向导通电压

U_{DS} 漏极-源极电压

U_{DRM} 二极管的最大反向电压

U_{GS} 栅极-源极电压

$U_{GS(off)}$ 夹断电压

$U_{GS(th)}$ 开启电压

U_O 整流电压平均值

U_{OH} TTL 门输出高电平电压

U_{OL} TTL 门输出低电平电压

U_{ON} 开门电平

U_{OFF} 关门电平

U_{OPP} 交流放大器输出电压峰-峰值

U_R 基准电压

U_S 直流电压源电压,交流电压源电压有效值

U_T 阈值电压

U_Z 稳压管稳定电压

u 电压通用符号,交流电压瞬时值

u_{BE} 基极-发射极瞬时总电压

u_{be} 基极-发射极瞬时电压交流分量

u_{CE} 集电极-发射极瞬时总电压

u_{ce} 集电极-发射极瞬时电压交流分量

u_F 反馈电压

u_{ic} 共模输入电压

u_{id} 差模输入电压

u_i 输入电压瞬时值

u_o 输出电压瞬时值

u_s 交流电压源电压瞬时值

V 电位

V_{CC} 集电极回路电源对地电位

V_{DD} 漏极回路电源对地电位

V_+ 运放同相输入端电位

V_- 运放反相输入端电位

β 电流放大系数

δ 占空比

ω 角频率

ω_c 截止角频率

ω_H 上限角频率

ω_L 下限角频率

电压、电流大、小写说明

字母、下标均大写,如 I_B、U_{BE}——纯直流电流、直流电压

字母、下标均小写,如 i_i、u_o——纯交流电流、交流电压

字母小写、下标大写,如 i_I、u_I——总电流、电压(既有直流,又有交流)

字母大写、下标小写,如 I_i、U_i——交流电流、电压有效值

字母大写、下标小写,带·,如 $\dot{I}_i$、$\dot{U}_i$——交流电流、电压的相量形式

第1章　半导体器件

半导体器件是用半导体材料制成的电子器件,常用的有二极管、双极结型晶体管、场效晶体管等,半导体器件是构成各种电子电路最基本的元器件。随着电子技术的飞速发展,各种新型半导体器件层出不穷。学习电子技术首先要了解和掌握各种半导体器件的结构、工作原理、特性和参数,为以后学习各种电子电路奠定基础。

§1.1　半导体的基本知识与 PN 结

1.1.1　半导体材料的导电性能

半导体的导电能力介于导体和绝缘体之间,主要有硅、锗、硒、砷化镓和一些氧化物、硫化物等。

常用的半导体材料是硅和锗,它们都是四价元素,即每个原子有四个价电子。纯净的半导体称为本征半导体,具有晶体结构,所以半导体又称为晶体。在这种晶体结构中,每个原子与相邻的四个原子之间构成所谓共价键结构,如图 1.1.1 所示,其特征是每个价电子属于相邻两个原子所共有,在热力学温度为零摄氏度的情况下,价电子被共价键束缚得很紧,故没有导电能力。当温度升高时,由于热激发,一些电子获得一定能量后会挣脱束缚成为自由电子,使半导体材料具有了一定的导电能力。同时,在这些自由电子原有的位置上会留下相对应的空位置,称为空穴,空穴因失掉一个电子而带正电,如图 1.1.2 所示。由于正、负电的相互吸引,空穴附近的电子会填补这个空位置,于是又会产生新的空穴,又会有相邻的电子来递补……如此进行下去就形成所谓空穴运动。由热激发产生的自由电子和空穴是成对出现的。

自由电子和空穴都是运载电荷的粒子,称为载流子。

半导体材料在外加电压作用下出现的电流是由自由电子和空穴两种载流子运动形成的。这是半导体导电与金属导体导电在机理上的本质区别。

半导体材料的导电能力在不同的条件下差异很大,主要体现在以下几个方面。

1. 热敏性

环境温度对半导体的导电能力影响很大。对纯净半导体来说,温度越高,产生的自由电子和空穴对就越多,导电能力就越强。基于半导体材料的这种热敏特性,可制成各种温度敏感元件,如热敏电阻等。

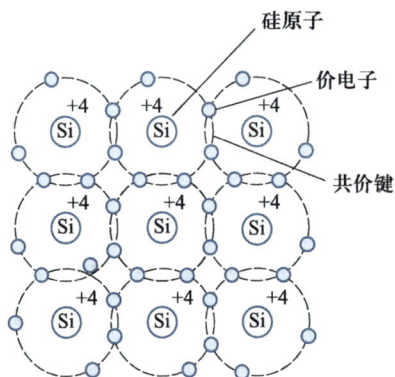

图 1.1.1

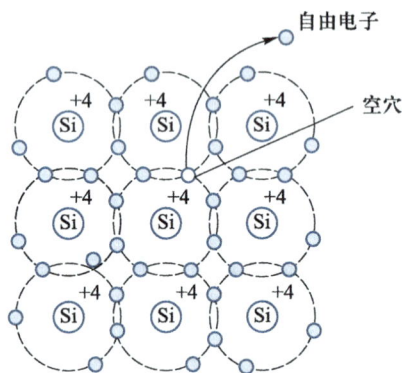

图 1.1.2

2. 光敏性

一些半导体材料受到光照时，载流子数量会剧增，导电能力随之增强，这就是半导体的光敏特性。利用这种特性可以制成各种光电器件，如光敏电阻、光电二极管、光电晶体管、光控晶闸管和光电池等。

3. 掺入微量杂质对半导体导电性能的影响

纯净半导体中的自由电子和空穴总是成对出现的，在常温下其数量有限，导电能力并不很强，如果在纯净半导体中掺入某些微量杂质，其导电能力将大大增加。

如在纯净半导体硅或锗中掺入硼、铝等三价元素，由于这类元素的原子最外层只有三个价电子，故在构成的共价键结构中缺少价电子而形成大量空穴，如图 1.1.3 所示。这类掺杂后的半导体其导电作用主要靠空穴运动，称为空穴半导体或 P 型半导体，其中空穴为多数载流子，而热激发形成的自由电子是少数载流子。

如在纯净半导体硅或锗中掺入磷、砷等五价元素，由于这类元素的原子最外层有五个价电子，故在构成的共价键结构中由于存在多余的价电子而产生大量自由电子，如图 1.1.4 所示。这种半导体主要靠自由电子导电，称为电子半导体或 N 型半导体，其中自由电子为多数载流子，热激发形成的空穴为少数载流子。

应该指出，无论是 P 型半导体还是 N 型半导体都是中性的，对外不显电性。

一些半导体材料还具有如压敏、磁敏、气敏等特性，利用半导体的各种特性可以制造出种类繁多的半导体器件，这些半导体器件被广泛应用在各种信号的检测、转换和自动控制系统中。

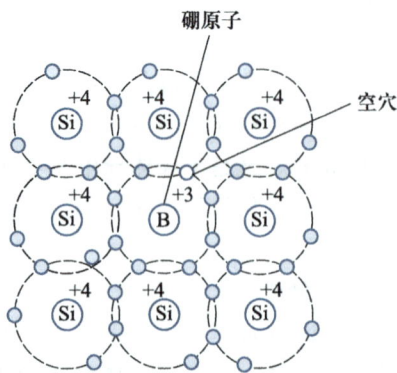

图 1.1.3

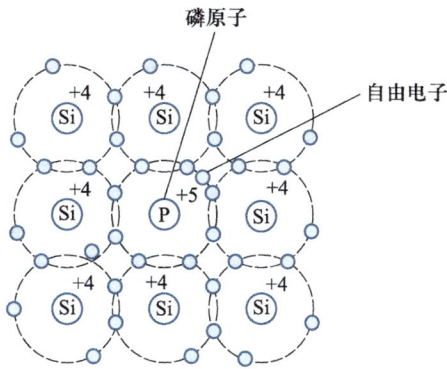

图 1.1.4

1.1.2 PN 结及其单向导电性

采用适当工艺把 P 型半导体和 N 型半导体做在同一基片上,使得 P 型半导体与 N 型半导体之间形成一个交界面。由于两种半导体中载流子种类和浓度的差异,P 区的空穴越过交界面向 N 区移动,同时 N 区的自由电子越过交界面向 P 区移动,这种移动称为扩散运动。在交界面处多数载流子离去,而留下带正、负电的离子形成一个空间电荷区,这就是 PN 结。空间电荷区在 N 区一侧是正电荷区,在 P 区一侧是负电荷区,因此在 PN 结内存在一个内电场,其方向是从带正电的 N 区指向带负电的 P 区,如图 1.1.5 所示。内电场对多数载流子的进一步扩散起阻挡作用,但却有助于 N 区、P 区的少数载流子运动。少数载流子在电场的作用下所产生的定向运动称为漂移运动。在一定的条件下,漂移和扩散运动达到动态平衡,PN 结处于相对稳定的状态。

视频:§ 1.1.2 PN 结及其单向导电性

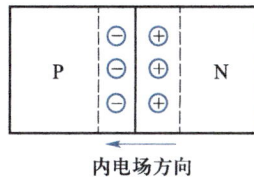

图 1.1.5

如果给 PN 结施加正向电压,如图 1.1.6(a)所示,外电场与内电场的方向相反,外电场将削弱内电场,PN 结变薄,多数载流子的扩散运动增加,形成较大的正向电流 I_F。外加电场越强,正向电流就越大,这意味着 PN 结的正向电阻变得很小。

如果给 PN 结施加反向电压,如图 1.1.6(b)所示,则外电场与内电场的方向一致,使内电场的作用增强,PN 结变厚,多数载流子的扩散运动难以进行。但内电场的增强有助于少数载流子的漂移运动,形成反向电流 I_R。由于常温下少数载流子数量很少,因此一般情况下反向电流很小,即 PN 结的反向电阻很大。

综上所述,PN 结具有单向导电性,即在 PN 结加正向电压时,正向电阻很小,PN 结导通,可以形成较大正向电流;而在 PN 结加反向电压时,反向电阻很大,PN 结截止,反向电流基本为零。二极管、晶体管等半导体器件的工作特性都是以 PN 结的单向导电性为基础的。

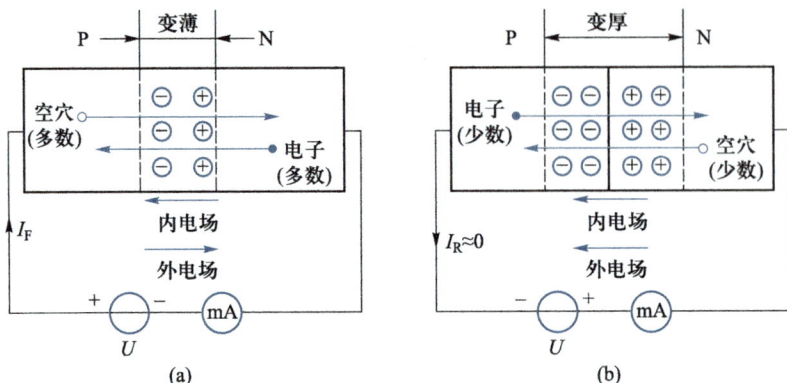

图 1.1.6

思考题

1. 什么是本征半导体、P 型半导体和 N 型半导体？
2. 电子导电和空穴导电有什么区别？空穴电流是不是由自由电子替补空穴形成的？
3. 什么是扩散运动？
4. 什么是漂移运动？
5. 什么是 PN 结？其主要特性是什么？
6. PN 结的内电场是如何产生的？它对扩散运动和漂移运动起什么作用？
7. 当 PN 结外加正向电压时,扩散电流是否大于漂移电流？
8. PN 结的正向电阻和反向电阻有何差别？

§1.2　二极管

1.2.1　基本结构

在 PN 结两端各接一条引出线,再封装在管壳里就构成了半导体二极管,也称二极管。P 型材料一端称为阳极,N 型材料一端称为阴极。二极管的符号如图 1.2.1 所示。

图 1.2.1

二极管按其结构不同可分为点接触型和面接触型两类。点接触型二极管的特点是 PN 结的结面积较小,因而结电容很小,适用于小电流高频电路,也可用于数字电路中作开关元件。面接触型二极管的特点是结面积较大,允许通过较大电流,但结电容较大,工作频率较低,适用于整流电路。

1.2.2　伏安特性

由于二极管内部是一个 PN 结,因此它一定具有单向导电性,实际的二极管伏安特性如图 1.2.2 所示。

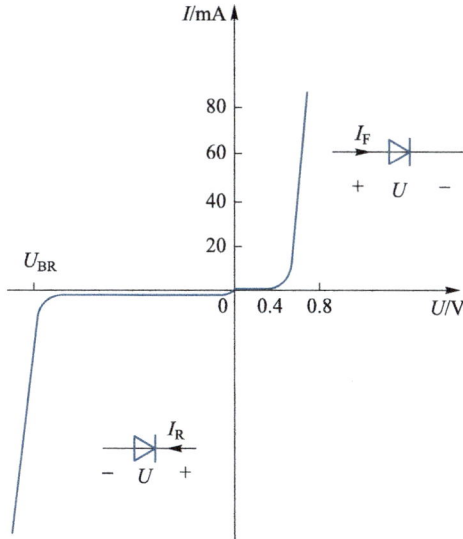

图 1.2.2

1. 正向特性

当二极管承受的正向电压(又称正向偏置)很低时,还不足以克服 PN 结内电场对多数载流子运动的阻挡作用,故这一区段二极管的正向电流 I_F 非常小,开始出现电流的电压称为开启电压(或阈值电压)。通常,硅二极管的开启电压为 0.5 V,锗二极管的开启电压为 0.2 V。

当二极管的正向电压超过开启电压后,PN 结内电场被抵消,正向电流明显增加,并且随着正向电压增大,电流迅速增加,二极管的正向电阻变得很小,当二极管充分导通后,二极管的正向压降基本维持不变,称为正向导通压降 U_F,普通硅二极管的 U_F 为 0.6~0.7 V,锗二极管的 U_F 为 0.2~0.3 V。这一区段,称为正向导通区。

2. 反向特性

当二极管承受反向电压(又称反向偏置)时,由于只有少数载流子漂移运动,因此,形成的反向漏电流 I_R 极小。正常情况下,硅二极管的 I_R 一般为几微安,锗二极管的 I_R 较大,一般为几十至几百微安。这一区段称为反向截止区。

当反向电压增加到某一数值时,在强大的外电场力作用下,获得足够能量的载流子高速运动将其他被束缚的电子撞击出来,这种撞击的连锁反应,使二极管中的电子与空穴数急剧上升,造成反向电流的突然增大,这种现象称为反向击穿,击穿时对应的电压称为反向击穿电压 U_{BR},这一区段称为反向击穿区。当二极管发生反向击穿时,反向电流会急剧增大,如不加以限制,将造成二极管永久性损坏,失去单向导电性。

1.2.3 主要参数

在使用各种半导体器件时,要根据它们的实际工作条件确定它们的参数,然

文本:§1.2.1 二极管基本结构及伏安特性

后从相应的半导体器件手册中查找出适合的半导体器件型号。

二极管的主要参数有：

1. 最大整流电流 I_{FM}

I_{FM} 指二极管长期工作时允许通过的最大正向平均电流。实际工作时，二极管通过的电流不应超过这个数值，否则将导致二极管过热而损坏。

2. 最大反向电压 U_{DRM}

U_{DRM} 是指二极管不被击穿所容许的最高反向电压。为安全起见，一般 U_{DRM} 为反向击穿电压 U_{BR} 的 1/2～2/3。

3. 最大反向电流 I_{RM}

I_{RM} 指二极管在常温下承受最高反向工作电压 U_{DRM} 时的反向漏电流，一般很小，但其受温度影响较大。当温度升高时，I_{RM} 显著增大。

4. 反向恢复时间 t_{re}

二极管从正向导通转为反向截止的转换过程，称为反向恢复过程，t_{re} 是指反向恢复过程所经历的时间。

由于 t_{re} 的存在，使得二极管的开关速度受到限制。

1.2.4 二极管的应用

文本：§1.2.2
二极管的应用

二极管的应用范围很广，利用它的单向导电性，可组成整流、检波、限幅、钳位等电路，还可用它构成其他元件或电路的保护电路，以及在脉冲与数字电路中作为开关元件。在电路分析时，一般可将二极管视为理想元件，即认为其正向电阻为零，正向导通时为短路特性，正向压降可忽略不计；反向电阻为无穷大，反向截止时为开路特性，反向漏电流可忽略不计。

例 1.2.1 图 1.2.3(a) 所示为一正、负对称的限幅电路，已知 $u_i = 10\sin \omega t$ V，$U_{S1} = U_{S2} = 5$ V，试画出输出电压 u_O 的波形。

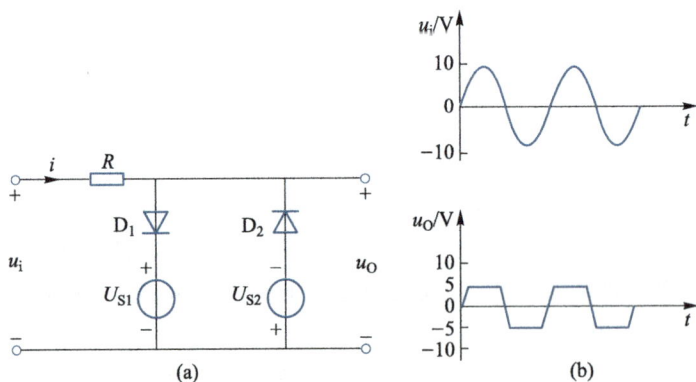

图 1.2.3

解：在 $-U_{S2} < u_i < U_{S1}$ 期间，D_1、D_2 都处于反向偏置而截止，因此 $i = 0$，$u_O = u_i$。当 $u_i > U_{S1}$ 时，D_1 处于正向偏置而导通，输出电压保持（限制）在 U_{S1}。当 $u_i < -U_{S2}$

时,D_2 处于正向偏置而导通,输出电压保持在 $-U_{S2}$。由于输出电压 u_0 被限制在 $+U_{S1}$ 与 $-U_{S2}$ 之间,即 $|u_0| \leqslant 5$ V,好像将输入信号的高峰和低谷部分削掉一样,因此这种电路又称为削波电路。输出电压 u_0 的波形如图 1.2.3(b)所示。

例 1.2.2 二极管半波整流电路如图 1.2.4(a)所示,设输入的交流电压 $u = \sqrt{2}\, U \sin \omega t$,试:(1)画出负载电阻 R_L 上的电压波形;(2)求负载电阻 R_L 上的电压和电流平均值;(3)计算整流二极管的最高反向电压。

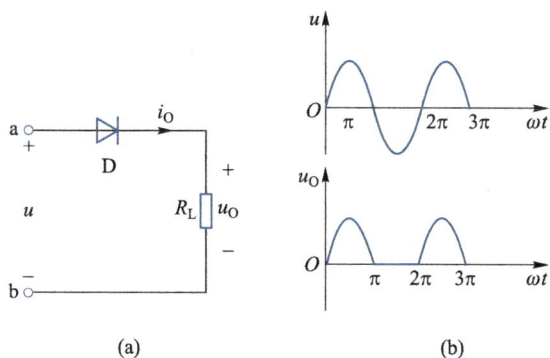

图 1.2.4

解:(1)当输入电压 u 为正半周时,a 点电位高于 b 点电位,整流二极管 D 处于正向偏置而导通,负载电阻 R_L 上的电压 $u_0 = u$;当输入电压 u 为负半周时,a 点电位低于 b 点电位,整流二极管 D 处于反向偏置而截止,$u_0 = 0$,u_0 的波形如图 1.2.4(b)所示。

(2)负载电阻 R_L 上的电压 u_0 的平均值 U_0 等于 u_0 在一个周期内的平均值,即

$$U_0 = \frac{1}{2\pi} \int_0^{2\pi} u_0 \mathrm{d}\omega t = \frac{1}{2\pi} \int_0^{\pi} \sqrt{2}\, U \sin \omega t \mathrm{d}\omega t$$

$$= \frac{\sqrt{2}\, U}{2\pi} \left[-\cos \omega t \right]_0^{\pi} = \frac{\sqrt{2}}{\pi} U \approx 0.45 U$$

负载电阻 R_L 中电流的平均值 I_0 为

$$I_0 = \frac{U_0}{R_L} = \frac{0.45 U}{R_L}$$

(3)整流二极管的最高反向电压 U_{RM} 为二极管在截止时承受的反向电压峰值,即

$$U_{RM} = \sqrt{2}\, U$$

例 1.2.3 二极管门电路如图 1.2.5 所示,设 D_A、D_B 为理想二极管,忽略正向压降,已知输入端 A、B 的电位分别为 0 V 和 3 V、3 V 和 0 V 时,求输出端 F 的电位 V_F。

解:当输入端 A、B 的电位为 0 V、3 V 时,二极管 D_A 承受正向电压而导通,

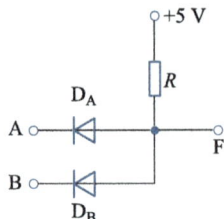

图 1.2.5

如果忽略正向压降，输出端 F 的电位被钳位在 0 V。由于 B 端的电位为 3 V，二极管 D_B 承受反向电压而截止，起到将 B 端和 F 端隔离开的作用。

当输入端 A、B 的电位为 3 V、0 V 时，与上述情况相反，二极管 D_B 正向导通，将 F 端的电位钳位在 0 V。而二极管 D_A 反向截止，起到隔离开 A、F 的作用。

上述两种情况，均使输出端 F 的电位 V_F 为 0 V。

思考题

1. 如何使用万用表电阻挡判别二极管的好坏与极性？

2. 为什么二极管的反向漏电流与外加反向电压基本无关，而当环境温度升高时会明显增大？

3. 把一节 1.5 V 的电池直接接到二极管的两端，会发生什么情况？

4. 在电路分析时，一般可将二极管视为理想元件，此时二极管的伏安特性曲线与图 1.2.2 相比有什么不同？

5. 为保护二极管不被损害，在测量时应采取什么措施？

6. 在图 1.2.6(a)、(b)所示电路中，已知直流电压 $U_I = 3$ V，$R = 1$ kΩ，二极管的正向压降为 0.7 V，求 U_O 的值。

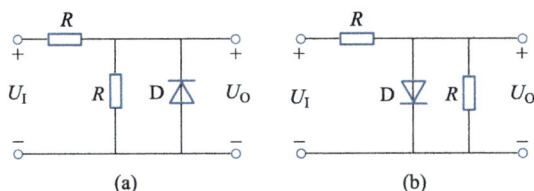

(a)　　　　　　　　(b)

图 1.2.6

§1.3　稳压二极管

稳压二极管是一种特殊工艺制成的面接触型硅二极管。稳压二极管的伏安特性与普通二极管的伏安特性基本相似，只是击穿特性很陡，稳压二极管的特性曲线和符号如图 1.3.1 所示。

从稳压二极管的反向特性曲线上可以看到，当反向电压达到击穿电压 U_Z 时，反向电流突然增大，稳压二极管被反向击穿。在反向击穿状态下，反向电流在很大范围变化时，管子两端的电压基本保持不变，这就是稳压二极管的稳压特性。只要串联一定电阻限制反向电流不超过允许数值，稳压二极管就不会损坏。通常，稳压二极管工作在反向击穿状态。

稳压二极管的主要参数如下：

1. 稳定电压 U_Z

稳定电压 U_Z 是稳压二极管反向击穿后稳定工作的电压值。

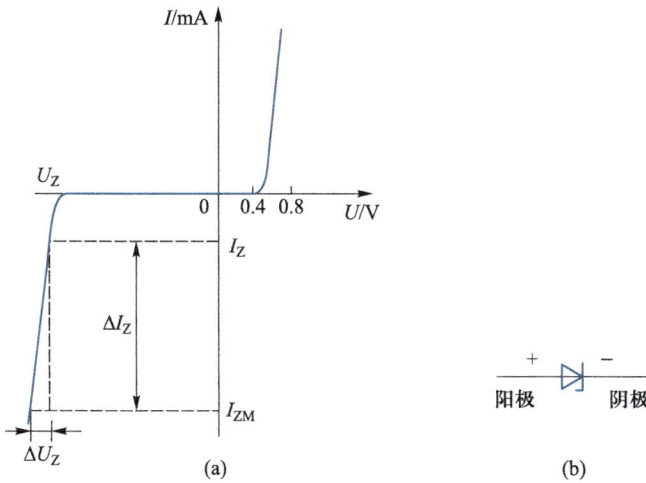

图 1.3.1

文本:§1.3.1
稳压管伏安特
性曲线

2. 电压温度系数 α_U

温度每变化 1 ℃稳定电压变化的百分数被定义为电压温度系数 α_U,它是表示稳压二极管温度稳定性的参数,α_U 越小,温度稳定性越好。通常,稳定电压低于 6 V 的稳压二极管,α_U 是负值;高于 6 V 的稳压二极管,α_U 是正值。而稳定电压为 6 V 左右的稳压二极管,电压温度系数接近于零。因此,在温度稳定性要求较高的场合应选用 U_Z 为 6 V 左右的稳压二极管。

3. 动态电阻 r_Z

动态电阻 r_Z 是指在稳压范围内稳压二极管两端电压的变化量与相应电流的变化量之比,即

$$r_Z = \frac{\Delta U_Z}{\Delta I_Z} \tag{1.3.1}$$

由图 1.3.1 可见,稳压二极管的 r_Z 越小,稳压性能就越好。

4. 稳定电流 I_Z 和最大稳定电流 I_{ZM}

稳定电流 I_Z 是指稳压二极管正常稳压时的参考电流值,手册上给出的稳定电压 U_Z 和动态电阻 r_Z 都是对应这个电流附近的数值。实际工作电流若小于稳定电流 I_Z,则 r_Z 增大,稳压性能较差。只有工作电流$\geqslant I_Z$,才能保证稳压二极管有较好的稳压性能。

稳压二极管可以稳压的最大允许工作电流称为最大稳定电流 I_{ZM},因而,稳压二极管稳压时的工作电流应大于等于稳定电流 I_Z,而小于最大稳定电流 I_{ZM}。

5. 额定功率 P_Z

P_Z 是稳压二极管允许结温下的最大功率损耗,等于稳定电压 U_Z 和最大稳定电流 I_{ZM}的乘积,即

$$P_Z = U_Z \cdot I_{ZM} \tag{1.3.2}$$

稳压二极管在电路中的主要作用是稳压和限幅,也可和其他电路配合构成

欠压或过压保护、报警环节等。

图 1.3.2 所示为稳压二极管 D_Z 与电阻 R 配合组成的稳压电路,在电路中

$$I = I_Z + I_0$$

其中

$$I_0 = \frac{U_0}{R_L} \qquad (1.3.3)$$

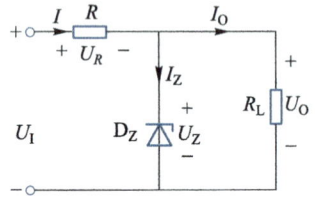

图 1.3.2

$$U_I = U_R + U_0 \qquad (1.3.4)$$

稳压二极管正常工作时,$U_0 = U_Z$,调整过程如下:

输入电压 U_I 波动时会引起输出电压 U_0 的波动,如 U_I 升高将引起输出电压 $U_0 = U_Z$ 随之升高,导致稳压二极管的电流 I_Z 急剧增加,使得电阻 R 上的电流 I 和电压降 U_R 迅速增大,从而使 U_0 基本上保持不变。反之,当 U_I 减小时,U_R 相应减小,仍可保持 U_0 基本不变。

当负载电流 I_0 发生变化引起输出电压 U_0 发生变化时,同样会引起 I_Z 的相应变化,使得 U_0 保持基本稳定。如当 I_0 增大时,I 和 U_R 均会随之增大从而使得 U_0 下降,这将导致 I_Z 急剧减小,使 I 仍维持原有数值保持 U_R 不变,U_0 得到稳定。

可见,这种稳压电路中稳压二极管 D_Z 起着自动调节作用,电阻 R 一方面保证稳压二极管的工作电流不超过最大稳定电流 I_{ZM};另一方面还起到电压补偿作用。

选择稳压二极管时,一般取

$$I_{ZM} \geqslant 2I_{OM} \qquad (\text{其中 } I_{OM} \text{ 为负载最大电流}) \qquad (1.3.5)$$

$$U_Z = U_0 \qquad (1.3.6)$$

$$U_I = (2\sim 3)U_0 \qquad (1.3.7)$$

一般稳压二极管的最大稳定电流 I_{ZM} 仅几十毫安,因而,这种稳压二极管稳压电路所能带的负载电流不大,仅为几至十几毫安。

例 1.3.1　在图 1.3.2 稳压电路中,已知:稳压二极管参数 $U_Z = 6$ V,$I_Z = 3$ mA,调整电阻 $R = 1$ kΩ,负载电阻 $R_L = 1$ kΩ,求输入电压 U_I 分别为 10 V、15 V 和 20 V 时的输出电压 U_0 和流过稳压二极管的电流。

解:如果稳压二极管能正常工作(稳压二极管被击穿),$U_0 = U_Z = 6$ V

$$I_0 = \frac{U_0}{R_L} = \frac{6}{1} \text{ mA} = 6 \text{ mA}$$

$$I = I_Z + I_0 = (3+6) \text{ mA} = 9 \text{ mA}$$

$$U_R = RI = 1 \times 9 \text{ V} = 9 \text{ V}$$

$$U_I = U_R + U_0 = (9+6) \text{ V} = 15 \text{ V}$$

可见,该电路中稳压二极管能正常工作的最小输入电压 $U_I = 15$ V,此时输出电压 $U_0 = 6$ V,流过稳压二极管的电流为 3 mA。

若 $U_I = 10$ V,稳压二极管未被击穿,流过稳压二极管的电流为 0,电路中 R

和 R_L 串联,输出电压 $U_O = 5$ V。

当 $U_I = 20$ V 时,稳压二极管能正常工作,

输出电压
$$U_O = 6 \text{ V}$$
$$U_R = U_I - U_O = 14 \text{ V}$$
$$I = \frac{U_R}{R} = 14 \text{ mA}$$

流过稳压二极管的电流为
$$I - I_O = (14 - 6) \text{ mA} = 8 \text{ mA}$$

例 1.3.2 已知图 1.3.2 中稳压二极管 D_Z 的参数为:$U_Z = 10$ V,$I_Z = 5$ mA,$I_{ZM} = 20$ mA,负载电阻 $R_L = 2$ kΩ,当输入电压 U_I 由正常值发生 ±20 % 的波动时,要求输出电压 U_O 基本不变。试确定电阻 R 和输入电压 U_I 的正常值。

解: 设输入电压达到上限时,流过稳压二极管的电流为最大值 I_{ZM},因此有
$$I = I_{ZM} + \frac{U_Z}{R_L} = \left(20 + \frac{10}{2}\right) \text{ mA} = 25 \text{ mA}$$
$$U_I + 0.2U_I = RI + U_Z = 25R + 10$$
$$1.2U_I = 25R + 10 \tag{1}$$

当输入电压降为下限时,流过稳压二极管的电流应为 I_Z,于是有
$$I = I_Z + \frac{U_Z}{R_L} = \left(5 + \frac{10}{2}\right) \text{ mA} = 10 \text{ mA}$$
$$U_I - 0.2U_I = RI + U_Z = 10R + 10$$
$$0.8U_I = 10R + 10 \tag{2}$$

联立式(1)、(2)解得
$$U_I = 18.75 \text{ V}, R = 0.5 \text{ kΩ}$$

思考题

1. 稳压二极管正常工作时,其工作电流应控制在什么范围?超出该范围会出现什么问题?

2. 两个稳压值相等的稳压二极管反向串联起来可获得较好的温度稳定性,这是为什么?

3. 二极管和稳压二极管的正向导通区是否也可以稳压?

4. 稳压二极管具有限幅作用。将例 1.2.1 中的电压源 U_{S1} 与 U_{S2} 用两个 $U_Z = 5$ V 的稳压二极管替换,仍可得到正、负对称限幅电路,请读者自己画出该电路图及相应的波形图。

5. 已知两个稳压二极管的稳压值分别为 5 V 和 8 V,若将它们串联使用,可获得几组不同的稳定电压值?

6. 在图 1.3.2 稳压二极管稳压电路中,如果调整电阻 $R = 0$,电路能否起到稳压作用?

§1.4　双极结型晶体管

1.4.1　基本结构

双极结型晶体管通常简称为晶体管,其种类有很多,按工作频率分,有高频管、低频管;按耗散功率分,有大、中、小功率管;按半导体材料分,有硅管、锗管等。

晶体管的基本结构是由两个 PN 结构成,其组成形式有 NPN 和 PNP 两种,图 1.4.1(a)、(b)所示分别为它们的结构示意图和图形符号。

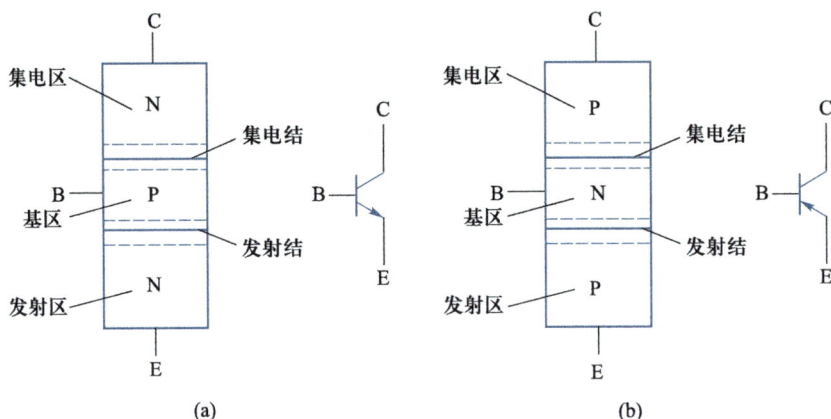

图 1.4.1

晶体管内部有三个区:发射区、基区和集电区,其中基区较另两个区要薄得多。这三个区分别引出三个电极:发射极 E、基极 B 和集电极 C。两个 PN 结分别为发射区与基区之间的发射结和集电区与基区之间的集电结,集电结面积较发射结面积要大,而且,发射区掺杂浓度远远大于集电区掺杂浓度。

NPN 型和 PNP 型晶体管工作原理相似,不同之处仅在于使用时工作电源极性相反。由于应用中采用 NPN 型晶体管较多,所以下面以 NPN 型晶体管为例进行分析讨论,所得结论对于 PNP 型管同样适用。

1.4.2　电流分配和电流放大作用

图 1.4.2 所示为 NPN 管电流放大实验电路,电源 U_{BB} 使发射结承受正向偏置电压,而电源 $U_{CC} > U_{BB}$,使集电结承受反向偏置电压,这样做的目的是使晶体管能够具有正常的电流放大作用。通过改变电阻 R_B,基极电流 I_B、集电极电流 I_C 和发射极电流 I_E 都发生变化,表 1.4.1 为一组实验所得数据。

从表 1.4.1 中所列数据可以发现:

①　　　　　　　　　　　　　$I_E = I_C + I_B$　　　　　　　　　　(1.4.1)

式(1.4.1)表明了晶体管三个极的电流符合基尔霍夫定律,且 I_B 与 I_E、I_C 相比小得很多,因而 $I_E \approx I_C$。

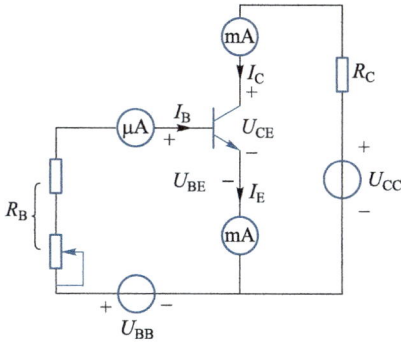

图 1.4.2

表 1.4.1

I_B/mA	0	0.02	0.04	0.06	0.08
I_C/mA	<0.001	1.00	2.01	3.05	4.10
I_E/mA	<0.001	1.02	2.05	3.11	4.18

视频：§ 1.4.2
晶体管结构及
电流放大作用

② I_B 虽然较小，但对 I_C 有控制作用，I_C 随 I_B 的改变而改变，两者在一定范围内保持比例关系，即

$$\beta = \frac{\Delta I_C}{\Delta I_B} \tag{1.4.2}$$

β 称为晶体管电流放大系数，它反映晶体管的电流放大能力，即 I_B 对 I_C 的控制能力。

晶体管之所以具有上述特点，是由其内部载流子运动规律决定的。首先，由于发射结承受正向电压削弱了发射结内电场，发射区的多数载流子（自由电子）不断向基区扩散，形成发射极电流 I_E。其次，因基区很薄，且 $U_{CC} > U_{BB}$，在强大的外电场作用下，扩散到基区的自由电子绝大部分穿过集电结流向集电极形成集电极电流 I_C，只有极小部分电子与基区的空穴流复合形成基极电流 I_B。综上所述，晶体管三个极的电流分配关系和放大作用是由其内在特性所决定的。晶体管能够起到放大作用的外部条件是发射结正向偏置，集电结反向偏置，即 $|U_{CE}| > |U_{BE}|$。由于晶体管内部自由电子和空穴都参与导电，属双极型电流控制器件，故亦称为双极结型晶体管。

1.4.3 特性曲线

晶体管的特性曲线全面反映了晶体管各极电压与电流之间的关系，是分析晶体管各种电路的重要依据。各种晶体管的特性曲线形状相似，但由于种类不同，数据差异很大，使用时可查阅有关半导体器件手册或用晶体管特性图示仪直接观察，也可用实验方法测量得到。

1. 输入特性曲线

输入特性是指在晶体管的集、射极间所加的电压 U_{CE} 为常数时，基、射极间电压 U_{BE} 与基极电流 I_B 之间的关系，即

$$I_B = f(U_{BE})\big|_{U_{CE}=常数}$$

图 1.4.3 所示为硅 NPN 晶体管 3DG4 的输入特性曲线。

一般情况下，当 $U_{CE} \geqslant 1$ V 时，就能保证集电结处于反向偏置，可以把发射区扩

散到基区的电子中的绝大部分拉入集电区。此时,再增大 U_{CE} 对 I_B 影响甚微,也即 $U_{CE} \geq 1$ V 的输入特性曲线基本上是重合的。所以,半导体器件手册中通常只给出一条 $U_{CE} \geq 1$ V 时的晶体管的输入特性曲线。

由图 1.4.3 可见,晶体管的输入特性曲线与二极管的伏安特性曲线很相似,也存在一段正向电流非常小的区域,硅管的开启电压约为 0.5 V,锗管的开启电压约为 0.2 V。在正常导通时,硅管的 U_{BE} 在 $0.6 \sim 0.7$ V 之间,而锗管在 0.3 V 左右。

2. 输出特性曲线

输出特性是指当晶体管基极电流 I_B 为常数时,集电极电流 I_C 与集、射极间电压 U_{CE} 之间的关系,即

$$I_C = f(U_{CE}) \big|_{I_B = 常数}$$

图 1.4.4 所示为 3DG4 的输出特性曲线。可见 I_B 的取值不同,得到的输出特性曲线也不同,所以,晶体管的输出特性曲线是一簇曲线。

文本:§1.4.3 晶体管特性曲线

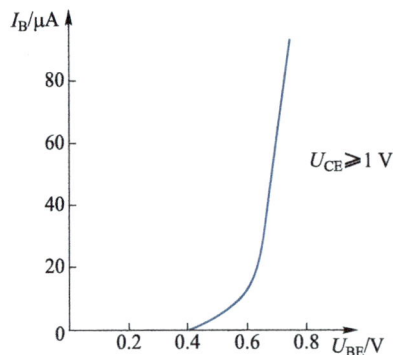

图 1.4.3

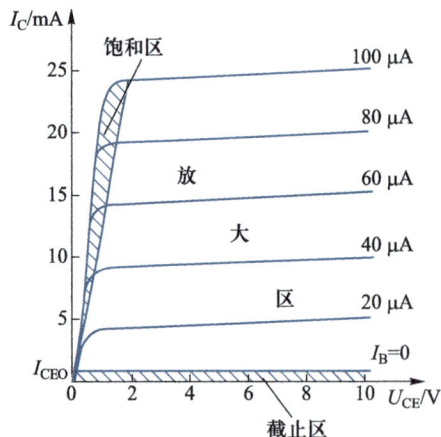

图 1.4.4

根据晶体管的工作状态不同,可将输出特性分为三个区域。

（1）截止区

当 $I_B = 0$ 时,$I_C = I_{CEO} \approx 0$,这条曲线以下的区域称为截止区,在这个区域内,集、射极间只有微小的反向漏电流,近似于断开状态。为了使晶体管可靠截止,通常给发射结加上反向偏置电压,即 $U_{BE} < 0$ V。这样,发射结和集电结都处于反向偏置,晶体管处于截止状态。

（2）放大区

放大区是输出特性曲线中接近平行于横轴的曲线簇。当 U_{CE} 超过一定数值（1 V 左右）后,I_C 的大小基本上与 U_{CE} 无关,呈现恒流特性。在放大区,I_C 与 I_B 成正比,即 $I_C = \beta I_B$,随 I_B 增加 I_C 也增加,晶体管具有电流放大作用。如前所述,晶体管在放大状态下,发射结处于正向偏置,集电结处于反向偏置。

（3）饱和区

靠近输出特性纵坐标轴的曲线上升部分称为饱和区。如图 1.4.2 所示，集、射极电压 $U_{CE}=U_{CC}-I_CR_C$，I_C 随 I_B 增大而增大，U_{CE} 则相应减小，当 I_C 增加到接近于 $\dfrac{U_{CC}}{R_C}$ 时，U_{CE} 近似为零，此后 I_B 再增大，I_C 不再增大，即 I_C 不再受 I_B 的控制，晶体管进入饱和状态。此时的 I_C 称为集电极饱和电流，用 I_{CS} 表示，集、射极电压称为集、射极饱和电压，用 U_{CES} 表示，该值很小，约为 0.3 V，一般认为 $U_{CES}\approx0$ V，集、射极间相当于接通状态。在饱和状态下，$|U_{BE}|>|U_{CES}|$，即发射结和集电结均为正向偏置。

例 1.4.1 图 1.4.5 所示为晶体管三个电极的电位，试判断它们分别处在何种工作状态。

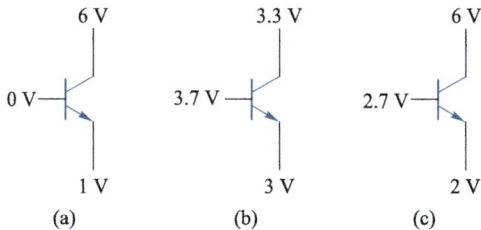

图 1.4.5

解：图 1.4.5（a）中，$U_{BE}=-1$ V<0，发射结反偏，晶体管处在截止状态；

图 1.4.5（b）中，$U_{BE}=0.7$ V>0，$U_{BC}=0.4$ V>0，发射结和集电结均正偏，晶体管处在饱和状态；

图 1.4.5（c）中，$U_{BE}=0.7$ V>0，$U_{BC}=-3.3$ V<0，发射结正偏，集电结反偏，晶体管处在放大状态。

1.4.4 主要参数

1. 电流放大系数 β

静态（直流）电流放大系数 $\bar{\beta}$：晶体管工作在静态（无交流信号输入）时，集电极电流 I_C 与基极电流 I_B 的比值为静态（直流）电流放大系数，即

$$\bar{\beta}=\frac{I_C}{I_B} \tag{1.4.3}$$

动态（交流）电流放大系数 β：晶体管工作在动态（有交流信号输入）时，若基极电流变化量为 ΔI_B，它引起的集电极电流变化量为 ΔI_C，则 ΔI_C 与 ΔI_B 的比值为动态（交流）电流放大系数，即

$$\beta=\frac{\Delta I_C}{\Delta I_B}\bigg|_{U_{CE}=常数} \tag{1.4.4}$$

注：半导体器件手册上用 h_{fe} 表示电流放大系数。

β 与 $\bar{\beta}$ 虽含义不同，但在输出特性线性较好（平行、等距）的情况下，两者数值差别很小，一般不作严格区分。应该指出，晶体管是非线性器件，在 I_C 较大或较小时 β 值均会下降，只有在输出特性等距、平行部分 β 值才是基本恒定的。

常用小功率晶体管的 β 值在 $50 \sim 200$ 之间，大功率管的 β 值一般较小。选用晶体管时应注意，β 太小则管子放大能力差，而 β 太大则管子的热稳定性较差。

2. 极间反向电流

集、基极间反向饱和电流 I_{CBO} ：指发射极开路时，集电结在反向偏置作用下，集、基极间的反向漏电流。它是由少数载流子漂移形成的，晶体管的 I_{CBO} 越小越好。在室温下，小功率硅管的 I_{CBO} 小于 $1~\mu A$，而小功率锗管的 I_{CBO} 则在 $10~\mu A$ 左右，温度升高，I_{CBO} 显著增大。I_{CBO} 的测试电路如图 1.4.6 所示。

穿透电流 I_{CEO} ：指在基极开路时，集电结处于反向偏置、发射结处于正向偏置的情况下，集、射极间的反向漏电流。I_{CEO} 中除含有由集电区的少数载流子（空穴）漂移形成的 I_{CBO} 外，还有由发射区的多数载流子（电子）向基区扩散并穿过集电结形成的电流 $\bar{\beta} I_{CBO}$，则

$$I_{CEO} = I_{CBO} + \bar{\beta} I_{CBO} = (1 + \bar{\beta}) I_{CBO} \tag{1.4.5}$$

I_{CEO} 的测试电路如图 1.4.7 所示。

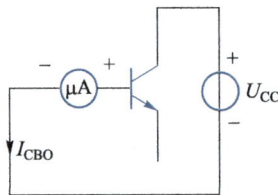

图 1.4.6

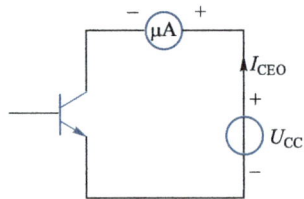

图 1.4.7

由式（1.4.5）可知，由于 I_{CBO} 和 $\bar{\beta}$ 均随温度升高而增大，因而 I_{CEO} 受温度影响十分明显。考虑到 I_{CEO}，则集电极电流为

$$I_C = I_{CEO} + \bar{\beta} I_B \tag{1.4.6}$$

可见，I_C 随温度升高也要增大，导致晶体管工作不稳定，因此 I_{CEO} 对晶体管的影响很大。I_{CEO} 的大小是判断晶体管质量好坏的重要参数，一般希望 I_{CEO} 越小越好。

3. 极限参数

集电极最大允许电流 I_{CM} ：晶体管的集电极电流超过一定数值时，其 β 值会下降，规定 β 值下降至正常值的 $2/3$ 时的集电极电流为集电极最大允许电流 I_{CM} 。使用时如果 $I_C > I_{CM}$，除了使 β 值显著下降外，还有可能使晶体管损耗过大导致损坏。

反向击穿电压 $U_{(BR)CEO}$:基极开路时,集电极与发射极之间的最大允许电压,称为集、射极反向击穿电压 $U_{(BR)CEO}$。当晶体管的 U_{CE} 大于 $U_{(BR)CEO}$ 时,若很小的 I_{CEO} 突然剧增,表示晶体管已被反向击穿而损坏。$U_{(BR)CEO}$ 常称为晶体管的耐压,使用时,应根据电源电压 U_{CC} 选取 $U_{(BR)CEO}$,一般应使 $U_{(BR)CEO} \geqslant (2 \sim 3) U_{CC}$。

集电极最大允许耗散功率 P_{CM}:集电极电流流经集电结时,要产生功率损耗,使集电结发热,当结温超过一定数值后,将导致晶体管性能变坏,甚至烧毁。为了使晶体管结温不超过允许值,规定了集电极最大允许耗散功率 P_{CM},P_{CM} 与 I_C、U_{CE} 的关系为

$$P_{CM} = I_C \cdot U_{CE} \tag{1.4.7}$$

根据晶体管的 P_{CM} 数值,可在其输出特性曲线上做出一条 P_{CM} 曲线,如图 1.4.8 所示。由 P_{CM}、I_{CM} 和 $U_{(BR)CEO}$ 三条曲线所包围区域为晶体管的安全工作区。

最高允许结温 T_{jM}:P_{CM} 主要受结温 T_j 的限制,一般情况下,锗管的 T_{jM} 为 $70 \sim 90 ℃$,而硅管的 T_{jM} 可达 $150 \sim 170 ℃$。改善散热条件,可提高管子的 P_{CM} 值。例如,一只 P_{CM} 为 1 W 的晶体管,在装上体积为 120 mm×120 mm×4 mm 的散热器后,P_{CM} 可提高到 10 W。必要情况下,可采用加大散热器的散热面积、强迫风冷、水冷等措施降低大功率器件的结温。

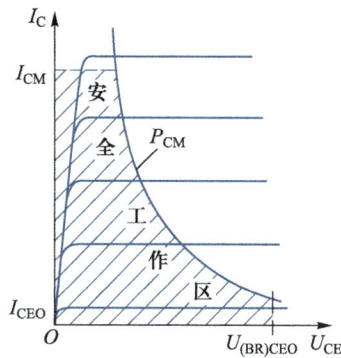

图 1.4.8

1.4.5 复合晶体管

复合晶体管是把两个晶体管的管脚适当地连起来使之等效为一个晶体管,典型结构如图 1.4.9(a)、(b)所示,T_1 为推动管,T_2 为输出管,复合晶体管的类型与推动管相同,而允许通过的功率由输出管决定。

复合晶体管的电流放大系数 β 近似地等于两个晶体管电流放大系数的乘积。以图 1.4.9(a)为例分析如下

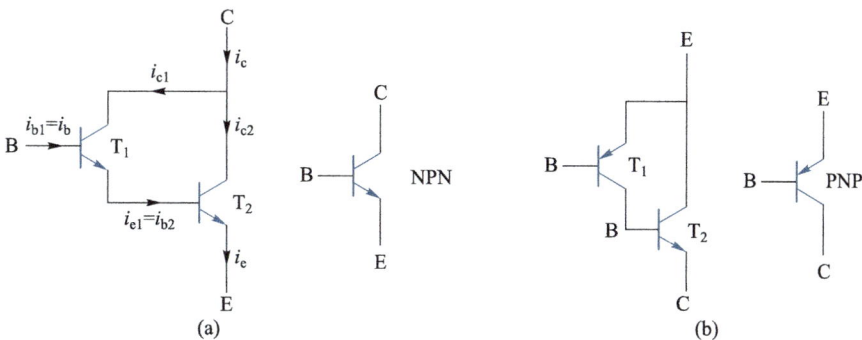

图 1.4.9

$$i_c = i_{c1} + i_{c2} = \beta_1 i_{b1} + \beta_2 i_{b2} = \beta_1 i_{b1} + \beta_2 i_{e1}$$
$$= \beta_1 i_{b1} + \beta_2 (\beta_1 + 1) i_{b1} \approx \beta_1 \beta_2 i_{b1}$$

可见

$$\beta = \frac{i_c}{i_b} = \frac{i_c}{i_{b1}} \approx \beta_1 \beta_2 \qquad (1.4.8)$$

但按图 1.4.9 所示接法的复合晶体管存在穿透电流大的缺点,其总的穿透电流 I_{CEO} 为

$$I_{CEO} \approx I_{CEO2} + \beta_2 I_{CEO1} \qquad (1.4.9)$$

其中 I_{CEO1}、I_{CEO2} 分别为 T_1、T_2 管的穿透电流。

思考题

1. 如何用万用表电阻挡来判断一个晶体管的好坏?

2. 如何用万用表电阻挡判断一个晶体管的类型和区分三个管脚?

3. 为什么不能用两个反向连接的二极管来代替一个晶体管?

4. 可不可以将晶体管的 C、E 极对调使用? 为什么?

5. 晶体管具有放大作用的外部电压条件是什么?

6. 当温度变化时,晶体管集电极电流 I_C 和发射结压降 U_{BE} 如何变化?

7. 在某放大电路中,测得晶体管三个电极的静态电位分别为 0 V,−10 V,−9.3 V,这只晶体管是什么类型的?

8. 在 NPN 型晶体管中,掺杂浓度最高的是什么区? 面积最大的是什么区?

9. 工作在放大状态的 NPN 型晶体管,其发射结电压 U_{BE} 和集电结电压 U_{BC} 应满足什么条件?

10. 有两只晶体管,一只管子的 $\beta = 60$,$I_{CBO} = 2$ μA;另一只管子的 $\beta = 150$,$I_{CBO} = 50$ μA,其他参数基本相同。你认为哪一只管子的性能更好一些?

11. 试推导公式(1.4.9)。

12. 某一晶体管 $P_{CM} = 800$ mW,$I_{CM} = 100$ mA,$U_{(BR)CEO} = 30$ V,问在下列三种情况下,哪种属正常工作? 为什么? (1) $U_{CE} = 10$ V,$I_C = 50$ mA;(2) $U_{CE} = 5$ V,$I_C = 150$ mA;(3) $U_{CE} = 20$ V,$I_C = 80$ mA。

§1.5　场效晶体管

场效晶体管是一种电压控制型半导体器件,它具有输入电阻高(可达 $10^9 \sim 10^{14}$ Ω,而晶体管的输入电阻仅有 $10^2 \sim 10^4$ Ω)、噪声低、热稳定性好、抗辐射能力强、耗电量小等优点。目前已广泛地应用于各种电子电路中。

场效晶体管按其结构的不同分为结型和绝缘栅型两种。其中绝缘栅型由于制造工艺简单,便于实现集成电路,因此发展很快。本书仅介绍绝缘栅型场效晶体管。

文本:§1.5.1 场效晶体管概述

1.5.1　绝缘栅型场效晶体管的结构

绝缘栅型场效晶体管根据导电沟道的不同,可分为 N 型沟道和 P 型沟道两

类。图 1.5.1(a)所示为 N 沟道绝缘栅型场效晶体管结构示意图,它是用一块杂质浓度较低的 P 型薄硅片作衬底,在上面扩散两个杂质浓度很高的 N^+ 区,分别用金属铝各引出一个电极,称为源极 S 和漏极 D,并用热氧化的方法在硅片表面生成一层薄薄的二氧化硅(SiO_2)绝缘层,在它上面再添加一层金属铝,引出一个电极,称为栅极 G。

因为栅极及其他电极与硅片之间是绝缘的,所以称为绝缘栅场效晶体管。又由于它是由金属、氧化物和半导体所构成,所以又称为金属−氧化物−半导体场效晶体管(MOSFET),简称 MOS 管。正因为栅极是绝缘的,所以 MOS 管的栅极电流几乎为零,输入电阻 R_{GS} 很高,可达 10^{14} Ω。

如果在制造 MOS 管时,在 SiO_2 绝缘层中掺入大量的正离子产生足够强的内电场,使得 P 型衬底的硅表层的多数载流子空穴被排斥开,从而感应出很多的负电荷使漏极与源极之间形成 N 型导电沟道,如图 1.5.1(a)所示,那么即使栅、源极之间不加电压($U_{GS}=0$),漏、源极之间已经存在原始导电沟道,这种场效晶体管称为耗尽型场效晶体管。N 沟道耗尽型场效晶体管的图形符号如图 1.5.1(b)所示。

如果在 SiO_2 绝缘层中不掺入正离子,不会形成原始导电沟道,只有在栅、源极之间加一个正电压,即 $U_{GS}>0$ 时,才能形成导电沟道,这种场效晶体管称为增强型场效晶体管。N 沟道增强型场效晶体管的图形符号如图 1.5.1(c)所示。

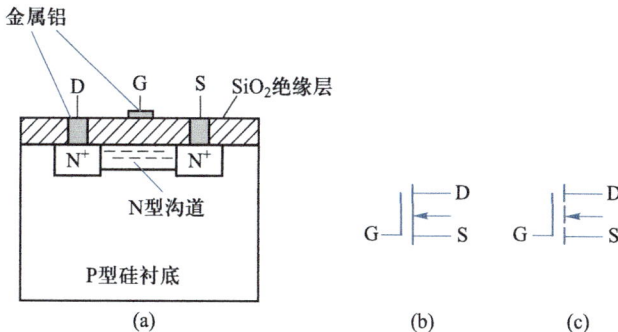

图 1.5.1

视频:§1.5.2 绝缘栅场效晶体管结构

如果在制作场效晶体管时采用 N 型硅作衬底,漏极、源极为 P^+ 型,则导电沟道为 P 型,如图 1.5.2(a)所示。P 沟道耗尽型场效晶体管和 P 沟道增强型场效晶体管的图形符号分别如图 1.5.2(b)、(c)所示。N 沟道场效晶体管与 P 沟道场效晶体管的工作原理是一样的,只是两者电源极性、电流方向相反而已。这与 NPN 型和 PNP 型晶体管的电源极性、电流方向相反的道理是相同的。

无论是 N 沟道 MOS 管还是 P 沟道 MOS 管,都只有一种载流子导电,均为单极型电压控制器件。

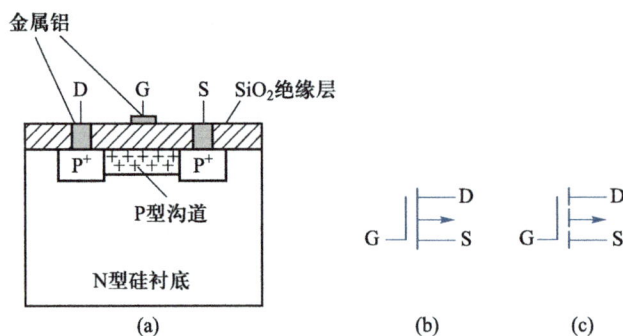

图 1. 5. 2

1.5.2 工作原理和特性曲线

下面以 N 沟道场效晶体管为例说明它的工作原理。在 U_{DS} 为常数的条件下，漏极电流 I_D 与栅、源电压 U_{GS} 之间的关系曲线称为场效晶体管的**转移特性**，即 $I_D = f(U_{GS})\big|_{U_{DS}=常数}$，如图 1. 5. 3(a)、图 1. 5. 4(a) 所示。

视频：§1.5.3
绝缘栅场效晶
体管工作原理
和伏安特性

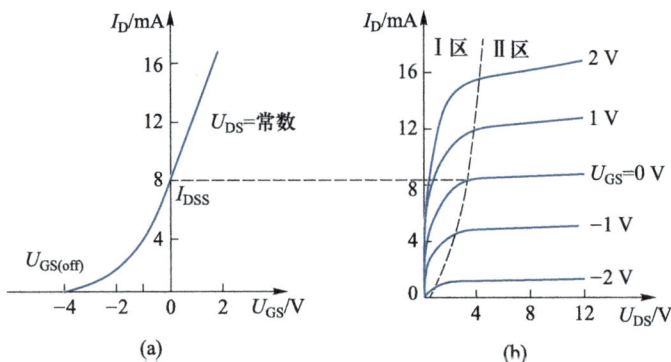

图 1. 5. 3

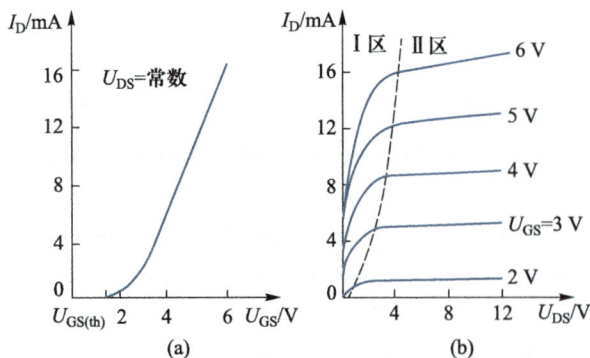

图 1. 5. 4

在 U_{GS} 为常数的条件下，I_D 与漏、源电压 U_{DS} 的关系曲线称为场效晶体管的漏极(输出)特性，即 $I_D = f(U_{DS})\big|_{U_{GS}=常数}$，如图 1.5.3(b)和图 1.5.4(b)所示。

1. 耗尽型场效晶体管

图 1.5.3(a)是 N 沟道耗尽型场效晶体管的转移特性曲线。由于耗尽型场效晶体管存在原始导电沟道，使其在 $U_{GS}=0$ 时，漏、源极之间就可以导电，这时在外加漏、源电压 U_{DS} 的作用下，流过场效晶体管的漏极电流称为漏极饱和电流 I_{DSS}。当 $U_{GS}>0$ 时，沟道内感应出的负电荷增多，使导电沟道加宽，沟道电阻减小，I_D 增大。当 $U_{GS}<0$ 时，在沟道内产生的正电荷与原始负电荷复合，使沟道变窄，沟道电阻增大，I_D 减小；当 U_{GS} 达到一定负值时，导电沟道内的载流子全部复合耗尽，使导电沟道消失，称为沟道被夹断，$I_D=0$，这时的 U_{GS} 称为夹断电压，用 $U_{GS(off)}$ 表示。图 1.5.3(b)为 N 沟道耗尽型场效晶体管的漏极特性曲线，按场效晶体管的工作情况可将漏极特性曲线分为两个区域：在虚线左边的 I 区内，漏、源电压 U_{DS} 相对较小，漏极电流 I_D 随 U_{DS} 的增加而增加，输出电阻 $r_o = \Delta U_{DS}/\Delta I_D$ 相对较低，且可以通过改变栅、源电压 U_{GS} 的大小来改变输出电阻 r_o 的阻值，所以称 I 区为可调电阻区。在虚线右边的 II 区内，当栅、源电压 U_{GS} 为常数时，漏极电流 I_D 几乎不随漏、源电压 U_{DS} 的变化而变化，特性曲线趋于与横轴平行，输出电阻 r_o 很大。在栅、源电压 U_{GS} 增大时，漏极电流 I_D 随 U_{GS} 线性增大，故称 II 区为放大区。

耗尽型场效晶体管在放大区的转移特性[见图 1.5.3(a)]可表示为

$$I_D = I_{DSS}\left[1 - \frac{U_{GS}}{U_{GS(off)}}\right]^2 \qquad (1.5.1)$$

2. 增强型场效晶体管

图 1.5.4(a)是 N 沟道增强型场效晶体管的转移特性，由于增强型场效晶体管不存在原始导电沟道，所以在 $U_{GS}=0$ 时，场效晶体管不能导通，$I_D=0$。

如果在栅极和源极之间加一正向电压 U_{GS}，在 U_{GS} 的作用下，会产生垂直于衬底表面的电场。P 型衬底与 SiO_2 绝缘层的界面将感应出负电荷层，随着 U_{GS} 的增加，负电荷的数量也增多，当积累的负电荷足够多时，使两个 N^+ 区之间，形成导电沟道，漏、源极之间便有 I_D 出现。在一定的漏、源电压 U_{DS} 作用下，使管子由不导通转为导通的临界栅、源电压称为开启电压，用 $U_{GS(th)}$ 表示。当 $U_{GS}<U_{GS(th)}$ 时，$I_D \approx 0$；当 $U_{GS}>U_{GS(th)}$ 时，随 U_{GS} 的增加，I_D 也随之增大。图 1.5.4(b)为 N 沟道增强型场效晶体管的漏极特性曲线，它与耗尽型场效晶体管的漏极特性曲线相似。

增强型场效晶体管在放大区的转移特性[见图 1.5.4(a)]可表示为

$$I_D = I_{D0}\left[\frac{U_{GS}}{U_{GS(th)}} - 1\right]^2 \qquad (1.5.2)$$

其中 $U_{GS}>U_{GS(th)}$，I_{D0} 为 $U_{GS}=2U_{GS(th)}$ 时的 I_D 值。

综上所述，场效晶体管的漏极电流 I_D 受栅、源电压 U_{GS} 的控制，即 I_D 随 U_{GS} 的变化而变化。所以，场效晶体管是一种电压控制器件。

绝缘栅型场效晶体管的四种管型和特性见表 1.5.1。

表 1.5.1

结构	极性	工作方式	工作电压		符号	转移特性	输出特性
			U_{GS}	U_{DS}			
N 沟道	电子导电	增强型	+	+			
		耗尽型	+或−	+			
P 沟道	空穴导电	增强型	−	−			
		耗尽型	+或−	−			

1.5.3 主要参数

场效晶体管的主要参数除前面提到的输入电阻 R_{GS}、夹断电压 $U_{GS(off)}$ 和开启电压 $U_{GS(th)}$ 外,还有以下重要参数。

1. 跨导 g_m

在 U_{DS} 为定值时,漏极电流 I_D 的变化量 ΔI_D 与引起这个变化的栅、源电压 U_{GS} 的变化量 ΔU_{GS} 的比值称为跨导,表示为

$$g_m = \frac{\Delta I_D}{\Delta U_{GS}}\bigg|_{U_{DS}=常数}$$

g_m 表征场效晶体管 U_{GS} 对 I_D 控制能力的大小,它的单位是 μS 或 mS。

文本:§1.5.4 场效晶体管小结

2. 通态电阻

在确定的栅、源电压 U_{GS} 下,场效晶体管进入饱和导通时,漏、源极之间的电阻值称为通态电阻,它的大小决定了管子的开通损耗。

3. 最大漏、源击穿电压 $U_{DS(BR)}$

$U_{DS(BR)}$ 是指漏极与源极之间的反向击穿电压。

4. 漏极最大耗散功率 P_{DM}

它是漏极耗散功率 $P_D = U_{DS}I_D$ 的最大允许值,是从发热角度对管子提出的限制条件。

另外,由于绝缘栅场效晶体管的输入电阻很高,所以栅极上很容易积累较高的静电电压将绝缘层击穿。为了避免这种损坏,在保存场效晶体管时应将它的三个极短接起来;在电路中,栅、源极间应让固定电阻或稳压二极管并联,以保证有一定的直流通道;在焊接时应使电烙铁外壳良好接地。

思考题

1. 场效晶体管与双极结型晶体管比较有何特点?

2. 为什么说晶体管是电流控制器件,而场效晶体管是电压控制器件?

3. 说明场效晶体管的夹断电压 $U_{GS(off)}$ 和开启电压 $U_{GS(th)}$ 的意义。

4. 试分析 P 沟道绝缘栅耗尽型和增强型场效晶体管的转移特性。

5. 为什么绝缘栅场效晶体管的栅极不能开路?

6. 绝缘栅型场效晶体管的 $U_{GS}=0$ V 时,漏极电流 I_D 为 0,是什么类型场效晶体管?而漏极电流 I_D 不为 0,又是什么类型场效晶体管?为什么?

7. 场效晶体管如何改变导电沟道电阻的大小?

8. 场效晶体管如何控制漏极电流的大小?

9. 耗尽型场效晶体管的漏极特性曲线分为几个区域?

10. 能否用判别晶体管的简易方法来判别绝缘栅型场效晶体管的三个电极?

§1.6 光电器件

1.6.1 显示器件

半导体显示器件主要有发光二极管,它是一种将电能直接转换成光能的固体器件,简称 LED。和普通二极管相似,也是由一个 PN 结构成。LED 多采用磷砷化镓制作 PN 结,这种半导体材料的 PN 结在正向导通时,由于空穴和电子的复合而放出能量,发出一定波长的可见光。光的波长不同,颜色也不同,常见的 LED 有红、绿、黄等颜色。LED 的 PN 结封装在透明塑料管壳内,外形有方形、矩形和圆形等。发光二极管的驱动电压低、工作电流小,具有抗振和抗冲击能力强、体积小、可靠性高、耗电低和寿命长等优点,广泛用于信号指示和传递中。

LED 的图形符号如图 1.6.1 所示。它的伏安特性和普通二极管相似,开启电压为 0.9~1.1 V,正向工作电压为 1.5~2.5 V,工作电流为 5~15 mA。反向击穿电压较低,一般小于 10 V。

图 1.6.1

1.6.2 光电器件

将光信号(或光能)转变成电信号(或电能)的器件称为光电器件。光电器件主要有利用半导体光敏特性工作的光电导器件和利用半导体光伏效应工作的光电池和半导体发光器件等。

1. 光敏电阻

光敏电阻是一种电导率随吸收的光量子而变化的电子元件。在一定波长范围的光照下,载流子浓度增加,电导率增加,电阻值明显变小,这就是光电导效应。利用不同材料制作的光敏电阻可以制成各种光探测器。

2. 光电二极管

光电二极管又称光敏二极管。它的管壳上有透明聚光窗,根据 PN 结的光敏特性,当有光线照射时,光电二极管在一定的反向偏压范围内,其反向电流将随光照强度的增加而线性增加,这时光电二极管等效于一个理想电流源;当无光照时,光电二极管的伏安特性与普通二极管一样。光电二极管的等效电路如图 1.6.2(a)所示,图 1.6.2(b)、(c)分别示出光电二极管的符号与伏安特性。

光电二极管的主要参数如下所述:

(1) 暗电流是指无光照时的反向饱和电流,一般小于 1 μA。

(2) 光电流是指在额定照度下的反向电流,一般为几十毫安。

(3) 灵敏度是指在给定波长(如 0.9 μm)的入射光输入单位为光功率时,光电二极管产生的光电流,其灵敏度一般 ≥0.5 μA/μW。

(4) 峰值波长是指使光电二极管具有最高响应灵敏度(光电流最大)的光波长。一般光电二极管的峰值波长在可见光和红外线范围内。

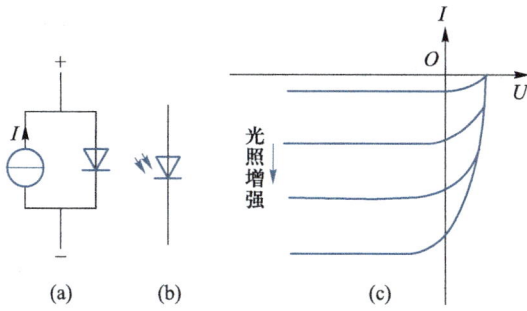

图 1.6.2

（5）**响应时间**是指加定量光照后，光电流达到稳定值的 63% 所需要的时间，一般为 10^{-7} s。

3. 光电晶体管

将光电二极管与晶体管结合即构成**光电晶体管**。其等效电路如图 1.6.3(a) 所示。光电晶体管的灵敏度较光电二极管提高了 β 倍，但响应时间也相应增加。它的符号与伏安特性如图 1.6.3(b)、(c) 所示。

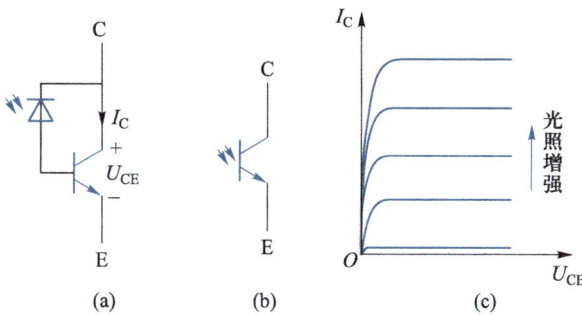

图 1.6.3

1.6.3　光电耦合器

光电耦合器是把发光器件和受光器件组装在一起。使用时将电信号送入光电耦合器输入侧的发光器件，发光器件将电信号转换成光信号，由输出侧的受光器件接收并再转换成电信号。由于输出与输入之间没有直接电气联系，信号传输是通过光耦合的，所以也称其为**光电隔离器**，可用以代替继电器等装置。

光电耦合器的发光器件和受光器件封装在同一不透明的管壳内，由透明、绝缘的树脂隔开。发光器件常用发光二极管，受光器件则根据输出电路的不同要求有光电晶体管、光电晶闸管和光电集成电路等。图 1.6.4 为晶体管输出型光电耦合器符号。

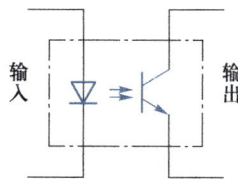

图 1.6.4

文本：§1.6.1 光电耦合器

光电耦合器具有如下特点：

（1）光电耦合器的发光器件与受光器件互不接触，绝缘电阻很高，可达 10^{10} Ω 以上，并能承受 2 000 V 以上的高压，因此经常用来隔离强电和弱电系统。

（2）光电耦合器的发光二极管是电流驱动器件，输入电阻很小，而干扰源一般内阻较大，且能量很小，很难使发光二极管误动作，所以光电耦合器有极强的抗干扰能力。

（3）光电耦合器具有较高的信号传递速度，响应时间一般为数微秒，高速型光电耦合器的响应时间可以小于 100 ns。

光电耦合器的用途很广，如作为信号隔离转换，脉冲系统的电平匹配，微机控制系统的输入、输出回路等。

1.6.4　光(太阳能)电池

光电池是通过光电转换原理直接将太阳能转换成电能的一种半导体器件，这种光电转换过程通常称为"光伏打效应"，简称光伏效应。光电池等效于一个 PN 结，通过太阳光照形成新的空穴、电子对，在 PN 结两端产生电动势，接上负载后会有电流流过产生一定的输出功率。由于太阳能是取之不尽的绿色环保能源，因此光电池被广泛用于通信卫星系统电源、光伏水泵(饮水或灌溉)、光缆通信泵站电源等。

本章小结

1. PN 结具有单向导电性，PN 结承受正向电压时，其电阻很小，为导通状态；PN 结承受反向电压时，其电阻很大，为截止状态。

2. 二极管和稳压二极管都是由一个 PN 结构成的半导体器件，它们的正向特性很相似，主要区别：二极管不允许反向击穿，一旦击穿会造成永久性损坏；而稳压二极管则可以工作在反向击穿状态，且反向击穿时动态电阻很小，即电流在允许范围内变化时，稳定电压 U_z 基本不变。

3. 晶体管是由两个 PN 结构成的双极结型半导体器件，有 NPN 和 PNP 两种管型，其主要功能是可以用较小的基极电流控制较大的集电极电流，控制能力用电流放大系数 β 表示。

晶体管的电流关系：$I_E = I_B + I_C = (1+\beta) I_B$

晶体管的输入特性：$I_B = f(U_{BE}) \big|_{U_{CE}=常数}$，与二极管的正向特性相似。

晶体管的输出特性：$I_C = f(U_{CE}) \big|_{I_B=常数}$，可划分为三个区域，即截止区、放大区、饱和区，分别对应晶体管的三种工作状态。

工作状态	截止	放大	饱和
外部偏置	发射结反偏，集电结反偏	发射结正偏，集电结反偏	发射结正偏，集电结正偏

续表

工作状态	截止	放大	饱和
特征 （NPN 硅管）	$U_{BE} \leq 0 \quad U_{CE} \approx U_{CC}$ $I_C = I_{CEO} \approx 0$ $I_B = 0$	$U_{BE} = 0.6 \sim 0.7 \ V$ $U_{CE} > U_{BE}$ $I_C = \beta I_B$	$U_{BE} = 0.6 \sim 0.7 \ V$ $U_{CE} \approx 0.2 \sim 0.3 \ V < U_{BE}$ $I_C = I_{CS}$ $I_B \geq I_{BS} = \dfrac{I_{CS}}{\beta}$

4. 场效晶体管是一种单极型半导体器件,其基本功能是用栅、源极间电压控制漏极电流。具有输入电阻高、噪声低、热稳定性好、耗电省等优点。

5. 利用 PN 结在正向导通时发出可见光的特性,制成发光二极管;利用 PN 结的光敏特性,制成光敏电阻、光电二极管和光电晶体管。将它们组合在一起可制成光电耦合器。

6. 通过光伏效应可将太阳能转换成电能制成光电池。

习题

一、选择题

1.1 由于热激发,一些价电子获得一定能量后会挣脱束缚成为自由电子,产生( )。

    （a）正离子   （b）空穴   （c）电子-空穴对

1.2 当 PN 结反向电压增大时,空间电荷区( )。

    （a）基本不变   （b）变大   （c）变小

1.3 在题 1.3 图所示电路中,电压 U_0 为( )。

    （a）−12 V   （b）−9 V   （c）−3 V

1.4 在题 1.4 图所示电路中,所有二极管均为理想元件,则 D_1、D_2、D_3 的工作状态为( )。

    （a）D_1 导通,D_2、D_3 截止   （b）D_1、D_2 截止,D_3 导通
    （c）D_1、D_3 截止,D_2 导通

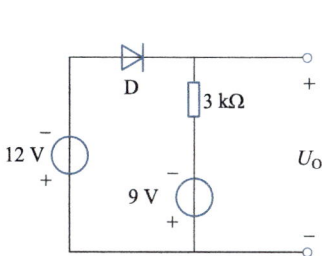

题 1.3 图

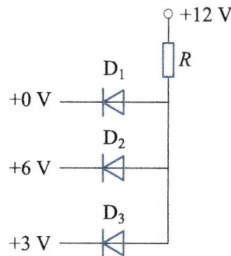

题 1.4 图

1.5　在题 1.5 图所示电路中,所有二极管均为理想元件,则 D_1、D_2 的工作状态为(　　)。

(a) D_1 导通,D_2 截止　　　　　　　　　　(b) D_1、D_2 均导通

(c) D_1 截止,D_2 导通

1.6　在题 1.6 图所示电路中,D_1、D_2 为理想二极管,则电压 U_0 为(　　)。

(a) 3 V　　　　　　　(b) 5 V　　　　　　　(c) 2 V

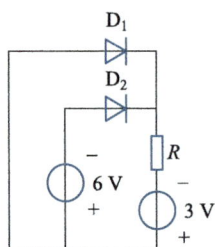

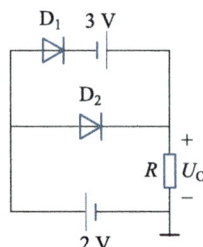

题 1.5 图　　　　　　　　　　　　　　　　题 1.6 图

1.7　在题 1.7 图所示电路中,电路如图(a)所示,二极管 D 为理想元件,输入信号 u_I 为如图(b)所示的三角波,则输出电压 u_0 的最大值为(　　)。

(a) 5 V　　　　　　　(b) 17 V　　　　　　　(c) 7 V

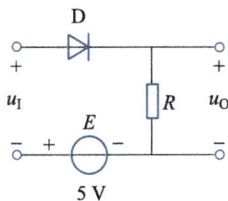

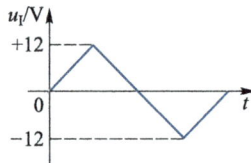

(a)　　　　　　　　　　　　(b)

题 1.7 图

1.8　在题 1.8 图所示电路中,二极管为理想元件,$u_A = 3$ V,$u_B = 2\sin \omega t$ V,$R = 4$ kΩ,则 u_F 等于(　　)。

(a) 3 V　　　　　　　(b) $2\sin \omega t$ V　　　　　　　(c) $(3 + 2\sin \omega t)$ V

1.9　在题 1.9 图所示电路中,二极管均为理想元件,则输出电压 U_0 为(　　)。

(a) 3 V　　　　　　　(b) 0 V　　　　　　　(c) −12 V

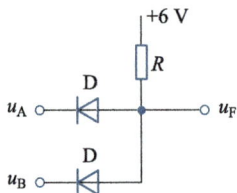

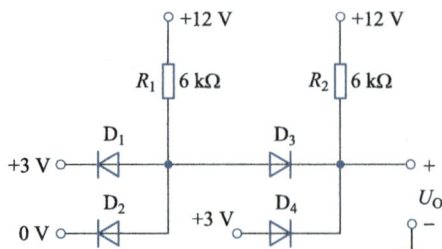

题 1.8 图　　　　　　　　　　　　　　　题 1.9 图

1.10　在题1.10图(1)所示电路中,二极管 D 为理想元件,设 $u_i = 12\sin \omega t$ V, 稳压二极管 D_Z 的稳定电压为 6 V,正向压降不计,则输出电压 u_O 的波形为图(2)中的波形(　　)。

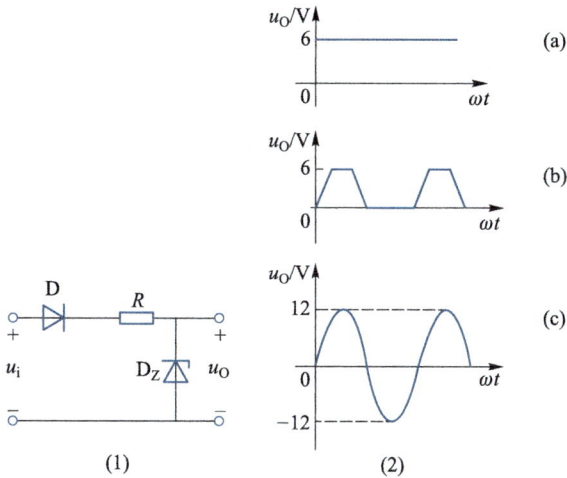

题 1.10 图

1.11　在题1.11图所示电路中,稳压二极管 D_{Z1} 的稳定电压为 6 V,D_{Z2} 的稳定电压为12 V,则输出电压 U_O 等于(　　)。

　　(a) 12 V　　　　　(b) 6 V　　　　　(c) 18 V

1.12　在题1.12图所示电路中,稳压二极管 D_{Z1} 和 D_{Z2} 的稳定电压分别为 6 V 和 9 V,正向电压降都是 0.7 V,则电压 U_O 为(　　)。

　　(a) 3 V　　　　　(b) 15 V　　　　　(c) −3 V

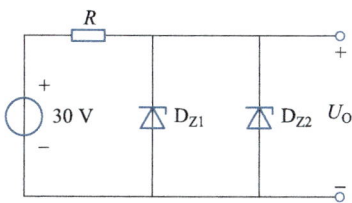

题 1.11 图

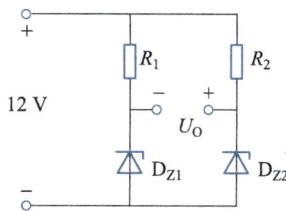

题 1.12 图

1.13　在题1.13图所示电路中,稳压二极管 D_{Z1} 的稳定电压 $U_{Z1} = 12$ V,D_{Z2} 的稳定电压 $U_{Z2} = 6$ V,则电压 U_O 等于(　　)。

　　(a) 12 V　　　　　(b) 20 V

　　(c) 6 V

1.14　已知某晶体管处于放大状态,测得其三个极的电位分别为 6 V、9 V 和 6.3 V,则 6 V 所

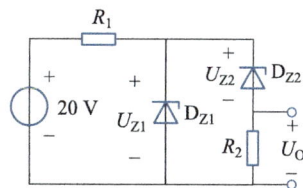

题 1.13 图

对应的电极为(　　)。

    (a) 发射极　　　(b) 集电极　　　(c) 基极

1.15　晶体管的工作特点是(　　)。

    (a) 输入电流控制输出电流　　　　(b) 输入电流控制输出电压

    (c) 输入电压控制输出电压

1.16　复合管电路如题 1.16 图所示,其中可正确地等效为 NPN 型管的是(　　)。

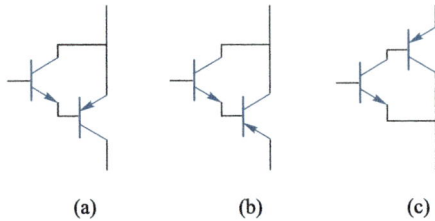

题 1.16 图

1.17　场效晶体管的工作特点是(　　)。

    (a) 输入电流控制输出电流　　　　(b) 输入电压控制输出电压

    (c) 输入电压控制输出电流

1.18　某场效晶体管,在漏、源电压保持不变的情况下,栅、源电压 U_{GS} 变化 2 V 时,相应的漏极电流变化 4 mA,该管的跨导是(　　)。

    (a) 2 mA/V　　　　　　　　　　(b) 0.5 V/mA

    (c) 无法确定

二、解答题

1.19　在题 1.19 图所示各电路中,$u_i = 12\sin\omega t$ V,$U_S = 6$ V,二极管的正向压降可忽略不计,试分别画出输出电压 u_O 的波形。

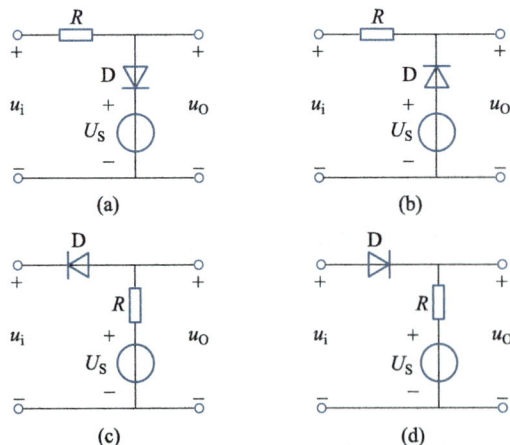

题 1.19 图

1.20　在题 1.20 图所示电路中，D_1 和 D_2 为理想二极管，$U_1 = U_2 = 1$ V，$u_i = 2\sin \omega t$V。试画出输出电压 u_O 的波形。

1.21　在题 1.21 图（a）所示电路中，电容 C 和电阻 R 构成一微分电路。当输入电压 u_I 波形如图（b）所示时，试画出 u_R 与输出电压 u_O 的波形。

1.22　在题 1.22 图所示电路中，设二极管正向压降可忽略不计，在下列几种情况下，试求输出端电位 V_F。（1）$V_A = 3$ V，$V_B = 0$ V；（2）$V_A = V_B = 3$ V；（3）$V_A = V_B = 0$ V。

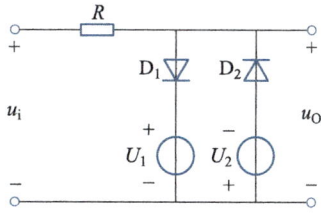

题 1.20 图

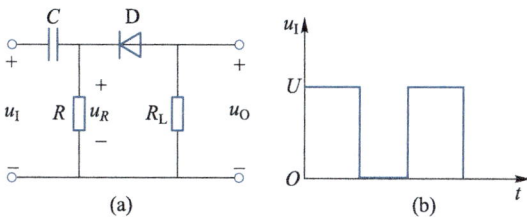

题 1.21 图

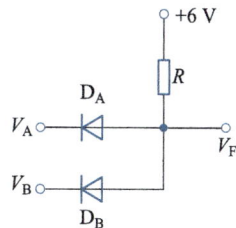

题 1.22 图

1.23　在图 1.3.2 所示的稳压二极管稳压电路中，已知：稳压二极管参数 $U_Z = 6$ V，$I_Z = 3$ mA，调整电阻 $R = 1$ kΩ，负载电阻 $R_L = 1$ kΩ，求输入电压 U_I 分别为 10 V 和 15 V 时的输出电压 U_O。

1.24　在题 1.24 图所示电路中，已知 $R = R_L = 100$ Ω，输入电压 $U_I = 24$ V，稳压二极管 D_Z 的稳定电压 $U_Z = 8$ V，最大稳定电流 $I_{ZM} = 50$ mA，试问通过稳压二极管的稳定电流 I_Z 是否超过 I_{ZM}？如超过，怎样才能使其不超过？

1.25　在题 1.25 图所示电路中，稳压二极管 D_Z 的稳定电压 $U_Z = 5$ V，输入电压 $u_i = 10\sin \omega t$V，$R_L \gg R$ 试画出输出电压 u_O 的波形。设二极管 D 的正向压降可以忽略不计。

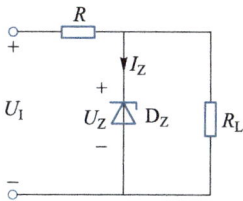

题 1.24 图

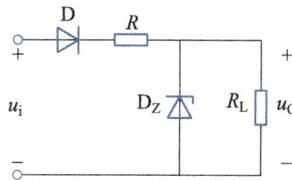

题 1.25 图

1.26　在题 1.24 图所示电路中，$U_I = 30$ V，$R = 1$ kΩ，$R_L = 2$ kΩ，稳压二极管的稳定电压 $U_Z = 10$ V，稳定电流 $I_{ZM} = 20$ mA、$I_Z = 5$ mA。试分析当 U_I 波动 ±10% 时，电路能否正常工作；如果 U_I 波动 ±30%，电路还能否正常工作。

1.27 在题 1.24 图所示电路中,已知 $R = 500\ \Omega$，$R_L = 500\ \Omega$，稳压二极管的稳定电压 $U_Z = 10\ V$，稳定电流 $I_{ZM} = 30\ mA$、$I_Z = 5\ mA$。试分析 U_I 在什么范围内变化,电路能正常工作。

1.28 有两个稳压二极管 D_{Z1} 和 D_{Z2}，其稳定电压分别为 5.5 V 和 8.5 V，正向电压降都是 0.5 V。如果要得到 0.5 V、3 V、6 V、9 V 和 14 V 几种稳定电压,这两个稳压二极管和限流电阻应如何连接? 请画出各个电路。

1.29 在一放大电路中,测得晶体管三个极的对地电位分别为：$-6\ V$、$-3\ V$、$-3.2\ V$，试判断该晶体管是 NPN 型还是 PNP 型? 锗管还是硅管? 并确定三个电极。

1.30 某晶体管的输出特性曲线如题 1.30 图所示,试求：(1) $U_{CE} = 10\ V$ 时，I_B 从 0.4 mA 变到 0.8 mA；从 0.6 mA 变到 0.8 mA 两种情况下的动态电流放大系数；(2) I_B 等于 0.4 mA 和 0.8 mA 两种情况下的静态电流放大系数。

1.31 测量晶体管特性的电路如题 1.31 图所示,设晶体管工作在放大区中。(1) 如 U_{CC}、U_{BB}、R_C 不变,增大 R_B。试问 I_B、I_C 和 U_{CE} 如何变化? (2) 如 U_{CC}、U_{BB}、R_B 不变,增大 R_C。试问 I_B、I_C 和 U_{CE} 如何变化?

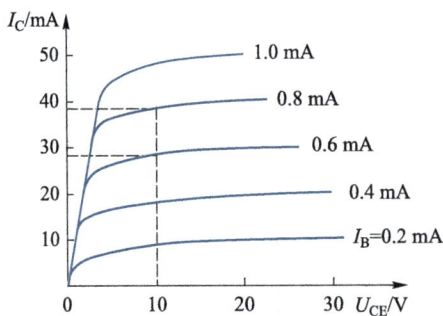

题 1.30 图

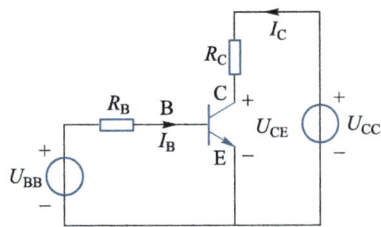

题 1.31 图

1.32 某晶体管的 $P_{CM} = 100\ mW$，$I_{CM} = 20\ mA$，$U_{(BR)CEO} = 15\ V$。试问在下列几种情况下,哪种是正常工作? 为什么? (1) $U_{CE} = 2\ V$，$I_C = 40\ mA$；(2) $U_{CE} = 3\ V$，$I_C = 10\ mA$；(3) $U_{CE} = 6\ V$，$I_C = 20\ mA$。

1.33 在题 1.33 图所示电路中,已知：$R_B = 10\ k\Omega$，$R_C = 1\ k\Omega$，$V_{CC} = 10\ V$，晶体管 $\beta = 50$，$U_{BE} = 0.7\ V$，试问在下列几种情况下,晶体管工作在何种工作状态? (1) $U_I = 0\ V$；(2) $U_I = 2\ V$；(3) $U_I = 3\ V$。

1.34 某场效晶体管漏极特性曲线如题 1.34 图所示,试问：(1) 该管属哪种类型? 画出其符号。(2) 其夹断电压 $U_{GS(off)}$ 约为多少? (3) 漏极饱和电流 I_{DSS} 约为多少?

1.35 N 沟道增强型场效晶体管的漏极和栅极连接在一起,可作为一个非线性电阻使用,如题 1.35 图(a)所示。该场效晶体管的输出特性曲线如图(b)所示,试画出它作为非线性电阻使用时的伏安特性曲线。

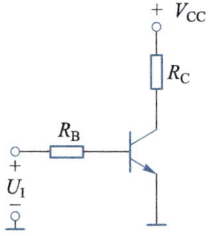

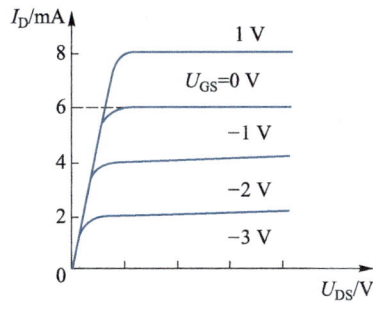

题 1.33 图　　　　　　　　　　　题 1.34 图

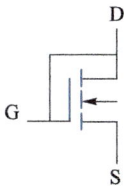

(a)

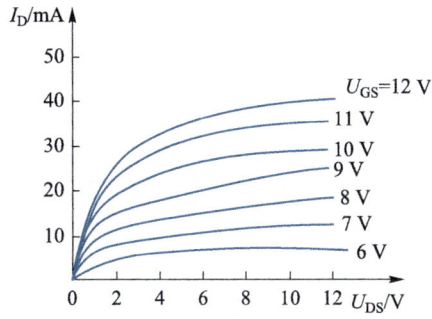

(b)

题 1.35 图

第 2 章　基本放大电路

本章重点介绍放大电路的基本概念、三种基本放大电路(单管放大电路、差分放大电路、功率放大电路)的构成及工作原理,放大电路的基本分析方法。

首先以共发射极放大电路为例,介绍放大电路的构成、工作原理及基本分析方法(图解法和小信号模型法),以此为基础,讨论多级放大电路的构成、耦合方式和分析方法,通过直接耦合方式引出放大电路中的零点漂移,提出抑制零点漂移的差分放大电路;从阻容耦合方式引出并讨论放大电路的频率特性。在差分放大电路的讨论中,建立差模信号、共模信号、共模抑制和输入、输出方式等重要概念,为后面集成运算放大器的讨论做好准备。本章还对 OTL 功率放大电路和集成运算放大电路的基本知识做了简单的介绍。

§2.1　放大器概述

放大器用以放大微弱信号,广泛用于音像设备、电子仪器、测量、控制系统及图像处理等多个领域,是应用最广泛的电子电路之一。

根据用途,放大器可分为电压(或电流)放大器和功率放大器,前者以放大信号电压(或电流)为主要任务,后者要求有较大的输出功率;根据工作频率,放大器可分为直流放大器和交流放大器;根据电路结构,可分为分立元件放大器和集成放大器,目前,在直流及低、中频范围,广泛应用集成放大器。

放大器一般由多级构成,前面若干级为电压放大器,最后为功率放大器,以获得足够的信号功率驱动负载,例如音响系统中的扬声器发出洪亮的声音,伺服系统中的执行机构(步进电机、电磁铁、电磁阀等)动作等。

依照能量守恒,放大器并不能放大能量,输出较大的能量来自放大器的直流电源。放大器的作用是通过晶体管的控制作用,使电源的能量,按较小的输入信号的变化规律向负载传送。所以,放大器的实质是用弱小的能量控制较大能量的传输。

由于集成放大器的广泛应用,人们对放大器内部电路不做深入分析,关注的往往是放大器的外部特性,即输入、输出特性。对放大器外特性的研究,可借助双口网络理论,即将放大器(不管是哪一种类型,也不管是单级还是多级)表示为图 2.1.1 所示的双口网络,需要放大的信号加在入口,以电压

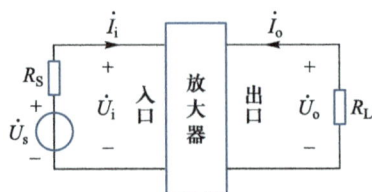

图 2.1.1

源 $\dot{U}_s$、R_s(或电流源 $\dot{I}_s$、R_s)表示,$\dot{U}_i$、$\dot{I}_i$ 为放大器的输入电压和输入电流,$\dot{U}_o$、$\dot{I}_o$ 为放大器的输出电压和输出电流,出口的 R_L 表示放大器的负载。在放大器的研究和测试中,通常以正弦信号作为输入信号,此时,放大器中的电压、电流可用相量表示。根据双口网络理论,放大器的外特性可用转移特性(对放大器而言,常称为增益)A 表示

$$A_u = \frac{\dot{U}_o}{\dot{U}_i} \qquad A_i = \frac{\dot{I}_o}{\dot{I}_i}$$

$$A_r = \frac{\dot{U}_o}{\dot{I}_i} \qquad A_g = \frac{\dot{I}_o}{\dot{U}_i} \qquad\qquad (2.1.1)$$

分别称为转移电压比、转移电流比、转移电阻和转移电导,对于放大器,习惯称为电压增益、电流增益、互阻增益和互导增益。

放大器的主要技术指标如下:

1. 输入电阻 r_i

在图 2.1.2(a)中,当输入电压 $\dot{U}_i$ 加于放大器的输入端时,必然会产生一个输入电流 $\dot{I}_i$,根据等效概念,放大器连同负载一起可视为信号源的一个负载电阻 r_i,则

$$r_i = \frac{\dot{U}_i}{\dot{I}_i} \qquad\qquad (2.1.2)$$

这个负载电阻称为放大器的输入电阻,如图 2.1.2(b)所示。

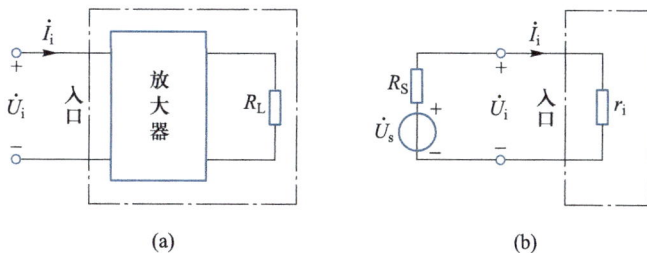

(a)　　　　　　　　　　　　　　(b)

图 2.1.2

r_i 是一个交流等效电阻,从图 2.1.2(b)中可以看出,r_i 决定了放大器从信号源所取电流(即放大器的输入电流)i_i 的大小。为了减轻信号源的负担,同时在信号源内阻较大时,使放大器获得尽可能大的信号电压(u_i),都希望放大器的输入电阻r_i越大越好,以改善放大器实际的放大效果。

2. 输出电阻 r_o

当放大器接上负载 R_L,其输出电压 $\dot{U}_o$ 的大小会随着负载 R_L 的变化而改

变。根据等效电源定理,对负载而言,放大器连同信号源在内,可等效为一个具有内阻 r_o 的电压源(或电流源),如图 2.1.3 所示,等效电压源(或电流源)的内阻为放大器的输出电阻,电压源的源电压为放大器输出端的空载电压 $\dot{U}_{ooc}$。

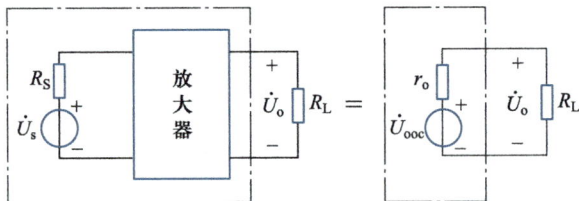

图 2.1.3

r_o 也是一个交流等效电阻,r_o 越小,负载电阻 R_L 的变化对输出电压 u_o 的影响越小,即放大器的带负载能力越强。因此,通常希望放大电路输出级的输出电阻越小越好。

3. 电压放大倍数(电压增益)A_u

放大器的电压放大倍数体现了放大器的电压放大能力,可表示为

$$A_u = \frac{\dot{U}_o}{\dot{U}_i} \tag{2.1.3}$$

当电压放大倍数很大(例如集成运算放大器)时,以分贝(dB)作单位的对数增益可表示为

$$20\lg|A_u| = 20\lg\left|\frac{\dot{U}_o}{\dot{U}_i}\right| \quad (\text{dB}) \tag{2.1.4}$$

考虑信号源内阻影响时的电压放大倍数称为源电压放大倍数,用 A_{us} 表示

$$A_{us} = \frac{\dot{U}_o}{\dot{U}_s} = \frac{\dot{U}_o}{\dot{U}_i} \cdot \frac{\dot{U}_i}{\dot{U}_s} = A_u \cdot \frac{r_i}{r_i + R_S} \tag{2.1.5}$$

此外,放大器的技术指标还有非线性失真系数(或失真度)、通频带等,对于功率放大器,主要技术指标为最大输出功率 P_{om} 以及效率 η 等。

思考题

1. 放大器如何分类?放大的实质是什么?
2. 衡量放大器的主要性能指标有哪些?
3. 什么是放大器的输入电阻和输出电阻?它们的数值是大一些好还是小一些好?为什么?

§2.2 单管放大电路的静态分析

2.2.1 单管放大电路的构成

单管放大电路是构成各种类型放大器和多级放大器的基本单元电路,图 2.2.1(a)所示为双极结型晶体管(BJT)单管放大原理电路。由于晶体管的发射极接地,是输入信号 u_i 和输出信号 u_o 的公共参考点,所以该电路称为共发射极放大电路。

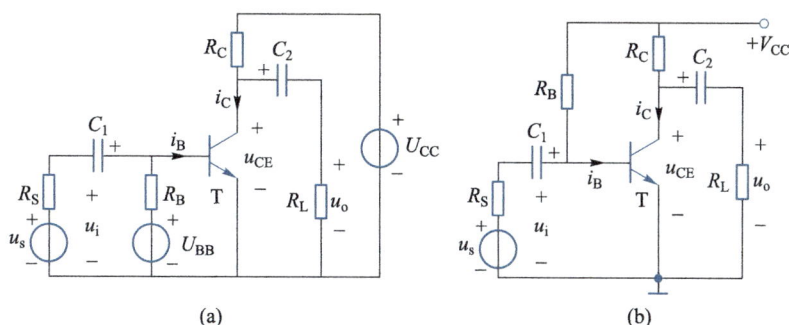

文本:§2.2.1 单管放大电路的构成

图 2.2.1

电路构成元件的作用如下:

T:晶体管,电流放大元件,用基极电流 i_B 控制集电极电流 i_C,是放大电路的核心元件。

U_{CC}、U_{BB}:是保证晶体管正常工作的直流电源,它们使晶体管的发射结正向偏置,集电结反向偏置,同时,也是放大电路能量的来源。

R_B:基极电阻,用以调节晶体管的基极电流 I_B(常称为偏流),使其有一个合适的工作点,因而又称为偏置电阻,通常为几十千欧到几百千欧。

R_C:集电极负载电阻,将晶体管电流 i_C 的变化转换为电压的变化,是实现电压放大的关键元件,R_C 一般为几千欧到几十千欧。

R_L:负载电阻,为放大电路的外接负载。

C_1、C_2:耦合电容或隔直电容,为了减小传递信号的电压损失,通常选取大容量的电解电容(几微法至几十微法)。在交流信号作用下,C_1、C_2 容抗很小,可视为短路,因此可使交流信号顺利通过放大器和负载,起到了传递交流(简称"传交")作用;另一方面,利用电容充电结束后相当于"开路"的作用,确保信号源(u_s、R_S)和负载(R_L)接入后,晶体管的直流偏置保持不变,即起到了隔断直流(简称"隔直")作用。

在实用电路中,用电源 U_{CC} 代替电源 U_{BB},基极电流 i_B 由 U_{CC} 经偏置电阻 R_B 提供。习惯上,在电路图中只标出电源正极电位 $+V_{CC}$,图 2.2.1(a)所示电路改画成图(b)所示电路的形式。

2.2.2 放大电路的静态分析

无输入信号 u_i（$u_i = 0$）时放大电路的工作状态称为直流工作状态或静止状态，简称静态，此时电路中的电压、电流都是直流量。静态分析就是确定电路中的静态电流 I_B、I_C 和电压值 U_{CE}，这一组数值将在描述电路工作状态的输入、输出特性曲线上确定一点，这点常称为静态工作点，通常采用估算法和图解法确定静态工作点。

1. 估算法

静态下的放大电路，电容 C_1、C_2 如同开路一样，对于图 2.2.1(b) 所示电路，利用估算法求解放大电路的静态值只需考虑由 $+V_{CC}$、R_B、R_C、晶体管所组成的直流通道，电路如图 2.2.2 所示，图中

$$I_B = \frac{V_{CC} - U_{BE}}{R_B} \approx \frac{V_{CC}}{R_B} \tag{2.2.1}$$

其中，U_{BE} 为晶体管发射结正向压降，硅管大约为 0.7 V。

$$I_C = \beta I_B$$

晶体管 C、E 间的管压降

$$U_{CE} = V_{CC} - R_C I_C \tag{2.2.2}$$

2. 图解法

利用放大电路的结构约束曲线（负载线）和晶体管元件伏安特性曲线（输入、输出特性曲线），求解静态值的方法称为图解法。负载线与特性曲线的交点即为放大电路的静态工作点 Q。

图 2.2.1(b) 所示电路的静态图解分析可对基极回路和集电极回路分别进行。由于 $V_{CC} \gg U_{BE}$，基极回路的图解分析误差较大，所以通常不进行基极回路的图解分析，而利用式 (2.2.1) 估算 I_{BQ}，发射结正向压降 U_{BE} 可近似取 0.7 V。

对于集电极回路的图解分析，由图 2.2.3(a) 可列出电压方程

$$U_{CE} = V_{CC} - I_C R_C \tag{2.2.3}$$

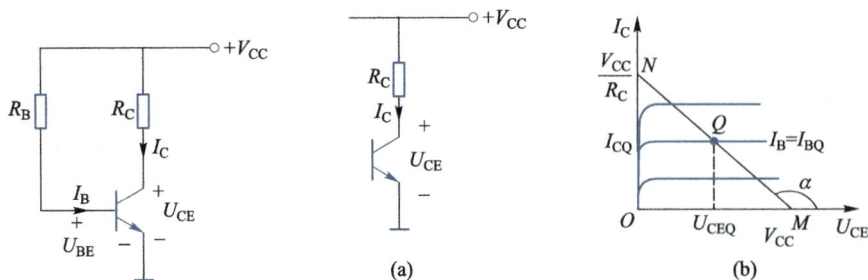

图 2.2.2

(a)

(b)

图 2.2.3

这是一个直线方程,其斜率为 $\tan\alpha = -\dfrac{1}{R_C}$,在横轴上的截距为 $M(V_{CC},0)$,纵轴上

的截距为 $N\left(0,\dfrac{V_{CC}}{R_C}\right)$,如图 2.2.3(b)所示。因为方程(2.2.3)是根据集电极直流

通道得出,并与集电极负载电阻有关,故称为直流负载线。在晶体管的输出特性

曲线簇中找出 $I_B = I_{BQ}$ 的一条曲线,直流负载线 MN 与特性曲线的交点 Q 即为晶

体管的静态工作点(U_{CEQ},I_{CQ})。

在静态情况下,当调节偏置电阻 R_B 改变 I_B

时,静态工作点 Q 将随 I_B 的变化沿图 2.2.3(b)

中的直流负载线 MN 移动,所以直流负载线是静

态工作点移动的轨迹。

例 **2.2.1** 图 2.2.1(b)中,已知 $V_{CC} = 12$ V,

$R_B = 300$ kΩ,$\beta = 50$,$R_C = 3$ kΩ,晶体管的输出特

性曲线如图 2.2.4 所示。试用估算法和图解法

求放大电路的静态值。

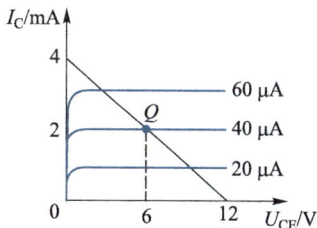

图 2.2.4

解:(1)估算法

$$I_{BQ} = \frac{V_{CC}}{R_B} = \frac{12}{300 \times 10^3} \text{ A} = 40 \text{ μA}$$

$$I_{CQ} = \beta I_{BQ} = 50 \times 40 \text{ μA} = 2 \text{ mA}$$

$$U_{CEQ} = V_{CC} - I_{CQ}R_C = (12 - 2 \times 3) \text{ V} = 6 \text{ V}$$

(2)图解法

在图 2.2.4 中,根据 $I_C = \dfrac{V_{CC}}{R_C} = \dfrac{12}{3}$ mA $= 4$ mA,$V_{CC} = 12$ V 作直流负载线,与

$I_{BQ} = 40$ μA 特性曲线相交得工作点 Q,根据 Q 查坐标得 $I_{CQ} = 2$ mA,$U_{CEQ} = 6$ V。

思考题

1. 简述单管放大电路的构成,说明电路中各元件的作用。

2. 如何定性判别一个电路是否具有正常的电压放大作用?

3. 为什么把图 2.2.1 所示的放大电路称为共射极放大电路?

4. 在例 2.2.1 中,V_{CC}、R_C 一定,减小 R_B,I_C 是否一直随 I_B 的变化而变?为

什么?

5. 何谓静态图解分析?它包含哪些主要步骤?

6. 为什么说图解分析也是依据电路的两类约束条件?

§2.3 单管放大电路的动态分析

有输入信号时,放大电路的工作状态称为动态。此时放大电路是在直流电

源 V_{CC} 和交流输入信号 u_i 共同作用下工作,电路中的电压 u_{CE}、电流 i_B 和 i_C 均包

含两个分量,即

$$i_B = I_B + i_b$$

$$i_C = I_C + i_c$$

$$u_{CE} = U_{CE} + u_{ce}$$

其中，I_B、I_C 和 U_{CE} 是在电源 V_{CC} 单独作用下产生的电流、电压，实际上就是放大器的静态值，称为直流分量。i_b、i_c 和 u_{ce} 是在输入信号 u_i 的作用下产生的电流、电压，称为交流分量。

交流分量的分析可采用小信号模型分析法和图解分析法。

2.3.1　小信号模型分析法

1. 晶体管小信号模型

由输入特性（如图 1.4.3 所示）和输出特性（如图 1.4.4 所示）可知，双极结型晶体管的特性（即电压、电流关系）从整体上看是非线性的，但在工作点附近的一个小范围内，特性曲线可近似看作直线（如图 2.3.1 所示），即电压变化量 $\Delta u_{BE}(u_{be})$ 和电流变化量 $\Delta i_B(i_b)$ 之间近似呈线性关系，所以，当仅仅考虑其电压、电流的微小变化量时，可将其等效为一个线性网络，称为晶体管的微变等效电路或小信号模型。

双极结型晶体管的小信号模型可以由其输入和输出特性建立。由图 2.3.1 所示的输入特性曲线可知，在工作点 Q 附近小范围内的一小段特性曲线近似为直线，电压变化量 $\Delta u_{BE}(u_{be})$ 与电流变化量 $\Delta i_B(i_b)$ 呈线性关系，这表明，双极结型晶体管的入口[如图 2.3.2(a)所示]即基极与发射极之间，对于微小的电压、电流的变化量（u_{be}、i_b）而言，可等效为一个线性电阻，称为双极结型晶体管的动态输入电阻，以 r_{be} 表示为

图 2.3.1

$$r_{be} = \lim_{\Delta \to 0} \frac{\Delta u_{BE}}{\Delta i_B} = \frac{\mathrm{d}u_{BE}}{\mathrm{d}i_B} = \frac{u_{be}}{i_b} \qquad (2.3.1)$$

r_{be} 通常由下式估算

$$r_{be} = (100 \sim 300)\,\Omega + (1+\beta)\frac{26\ \mathrm{mV}}{I_{EQ}(\mathrm{mA})} \qquad (2.3.2)$$

式中的 $(100 \sim 300)\,\Omega$ 为晶体管基极到发射结之间（即基区）半导体材料的体电阻值，通常取 $300\ \Omega$；I_{EQ} 为晶体管的静态射极电流，$\dfrac{26\ \mathrm{mV}}{I_{EQ}(\mathrm{mA})}$ 为发射结的动态电阻，流过发射结的电流为射极电流 i_e，现在把它折合到基极回路，流过的电流为 i_b，所以需乘以 $(1+\beta)$。r_{be} 的数值随晶体管的静态射极电流而改变，通常为几百欧到几千欧。

由图 1.4.4 输出特性曲线可以看出，各条曲线几乎水平、相互平行且分布均匀（对于相等的 Δi_B，曲线垂直距离相等），这表明 i_C 的变化量 $\Delta i_C(i_c)$ 与 i_B 的变

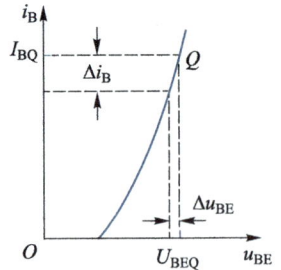

化量 $\Delta i_B(i_b)$ 成比例,而与 u_{CE} 的微小变化量 $\Delta u_{CE}(u_{ce})$ 无关。所以,双极结型晶体管的出口[如图 2.3.2(a)所示,即集电极与发射极之间]对于微小的电压、电流的变化量(u_{ce}、i_c)可等效为一个电流控制电流源 βi_b,β 为晶体管的电流放大系数。由此建立双极结型晶体管的小信号模型如图 2.3.2(b)所示。

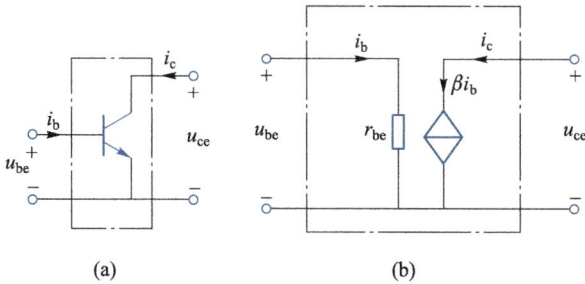

图 2.3.2

在建立上述小信号模型时,只考虑了电压、电流间的主要关系,忽略了一些次要关系,所以,图 2.3.2(b)为简化小信号模型。

PNP 型晶体管和 NPN 型晶体管只是直流偏置不同,即电压的极性和电流的实际方向相反,在小信号模型中只考虑电压、电流的微小变化量,即交流分量,两种晶体管对交流分量而言是相同的,所以图 2.3.2(b)所示的小信号模型对 PNP 型晶体管也是适用的。

2. 小信号模型分析法

小信号模型分析法是将放大电路中的晶体管以其小信号模型代替,然后用线性电路的分析方法对放大电路进行分析。

在图 2.3.3 所示电路中,当只考虑交流分量 u_i 单独作用时,由于耦合电容 C_1、C_2 容量都比较大,容抗极小,可视为短路;电源 V_{CC} 为理想电压源且电压恒定,当电流变化时,端电压变化量 $\Delta U=0$,即 V_{CC} 对交流信号也相当于短路。由此可得到仅考虑电路中的交流分量时的"交流通路",如图 2.3.4(a)所示。将其中的晶体管代之以晶体管的小信号模型,即可得到放大电路的小信号模型电路,如图 2.3.4(b)所示。设 u_i 为正弦量,则电路中所有的电流、电压均可用相量表示。

(1)电压放大倍数

在图 2.3.4(b)中,放大器的输出端开路时电路的电压放大倍数

$$A_u = \frac{\dot{U}_o}{\dot{U}_i} = -\beta\frac{R_C \dot{I}_b}{r_{be}\dot{I}_b} = -\beta\frac{R_C}{r_{be}} \qquad (2.3.3)$$

其与电阻 R_C 成正比,并与 r_{be} 和 β 有关,式中的负号表示输出电压与输入电压相位相反。

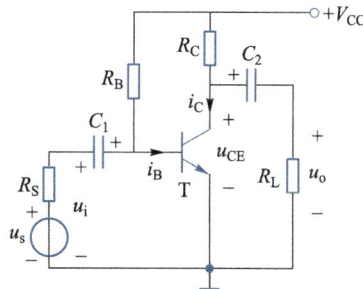

图 2.3.3

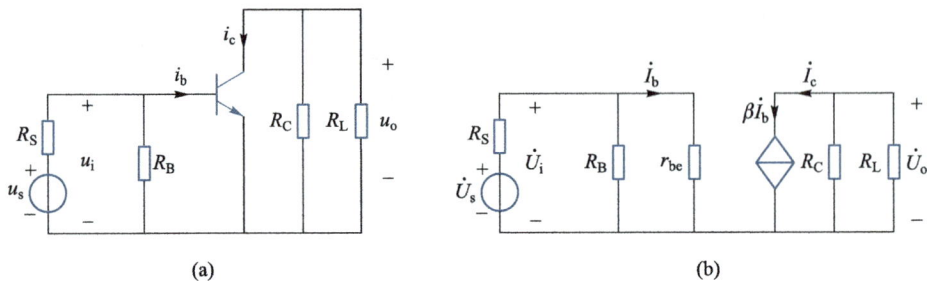

图 2.3.4

若在输出端接负载电阻 R_L 时,如图 2.3.4(b)所示,负载电阻 R_L 与 R_C 并联,设 $R'_L = R_L /\!/ R_C$,称为交流等效负载电阻,则

$$A_u = \frac{\dot{U}_o}{\dot{U}_i} = -\beta \frac{R'_L \dot{I}_b}{r_{be} \dot{I}_b} = -\beta \frac{R'_L}{r_{be}} \tag{2.3.4}$$

与式(2.3.3)相比,由于 $R'_L < R_C$,使放大倍数下降。可见,放大器的负载电阻 R_L 越小,放大倍数就越低。

(2) 输入电阻

根据式(2.1.2),由图 2.3.5 可得放大电路的输入电阻为

$$r_i = \frac{\dot{U}_i}{\dot{I}_i} = R_B /\!/ r_{be} \tag{2.3.5}$$

由于 R_B 较大,这一类放大电路的输入电阻近似等于晶体管的动态输入电阻 r_{be},一般认为是较低的。

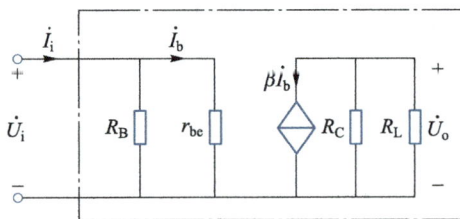

图 2.3.5

(3) 输出电阻

根据输出电阻的定义,在放大电路的出口,将信号源和放大电路包含在内,视为一个有源二端网络,如图 2.3.6 所示,其中二端网络的开路电压为

$$\dot{U}_{oc} = -\beta R_C \dot{I}_b$$

由图 2.3.7 所示电路可知,二端网络的短路电流为

$$\dot{I}_{sc} = -\beta \dot{I}_b$$

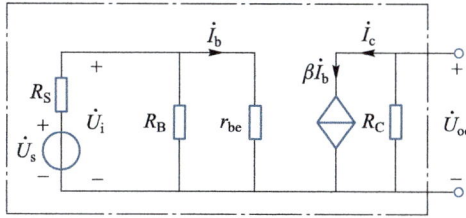

图 2.3.6

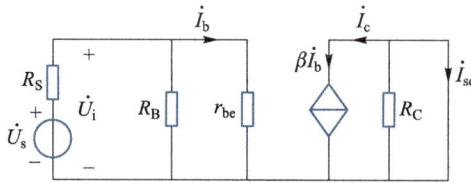

图 2.3.7

二端网络的入端电阻即放大电路的输出电阻

$$r_{\mathrm{o}} = \frac{\dot{U}_{\mathrm{oc}}}{\dot{I}_{\mathrm{sc}}} = \frac{-\beta R_{\mathrm{C}} \dot{I}_{\mathrm{b}}}{-\beta \dot{I}_{\mathrm{b}}} = R_{\mathrm{C}} \qquad (2.3.6)$$

R_{C} 在几千欧到几十千欧,一般认为是较大的,也不理想。

例 2.3.1 设图 2.3.3 所示放大电路中,$R_{\mathrm{B}} = 300~\mathrm{k\Omega}$,$R_{\mathrm{C}} = R_{\mathrm{L}} = 2.7~\mathrm{k\Omega}$,$V_{\mathrm{CC}} = 12~\mathrm{V}$,晶体管的 $\beta = 50$,信号源内阻 $R_{\mathrm{S}} = 3~\mathrm{k\Omega}$。求:(1)电压放大倍数 A_u;(2)输入电阻及输出电阻;(3)源电压放大倍数 A_{us}。

解:(1)电压放大倍数

因晶体管动态输入电阻 r_{be} 与静态电流 I_{EQ} 有关,故先用估算法计算静态工作点。

$$I_{\mathrm{BQ}} = \frac{V_{\mathrm{CC}}}{R_{\mathrm{B}}} = \frac{12}{300 \times 10^3}~\mathrm{A} = 0.04~\mathrm{mA}$$

$$I_{\mathrm{EQ}} = (1+\beta) I_{\mathrm{BQ}} = (1+50) \times 0.04~\mathrm{mA} = 2.04~\mathrm{mA}$$

则

$$r_{\mathrm{be}} = 300~\Omega + (1+\beta) \frac{26\mathrm{mV}}{I_{\mathrm{EQ}}}$$

$$= \left[300 + (1+50) \times \frac{26}{2.04} \right]~\Omega = 0.95~\mathrm{k\Omega}$$

交流等效负载电阻

$$R'_{\mathrm{L}} = R_{\mathrm{C}} /\!/ R_{\mathrm{L}} = \frac{2.7 \times 2.7}{2.7 + 2.7}~\mathrm{k\Omega} = 1.35~\mathrm{k\Omega}$$

$$A_u = -\beta \frac{R'_L}{r_{be}} = -50 \times \frac{1.35}{0.95} \approx -71.1$$

（2）输入电阻

$$r_i = R_B /\!/ r_{be} = \frac{300 \times 0.95}{300 + 0.95}\ \text{k}\Omega \approx 0.95\ \text{k}\Omega$$

输出电阻

$$r_o = R_C = 2.7\ \text{k}\Omega$$

（3）源电压放大倍数

$$A_{us} = A_u \cdot \frac{r_i}{r_i + R_S}$$

$$= -71.1 \times \frac{950}{950 + 3\,000} \approx -17.1$$

当输入信号幅度较小或晶体管基本工作在线性区域时,小信号模型分析法简便,精度较高,适用于各种复杂放大电路的分析,尤其对于放大电路特殊问题(如频率特性,负反馈等)的分析具有明显的优势。

2.3.2　图解法

动态分析图解法是利用放大电路的结构约束曲线和晶体管元件伏安特性曲线,通过作图方式研究在输入信号作用下,晶体管的工作点变动的规律,以便了解放大电路的工作情况。如对应于给定的输入信号 u_i（或 i_i）,通过图解确定输出信号 u_o（或 i_o）,从而计算电压(电流)放大倍数;分析放大电路输出波形的非线性失真;求输出动态范围等。

具体分析步骤:

（1）根据静态分析方法,求出静态工作点 $Q(I_{BQ}$、I_{CQ}、$U_{CEQ})$。

（2）根据输入信号 u_i,在输入特性曲线上求 i_B。

设放大器输入电压为正弦量,加在晶体管基极和发射极之间的总电压为静态分量 U_{BEQ} 和交流分量 u_{be} 之和,曲线如图 2.3.8(b)所示。

$$u_{BE} = U_{BEQ} + u_i = U_{BEQ} + u_{be}$$

根据晶体管的输入特性,依据 u_{BE} 的变化规律,可画出对应的 i_B 波形。观察相应波形可以得出,随着输入电压 u_i 变化,基极电流 i_B 将在 Q'、Q'' 之间变动。

（3）作交流负载线。

由图 2.3.4 所示交流通路可知,在动态情况下,晶体管集、射之间的电压

$$u_{CE} = U_{CEQ} + u_{ce} = U_{CEQ} - (R_C /\!/ R_L)i_c = U_{CEQ} - R'_L(i_C - I_{CQ}) \tag{2.3.7a}$$

或

$$i_C = -\frac{1}{R'_L}u_{CE} + \frac{1}{R'_L}(U_{CEQ} + R'_L I_{CQ}) \tag{2.3.7b}$$

式(2.3.7b)表示有信号时晶体管输出端外电路的电压电流关系,称为交流负载线方程,$-\dfrac{1}{R'_L}$ 是交流负载线的斜率。

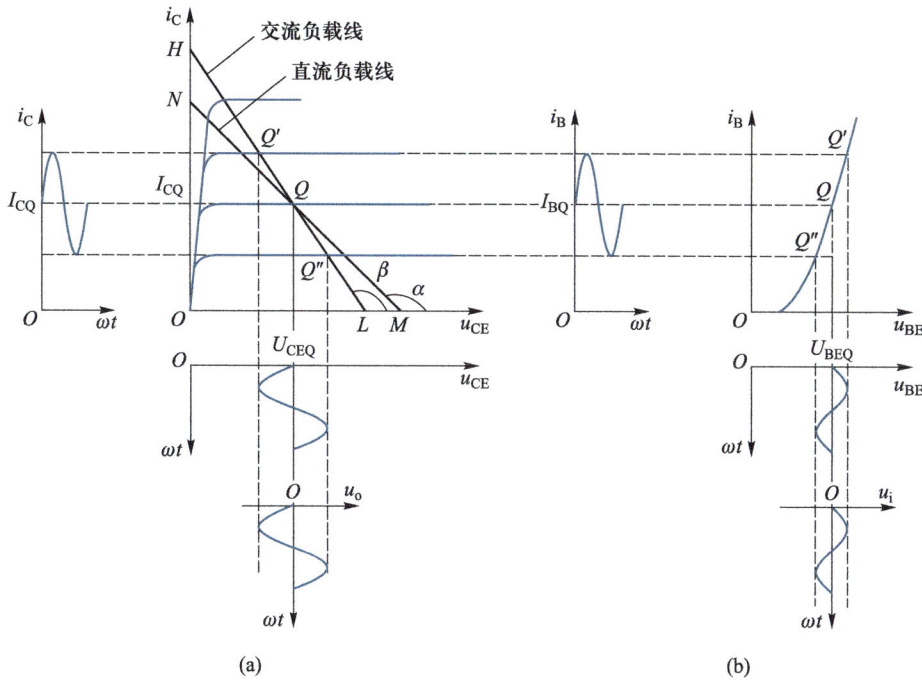

图 2.3.8

当输入信号为零时,放大电路的动态与静态情况相同,这表明交流负载线必然过静态工作点 Q,所以过静态工作点且斜率为 $-\dfrac{1}{R'_L}$ 的直线称为交流负载线。

由于交流负载线的斜率 $\tan\beta = -\dfrac{1}{R'_L} < -\dfrac{1}{R_C}$,因而 $\beta<\alpha$,交流负载线比直流负载线陡,如图 2.3.8(a)所示。

(4)根据给定的输入信号求输出信号。

对于输出回路,随着基极电流 i_B 的变化,工作点 Q 沿交流负载线 HL 上、下移动,而晶体管的 u_{CE}、i_C 亦随着工作点的移动而变化,波形如图 2.3.8(a)所示。

从上述图解过程得出如下结论:

(1)放大器中的各个量 u_{BE}、i_B、i_C、u_{CE} 都由直流分量和交流分量两部分组成。

(2)由于 C_2 的隔直作用,u_{CE} 中的直流分量 U_{CE} 被隔开,u_{CE} 中的交流分量 u_{ce} 即为输出电压 u_o。

(3)比较 u_o 与 u_i 的波形可知,二者频率相同,但相位相反,且 u_o 的幅值比 u_i 大许多。

(4)放大器的电压放大倍数

$$|\dot{A}_u| = \frac{U_{om}}{U_{im}} = \frac{U_{cem}}{U_{im}}$$

45

视频:§2.3.2
放大电路动态
分析——图解
法

其中 U_{cem} 和 U_{im} 分别为 u_{ce} 和 u_i 波形的幅值。

（5）负载电阻 R_L 越小，交流等效负载电阻 R'_L 也越小，交流负载线就越陡，使 U_{cem} 减小，电压放大倍数下降。

•2.3.3 放大电路非线性失真和输出动态范围

对于放大电路的一个基本要求是输出电压能够正确反映输入电压的变化，也就是能够实现不失真放大。当输入信号 u_i 较大时，如果放大电路的静态工作点设置得不合适，如工作点偏高（位于 Q'），如图 2.3.9（a）所示，在输入信号的正半周，当 i_B 增加时，有一段时间晶体管工作在饱和区，此时 i_C 不随 i_B 而变化，u_{CE} 波形的负半周出现平顶畸变，这种因管子工作在饱和区所引起的输出电压波形失真称为 饱和失真。当静态工作点偏低（位于 Q''），如图 2.3.9（b）所示，在输入信号 u_i 的负半周，有一段时间晶体管因 $i_B = 0$ 而截止，工作点停留在交流负载线与横轴的交点（截止区），使得 i_C、u_{CE} 在这段时间也不随输入信号 u_i 而变化，造成输出电压 u_0 的正半周出现平顶畸变，这种失真称为 截止失真，饱和失真和截止失真都是由于晶体管工作在非线性区造成的，故统称为 非线性失真。

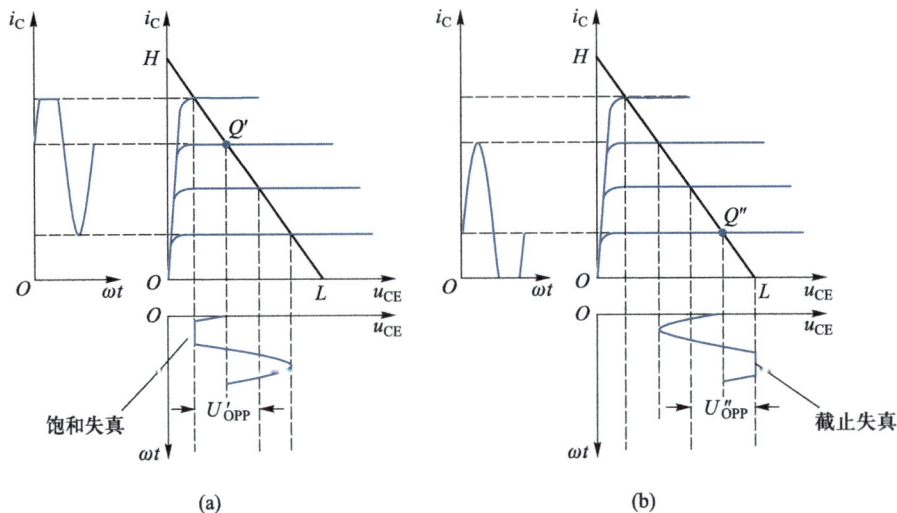

图 2.3.9

放大电路的最大不失真输出电压用峰-峰值表示，称为 输出电压动态范围，图 2.3.9 中分别表示出工作点在 Q' 和 Q'' 位置时的动态电压范围 U'_{OPP} 和 U''_{OPP}。一般将静态工作点设置在交流负载线的中点，如图 2.3.10 所示，可使输出电压波形的非线性失真降到最小，并使放大电路得到最大的输出动态范围。另外限制输入信号 u_i 的大小，也可避免非线性失真。

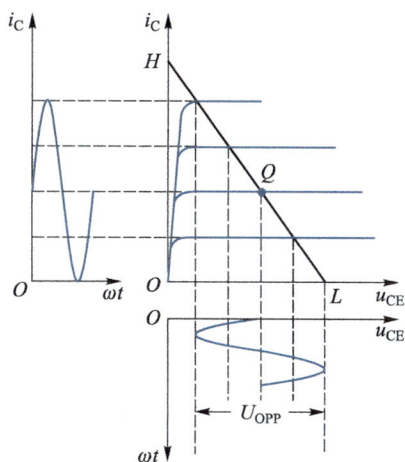

图 2.3.10

思考题

1. 什么是交流放大电路的直流通路和交流通路？

2. 晶体管小信号模型的适用条件是什么？

3. 能否用万用表的电阻挡测量晶体管的输入等效电阻 r_{be} 的大小？为什么？

4. 电压放大倍数 A_u 是否与 β 成正比？

5. 能否通过增大 R_C 提高放大电路的电压放大倍数？设 I_B 不变，当 R_C 过大时对放大电路有何影响？

6. 当 β 一定时，增大 I_E 是否一定可以提高电压放大倍数？为什么？

7. 在图 2.2.1 中，由于电容 C_1、C_2 的容值较大，可视为对交流短路，所以 C_1、C_2 两端的电压等于零，这种说法对吗？

8. 用直流电压表测得集电极对"地"电压和负载电阻 R_L 的电压是否一样？用示波器观察集电极对"地"电压波形和负载电阻 R_L 的电压波形是否一样？

9. 何谓动态图解分析？它各包含哪些主要步骤？静态分析对动态分析有何意义？

10. 简述交流负载线的画法，交流负载线在动态图解分析中有何重要意义？

11. 放大电路产生饱和失真和截止失真的原因是什么？

12. 当静态工作点设置得偏低或偏高时，对放大电路的性能有什么影响？是否一定会产生非线性失真？

13. 如何确定放大电路的输出动态范围？

14. 图解分析法有何优缺点？什么情况下用图解分析法最合适？

15. 在单级共射放大电路中，若输入电压为正弦波形，则输出 u_o 和输入 u_i 的相位关系是什么？

§2.4　工作点稳定的放大电路

由前面分析可知,晶体管有合适的静态工作点是保证放大电路正常工作的关键。但是,晶体管是一种对温度非常敏感的元件,几乎所有参数都和温度有关。例如温度升高,发射结正向压降 U_{BE} 减小($2\sim2.5$ mV/℃),电流放大系数 β 增大[$(0.5\sim2)$%/℃],穿透电流 I_{CEO} 增加等。所有这些影响都会使集电极电流 I_C 随温度升高而增大。

在图 2.2.1 所示的放大电路中,当电源 V_{CC} 和集电极电阻 R_C 确定后,放大电路的静态工作点就由基极偏置电流 I_B 来决定。由式(2.2.1)可知,R_B 一定,静态基极电流 I_B 基本恒定,所以这种提供偏流的电路称为固定偏置电路。当环境温度变化时,由于 I_C 随温度变化,而 I_B 基本不变,使工作点发生偏移,因而固定偏置电路不能保证工作点稳定,这将影响放大电路的性能和正常工作。影响工作点稳定的因素除温度外,还有电源电压波动、电路参数改变、管子老化等。

•2.4.1　电路结构特点

图 2.4.1 所示的分压式偏置放大电路具有稳定工作点的作用,它可以根据温度的变化自动调节基极电流 I_B,以减弱温度对集电极电流 I_C 的影响,使工作点基本稳定。

在电路设计时,适当选取电阻 R_{B1}、R_{B2} 的阻值,满足 $I_1 \gg I_B$,可将 I_B 忽略,晶体管基极电位 V_B 仅由 R_{B1}、R_{B2} 对 V_{CC} 的分压决定,与温度无关,即

图 2.4.1

$$V_B = \frac{R_{B2}}{R_{B2}+R_{B1}}V_{CC}$$

并联在 R_E 两端的电容 C_E 称为射极旁路电容,通常选择较大的容量(几十至几百微法),在动态情况下,C_E 可视为短路,所以图 2.4.1 所示电路仍然是共射极放大电路,R_E 只对直流分量产生影响。

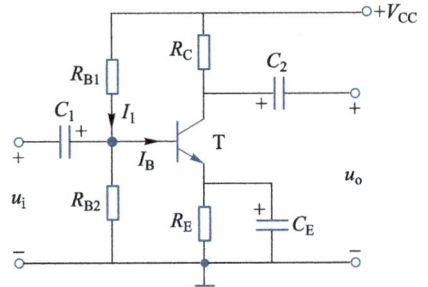

•2.4.2　静态工作点稳定原理

当温度升高时,晶体管电流 I_C、I_E 及射极电阻 R_E 上的压降趋于增大,射极电位 V_E 有升高的趋势,但因基极电位 V_B 基本恒定,故发射结正向偏压 U_{BE} 必然趋于减小,由晶体管的输入特性曲线可知,这将导致基极电流 I_B 减小,正好对射极电流 I_E 和集电极电流 I_C 的增大起到了补偿作用,即阻碍了 I_E、I_C 随温度的变化,从而使 I_E、I_C 趋于稳定,自动调节过程如下所示:

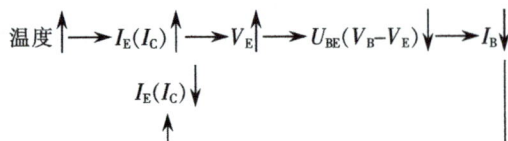

温度↑ ⟶ $I_E(I_C)$↑ ⟶ V_E↑ ⟶ $U_{BE}(V_B-V_E)$↓ ⟶ I_B↓

$I_E(I_C)$↓

48

由于 $V_E = R_E I_E$，上述调节作用显然与射极电阻 R_E 有关，R_E 越大，调节作用（即稳定工作点的效果）越显著，但 R_E 太大，R_E 上过大的直流压降使 U_{CE} 减小，导致放大电路输出电压的动态范围减小。通常选取 R_E 上的压降 $V_E \geqslant (3 \sim 5) U_{BE}$，即 2.1～3.5 V 为宜。

例 2.4.1 在图 2.4.1 所示放大电路中，$R_{B1} = 12$ kΩ，$R_{B2} = 4$ kΩ，$r_{be} = 1.5$ kΩ，$R_C = 2$ kΩ，$R_E = 1$ kΩ，$V_{CC} = 12$ V，$\beta = 50$。求：（1）静态工作点；（2）电压放大倍数 A_u；（3）输入电阻、输出电阻。

解：（1）用估算法计算静态工作点

$$V_B = \frac{R_{B2}}{R_{B1} + R_{B2}} V_{CC} = \frac{4}{12 + 4} \times 12 \text{ V} = 3 \text{ V}$$

$$I_{EQ} = \frac{V_E}{R_E} = \frac{V_B - U_{BE}}{R_E} = \frac{3 - 0.7}{1} \text{ mA} = 2.3 \text{ mA} \approx I_{CQ}$$

$$I_{BQ} = \frac{I_{CQ}}{\beta} = \frac{2.3}{50} \text{ mA} = 46 \text{ μA}$$

$$U_{CEQ} = V_{CC} - I_{CQ} R_C - I_{EQ} R_E$$
$$= (12 - 2.3 \times 2 - 2.3 \times 1) \text{ V} = 5.1 \text{ V}$$

（2）电压放大倍数

放大器小信号模型电路如图 2.4.2 所示，与固定偏置电路的模型电路基本相同。

$$A_u = -\beta \frac{R_C}{r_{be}} = -\frac{50 \times 2}{1.5} = -66.67$$

（3）输入电阻、输出电阻

$$r_i = R_{B1} /\!/ R_{B2} /\!/ r_{be}$$
$$= \frac{1}{\dfrac{1}{12} + \dfrac{1}{4} + \dfrac{1}{1.5}} \text{ kΩ} = 1 \text{ kΩ}$$

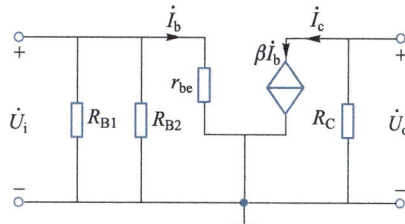

图 2.4.2

$$r_o = R_C = 2 \text{ kΩ}$$

例 2.4.2 在图 2.4.1 所示放大电路中去掉射极旁路电容 C_E，试计算该放大电路的电压放大倍数和输入电阻、输出电阻。

解：（1）电压放大倍数

小信号模型电路如图 2.4.3 所示，则

$$\dot{U}_i = \dot{I}_b r_{be} + (\dot{I}_b + \beta \dot{I}_b) R_E \qquad (2.4.1)$$

$$\dot{U}_o = -\beta \dot{I}_b R_C$$

$$A_u = \frac{\dot{U}_o}{\dot{U}_i} = -\beta \frac{R_C}{r_{be} + (1+\beta) R_E} = -50 \times \frac{2}{1.5 + 51 \times 1} = -1.9$$

（2）输入电阻

在如图 2.4.4 所示电路中，由式（2.4.1）可得

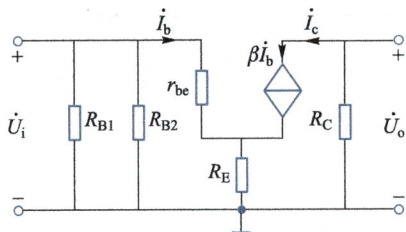

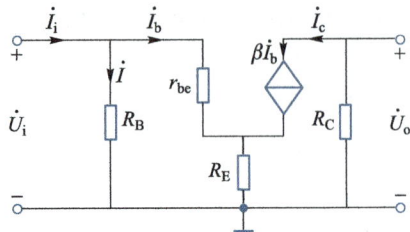

图 2.4.3　　　　　　　　　　　　　　图 2.4.4

$$\dot{I}_b = \frac{\dot{U}_i}{r_{be} + (1+\beta) R_E}$$

$$R_B = R_{B1} /\!/ R_{B2} = \left(\frac{12 \times 4}{12 + 4}\right) \text{ k}\Omega = 3 \text{ k}\Omega$$

$$\dot{I} = \frac{\dot{U}_i}{R_B} \qquad \dot{I}_i = \dot{I} + \dot{I}_b = \frac{\dot{U}_i}{R_B} + \frac{\dot{U}_i}{r_{be} + (1+\beta) R_E}$$

根据输入电阻的定义

$$r_i = \frac{\dot{U}_i}{\dot{I}_i} = \frac{1}{R_B} + \frac{1}{r_{be} + (1+\beta) R_E} = R_{B1} /\!/ R_{B2} /\!/ \left[r_{be} + (1+\beta) R_E \right]$$

$$= \frac{3 \times \left[1.5 + (1+50) \right]}{3 + \left[1.5 + (1+50) \right]} \text{ k}\Omega = 2.84 \text{ k}\Omega$$

（3）输出电阻

将放大器的输入端短路，在输出端口外加电压 u，电路如图 2.4.5 所示，根据 KVL，有

$$\dot{I}_b r_{be} + \dot{I}_b (1+\beta) R_E = 0 \qquad \dot{I}_b = 0 \qquad \beta \dot{I}_b = 0$$

受控电流源相当于开路，输出电阻

$$r_o = \frac{\dot{U}}{\dot{I}} = R_C = 2 \text{ k}\Omega$$

图 2.4.1 所示电路中去掉射极旁路电容 C_E 后，称为含有串联负反馈的共射极放大电路（反馈的概念将在下一章讨论）。由于射极电阻 R_E 的负

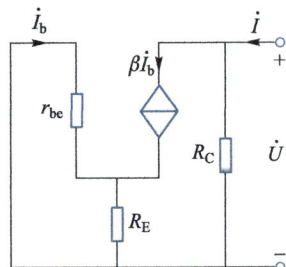

图 2.4.5

反馈作用，使放大电路由基极看进去的输入电阻 $[r_{be} + (1+\beta) R_E]$ 明显增大，但由于偏置电阻 R_{B1}、R_{B2} 的影响，输入电阻 r_i 仅由原来的 1.5 kΩ 增大到 2.84 kΩ，变化并不明显。去掉旁路电容后，电压放大倍数 A_u 显著减小，由原来的 −66.67 锐减到 −1.9，但稳定性提高了，如忽略 r_{be}，电压放大倍数仅由电阻参数来决定。

思考题

1. 分压式偏置放大电路是如何稳定工作点的？为什么把它也称为共射极放大电路？

2. 图 2.4.1 所示电路中,电容 C_E 在电路中起什么作用?

3. 接入电容 C_E 对静态工作点是否有影响?

4. 图 2.4.1 所示电路中,更换晶体管对静态工作点有无影响?为什么?

§2.5 射极跟随器

射极跟随器是一种应用很广泛的放大电路,它的电路结构与共发射极放大电路不同,输出信号由发射极引出,电路如图 2.5.1 所示。由于理想电压源 V_{CC} 对交流信号相当于短路,集电极成为输入信号 u_i 与输出信号 u_o 的公共参考点。所以,射极跟随器也称为共集电极放大电路。

文本:§2.5.1 射极跟随器的结构特点

2.5.1 静态分析

图 2.5.2 所示电路是射极跟随器的直流通道,对应的输入回路电压方程为

$$V_{CC} = R_B I_B + U_{BE} + R_E I_E$$
$$= R_B I_B + U_{BE} + R_E (1+\beta) I_B$$

可求得

$$I_B = \frac{V_{CC} - U_{BE}}{R_B + (1+\beta) R_E} \tag{2.5.1}$$

其中,U_{BE} 为晶体管发射结压降,约为 0.7 V。

$$I_C = \beta I_B$$

晶体管 C、E 间管压降

$$U_{CE} = V_{CC} - (1+\beta) R_E I_B \tag{2.5.2}$$

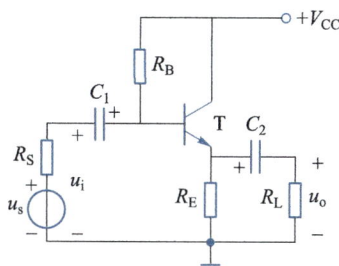

图 2.5.1

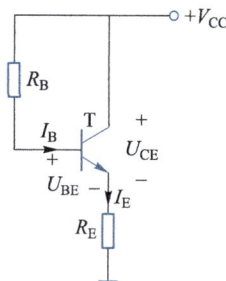

图 2.5.2

2.5.2 动态分析

1. 电压放大倍数

图 2.5.3 所示为射极跟随器小信号模型电路,其中

$$\dot{U}_i = \dot{I}_b r_{be} + (1+\beta) \dot{I}_b R'_L$$

$$\dot{U}_o = (1+\beta) \dot{I}_b R'_L$$

其中

$$R'_L = R_E /\!/ R_L$$

$$A_u = \frac{\dot{U}_o}{\dot{U}_i} = \frac{(1+\beta)\,\dot{I}_b R'_L}{\dot{I}_b r_{be} + (1+\beta)\,\dot{I}_b R'_L} = \frac{(1+\beta)R'_L}{r_{be} + (1+\beta)R'_L} \tag{2.5.3}$$

上述分析结果表明,射极跟随器电压放大倍数 A_u 小于 1,一般情况下 $r_{be} \ll (1+\beta)R'_L$,所以,A_u 非常接近于 1,即输入信号与输出信号大小近似相等,相位相同,输出信号总是跟随着输入信号的变化而变化,故而称为电压跟随器。

文本:§2.5.2
射极跟随器动
态分析及小结

2. 输入电阻

从图 2.5.3 所示虚线看入的部分电路的输入电阻

$$r_i' = \frac{\dot{U}_i}{\dot{I}_b} = r_{be} + (1+\beta)R'_L$$

射极跟随器的输入电阻

$$r_i = \frac{\dot{U}_i}{\dot{I}_i} = R_B /\!/ r_i' = R_B /\!/ [\, r_{be} + (1+\beta)R'_L \,] \tag{2.5.4}$$

由此可见,射极跟随器的输入电阻比共发射极放大电路的输入电阻大许多。

3. 输出电阻

计算输出电阻的电路如图 2.5.4 所示,将信号源短路,在射极跟随器的输出端口外加电压 $\dot{U}$,则

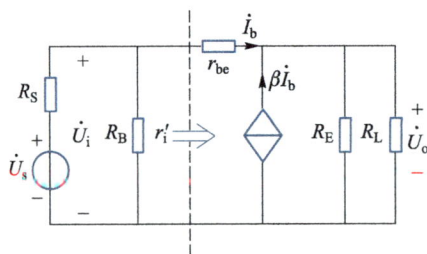

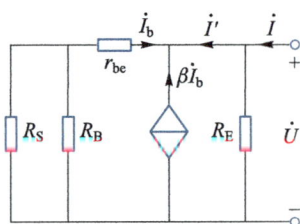

图 2.5.3   图 2.5.4

$$\dot{I}_b = \frac{-\dot{U}}{r_{be} + R_S /\!/ R_B}$$

$$\dot{I}' = -(1+\beta)\,\dot{I}_b = -(1+\beta) \times \frac{-\dot{U}}{r_{be} + R_S /\!/ R_B}$$

$$r_o' = \frac{\dot{U}}{\dot{I}'} = \frac{r_{be} + R_S /\!/ R_B}{1+\beta}$$

输出电阻

$$r_{\text{o}} = \frac{\dot{U}}{\dot{I}} = R_{\text{E}} /\!/ r_{\text{o}}'$$

$$= R_{\text{E}} /\!/ \frac{r_{\text{be}} + R_{\text{S}} /\!/ R_{\text{B}}}{1 + \beta}$$

一般信号源内阻 R_{S} 较小,当忽略 R_{S} 时, $r_{\text{o}} = R_{\text{E}} /\!/ \dfrac{r_{\text{be}}}{1+\beta}$,所以,射极跟随器的输出电阻远小于共发射极放大电路的输出电阻。

射极跟随器最突出的优点是具有较高的输入电阻和较低的输出电阻。因此,射极跟随器常被用作多级放大器的输入级或输出级,也可用作中间隔离级。用作输入级时,其较高的输入电阻可以提高放大器的输入电压,在信号源内阻较高的情况下,作用更加明显;用作输出级时,其较低的输出电阻可以减小负载变化对输出电压的影响,并易于与低阻负载相匹配,以便向负载传送尽可能大的功率。

思考题

1. 为什么说射极跟随器是共集电极放大电路?
2. 射极跟随器有何特点? 主要应用在哪些场合? 起什么作用?
3. 射极跟随器有无电流放大和功率放大作用?
4. 在图 2.5.1 所示电路中,如接入集电极电阻 R_{C} ,对射极跟随器静态和动态性能有何影响?
5. 射极跟随器的输入、输出电阻与共发射极放大电路相比有何不同?

§2.6　场效晶体管放大电路

场效晶体管放大电路具有很高的输入电阻,适用于对高内阻信号源的放大,通常用在多级放大电路的输入级。

图 2.6.1 所示的共源极放大电路与共射极放大电路十分相似,图中各元件的作用如下:

T:场效晶体管,电压控制元件,用栅、源电压控制漏极电流。

R_{D} :漏极直流负载电阻。

R_{S} :源极电阻,稳定工作点。

R_{G1} 、 R_{G2} :分压电阻,与 R_{S} 配合使场效晶体管获得合适的偏压 U_{GS} 。

C_{S} :旁路电容,消除 R_{S} 对交流信号的影响。

C_1 、 C_2 :耦合电容,起隔直和传递信号的作用。

V_{DD} :恒压电源,为放大电路提供能量。

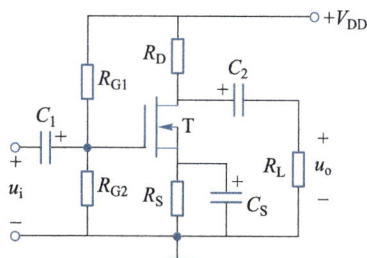

图 2.6.1

2.6.1　静态分析

场效晶体管放大电路的原理与双极结型晶体管放大电路十分相似,后者是用 i_B 控制 i_C,当 V_{CC} 和 R_C(直流负载线)确定后,其静态工作点由 I_B 决定。而场效晶体管放大电路是用 u_{GS} 控制 i_D,因而 V_{DD} 和 R_D、R_S 确定后,其静态工作点由 U_{GS} 决定。

由于栅极电位为

$$V_G = \frac{R_{G2}}{R_{G1}+R_{G2}} V_{DD}$$

源极电位为

$$V_S = R_S I_S = R_S I_D$$

则

$$U_{GSQ} = V_G - V_S \tag{2.6.1}$$

对于 N 沟道耗尽型场效晶体管,通常使用在 $U_{GSQ}<0$ 的区域；

对于 N 沟道增强型场效晶体管,应使 $U_{GSQ}>U_{GS(th)}$。

将式(2.6.1)代入式(1.5.1)或式(1.5.2),构成以 I_D 为变量的一元二次方程,解方程(取两个根中较小的一个),可得场效晶体管的漏极电流 I_D,则

$$U_{DSQ} = V_{DD} - (R_D + R_S) I_{DQ} \tag{2.6.2}$$

场效晶体管放大电路也可采用自给偏压电路,如图 2.6.2 所示,在静态时 R_G 上无电流,则

$$V_G = 0$$

$$U_{GSQ} = -R_S I_{SQ} = -R_S I_{DQ}$$

为耗尽型场效晶体管提供一个正常工作所需要的负偏压。

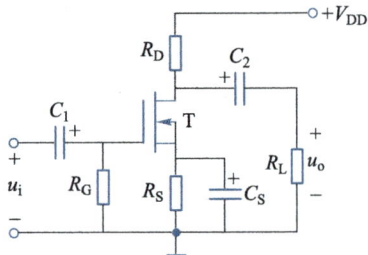

图 2.6.2

2.6.2　动态分析

1. 场效晶体管的小信号模型

对于场效晶体管,在仅考虑电压电流的微小变化量时,可表示为图 2.6.3 所示的双口网络。场效晶体管的入口在栅极与源极之间,结型场效晶体管为反向偏置的 PN 结,而绝缘栅场效晶体管为绝缘的二氧化硅薄膜,所以栅极电流 i_G 极小,可以忽略,由此可知,场效晶体管输入电阻极大,故入口可视为开路；由漏极特性曲线[图 1.5.3(b)、图 1.5.4(b)]可知,在位于放大区的工作点附近的一个小范围内,漏极电流 i_D 的微小变化量 $\Delta i_D(i_d)$ 仅与栅源电压 u_{GS} 的微小变化量 $\Delta u_{GS}(u_{gs})$ 成正比,比例系数为场效晶体管的跨导 g_m,而与漏源电压 u_{DS} 的变化量 $\Delta u_{DS}(u_{ds})$ 无关,所以,场效晶体管的出口(即漏极与源极之间)对于微小的电压、电流的变化量(i_d、u_{ds}),可等效为一个电压控制电流源 $g_m u_{gs}$,由此可建立场效晶体管的小信号模型如图 2.6.4 所示。

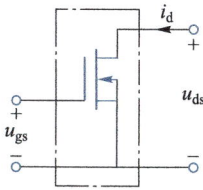
图 2.6.3

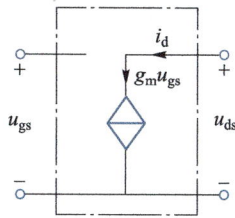
图 2.6.4

各种不同类型的场效晶体管,只是内部结构(结型和绝缘栅型)或者导电类型(N 沟道和 P 沟道)不同,但是,对于其电压、电流的变化量(即交流分量)而言是相同的,所以,图 2.6.4 所示的小信号模型,对各种类型的场效晶体管都是适用的。

2. 小信号模型分析法

图 2.6.1 所示场效晶体管放大电路的交流通路如图 2.6.5(a)所示。场效晶体管用小信号模型代替,便可得到放大器的小信号模型,如图 2.6.5(b)所示,其中栅极 G 与源极 S 之间的动态电阻 r_{gs} 认为无穷大,相当于开路。漏极电流 $\dot{I}_d$ 只受 $\dot{U}_{gs}$ 控制,而与 $\dot{U}_{ds}$ 无关,因而漏极 D 与源极 S 之间相当于一个受 $\dot{U}_{gs}$ 控制的电流源 $g_m\dot{U}_{gs}$。

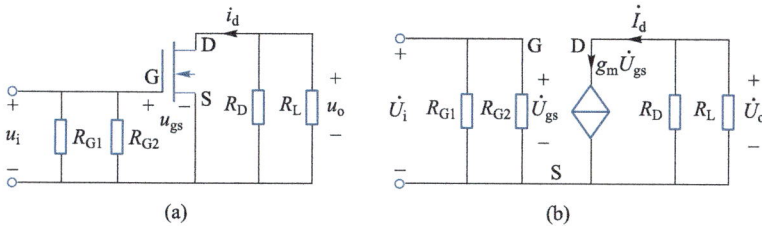

(a)　　　　　　　　　　(b)

图 2.6.5

文本：§2.6.2
场效晶体管放
大电路动态分
析及小结

(1)电压放大倍数

$$\dot{U}_o = -R'_L\dot{I}_d = -R'_L g_m\dot{U}_{gs}$$

其中 $R'_L = R_D /\!/ R_L$。

$$\dot{U}_i = \dot{U}_{gs}$$

$$A_u = \frac{\dot{U}_o}{\dot{U}_i} = -g_m R'_L \qquad (2.6.3)$$

放大倍数与跨导和交流等效负载电阻成正比,且输出电压 u_o 与输入电压 u_i 反相。

(2)输入电阻

$$r_i = R_{G1} /\!/ R_{G2} \qquad (2.6.4)$$

r_{gs} 认为无穷大,但分压电阻 R_{G1}、R_{G2} 使输入电阻大大降低了。为了提高 r_i,可采用如图 2.6.6 所示的电路,静态时 R_G 上无电流,因而引入 R_G 不会影响放大电路的静态工作点,但此时的输入电阻

$$r_i = R_G + (R_{G1} /\!/ R_{G2}) \tag{2.6.5}$$

R_G 一般取几兆欧,使输入电阻大大提高。

（3）输出电阻

$$r_o = R_D \tag{2.6.6}$$

R_D 一般在几千欧到几十千欧,输出电阻较高。

例 2.6.1　在图 2.6.6 所示电路中,已知 $V_{DD} = 24$ V,$R_{G1} = 300$ kΩ,$R_{G2} = 100$ kΩ,$R_G = 2$ MΩ,$R_D = 5$ kΩ,$R_S = 5$ kΩ,$R_L = 5$ kΩ,场效晶体管的 $g_m = 1.08$ mS。试求放大电路的电压放大倍数、输入电阻和输出电阻。

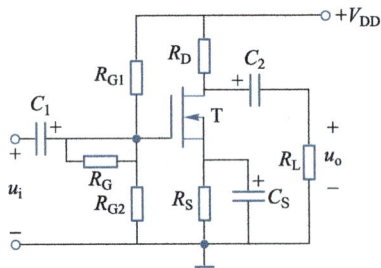

图 2.6.6

解:电压放大倍数

$$R'_L = R_D /\!/ R_L = \frac{5 \times 5}{5 + 5} \text{ k}\Omega = 2.5 \text{ k}\Omega$$

$$A_u = -g_m R'_L = -1.08 \times 2.5 = -2.7$$

输入电阻

$$r_i = R_G + (R_{G1} /\!/ R_{G2}) = \left(2\,000 + \frac{100 \times 300}{100 + 300} \right) \text{ k}\Omega = 2\,075 \text{ k}\Omega$$

输出电阻

$$r_o = R_D = 5 \text{ k}\Omega$$

思考题

1. 比较场效晶体管放大电路与双极结型晶体管放大电路的共同点和不同点。

2. 场效晶体管的静态偏置电路有几种?

3. 场效晶体管的小信号模型与双极结型晶体管小信号模型有何不同?

4. 为什么场效晶体管放大电路的电压放大倍数一般没有双极结型晶体管放大电路的电压放大倍数大?

5. 如何进一步提高图 2.6.1 所示共源极场效晶体管放大器的输入电阻?

---

§2.7　多级放大电路

单级放大电路的电压放大倍数有限,在信号非常微小时,为得到较大的输出电压信号,必须用若干个单级电压放大电路级联,进行多级放大,以得到足够大的电压放大倍数。当负载要求一定功率时,末级还要接功率放大电路。

图 2.7.1 所示为两级电压放大电路,输入信号 u_i 由前级放大,其输出电压 u_{o1} 加到后级放大电路的输入端,作为后级的输入电压(u_{i2}),再经过后级的放大,以得到比较大的输出电压 u_o。

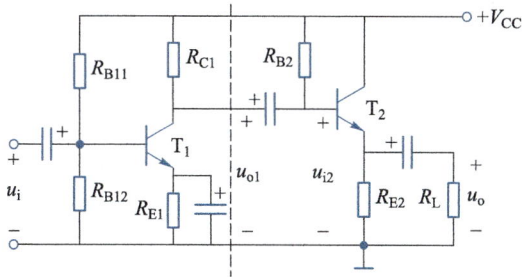

图 2.7.1

2.7.1　多级放大电路的耦合方式

在多级放大电路中,前后级之间耦合通常有两种方式,一种如图 2.7.1 所示,称为阻容耦合,正像在单级放大电路中,信号源与放大电路、放大电路与负载之间的耦合方式一样,由于两级之间由电容隔开,直流互相隔离,所以,静态工作点互不影响,可以单独调整到合适位置。为了尽量减少耦合电容上的信号损失,其电容量应选得足够大。

另一种为直接耦合,如图 2.7.2 所示,前、后级之间没有耦合电容。在放大变化很缓慢的信号(称为直流信号)时,必须采用这种耦合方式,在集成电路中,为了避免制造大容量电容的困难,也采用这种耦合方式。有关直接耦合的问题将在下一节中讨论。

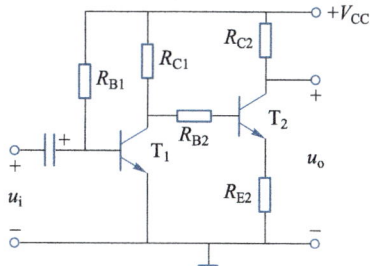

图 2.7.2

2.7.2　阻容耦合多级放大电路的分析

多级电压放大电路的动态分析一般仍采用小信号模型分析,通常采用的方法是在考虑级间影响的情况下,将多级放大电路分成若干个单级放大电路分别研究。然后再将结果加以综合,得到多级放大电路总的特性,即把复杂的多级放大电路的分析归结为若干个单级放大电路的分析。前面几节讨论了各种类型的单级放大电路,结论可直接用于多级放大电路的分析。剩下的问题,只是如何处理前后级之间的影响。

在多级放大电路中,前级输出信号经耦合电容加到后级输入端作为后级输入信号,所以可将后级输入电阻视为前级负载,前级按接负载的情况分析,即在前级的分析中考虑前后级之间的影响。也可以将前级放大电路的出口视为一个二端网络,根据等效电源定理将前级放大电路(连同信号源)等效变换为一个电压源,作为后级放大电路的信号源,前级按空载情况分析,而在后级分析中考虑信号源内阻的影响,即把前后级之间的影响放在后级的分析中考虑。

求电压放大倍数时,两种处理方法都可以,但第一种处理方法比较简单、直接。在计算输入电阻时,需用第一种处理方法,而在计算输出电阻时,以第二种处理方法为宜。

下面以图 2.7.1 所示放大电路为例进行讨论。

1. 电压放大倍数

按第一种处理方法分析图 2.7.1 所示两级放大电路,以中间的虚线为界,可分为图 2.7.3 所示的两个单级放大器,前级为典型的共射极放大电路,后级为射极跟随器。

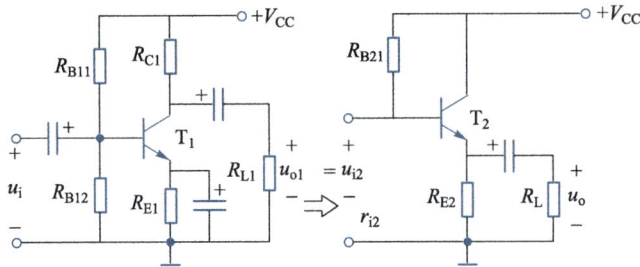

图 2.7.3

由式(2.5.4),后级的输入电阻

$$r_{i2} = R_{B2} // \left[r_{be2} + (1+\beta_2) R'_{L2} \right]$$

其中,r_{be2}、β_2 分别为射极跟随器中的晶体管的动态输入电阻和电流放大系数,R'_{L2} 为射极跟随器的交流等效负载电阻。

$$R'_{L2} = R_{E2} // R_L$$

r_{i2} 为前级的负载电阻,有

$$R_{L1} = r_{i2}$$

前级的交流等效负载电阻为

$$R'_{L1} = R_{C1} // R_{L1} = R_{C1} // r_{i2}$$

前级的电压放大倍数为

$$A_{u1} = \frac{\dot{U}_{o1}}{\dot{U}_i} = \frac{-\beta_1 R'_{L1}}{r_{be1}}$$

其中,r_{be1}、β_1 分别为前级晶体管的动态输入电阻和电流放大系数。由式(2.5.3)可知,后级的电压放大倍数为

$$A_{u2} = \frac{\dot{U}_o}{\dot{U}_{i2}} = \frac{(1+\beta_2) R'_{L2}}{r_{be2} + (1+\beta_2) R'_{L2}}$$

因为 $u_{i2} = u_{o1}$,所以两级放大电路的电压放大倍数为

$$A_u = \frac{\dot{U}_o}{\dot{U}_i} = \frac{\dot{U}_{o1}}{\dot{U}_i} \cdot \frac{\dot{U}_o}{\dot{U}_{o1}} = \frac{\dot{U}_{o1}}{\dot{U}_i} \cdot \frac{\dot{U}_o}{\dot{U}_{i2}} = A_{u1}A_{u2}$$

2. 输入电阻

前级的输入电阻为

$$r_i = r_{i1} = R_{B11} /\!/ R_{B12} /\!/ r_{be1}$$

3. 输出电阻

按照第二种处理方法,把前级视为后级的信号源(如图 2.7.4 所示),信号源内阻是前级的输出电阻,即

$$R_{S2} = r_{o1} = R_{C1}$$

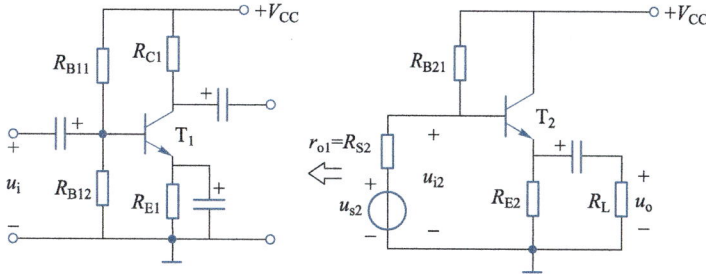

图 2.7.4

由式(2.5.5),后级输出电阻为

$$r_{o2} = R_{E2} /\!/ \frac{r_{be2} + R_{S2} /\!/ R_{B21}}{1 + \beta_2} = R_{E2} /\!/ \frac{r_{be2} + R_{C1} /\!/ R_{B21}}{1 + \beta_2}$$

即两级放大电路的输出电阻为

$$r_o = r_{o2}$$

2.7.3 阻容耦合放大电路的频率特性和频率失真

前面对放大电路的讨论仅限于中频域,在所讨论的频段内,放大电路中所有电容的影响都可以忽略,因而放大电路的各项指标均与频率无关,如电压放大倍数为一常数,输出信号对输入信号的相位偏移恒定(为 π 的整倍数)等。但是,随着频率的降低,耦合电容和射极旁路电容的容抗增大,以致不可视为短路;而随着频率的增高,晶体管的结电容以及电路中的分布电容等的容抗减小,以致不可视为开路,由此造成在低频和高频段内电压放大倍数降低,输出信号对输入信号会产生附加的相位偏移,且随频率而改变。所以,在整个频率范围内,电压放大倍数和相位移都将是频率的函数。电压放大倍数与频率的函数关系称为幅频特性,相位移与频率的函数关系称为相频特性,二者统称为频率响应特性,简称频率特性,表示为

文本:§2.7.1
多级放大电路
频率特性小结

$$A_u(j\omega) = \frac{\dot{U}_o}{\dot{U}_i} = |A_u(j\omega)| \underline{/\varphi(\omega)}$$

阻容耦合单级共发射极放大电路的频率特性曲线如图 2.7.5 所示,可见,放大电路呈现带通特性,ω_H 和 ω_L 分别称为上限频率和下限频率,其差值称为通频带。

一般情况下,放大电路的输入信号都是非正弦信号,其中包含有许多不同频率的谐波成分。由于放大电路对不同频率的正弦信号放大倍数不同,相位移也不一样,所以当输入信号为包含多种谐波分量的非正弦信号时,若谐波频率超出通频带,输出信号 u_o 波形将产生失真。这种失真与放大电路的频率特性有关,故称为频率失真,频率失真属于线性失真。

图 2.7.5

为了尽可能减小输出信号的频率失真,这就要求放大电路的频率特性在相当宽的频率范围内尽量保持一致,即加宽放大电路的通频带。分析表明,射极旁路电容 C_E 对低频特性的影响远大于耦合电容,所以要改善低频特性,特别要增大 C_E,但受到成本、体积等因素的限制,C_E 不可能选得太大,一般放大电路的下限频率 ω_L 主要由 C_E 决定。放大器的高频特性主要受晶体管结电容及分布电容影响,上限频率 ω_H 主要由这些电容的大小决定。

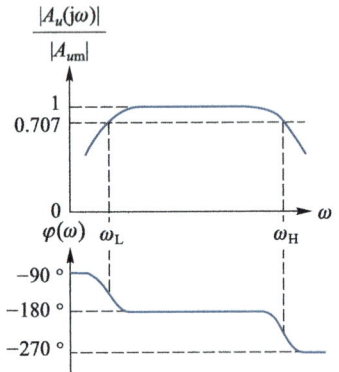

思考题

1. 什么是多级放大电路?为什么要使用多级放大电路?
2. 多级放大电路有哪几种耦合方式?
3. 如何计算多级放大电路的电压放大倍数、输入电阻及输出电阻?
4. 阻容耦合放大电路的频率特性有何特点?
5. 多级放大电路总的通频带一定比它的任何一级都宽吗?
6. 什么是频率失真?如何减小频率失真?

§2.8　差分放大器

2.8.1　直接耦合放大器的零点漂移

文本：§2.8.1 放大电路零点漂移抑制方法

在自动控制或检测系统中,经常遇到一些变化非常缓慢的信号,称为直流信号。采用多级放大电路放大变化缓慢的直流信号时,放大器级间必须采用直接耦合方式。

§2.3 讨论了外界条件对放大电路静态工作点的影响,其中,最主要的是温度影响。在直接耦合放大电路中,因级间无耦合电容,当温度变化时,前级工作点微小变化,经过逐级放大,会使末级输出电压发生较大的变化。因此,当放大电路输入电压为零时,输出电压在其静态值附近会发生缓慢、不规则的波动,这种现象称为零点漂移,简称零漂。当漂移电压大到可以和信号电压相比较时,将

无法区分有用信号,使放大电路不能正常工作。所以,零漂是直接耦合放大电路必须解决的突出问题。在阻容耦合放大电路中,各级放大电路也都有零点漂移,但是,任何一级输出电压的漂移,因频率很低都不会经耦合电容传输到下一级。

衡量一个放大器的零漂,不能仅看输出漂移电压的大小,因为一个高放大倍数的放大电路,即使每一级仅有很小的漂移,但前级尤其是第一级的漂移经后面逐级放大,也会在输出级产生较大的漂移,且级数越多,放大倍数越高,漂移电压就越大。因此放大器输出漂移的大小主要取决于第一级的零漂和放大电路的放大倍数。通常用输出电压的漂移 u_{Od} 折合为输入电压的漂移 u_{Id} 来衡量放大电路零漂的大小。设放大电路总电压放大倍数为 A_u,则

$$u_{Id} = \frac{u_{Od}}{A_u} \qquad (2.8.1)$$

只有当折合后的输入漂移 u_{Id} 远小于输入信号时,放大电路才有意义。

抑制零漂的方法很多,最常用的电路是差分放大电路。差分放大电路作为一种基本放大电路,在直接耦合式多级放大电路尤其是集成放大器中得到了广泛应用。

2.8.2 差分放大器的工作原理

图 2.8.1 为差分放大器原理电路,由完全相同的两个共射极单管放大电路组成。理想情况下两个晶体管特性一致,两侧电路参数都相同,因而它们的静态工作点也必然相同。该电路有两个输入端和两个输出端,输入信号 u_I 加在两个输入端之间,输出信号 u_O 由两个输出端之间取得,它们分别是两个单管放大电路输入电压和输出电压的差值。

$$u_I = u_{I1} - u_{I2}$$
$$u_O = u_{O1} - u_{O2}$$

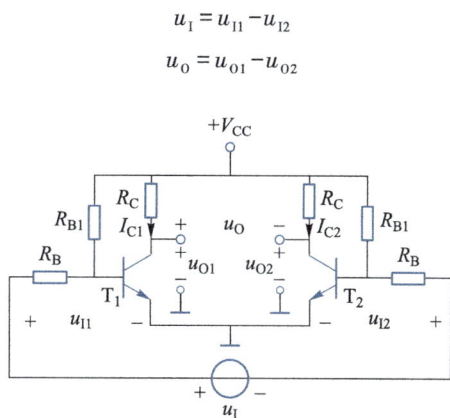

图 2.8.1

1. 抑制零点漂移

当输入电压 u_I 等于零时,因电路对称,$I_{C1}R_C = I_{C2}R_C$,所以 $u_{O1} = u_{O2}$,$u_O = u_{O1} - u_{O2} = 0$。当温度变化时,两个单管放大电路工作点都要发生变动,因而产生输出漂移 Δu_{O1}、Δu_{O2}。由于电路是对称的,所以 $\Delta u_{O1} = \Delta u_{O2}$,差分放大器的输出漂移

$\Delta u_O = \Delta u_{O1} - \Delta u_{O2} = 0$，消除了零点漂移。

2. 差模输入

当输入电压加在差分放大电路的两个输入端之间时，相当于两个单管放大电路的输入信号是一对大小相等而极性相反的信号，即 $u_{I1} = -u_{I2} = u_{Id}$，这种输入方式称为差模输入，所加信号称为差模信号。因两侧电路对称，放大倍数相等，以 A_u 表示，则

$$u_{O1} = A_u u_{I1}$$
$$u_{O2} = A_u u_{I2}$$
$$u_O = u_{O1} - u_{O2} = A_u(u_{I1} - u_{I2}) = A_u u_I$$

u_O、u_I 之比以 A_d 表示，称为差模电压放大倍数

$$A_d = \frac{u_O}{u_I} = A_u \qquad (2.8.2)$$

可见，差模电压放大倍数等于单管放大电路的电压放大倍数。

3. 共模输入

在理想情况下，两个单管放大电路的输出电压漂移 Δu_{O1}、Δu_{O2} 相等，若将它们分别折合为各自输入电压的漂移，则有 $\Delta u_{I1} = \Delta u_{I2} = u_{Ic}$，相当于在两个输入端加上一对大小相等、极性相同的信号，这种信号称为共模信号，输入方式称为共模输入，输出信号

$$u_{Oc1} = u_{Oc2} = A_u u_{Ic}$$
$$u_{Oc} = u_{Oc1} - u_{Oc2} = 0$$

共模电压放大倍数用 A_c 表示

$$A_c = \frac{u_{Oc}}{u_{Ic}} = 0$$

即完全抑制了共模信号。上面讨论的是理想情况，在一般情况下，电路不可能完全对称，故 $A_c \neq 0$。将 A_d、A_c 之比以对数形式表示，称为共模抑制比 K_{CMR}

$$K_{CMR} = 20 \lg \left| \frac{A_d}{A_c} \right|$$

K_{CMR} 表示了差分放大电路共模抑制和差模放大能力的大小，其单位以分贝（dB）表示。

零点漂移等效于共模输入，这说明，差分放大电路对共模信号的抑制作用和对零点漂移的抑制作用是一致的。差分放大电路用增加一倍的元件为代价，换来的是对零漂很强的抑制能力。

2.8.3　典型差分放大电路

通常情况下，差分放大电路不可能绝对对称，因此，图 2.8.1 所示电路的零漂不会完全得到抑制。另外，两个单管放大电路的结构不是工作点稳定电路，输出漂移都比较大。为了改善差分放大电路的性能，在图 2.8.1 所示基本电路中，增加了射极电阻 R_E，电路如图 2.8.2 所示。为了补偿 R_E 上的直流压降，使晶体

管发射极基本保持零电位,在发射极电路中增加负电源 V_{EE},此时,基极偏置电流 I_B 可由 V_{EE} 经 R_B 提供。

1. 静态分析

由于电路对称,图 2.8.3 所示为单管(T_1)直流通路,由基极回路可得

$$R_B I_B + U_{BE} + 2R_E I_E = V_{EE} \qquad (2.8.3)$$

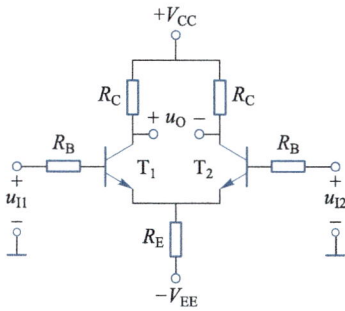

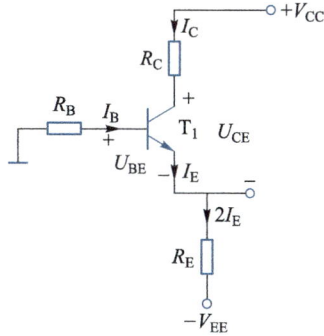

图 2.8.2   图 2.8.3

因 $I_B = \dfrac{I_E}{1+\beta}$,通常 $U_{BE} \ll V_{EE}$,忽略式(2.8.3)前两项,则

$$I_E = \frac{V_{EE}}{2R_E} \approx I_C \qquad (2.8.4)$$

由此可得发射极电位 $V_E = 0$。

每管的基极电流

$$I_B = \frac{I_C}{\beta} \approx \frac{V_{EE}}{2\beta R_E}$$

晶体管集、射极之间的管压降

$$U_{CE} = V_{CC} - R_C I_C \qquad (2.8.5)$$

式(2.8.4)表明 R_E 具有恒流作用,当 R_E、V_{EE} 确定后,工作点就确定了,当温度升高时,流过射极电阻 R_E 的电流增加,射极电位升高,结果使两个晶体管的发射结压降同时减小,基极电流也都减小,从而牵制各自集电极电流的增大,稳定了工作点,使每个管子的漂移得到抑制。由于零点漂移等效于共模输入,所以射极电阻 R_E 对于共模信号必然有很强的抑制能力。

2. 动态分析

差模信号输入时,由于两个单管放大电路的输入信号大小相等而极性相反,若输入信号使一个晶体管射极电流增加,则必然会使另一个晶体管射极电流减少。因为电路对称,一个晶体管射极电流的增加量必然等于另一个晶体管射极电流的减少量,因此,流过射极电阻 R_E 的电流保持不变,射极电位恒定,即 R_E 对差模信号相当于短路,不影响差模放大倍数,根据图 2.8.4 所示的单管(图 2.8.3 中的 T_1)小信号模型电路可得

$$u_{o1} = -\beta \frac{R_C}{R_B + r_{be}} u_{i1}$$

同理

$$u_{o2} = -\beta \frac{R_C}{R_B + r_{be}} u_{i2}$$

由于 $u_o = u_{o1} - u_{o2}$，$u_i = u_{i1} - u_{i2}$，所以双端输入双端输出差分放大电路的差模放大倍数

$$A_d = \frac{u_o}{u_i} = -\beta \frac{R_C}{R_B + r_{be}} \qquad (2.8.6)$$

为了增强 R_E 对零点漂移和共模信号的抑制作用，希望 R_E 取值越大越好。当 R_E 选的较大时，维持晶体管正常的工作电流所需的负电源电压将很高。例如，选 $R_E = 100\ \text{k}\Omega$，则维持 1 mA 射极电流所需的 V_{EE} 竟高达 200 V，显然是不可取的。以恒流源代替电阻 R_E，如图 2.8.5 所示，可以很好地解决这个矛盾。恒流源的静态电阻 $\dfrac{U}{I}$ 很小，所以，V_{EE} 不需要太高就可以得到合适的工作电流，但恒流源的动态电阻 $\dfrac{\Delta u}{\Delta i}$ 极大，所以，当共模输入或温度变化引起射极电流改变时，将呈现极大的动态电阻，对零点漂移和共模信号产生强烈的抑制作用。在动态分析时，恒流源与 R_E 一样，对差模信号相当于短路。

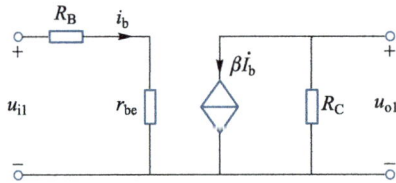

图 2.8.4

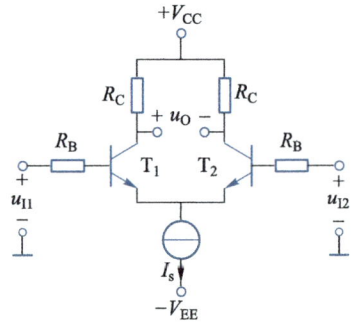

图 2.8.5

例 2.8.1　如图 2.8.2 所示差分放大电路中，$R_B = 10\ \text{k}\Omega$，$R_C = 5.1\ \text{k}\Omega$，$R_E = 5.1\ \text{k}\Omega$，$V_{CC} = 6\ \text{V}$，$V_{EE} = 6\ \text{V}$，$\beta = 50$，$U_{BE} = 0.7\ \text{V}$，求：(1) 静态工作点；(2) 差模电压放大倍数。

解：(1) 静态时，根据式 (2.8.4)、式 (2.8.5) 可得

$$I_C \approx I_E = \frac{V_{EE}}{2R_E} = \frac{6}{2 \times 5.1 \times 10^3}\ \text{A} \approx 0.59\ \text{mA}$$

$$U_{CE} \approx V_{CC} - R_C I_C = (6 - 5.1 \times 10^3 \times 0.59 \times 10^{-3})\ \text{V} = 2.99\ \text{V}$$

$$I_B = \frac{I_C}{\beta} = \frac{0.59}{50}\ \text{mA} = 11.8\ \mu\text{A}$$

（2）差模放大倍数

$$r_{be} = \left[300 \ \Omega + (1+\beta)\frac{26 \ mV}{I_E(mA)} \right] = \left[300 + 51 \times \frac{26}{0.59} \right] \ \Omega \approx 2.55 \ k\Omega$$

由式（2.8.6）可得

$$A_d = -\beta \frac{R_C}{R_B + r_{be}} = -50 \times \frac{5.1 \times 10^3}{10 \times 10^3 + 2.55 \times 10^3} \approx -20.32$$

2.8.4 差分放大电路的输入和输出方式

    差分放大电路有两个输入端和两个输出端，前面讨论的是双端输入双端输出式电路，这种电路的输入信号 u_I 和输出信号 u_O 都是浮地的，为了适应信号源和负载经常有一端接地的情况，以及实现浮地信号和共地信号之间的相互转换，还经常采用单端输入和单端输出式电路，四种输入和输出方式的差分放大电路如图 2.8.6 所示，其中，图（a）为双入双出方式；图（b）为双入单出方式；图（c）为单入双出方式；图（d）为单入单出方式。

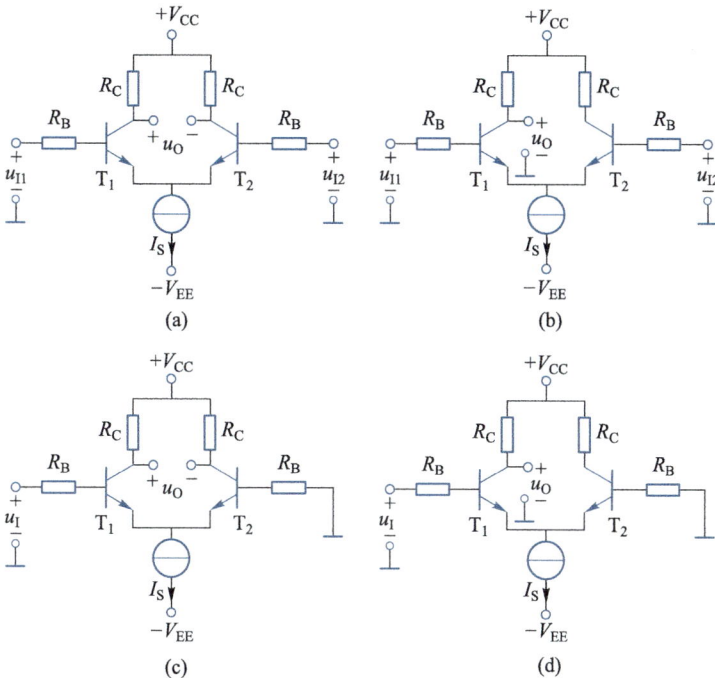

图 2.8.6

    图 2.8.6（b）所示的双入单出式电路，输出信号 u_O 与输入信号 u_{I1} 极性（或相位）相反，而与 u_{I2} 极性（或相位）相同，所以，左面的输入端称为反相输入端，而右面的输入端称为同相输入端。由于输出信号只取自 T_1 管的集电极，所以在空载时，单端输出电路的差模放大倍数只有双端输出的一半，即

$$A_d = \frac{u_O}{u_I} = -\frac{1}{2}\beta\frac{R_C}{R_B + r_{be}} \tag{2.8.7}$$

当接入负载电阻 R_L 时

$$A_d = \frac{u_O}{u_I} = -\frac{1}{2}\beta\frac{R_C /\!/ R_L}{R_B + r_{be}}$$

此外,由于两侧单管放大电路的输出漂移不能互相抵消,所以零漂比双端输出时大一些,但是由于恒流源对零点漂移有很强的抑制作用,零漂仍然比单管放大电路要小得多,所以单端输出时仍然经常采用差分式电路,而不采用单管放大电路。双端输入单端输出方式是集成运算放大器的基本输入输出方式。

单端输入式电路如图 2.8.6(c)、图 2.8.6(d)所示,输入信号只加到放大电路的一个输入端(如 T_1),另一个输入端(如 T_2)接地。在 T_1 的输入端,可将输入信号分为两个大小相等 $\left(\dfrac{u_I}{2}\right)$、方向相同的信号,在 T_2 的输入端可视为存在两个大小相等 $\left(\dfrac{u_I}{2}\right)$,方向相反的信号。由图 2.8.6 看出,单端输入式与双端输入式电路的不同之处在于,在输入差模信号 $\left(+\dfrac{u_I}{2}, -\dfrac{u_I}{2}\right)$ 的同时,有共模信号 $\left(\dfrac{u_I}{2}, \dfrac{u_I}{2}\right)$ 输入。可见,对差模信号而言,单端输入式与双端输入式的放大倍数是相同的。

思考题

1. 什么是零点漂移?零点漂移产生的原因是什么?为什么多级放大电路的第一级的漂移是最重要的?如何衡量一个放大器零点漂移的大小?

2. 阻容耦合放大电路中有没有零点漂移?为什么在阻容耦合放大电路中并不关注零点漂移?

3. 差分放大电路是怎样构成的?它是怎样抑制零点漂移的?

4. 什么是差模信号?什么是共模信号?差分放大电路在差模信号输入和共模信号输入时的工作情况有何不同?为什么零点漂移可以等效为共模输入信号?

5. 什么是共模抑制比?应如何计算?

6. 简述图 2.8.2 所示典型差分放大电路中射极电阻的作用。它对差模输入信号和共模输入信号的作用有何不同? $-V_{EE}$ 有何作用?

7. 差分放大电路有哪几种输入和输出方式?为什么说单端输入方式属于差模输入?

8. 单端输出式和双端输出式差分放大电路的电压放大倍数有何不同?单端输出式差分放大电路是如何抑制零点漂移的?为什么在单端输出时仍采用差分电路而不采用单管放大电路?

文本:§2.9.1
功率放大器的
特点和类型

§2.9　功率放大器

在自动控制系统中,为驱动执行机构,通常要求放大器的输出端能够提供足够大的功率以带动负载工作。所以,多级放大电路的末级一般为功率放大器。

2.9.1　功率放大器的特点

功率放大器和电压放大器的主要区别是:

(1)功率放大器的任务是向负载提供足够大的功率,这表明在工作条件允许的范围内,功率放大器中的晶体管通常工作在高电压大电流状态下,管耗比较大,所以,对晶体管的各项指标及电路参数必须认真选择,尽可能使其得到充分利用。

(2)功率放大器中的晶体管处在大信号极限运行状态,非线性失真要比小信号的电压放大电路严重。

(3)由于功率放大器输出功率较大,因此直流电源消耗的功率也大。为提高电源的利用率,必须尽可能提高功率放大器的效率。

(4)功率放大器是在大信号下工作,晶体管承受的电压高,通过的电流大,晶体管损坏的可能性较大,同时有相当大的功率消耗在晶体管的集电结上,使结温和管壳温度升高,所以晶体管的保护和散热问题不可忽视。

2.9.2　功率放大器的类型

功率放大器根据工作状态的不同,可分为以下几种类型。

1. 甲类功率放大电路

晶体管的静态工作点设置在交流负载线的中点(与电压放大电路相同),在工作过程中,晶体管始终处在导通状态,若输入电压 u_i 为正弦信号,如图 2.9.1(a)所示,集电极电流 i_C 波形如图 2.9.1(b)所示,则波形无失真。由于静态电流 I_{CQ} 较大,晶体管的静态功耗较大,放大器的效率较低,最高只能达到50%。

2. 乙类功率放大电路

晶体管的静态工作点设置在交流负载线的截止点,晶体管仅在输入信号的半个周期导通,正弦输入时,集电极电流 i_C 波形如图 2.9.1(c)所示,波形严重失真。

由于静态状态下晶体管截止,所以静态功耗几乎为零,这就大大提高了放大电路的效率和电源的利用率。

3. 甲乙类功率放大电路

晶体管的静态工作点介于甲类和乙类之间,晶体管有不大的静态偏流,若输入电压 u_i 为正弦信

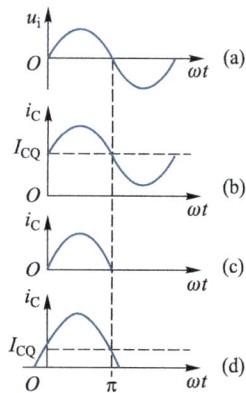

图 2.9.1

号,集电极电流 i_c 波形如图 2.9.1(d)所示。

　　传统的乙类功率放大器采用变压器耦合,优点是可实现阻抗匹配,缺点是体积大、笨重,频率特性差,且不便于集成化。随着集成功率放大电路的广泛应用,这种耦合方式已被淘汰。目前,广泛采用无输出变压器功率放大器,称为 OTL 电路。

2.9.3　无输出变压器功率放大电路

　　由图 2.9.1 可见,工作在乙类或甲乙类状态的放大器,虽然功耗小,有利于提高效率,但波形出现严重失真。为此,通常采用两个晶体管构成互补电路,使它们在输入信号的正、负半周交替工作,这样负载上就能得到完整的不失真输出电压。图 2.9.2(a)所示为 OTL 互补对称式功率放大电路,T_1、T_2 分别为两只特性相近的 NPN 和 PNP 型晶体管(称为互补管),整个电路可以看成两个射极跟随器组合而成,输出电阻极小,可与低阻负载 R_L 匹配。

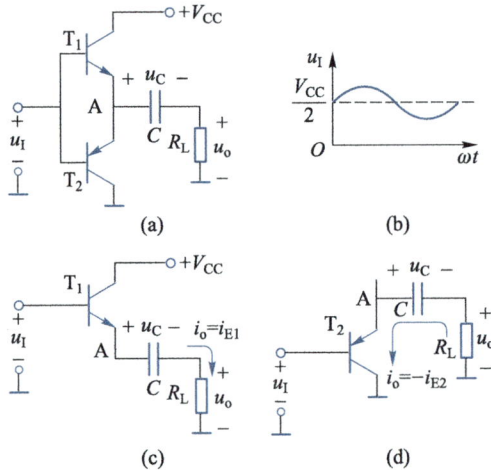

图 2.9.2

　　图 2.9.2(b)所示的输入信号 $u_I = \dfrac{V_{CC}}{2} + u_i$ 由直流分量和交流分量组成。可使两个晶体管轮流导通,调整 u_I 中的直流分量,使两个晶体管射极连接点 A 的静态电位 $V_A = \dfrac{V_{CC}}{2}$[图 2.9.2(b)中的波形,忽略了晶体管 T_1、T_2 发射结的正向压降],则电容 C 被充电,端电压 $u_C = \dfrac{V_{CC}}{2}$,u_I 的正半周,$u_I > V_A$,T_1 发射结正偏导通,T_2 发射结反偏截止,T_1 发射极电流 i_{E1} 经负载电阻 R_L 给电容 C 充电,如图 2.9.2(c)所示;u_I 的负半周,$u_I < V_A$,T_2 导通而 T_1 截止,电容 C 经 T_2、R_L 放电,放电电流 i_{E2} 反向流过负载电阻 R_L,如图 2.9.2(d)所示。i_{E1}、i_{E2} 都只是半个正弦波,但流过负载电阻 R_L 的电流 i_o 和产生的压降 u_o 都是完整的正弦波,即实现了

波形的合成,如图 2.9.3 所示。在工作过程中,虽然电容 C 有时充电,有时放电,但因容量足够大,所以,可近似认为 u_C 基本不变,保持静态值 $\dfrac{V_{CC}}{2}$。

放大器工作在乙类状态,晶体管 T_1、T_2 发射结静态偏压为零,当输入信号小于晶体管的发射结阈值电压 U_T 时,两个晶体管都截止,实际的输出波形如图 2.9.4 所示,在 u_I 过零前后的一小段时间内,输出电压 u_o 为零,即产生了失真,这种失真称为交越失真。

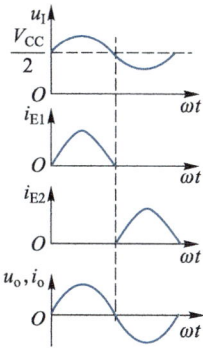

图 2.9.3

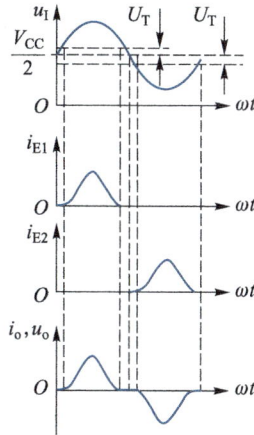

图 2.9.4

为减小交越失真,可给两个晶体管发射结加适当的正向偏压,以便产生一个不大的静态偏流,使放大器处于甲乙类工作状态,实用电路如图 2.9.5 所示。晶体管 T_3 构成末前级(推动级)放大电路,它给 T_1、T_2 构成的末级 OTL 电路提供足够大的推动电压和电流,R_C 为其集电极负载电阻。调节偏流电阻 R_1 可以改变 T_3 的集电极电位,即改变末级输入信号中叠加的直流分量。使 T_1、T_2 发射极连接点 A 的静态电位等于 $\dfrac{V_{CC}}{2}$。T_3 集电极电流 I_{C3} 在 R_2 的压降为 T_1、T_2 的发射结提供正向偏压,使它们有一静态偏流,调节 R_2,可改变偏流的大小,起到减小交越失真的目的。电容 C_2 起旁路作用,使 R_2 上无信号压降,以保证 T_1、T_2 得到的输入信号相等。

文本:§2.9.2
无输出变压器
功率放大器电
路分析

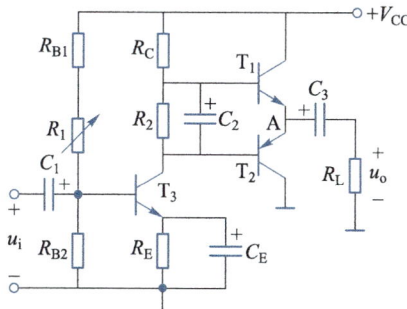

图 2.9.5

2.9.4　功率放大器的输出功率和效率

1. 输出功率 P_o

在图 2.9.5 所示电路中,负载上所获得的最大不失真电压有效值为

$$U_o = \frac{\dfrac{V_{CC}}{2} - U_{CES}}{\sqrt{2}}$$

负载电阻上能够获得的最大功率为

$$P_{om} = \frac{U_o^2}{R_L} = \frac{\left(\dfrac{V_{CC}}{2} - U_{CES}\right)^2}{2R_L}$$

此时流过负载的电流为

$$i_L = \frac{\dfrac{V_{CC}}{2} - U_{CES}}{R_L} \sin \omega t$$

直流电源在负载获得最大功率时所提供的平均功率为

$$P_E = \frac{1}{\pi}\int_0^\pi i_L \frac{V_{CC}}{2}\mathrm{d}\omega t = \frac{V_{CC}}{2\pi}\int_0^\pi \frac{\dfrac{V_{CC}}{2} - U_{CES}}{R_L}\sin \omega t\mathrm{d}\omega t = \frac{V_{CC}\left(\dfrac{V_{CC}}{2} - U_{CES}\right)}{\pi R_L}$$

2. 效率 η

功率放大器的效率是输出最大功率与电源提供平均功率之比,即

$$\eta = \frac{P_{om}}{P_E} = \frac{\pi\left(\dfrac{V_{CC}}{2} - U_{CES}\right)}{2V_{CC}} = \left(1 - \frac{2U_{CES}}{V_{CC}}\right)\cdot\frac{\pi}{4}$$

在理想情况下,忽略晶体管的饱和压降 U_{CES},则

$$\eta = \frac{\pi}{4}\times 100\% \approx 78.5\%$$

在功率放大电路中,大功率晶体管的功耗较大,如不采取有效措施,会使功率晶体管因结温过高而烧坏。给功率晶体管安装表面积足够大的散热器,改善散热条件,可有效地降低结温,保证安全,从而在相同条件下大大提高功率晶体管的最大容许功耗,提高其效率。通常采用由纯铝轧制而成的散热器型材,在安装时,应使晶体管与散热器良好接触,以提高散热效果。

> **思考题**

1. 与电压放大电路比较,功率放大电路有何特点? 功率放大电路如何分类?
2. 功率放大电路对电路中使用的晶体管有什么特殊要求?
3. 甲类功率放大电路效率低的原因是什么?
4. 在乙类功率放大电路中,输出功率最大时,功放管的功率损耗也最大,这

种说法正确吗?

    5. 功率放大电路的效率主要与哪些因素有关?

    6. OTL 功率放大电路是如何工作的?

    7. 乙类功率放大电路为什么会产生交越失真? 如何减小交越失真?

    8. 为什么 OTL 功率放大电路可以直接和低阻负载匹配?

    9. 在图 2.9.2(a)中,C 的电容量为什么要足够大?

    10. 什么是电路的最大不失真输出功率?

§2.10　集成运算放大器

文本:§2.10.1
集成运算放大
器的结构特点

    传统的放大器由分立元件构成。20 世纪 60 年代初出现了集成放大器,它是利用半导体集成工艺,将放大器的所有元件包括连接导线在内,全都制作在一块很小的单晶硅片上,从而实现了元件、电路和系统的统一,大大提高了电子设备的可靠性,减轻了重量,缩小了体积,降低了功耗和成本。同时,也使电路设计人员摆脱了从电路设计、元件选配到组装调试等一系列繁琐过程,大大缩短了电子设备的制造周期。

2.10.1　集成运算放大器

    集成运算放大器简称集成运放,是应用最广泛的集成放大器,最早用于模拟计算机,对输入信号进行模拟运算,并由此而得名。随着技术指标的不断提高和价格的日益降低,作为一种通用的高性能放大器,目前已广泛应用于自动控制、精密测量、通信、信号处理及电源等电子技术应用的各个领域。

    集成运放是一种高增益(可达 80~140 dB,相当于几万至几千万倍)的多级直接耦合放大器。内部电路通常包括下述四个组成部分。

    1. 输入级

    输入级是集成运放的关键级,为获得尽可能低的零漂和尽可能高的共模抑制比,几乎毫无例外地采用射极带理想电流源的差分放大电路,晶体管常采用复合管或超 β 管(在微电流下,β 可达几千),也有的采用场效晶体管,以减小输入电流,提高输入电阻。由于集成电路中相邻元件的材料、工艺相同,故电路的对称性极好,加之元件工作时所处环境和条件相同,所以零漂比分立元件电路小得多。

    2. 中间级

    中间级主要用于电压放大,是集成运放主要的增益级,为获得较高的电压放大倍数,放大器常采用有源负载,即以理想电流源代替集电极负载电阻。由于集成运放输入级一般为双入双出式差分放大电路,而集成运放只有一个输出端,所以中间级还有变双端输出为单端输出的职能。此外,集成运放为直接耦合的多级放大器,为了使集成运放静态时输出为零,中间级还兼有电位偏移功能。

    3. 输出级

    为减小输出电阻,提高电路的负载能力,输出级通常采用互补对称射极跟随

电路。此外,输出级还附有保护电路,以防意外短路或过载时造成损坏。

4. 偏置级

偏置级主要为理想电流源电路,为各级提供合适的偏置电流。

2.10.2 集成运算放大器的特性

在具体应用中,集成运放可视为一个高增益、低漂移的双入单出式差分放大器,有两个输入端和一个输出端,电路符号如图 2.10.1 所示,标+的输入端为同相输入端,标−的输入端为反相输入端,A 表示电压放大倍数,如果是理想运放,用 ∞ 取代。

由于集成运放的输入电阻很大而输出电阻很小,所以在使用中一般可将其理想化,即认为输入电阻无限高,输出电阻为零。由此可得理想运放两个输入端的电流为零,即

$$i_+ = i_- = 0 \qquad (2.10.1)$$

集成运放的电压传输特性如图 2.10.2(a)所示,在线性范围(对应于电压传输特性的斜线段)内,输出电压 u_O 与输入电压 u_I 之间的关系为

$$u_I = V_+ - V_- = \frac{u_O}{A}$$

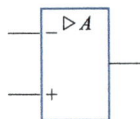

图 2.10.1

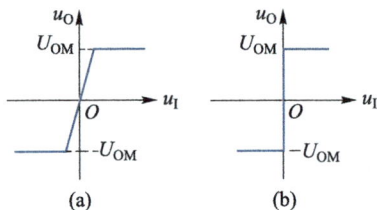

图 2.10.2

由于集成运放的电压放大倍数 A 极大,所以,只有当输入电压 $u_I - V_+ - V_-$ 极小(近似为零)时,输出电压 u_O 与输入电压 u_I 之间才具有线性关系。将其理想化,即认为其电压放大倍数 $A = \infty$,电压传输特性如图 2.10.2(b)所示,线性范围对应的输入电压 $u_I = 0$,$u_I > 0$ 时,$u_O = +U_{OM}$,$u_I < 0$ 时,$u_O = -U_{OM}$,集成运放都进入非线性工作区域,其中,$\pm U_{OM}$ 为集成运放的最大输出电压,接近集成运放的供电电压。由此可知,理想运放在线性运用时

$$u_I = V_+ - V_- = 0$$

即

$$V_+ = V_- \qquad (2.10.2)$$

两个输入端等电位。

式(2.10.1)和式(2.10.2)两点结论是分析理想运放线性运用时的基本依据。

集成运放是多级放大器,具有极高的电压放大倍数,在线性应用中,一般都

需引入深度负反馈,所以极易产生自激振荡(详见§4.4),需外接补偿电路予以清除;此外,还需外接调零电路,以便在输入信号为零时将输出电压调整为零。常用的几种型号如 F007、LM358、LF347 等采用内补偿,无需外接补偿电路,同时,采用自动稳零措施,无需调零,使用非常方便。

目前集成运放种类很多,根据用途不同可分为以下几种:

通用型:性能、指标适合一般性应用,按问世先后和性能先进程度分为Ⅰ、Ⅱ、Ⅲ型(代)产品,如 F007(国产型号 CF741)为Ⅲ型(第三代)产品。

低功耗型:静态功耗≤2 mW,如国产 FX253 等。

高精度型:失调电压温度系数在 1 μV/℃左右,如国产 FC72 等。

高阻型:输入电阻可达 10^{12} Ω,如国产 F55 系列等。

还有宽带型、高压型等。使用时需查阅集成运放手册,详细了解它们的各种参数,作为使用和选择的依据。

图 2.10.3 所示为双运放 LM358 的外封装图,它采用双列直插式结构,仅有 8 个引脚,内部包含两个完全相同的独立运放,可以采用对称双电源(±15 V)或单电源供电,性能适中,价格低廉,是一种通用型集成放大器。

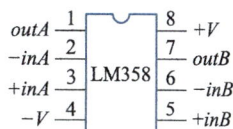

图 2.10.3

2.10.3 集成运放的主要参数

集成运放的性能可以用各种参数反映,主要参数如下:

① 差模开环电压放大倍数 A_{do}:集成运放无外加反馈时的差模电压放大倍数。它体现集成运放的放大能力,一般在 $10^4 \sim 10^7$ 之间。

② 共模开环电压放大倍数 A_{co}:集成运放本身的共模电压放大倍数。它反映集成运放抗温漂及抗共模干扰的能力,优质的集成运放应接近于零。

③ 共模抑制比 K_{CMR}:用来综合衡量集成运放的放大和抗温漂、抗共模干扰的能力,一般应大于 80 dB。

④ 差模输入电阻 r_{id}:差模信号作用下集成运放的输入电阻。

⑤ 输入失调电压 U_{io}:为使输出电压为零,在输入端所加的补偿电压值。它反映差分放大电路部分参数的不对称程度,显然越小越好,一般为毫伏级。

⑥ 失调电压温度系数 $\Delta U_{io}/\Delta T$:温度变化 ΔT 时所产生的失调电压变化 ΔU_{io} 的大小。它直接影响集成运放的精度,一般为每摄氏度几十微伏。

⑦ 转换速率 S_R:衡量集成运放对高速变化信号的适应能力,一般为每微秒几伏。若输入信号变化速率大于此值,输出波形会严重失真。

其他还有输入失调电流、失调电流温度系数、输入差模电压范围、输入共模电压范围、最大输出电压、静态功耗等,此处不再介绍。

思考题

1. 集成运放由哪几部分组成?各部分有何特点?
2. 结合差分放大电路原理说明集成运放的输入、输出方式。

3. 试说明集成运放的电压传输特性。

4. 理想集成运放的条件是什么？由此引出两个怎样的重要结论？

本章小结

1. 用双极结型晶体管和场效晶体管都可以构成放大器,放大的实质是用小信号和小能量控制大信号和大能量。

2. 放大电路的分析包括静态分析和动态分析两个方面。静态分析通常采用估算法和图解法,用来确定放大电路的静态工作点。动态分析可以采用小信号模型法和图解法。小信号模型法是在小信号条件下,把非线性器件晶体管用线性网络等效代换,从而把非线性电路放大器线性化,借助于线性电路的分析方法来分析,如计算放大器的输入电阻、输出电阻和电压放大倍数等技术指标。图解法可用来分析放大器的工作状态,研究放大器的非线性失真,确定放大器的动态范围等。

3. 射极跟随器是一种共集电极放大器,电压放大倍数略小于1,具有较高的输入电阻和较低的输出电阻。

4. 功率放大器具有较大的输出功率,晶体管工作在大信号(大的电压和电流变化)状态,一般接近极限参数。为减小晶体管的损耗和提高电源的利用率,通常放大器工作在乙类或甲乙类。

5. 放大器存在非线性失真(饱和失真、截止失真、交越失真)、频率失真,它们可以通过选择放大电路的元件参数调整合适的工作点、稳定工作点、限制输入信号及引入负反馈(详见§3.2)等措施予以削弱或消除。

6. 多级放大电路由单级放大电路级联而成,级间常采用阻容耦合或直接耦合。第一级一般要求有较高的输入电阻,以减小信号源电流,通常采用场效晶体管放大器或射极跟随器。末级通常采用射极跟随器,以便得到较低的输出电阻,与低阻的负载相匹配,或者采用功率放大器,以便供给负载以足够的功率。

7. 在直接耦合放大器中,零点漂移变得异常突出,为抑制零点漂移,常采用差分放大电路。差分放大器是利用两个相同的单管放大电路相互补偿,依靠电路的对称性来抑制零点漂移。零点漂移等效于共模输入,所以,差分放大器具有很强的共模抑制能力。典型的差分放大器为双端输入双端输出方式,为了和一端接地的信号源及负载连接,可采用单端输入及单端输出方式。双端输入单端输出方式常用于集成运算放大器的输入级。

8. 集成运算放大器是一种直接耦合的多级放大器,第一级毫无例外地采用差分放大电路。集成运算放大器具有极高的电压放大倍数,较高的输入电阻和较低的输出电阻,作为一种通用放大器已被广泛应用。集成运放在线性应用中可认为两个输入端输入电流为零,且电位相等。

习题

一、选择题

2.1 在题 2.1 图所示电路中,能实现交流电压放大的电路是图(　　)。

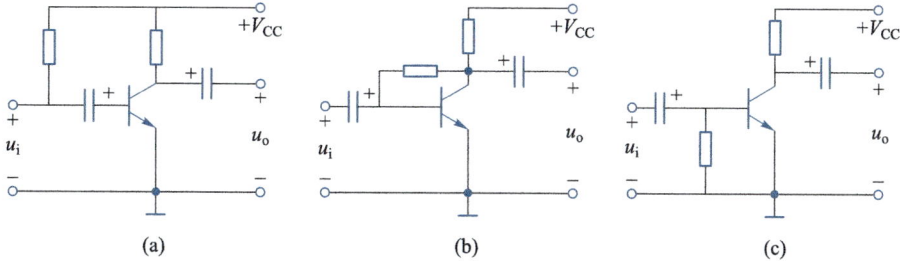

题 2.1 图

2.2 在题 2.2 图所示电路中,能实现交流电压放大的电路是图(　　)。

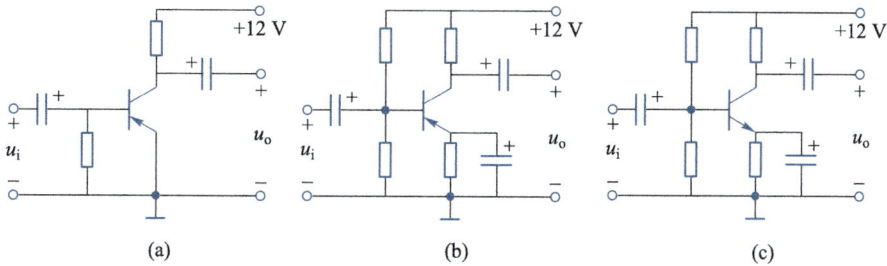

题 2.2 图

2.3 题 2.3 图所示晶体管电路中,为了使集电极电流 I_C 有明显的增加,应该(　　)。

　　(a) 减小 R_C 　　　　(b) 加大 R_B 　　　　(c) 减小 R_B

2.4 题 2.4 图所示放大电路中,晶体管有足够大的电流放大系数,若 $V_{CC} = 12$ V, $R_{B1} = 50$ kΩ, $R_{B2} = 10$ kΩ, $R_C = 1$ kΩ, $R_E = 500$ Ω, $U_{BE} = 0.7$ V,则集电极电流 I_C 最接近于(　　)。

　　(a) 14.6 mA 　　　　(b) 6.7 mA 　　　　(c) 2.6 mA

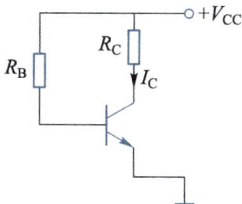

题 2.3 图

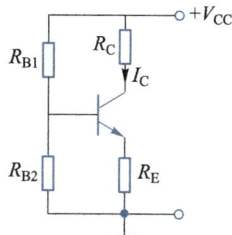

题 2.4 图

2.5　放大电路如题 2.5 图所示,已知:$R_B = 240 \text{ k}\Omega$,$R_C = 3 \text{ k}\Omega$,晶体管 $\beta = 20$,$V_{CC} = 12 \text{ V}$。现该电路中的晶体管损坏,换上一个 $\beta = 40$ 的新管子,若要保持原来的静态电流 I_C 不变,且忽略 U_{BE},应把 R_B 调整为(　　　)。

(a) 480 kΩ　　　　　　(b) 240 kΩ　　　　　　(c) 120 kΩ

2.6　电路如题 2.6 图所示,已知:$V_{CC} = 12 \text{ V}$,$R_C = 3 \text{ k}\Omega$,$\beta = 50$,且忽略 U_{BE},若要使静态时 $U_{CE} = 6 \text{ V}$,则 R_B 应取(　　　)。

(a) 600 kΩ　　　　　　(b) 300 kΩ　　　　　　(c) 360 kΩ

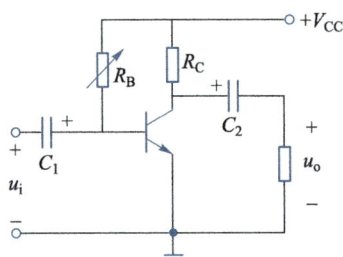 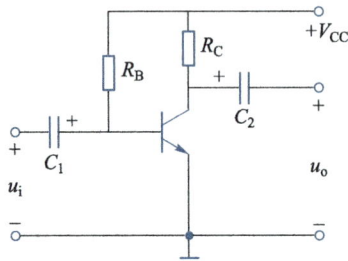

题 2.5 图　　　　　　　　　　　题 2.6 图

2.7　放大电路如题 2.6 图所示,因静态工作点不合适而使 u_o 出现严重的截止失真,通过调整偏置电阻 R_B,可以改善 u_o 的波形。调整过程是使 R_B(　　　)。

(a) 增加　　　　　　(b) 减小　　　　　　(c) 等于零

2.8　放大电路如题 2.6 图所示,$V_{CC} = 12 \text{ V}$。静态时 $U_{CE} = 4 \text{ V}$,$R_C = 4 \text{ k}\Omega$,当逐渐加大输入信号 u_i 时,输出信号 u_o 首先出现(　　　)。

(a) 截止失真　　　　　　(b) 饱和失真　　　　　　(c) 截止和饱和失真

2.9　题 2.9 图所示电路(　　　)。

(a) 有电流放大作用,没有电压放大作用

(b) 没有电流放大作用,有电压放大作用

(c) 有电流放大和电压放大作用

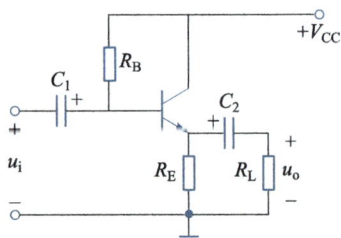

题 2.9 图

2.10　已知两个高输入电阻的单管放大器的电压放大倍数分别为 20 和 30,若将它们连接起来组成两级阻容耦合放大电路,其总的电压放大倍数为(　　　)。

(a) 600　　　　　　(b) 50　　　　　　(c) 10

2.11　两级共射极阻容耦合放大电路,若将第二级改成射极跟随器,则第一级的电压放大倍数将(　　　)。

(a) 提高　　　　　　(b) 降低　　　　　　(c) 不变

2.12　由两晶体管构成的无射极电阻 R_E 的简单差分放大电路,在单端输出时将(　　　)。

(a) 不能抑制零点漂移

(b) 能很好地抑制零点漂移

(c) 能抑制零点漂移，但效果不好

2.13 题2.13图所示差分电路中，恒流源的作用是（ ）。

(a) 稳定差模放大倍数

(b) 抑制零点漂移

(c) 稳定差模放大倍数和抑制零点漂移

2.14 乙类互补对称放大电路会出现交越失真，它是一种（ ）。

(a) 截止失真

(b) 饱和失真

(c) 波形过零时出现的非线性失真

2.15 共模抑制比 K_{CMR} 越大，表明电路（ ）。

(a) 放大倍数越稳定

(b) 输入信号中的差模成分越大

(c) 抑制零点漂移能力越强

2.16 OTL功率放大电路如题2.16图所示，该电路输入为正弦波时，输出电压的幅度最大约等于（ ）。

(a) V_{CC}　　(b) $\frac{1}{2}V_{CC}$　　(c) $\frac{1}{4}V_{CC}$

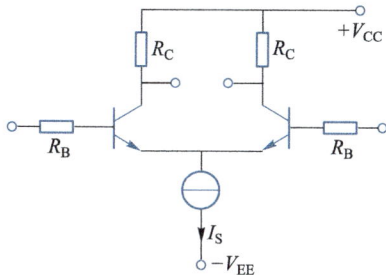

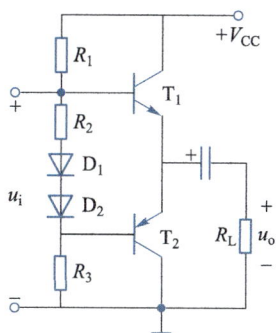

题2.13图　　　　　题2.16图

2.17 题2.16图所示电路中，电阻 R_2 和二极管 D_1、D_2 的作用是（ ）。

(a) 起开关作用，用来接通电路

(b) 减小交越失真

(c) 减小饱和失真

2.18 题2.16图所示的OTL功率放大电路正常工作时，晶体管 T_1、T_2 工作在（ ）。

(a) 甲类状态　　(b) 乙类状态　　(c) 甲乙类状态

2.19 理想运算放大器的输入、输出电阻是（ ）。

(a) 输入电阻高，输出电阻低

(b) 输入、输出电阻均很高

77

（c）输入电阻低，输出电阻高

2.20 为了更好地抑制零点漂移，集成运算放大器的输入级大多采用（   ）。

（a）直接耦合电路   （b）阻容耦合电路

（c）差动放大电路

二、解答题

2.21 分析题 2.21 图所示电路中，各电路有无电压放大作用，为什么？

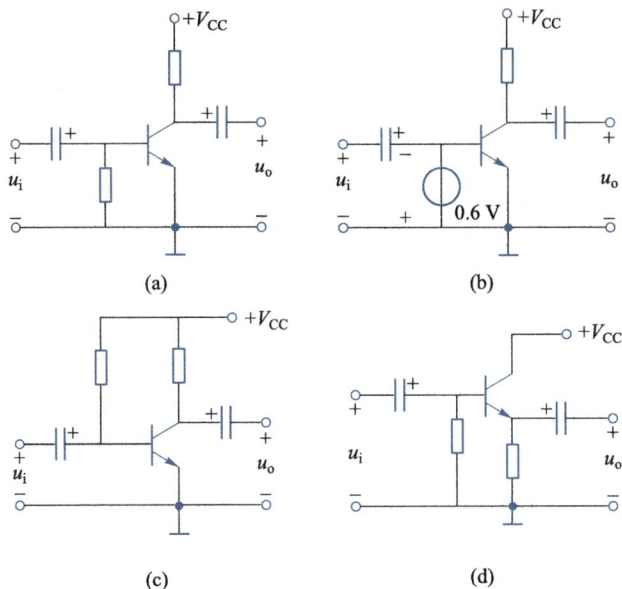

题 2.21 图

2.22 题 2.22 图所示电路中，已知 $V_{CC} = 24$ V，$R_B = 800$ kΩ，$R_C = 6$ kΩ，$R_L = 3$ kΩ，晶体管的输出特性曲线如图中所示。试用图解法和估算法求静态工作点（I_{BQ}，I_{CQ}，U_{CEQ}）。

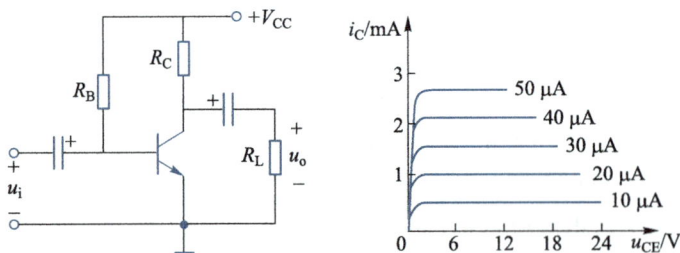

题 2.22 图

2.23 题 2.22 图所示的放大电路中，若 $\beta = 50$，$R_B = 680$ kΩ，$V_{CC} = 20$ V，$R_C = 6.2$ kΩ，求静态管压降 U_{CEQ}。若要求使 $U_{CEQ} = 6.8$ V，应将 R_B 调到多大阻值？

2.24 在题 2.24 图所示放大电路中，已知：$V_{CC} = 12$ V，晶体管的 $\beta = 50$，$I_{CQ} = 1.5$ mA，$U_{CEQ} = 6$ V，$U_{BE} = 0.7$ V。试确定电路中各个电阻的阻值。

2.25 在题 2.25 图所示的放大电路中,已知 $V_{CC} = 12$ V,$R_B = 120$ kΩ,$R_C = 3$ kΩ,$R_S = 1$ kΩ,$R_L = 3$ kΩ,晶体管电流放大系数 $\beta = 50$,试求放大电路的静态工作点(I_{BQ}、I_{CQ}、U_{CEQ})。

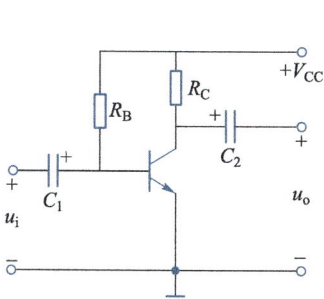

题 2.24 图

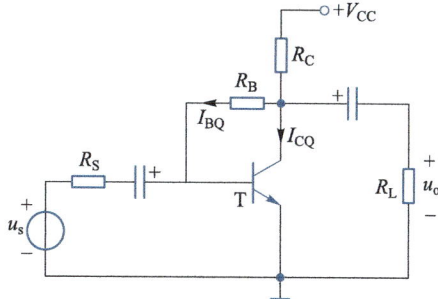

题 2.25 图

2.26 题 2.26 图所示电路中,已知 $V_{CC} = 12$ V,晶体管的输出特性曲线和静态工作点如图所示,试用图解法求电路参数 R_C 和 R_B。

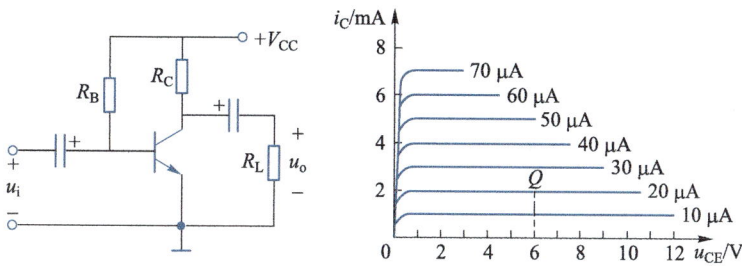

题 2.26 图

2.27 题 2.26 图中,已知晶体管 $\beta = 50$,$V_{CC} = 12$ V。(1)当 $R_C = 2.4$ kΩ、$R_B = 300$ kΩ 时,设 $U_{BE} = 0$,求静态值;(2)若要求 $U_{CEQ} = 6$ V,$I_{CQ} = 3$ mA,问 R_B、R_C 应调整为多少?

2.28 题 2.28 图所示放大电路中,已知 $V_{CC} = 12$ V,$R_{B1} = 120$ kΩ,$R_{B2} = 39$ kΩ,$R_F = 100$ Ω,$R_E = 2$ kΩ,$R_C = R_L = 3.9$ kΩ,晶体管 $\beta = 60$,$U_{BE} = 0.7$ V。求放大电路的静态值。

2.29 题 2.22 图所示的放大器中,设 $V_{CC} = 12$ V,$R_C = R_L = 8.2$ kΩ,试在下述情况下计算电压放大倍数和输入电阻。

(1)$\beta = 25$,$R_B = 500$ kΩ;

(2)$\beta = 50$,$R_B = 1$ MΩ;

(3)$\beta = 25$,$R_B = 250$ kΩ。

并由结果总结 A_u、r_i 与 β、I_E 的近似关系。

2.30 题 2.30 图所示电路中,已知:$V_{CC} = 12$ V,$R_{B1} = 33$ kΩ,$R_{B2} = 10$ kΩ,$R_C = R_E = R_L = R_S = 3$ kΩ,$U_{BE} = 0.7$ V,$\beta = 50$。

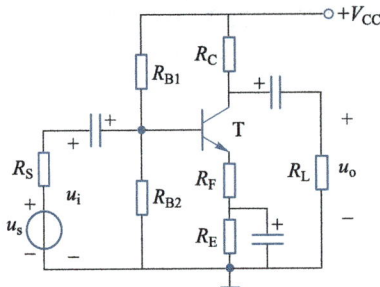

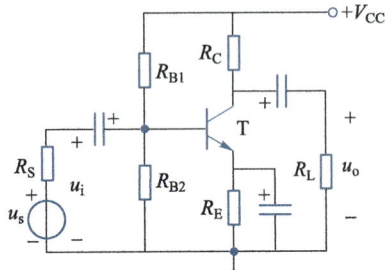

题 2.28 图　　　　　　　　　题 2.30 图

试求:(1) 静态值(I_{BQ}、I_{CQ}、U_{CEQ});(2) 画出小信号模型;(3) 输入电阻和输出电阻;(4) 电压放大倍数 A_u 和源电压放大倍数 A_{us}。

2.31　题 2.28 图所示放大电路中,已知:$V_{CC} = 12$ V,$R_{B1} = 120$ kΩ,$R_{B2} = 39$ kΩ,$R_F = 100$ Ω,$R_E = 2$ kΩ,$R_C = 3.9$ kΩ,$R_L = 3.9$ kΩ,$R_S = 1$ kΩ,$\beta = 60$,试求放大电路的 r_i、r_o、A_u 及 A_{us}。

2.32　在题 2.32 图所示放大电路中,已知:$V_{CC} = 6$ V,$R_B = 220$ kΩ,$R_C = 2$ kΩ,$R_L = 3$ kΩ,晶体管 $U_{BE} = 0.7$ V,$\beta = 50$,$r_{be} = 1.5$ kΩ,二极管 D 正向压降 $U_D = 0.7$ V,动态电阻忽略不计。试求:(1) 静态工作点(I_{BQ}、I_{CQ}、U_{CEQ});(2) 输入电阻 r_i 和输出电阻 r_o;(3) 电压放大倍数 A_u。

2.33　题 2.33 图所示射极跟随器,已知 $V_{CC} = 12$ V,$R_B = 75$ kΩ,$R_E = 1$ kΩ,$R_S = 75$ kΩ,$R_L = 1$ kΩ,$\beta = 50$。试求静态工作点以及 r_i、r_o、A_u 和 A_{us}。

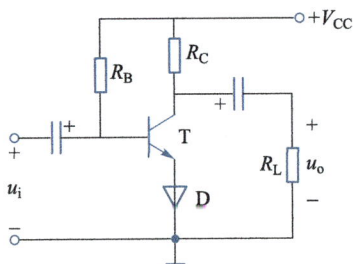

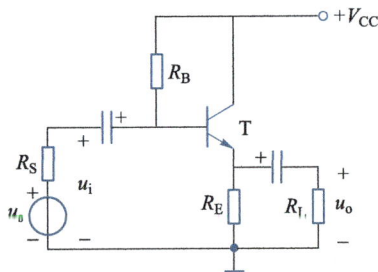

题 2.32 图　　　　　　　　　题 2.33 图

2.34　题 2.34 图所示电路中,已知:$V_{CC} = 12$ V,$R_B = 280$ kΩ,$R_C = R_E = 2$ kΩ,$r_{be} = 1.4$ kΩ,$\beta = 100$。试求:(1) A 端输出的电压放大倍数 A_{u1};(2) B 端输出的电压放大倍数 A_{u2};(3) 若 $u_i = \sqrt{2}\sin\omega t$ mV,写出 u_{o1} 和 u_{o2} 的表达式。

2.35　求题 2.25 图所示放大器的电压放大倍数 A_u(设 $\beta = 50$,$r_{be} = 930$ Ω)。

2.36　图 2.6.1 所示放大电路中,已知:$V_{DD} = 18$ V,$R_{G1} = 250$ kΩ,$R_{G2} = 50$ kΩ,$R_D = R_S = R_L = 5$ kΩ,场效晶体管 $g_m = 1$ mA/V。试求放大器的电压放大倍数 A_u、输入电阻 r_i 和输出电阻 r_o。

2.37　已知题 2.37 图所示源极跟随器的电路参数及场效晶体管的 g_m,求输入电阻、输出电阻及电压放大倍数。

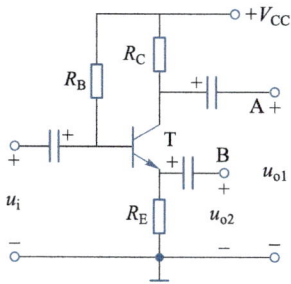

题 2.34 图

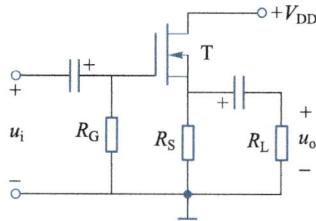

题 2.37 图

2.38　两级阻容耦合放大电路如题 2.38 图所示,已知: $R_{B1} = 100$ kΩ, $R_{B2} = 47$ kΩ, $R_{C1} = 1$ kΩ, $R_{E1} = 1.1$ kΩ, $R_{B3} = 39$ kΩ, $R_{B4} = 10$ kΩ, $R_{C2} = 2$ kΩ, $R_{E2} = 1$ kΩ, $R_L = 3$ kΩ, 两管的输入电阻均为 $r_{be} = 1.0$ kΩ, 电流放大系数 $\beta_1 = 100$, $\beta_2 = 60$。画出放大电路的小信号模型,并求:(1)放大电路的输入电阻和输出电阻;(2)各级放大电路的电压放大倍数和总的电压放大倍数;(3)信号源电压有效值 $U_s = 10$ μV, 内阻 $R_s = 1$ kΩ时, 放大电路的输出电压。

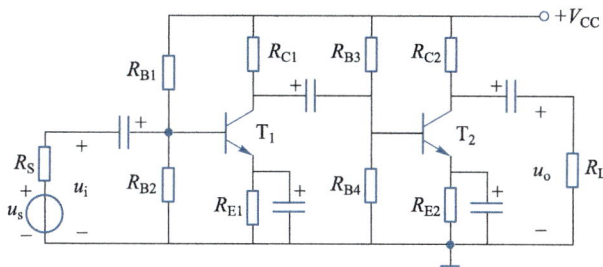

题 2.38 图

2.39　在题 2.39 图所示两级阻容耦合放大电路中,已知: $V_{CC} = 12$ V, $R_{B1} = 22$ kΩ, $R_{B2} = 15$ kΩ, $R_{C1} = 3$ kΩ, $R_{E1} = 4$ kΩ, $R_{B3} = 120$ kΩ, $R_{E2} = 3$ kΩ, $R_L = 3$ kΩ, 晶体管的电流放大系数 $\beta_1 = \beta_2 = 50$。(1)计算各级放大电路的静态值(I_{BQ}、I_{CQ}、U_{CEQ}), 设 $U_{BE} = 0.7$ V;(2)画出放大电路的小信号模型,并且求各级放大电路的电压放大倍数和总的电压放大倍数;(3)后级采用射极输出器,有何优点?

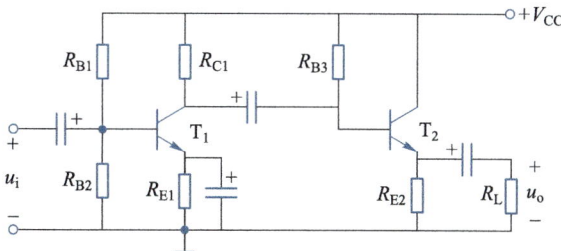

题 2.39 图

81

2.40　两级阻容耦合放大电路如题 2.40 图所示,已知:晶体管的 $\beta_1 = 40$, $\beta_2 = 50$, $r_{be1} = 1.0$ kΩ, $r_{be2} = 0.9$ kΩ, $R_{B1} = 56$ kΩ, $R_{E1} = 5.6$ kΩ, $R_{B2} = 20$ kΩ, $R_{B3} = 10$ kΩ, $R_C = 3$ kΩ, $R_{E2} = 1.5$ kΩ。求放大电路总的电压放大倍数、输入电阻和输出电阻。

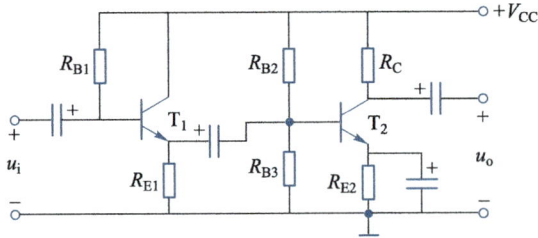

题 2.40 图

2.41　题 2.41 图所示两级阻容耦合放大电路,已知: $R_{B1} = 33$ kΩ, $R_{B2} = 10$ kΩ, $R_{C1} = 4$ kΩ, $R_{E1} = 2.5$ kΩ, $R_{B3} = 75$ kΩ, $R_{E2} = 1$ kΩ, $R_L = 1$ kΩ,晶体管的电流放大系数 $\beta_1 = \beta_2 = 50$,输入电阻 $r_{be1} = 1.8$ kΩ, $r_{be2} = 0.6$ kΩ。试画出放大电路的小信号模型电路,并且求各级放大电路的电压放大倍数和总的电压放大倍数。

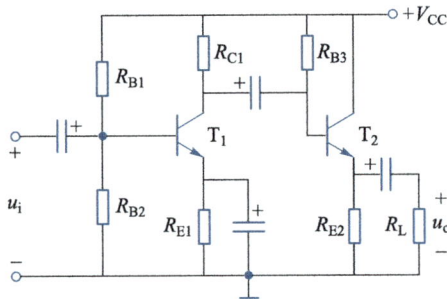

题 2.41 图

2.42　两级电压放大电路如题 2.42 图所示,已知:T_1 的 $g_m = 1$ mA/V,T_2 的 $\beta = 60$, $r_{be} = 1.4$ kΩ, $R_{G1} = 500$ kΩ, $R_{G2} = 220$ kΩ, $R_G = 1$ MΩ, $R_S = 3$ kΩ, $R_D = 4$ kΩ, $R_{B1} = 50$ kΩ, $R_{B2} = 5.6$ kΩ, $R_C = 5$ kΩ, $R_E = 0.5$ kΩ, $R_L = 5$ kΩ。试求:(1) 放大电路总的电压放大倍数;(2) 输入电阻和输出电阻。

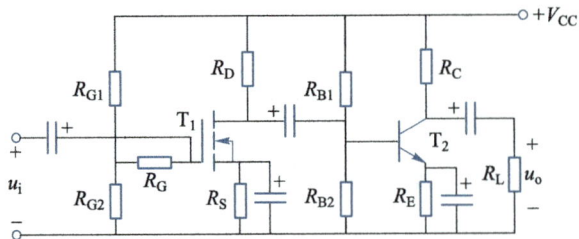

题 2.42 图

2.43 两级电压放大电路如题 2.43 图所示,已知:T_1 的 $g_m = 1$ mA/V,T_2 的 $\beta = 60$,$r_{be} = 1.5$ kΩ,$R_G = 5$ MΩ,$R_D = 2$ kΩ,$R_{B1} = 33$ kΩ,$R_{B2} = 4.3$ kΩ,$R_C = 8$ kΩ,$R_E = 1$ kΩ,$R_L = 8$ kΩ。试求:(1)放大电路总的电压放大倍数;(2)输入电阻和输出电阻。

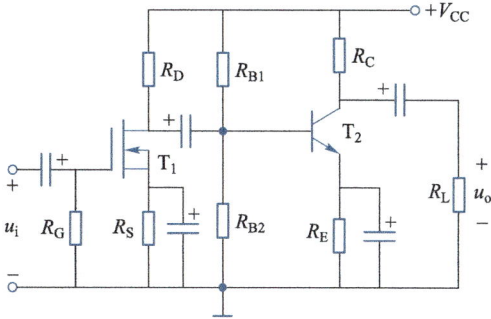

题 2.43 图

2.44 测得某阻容耦合放大器的下限频率 $f_L = 200$ Hz,上限频率 $f_H = 10 \times 10^3$ Hz。已知输入信号 u_i 的频率范围在 $100 \sim 5 \times 10^3$ Hz。问放大器会出现什么失真? 如何消除?

2.45 图 2.8.5 所示电路中,已知 $R_C = 10$ kΩ,$R_B = 2$ kΩ,$V_{CC} = V_{EE} = 15$ V,$I_S = 2$ mA,晶体管 $\beta = 50$。求放大电路的静态工作点(I_{BQ}、I_{CQ}、U_{CEQ})。

2.46 图 2.8.6(d)所示电路中,输出端接负载电阻 R_L。已知 $R_C = R_L = 16$ kΩ,$R_B = 2.5$ kΩ,晶体管 $\beta = 50$,$r_{be} = 2.5$ kΩ。(1)求差模电压放大倍数 A_d;(2)若 $u_1 = 50$ mV,求输出电压 u_0。

2.47 试指出题 2.47 图所示各复合管的类型,并在图上标明三个电极的名称。

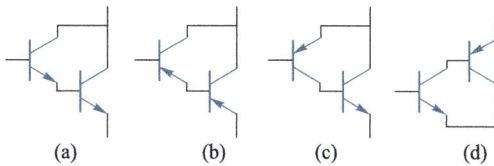

(a)   (b)   (c)   (d)

题 2.47 图

2.48 如题 2.48 图所示放大电路,图(a)是由 T_1 和 T_2 组成的复合晶体管,各晶体管的电流放大系数分别为 β_1 和 β_2,输入电阻分别为 r_{be1} 和 r_{be2}。试证明晶体复合管 T[如图(b)所示]的电流放大系数为 $\beta \approx \beta_1 \beta_2$,输入电阻 $r_{be} \approx \beta_1 r_{be2}$,并由此说明采用复合管的优点。

2.49 图 2.9.2(a)所示电路中,已知 $V_{CC} = 12$ V,$R_L = 8$ Ω,$U_{CES} = 0.5$ V,晶体管工作在乙类状态,电路最大不失真输出功率 P_{om} 和效率 η 是多少?

2.50 题 2.50 图所示运算放大器,电源电压为 ±15 V,电压放大倍数 $A = 10^5$,最大输出电压 $U_{OM} = ±13$ V。试求下列情况下的输出电压 u_0。

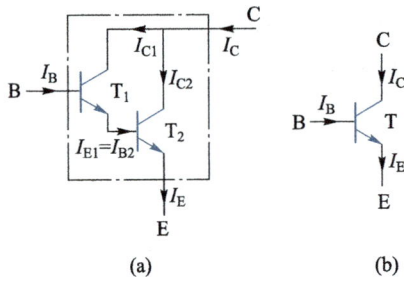

题 2.48 图

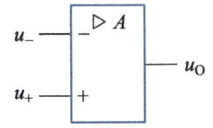

题 2.50 图

（1）$u_+ = 10\ \mu V, u_- = -10\ \mu V$；

（2）$u_+ = -10\ \mu V, u_- = 10\ \mu V$；

（3）$u_+ = -10\ \mu V, u_- = 0\ \mu V$；

（4）$u_+ = 0\ \mu V, u_- = 200\ \mu V$。

第 3 章　负反馈放大器

反馈是一个非常重要的概念。反馈在电和非电技术领域的应用都十分广泛,通常的自动调节和自动控制系统都是基于反馈原理构成的。利用反馈原理还可以实现稳压、稳流等。在放大器中根据不同要求引入适当的反馈,可以改善放大器的性能,实现有源滤波及模拟运算,也可以产生正弦振荡等。本章以最简单的反馈系统——反馈放大器为对象,介绍反馈的基本概念,研究反馈对放大器性能的影响。反馈的应用将在下一章中介绍。

§3.1　反馈的基本概念

3.1.1　反馈

反馈是一个广义的概念,通常是指将一个系统(电的或非电的)的全部或部分输出量返送回系统的输入端,与系统的输入量相叠加,以改善系统性能的措施。图 3.1.1 是一个应用反馈原理构成的炉温自动控制系统,给定信号 u_I 是系统的输入,它决定了炉内的温度,改变 u_I 即可改变炉内的温度,炉温即是该系统的输出。电压调节器、恒温炉(包括加热器)、温度传感器(铂电阻 R_t)及比较放大器构成反馈的闭合环路。温度传感器对炉温采样,得到反馈信号 u_F,送回输入端与输入信号 u_I 相比较,其差值 u_I-u_F 经比较放大器放大后作为电压调节器的输入信号,用以调整其输出电压(即恒温炉的加热电压)u,从而调节炉温,使其稳定在某个预定值。

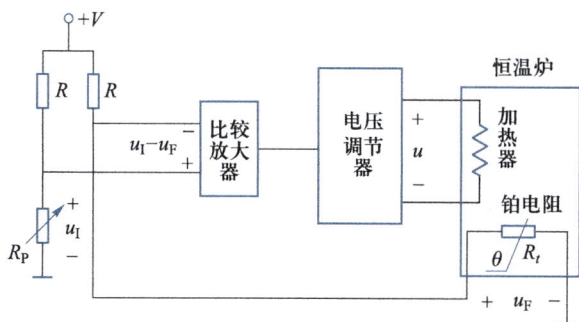

图 3.1.1

当由于某种原因炉温发生变化(比如降低)时,铂电阻阻值减小,反馈信号 u_F 减小,差值信号 u_I-u_F 增大,经比较放大器放大后,控制电压调节器,使其输出

电压 u 增大,炉温回升;而当炉温由于某种原因升高时,铂电阻阻值增大,u_F 增大,差值信号 $u_I - u_F$ 减小,经比较放大器放大后,使电压调节器作相反的调节,其输出电压 u 减小,炉温降低,这是一个动态的自动调节过程,调节的结果使炉温以较小的误差趋近于原来的数值。

§2.4 中工作点稳定的偏置电路(见图 3.1.2),就是放大器中应用反馈改善其性能(稳定工作点)的实例:温度的变化引起晶体管集电极和发射极电流 I_C、I_E 的改变,使静态工作点发生偏移,但是,发射极电阻 R_E 将随温度改变的发射极电流 I_E 以电压 $U_E(R_E I_E)$ 的形式返送回输入端,用以调节基极电流 I_B,进而调节 I_C、I_E,这也是一个动态的自动调节过程,调节的结果,使 I_C、I_E 随温度的变化大大减小,使工作点趋于稳定。

图 3.1.2 所示电路中,由于电容 C_E 的旁路作用,使得电路中仅有直流反馈,它仅能影响放大器的静态特性,若将 C_E 去掉,如图 3.1.3 所示,则不仅有直流反馈,在动态情况下,还会产生交流信号的反馈。在放大器中,直流反馈和交流反馈都经常采用。本章仅讨论交流反馈。

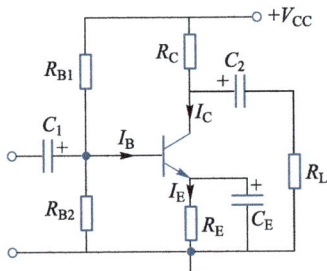

图 3.1.2

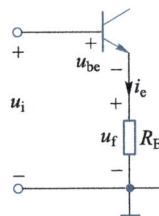

图 3.1.3

3.1.2　正反馈和负反馈

文本:§3.1.2
正负反馈的判别方法

根据反馈信号对输入信号的作用不同,反馈可分为正反馈和负反馈。如果反馈增强了输入信号的作用,则称为正反馈;反之,如果反馈削弱了输入信号的作用,则称为负反馈。

在图 3.1.3 电路中,i_E 中的交流分量 i_e 在 R_E 上产生压降 u_f,则

$$u_f = i_e R_E \tag{3.1.1}$$

在输入回路中,对交流信号而言

$$u_{be} = u_i - u_f \tag{3.1.2}$$

不难分析,u_f 和 u_i 同相位,所以,u_f 的产生削弱了输入信号 u_i 的作用,使放大器实际得到的信号(净输入信号)u_{be} 减小,从而使输出信号 u_o 减小,电压放大倍数下降。反馈信号 u_f 削弱了输入信号 u_i 的作用,故为负反馈。在放大器中,广泛地引入负反馈,可以改善放大器的性能。

图 3.1.4 所示为集成运算放大器反馈电路。输入信号 u_i 加在集成运放的同

相输入端,输出电压u_o被R_1、R_F分压,R_1上分得的电压作为反馈电压u_f加在集成运放的反相输入端,则

$$u_f = \frac{R_1}{R_1 + R_F} u_o \qquad (3.1.3)$$

在输入回路中,反馈放大器的净输入电压(即集成运放的输入电压)

$$u_i' = u_i - u_f \qquad (3.1.4)$$

因为u_f、u_o、u_i同相位,所以,反馈电压u_f使放大器的净输入电压u_i'减小,从而使输出电压u_o减小,电压放大倍数下降,即反馈削弱了输入信号u_i的作用,故为负反馈。

图 3.1.5 所示放大电路中,信号电流i_i接到集成运放的反相输入端,输出电压u_o经反馈电阻R_F反馈到集成运放的反相输入端。若输入电流i_i的瞬时方向如图中所示,则i_i在集成运放的两个输入端之间产生瞬时极性如图中所示的信号电压u_{id},因集成运放为反相输入,所以输出电压u_o的瞬时极性如图中所示,为上"-"下"+",则

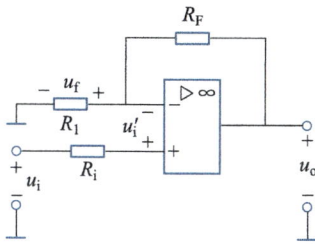

图 3.1.4

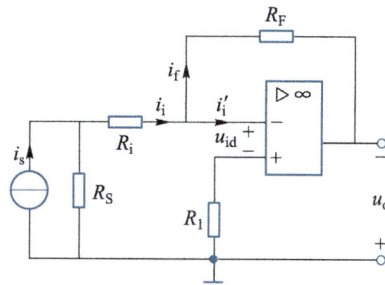

图 3.1.5

$$u_o = A_{do} u_{id}$$

其中,A_{do}为集成运放的差模开环电压放大倍数。因电阻R_1上压降为零,u_{id}为反相输入端与地之间的电压,反馈电阻R_F上的电流为

$$i_f = \frac{u_{id} + u_o}{R_F} = (1 + A_{do}) \frac{u_{id}}{R_F} \approx \frac{u_o}{R_F} \qquad (3.1.5)$$

即由于反馈,使得R_F上的电流(即反馈电流)i_f比没有反馈(即R_F旁路到地)时所产生的分流$\left(\dfrac{u_{id}}{R_F}\right)$大了$A_{do}$倍。

反馈电流i_f的瞬时方向如图 3.1.5 所示,反馈放大器的净输入电流(即集成运放的输入电流)

$$i_i' = i_i - i_f \qquad (3.1.6)$$

与没有反馈时相比明显减小,即反馈削弱了输入信号i_i的作用,故为负反馈。

在图 3.1.6 所示放大电路中,输入电压u_i加在集成运放的同相输入端,输出电流i_o流过电阻R_F,产生压降

$$u_f = i_o R_F \qquad (3.1.7)$$

u_f 作为反馈电压加到集成运放的反相输入端,在输入回路中,反馈放大器的净输入电压(即集成运放的输入电压)

$$u_i' = u_i - u_f \qquad (3.1.8)$$

因为 u_o、i_o 与 u_i 同相位,所以,u_f 与 u_i 同相位,反馈电压 u_f 使放大器的净输入电压 u_i' 减小,即反馈削弱了输入信号 u_i 的作用,故为负反馈。

在图 3.1.7 所示放大电路中,信号电流 i_i 接到集成运放的反相输入端,输出电流 i_o 在电阻 R 上产生压降 u,经过反馈电阻 R_F 反馈到集成运放的反相输入端。若输入电流 i_i 的方向如图中所示,则集成运放输出端为负电位,A 点亦为负电位,所以,反馈电流 i_f 和输出电流 i_o 的方向如图中所示,流入集成运放反相输入端的电流

$$i_i' = i_i - i_f \qquad (3.1.9)$$

这表明,反馈使流入集成运放反相输入端的电流 i_i' 减小,即反馈削弱了输入信号 i_i 的作用,故为负反馈。

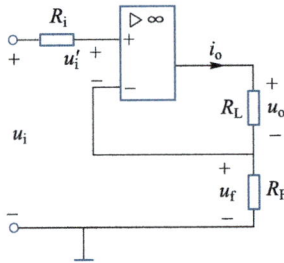

图 3.1.6

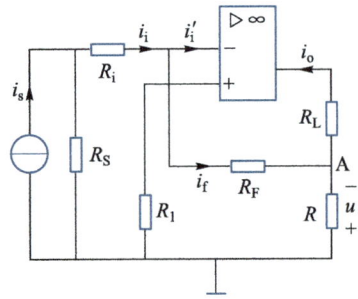

图 3.1.7

因集成运放反相输入端电位极小,几乎为零,故电阻 R_F 和 R 可视为并联,反馈电流

$$i_f = \frac{R}{R_F + R} i_o \qquad (3.1.10)$$

上面是根据反馈的物理概念来判别反馈的极性,在实际应用中,也可以采用所谓"瞬时极性法"判别反馈的极性。晶体管与集成运放的瞬时极性如图 3.1.8 所示,晶体管的发射极(或源极)与基极(或栅极)瞬时极性相同,而集电极(或漏极)与基极(或栅极)瞬时极性相反;集成运算放大器的同相输入端与输出端瞬时极性相同,而反相输入端与输出端瞬时极性相反。

在应用瞬时极性法判别反馈极性时,可先任意设定输入信号的瞬时极性,比如为正(即认为输入信号使输入端电位瞬间升高,在电路图上以+标记)或为负(即认为输入信号使输入端电位瞬间降低,在电路图上以-标记),然后,沿着

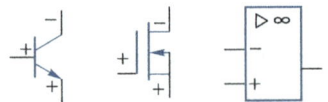

图 3.1.8

反馈环路巡行一周,逐步确定相应的反馈信号的瞬时极性,并在电路图上以⊕或⊖标记(⊕表示反馈使该点电位趋于升高,而⊖表示反馈使该点电位趋于降低),再根据它对输入信号的作用(增强或者削弱)来确定反馈极性。

例如,对于图 3.1.4 所示放大器,用瞬时极性法判别如图 3.1.9 所示。设输入信号瞬时为正极性(在同相输入端以+标记),根据瞬时极性法,输出信号瞬时极性为正(在输出端以+标记),经电阻 R_F 反送到集成运放的反相输入端,反馈信号瞬时亦为正极性(在反相输入端以⊕标记),这说明,若输入信号使同相输入端电位瞬间升高,则反馈使反相输入端电位随之升高,因此,与没有 R_F 时相比,集成运放实际得到的信号 u_i' 并未明显增大,即反馈削弱了输入信号,故可判定为负反馈。

对于图 3.1.10 所示放大器,用瞬时极性法判别如下:设输入信号瞬时为正极性(在反相输入端以+标记),根据瞬时极性法,输出信号瞬时极性为负(在输出端以−标记),经电阻 R_F 返送到集成运放的同相输入端,反馈信号瞬时极性为负(在同相输入端以⊖标记),这说明,若输入信号使反相输入端电位瞬间升高,则反馈使同相输入端电位瞬间趋于降低,因此,与没有 R_F 时相比,集成运放实际得到的净输入电压 u_i' 进一步增强,即反馈增强了输入信号,故可判定为正反馈。

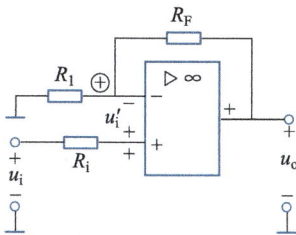

图 3.1.9

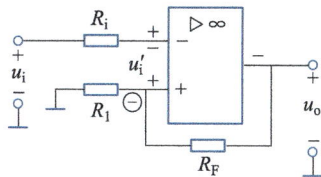

图 3.1.10

3.1.3 反馈的方式

在反馈放大器中,将输出量引回到输入端的电路称为反馈网络,可以像图 3.1.4、图 3.1.5 所示电路那样,对放大器的输出电压 u_o 采样,即将 u_o 作为反馈网络的输入信号,经反馈网络产生与输出电压 u_o 成一定函数关系的反馈信号(u_f 或 i_f),见式(3.1.3)、式(3.1.5),这种反馈称为电压反馈;也可以像图 3.1.6、图 3.1.7 所示电路那样,对反馈放大器的输出电流 i_o 采样,即以 i_o 作为反馈网络的输入信号,经反馈网络得到与 i_o 成一定函数关系的反馈信号(u_f 或 i_f),见式(3.1.7)、式(3.1.10),此种反馈称为电流反馈。

在图 3.1.4、图 3.1.6 所示电路中,反馈信号(u_f)与输入信号(u_i)以电压串联方式叠加,得到反馈放大器的净输入信号(u_i')

$$u_i' = u_i - u_f$$

文本:§3.1.3 反馈方式的判别方法

如式(3.1.4)、式(3.1.8)所示,此种反馈称为串联反馈;而在图 3.1.5、图 3.1.7 所示电路中,反馈信号(i_f)与输入信号(i_i)以电流并联方式叠加,得到反馈放大器的净输入信号(i'_i)

$$i'_i = i_i - i_f$$

如式(3.1.6)、式(3.1.9)所示,此种反馈称为并联反馈。

综合采样和叠加的两种情况,可将反馈分为四种组态(方式):电压串联(见图 3.1.4)、电压并联(见图 3.1.5)、电流串联(见图 3.1.6)、电流并联(见图 3.1.7)。

判别反馈方式要分别判别采样方式(即电压反馈和电流反馈)和叠加方式(即串联反馈和并联反馈)。可以像前面那样,先进行反馈组态的分析,则采样方式和叠加方式自然明朗。一般情况下,也可以采用一种比较简便的方法,如下所述:

判别采样方式,通常是将放大器(在多级放大器中为被采样的一级放大器)的出口交流短路(即令 $u_o=0$),若反馈作用消失,则表明反馈信号与输出电压 u_o 相关,故为电压反馈;若反馈作用依然存在,则表明反馈信号与输出电压 u_o 无关,故不是电压反馈,而应为电流反馈。

叠加方式可以根据电路的结构确定:当反馈信号和输入信号接在放大器的同一点(另一点一般是接地点)时,可判定为并联反馈;而接在放大器的不同点时,可判定为串联反馈。

例如,对于图 3.1.5 所示负反馈放大器,若将出口交流短路,则电阻 R_F 经短路线接地,流过 R_F 的电流大大减小$\left(变为\dfrac{u_{id}}{R_F},仅为原来的\dfrac{1}{1+A_{do}}\right)$,对输入信号仅起到旁路作用,即反馈作用消失,故可判定为电压反馈。

输入信号加在集成运放的反相输入端,而反馈信号亦反馈到反相输入端(另一点为接地点),故可判定为并联反馈。

对于图 3.1.6 所示负反馈放大器,若将出口 R_L 交流短路,则输出电压 u_o 为零,但运放的输出电流 i_o 仍然流过反馈电阻 R_F,产生随输出电流 i_o 变化的电压 u_f,并反送到反相输入端,引起净输入电压 u'_i 的变化,即反馈作用依然存在,这表明反馈信号与输出电压 u_o 无关,故不是电压反馈,由此可判定为电流反馈。

输入信号加在集成运放的同相输入端,而反馈信号反馈到反相输入端(另一点为接地点),不在同一点,故可判定为串联反馈。

按同样分析方法,可判别图 3.1.4 所示电路为电压串联负反馈,图 3.1.7 所示电路为电流并联负反馈。

由于不同类型的反馈放大器具有不同的特性,所以,熟练掌握反馈方式的判别是非常重要的。

在多级反馈放大器中,往往包含多个反馈环节,反馈极性和反馈方式各不相同,要逐个加以判别。

例 3.1.1　指出图 3.1.11 所示放大电路中的各反馈环节并判别其反馈极

性和反馈方式。

解:在图 3.1.11 所示放大电路中,电阻 R 对输出电流 i_o 采样,产生压降 u 并经电阻 R_F 反馈到晶体管的基极,产生反馈,如图 3.1.12 所示。根据瞬时极性法判别为负反馈。

将放大器的出口(即 R_L 两端)交流短路,使输出电压零,但输出电流仍然流过采样电阻,产生压降 u 并经电阻 R_F 反馈到晶体管的基极,即反馈依然存在,故可判定不是电压反馈,而是电流反馈。

输入信号和反馈信号都接在晶体管的基极和地之间,故为并联反馈。

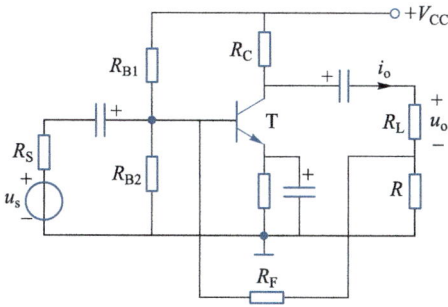

图 3.1.11

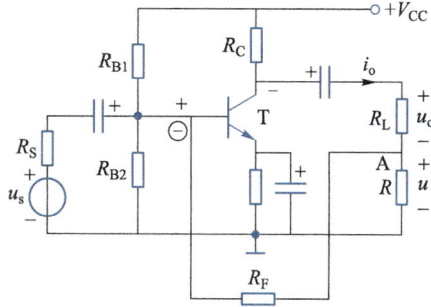

图 3.1.12

· 3.1.4　反馈放大器的转移特性

四种方式的反馈放大器,可以用图 3.1.13 所示的方块图概括,其中,$\dot{X}_i$、$\dot{X}_o$、$\dot{X}_f$ 分别为反馈放大器的输入信号、输出信号和反馈信号,均以相量表示(以下同),符号 $\otimes$ 表示求和网络,$\dot{X}_f$ 与 $\dot{X}_i$ 在此网络中叠加,得到基本放大器的输入信号(或称为反馈放大器的净输入信号)$\dot{X}_i'$ 。各信号可以是电压信号,也可以是电流信号,由反馈方式决定(详见表 3.1.1)。箭头表示信号的传递方向。方框中的 A 为基本放大器的增益,也称为反馈放大器的开环增益,F 为反馈网络的反馈系数。公式如下

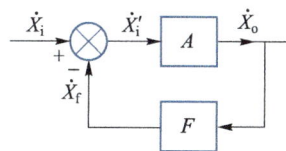

图 3.1.13

文本:§3.1.5
反馈放大器的
转移特性

$$A = \frac{\dot{X}_o}{\dot{X}_i'} \tag{3.1.11}$$

$$F = \frac{\dot{X}_f}{\dot{X}_o} \tag{3.1.12}$$

$$\dot{X}_i' = \dot{X}_i - \dot{X}_f \tag{3.1.13}$$

而将放大器的输出信号 $\dot{X}_o$ 和输入信号 $\dot{X}_i$ 之比以 A_f 表示,称为反馈放大器的增

益,即闭环增益

$$A_f = \frac{\dot{X}_o}{\dot{X}_i} \qquad\qquad (3.1.14)$$

将式(3.1.11)、式(3.1.12)、式(3.1.13)代入,可求得反馈放大器的闭环增益

$$A_f = \frac{A}{1 + FA} \qquad\qquad (3.1.15)$$

该式是反馈放大器的一般表达式。但对不同的反馈方式,因 $\dot{X}_i$、$\dot{X}_o$、$\dot{X}_f$ 及 $\dot{X}_i'$ 具有不同的量纲,所以,A、F 和 A_f 含义不同,见表 3.1.1。

表 3.1.1

反馈方式	$\dot{X}_i$	$\dot{X}_f$	$\dot{X}_i'$	$\dot{X}_o$	$A = \dfrac{\dot{X}_o}{\dot{X}_i'}$	$F = \dfrac{\dot{X}_f}{\dot{X}_o}$	$A_f = \dfrac{\dot{X}_o}{\dot{X}_i} = \dfrac{A}{1+FA}$
电压串联	$\dot{U}_i$	$\dot{U}_f$	$\dot{U}_i'$	$\dot{U}_o$	$A_u = \dfrac{\dot{U}_o}{\dot{U}_i'}$	$F_u = \dfrac{\dot{U}_f}{\dot{U}_o}$	$A_{uf} = \dfrac{\dot{U}_o}{\dot{U}_i} = \dfrac{A_u}{1+F_u A_u}$
电压并联	$\dot{I}_i$	$\dot{I}_f$	$\dot{I}_i'$	$\dot{U}_o$	$A_r = \dfrac{\dot{U}_o}{\dot{I}_i'}$	$F_g = \dfrac{\dot{I}_f}{\dot{U}_o}$	$A_{rf} = \dfrac{\dot{U}_o}{\dot{I}_i} = \dfrac{A_r}{1+F_g A_r}$
电流串联	$\dot{U}_i$	$\dot{U}_f$	$\dot{U}_i'$	$\dot{I}_o$	$A_g = \dfrac{\dot{I}_o}{\dot{U}_i'}$	$F_r = \dfrac{\dot{U}_f}{\dot{I}_o}$	$A_{gf} = \dfrac{\dot{I}_o}{\dot{U}_i} = \dfrac{A_g}{1+F_r A_g}$
电流并联	$\dot{I}_i$	$\dot{I}_f$	$\dot{I}_i'$	$\dot{I}_o$	$A_i = \dfrac{\dot{I}_o}{\dot{I}_i'}$	$F_i = \dfrac{\dot{I}_f}{\dot{I}_o}$	$A_{if} = \dfrac{\dot{I}_o}{\dot{I}_i} = \dfrac{A_i}{1+F_i A_i}$

表 3.1.1 中,A_u、A_{uf} 为电压增益,即前述电压放大倍数;A_r、A_{rf} 为互阻增益;A_g、A_{gf} 为互导增益;A_i、A_{if} 为电流增益,或称电流放大倍数。

通常定义 $|1+FA|$ 为反馈深度,以 S 表示

$$S = |1 + FA| \qquad\qquad (3.1.16)$$

由式(3.1.15)与式(3.1.16)不难看出,若 $S>1$,则 $|A_f|<|A|$,即为负反馈,S 越大,$|A_f|$ 减小越多,表明负反馈越强烈,或称负反馈越深,当反馈深度 $S>10$ 时,可视为深度负反馈;若 $0 \leqslant S<1$,则 $|A_f|>|A|$,即为正反馈,当 $S=0$ 时,$|A_f| = \infty$,即放大器无输入信号时,也有信号输出,这种状态称为自激振荡,在 §4.4 还要对此做进一步的研究。

反馈深度是一个非常重要的概念,引入反馈后,放大器性能的改变几乎都与反馈深度有关。

思考题

1. 什么是反馈？怎样判断放大电路中是否有反馈？

2. 如何判别放大电路中的反馈是正反馈，还是负反馈？

3. 在使用瞬时极性法判断正、负反馈时，信号的瞬时极性与参考方向有什么不同？

4. 如何判别反馈方式（电压、电流、串联、并联）？

5. 在判别电压反馈和电流反馈时，"将放大器输出端对地交流短路"和"将放大器出口交流短路"有何不同？哪种方法正确？

6. 在判别电压反馈和电流反馈时，为什么要强调"将被采样的一级放大器"的出口交流短路？

7. 反馈放大器的增益（闭环增益）与基本放大器的增益（开环增益）之间有何关系？对于不同的反馈方式，闭环增益的含义有何不同？

8. 何为反馈深度？其大小对反馈性质有何影响？

§3.2　负反馈对放大器性能的影响

负反馈放大器中，反馈信号削弱了输入信号，使净输入信号减小，放大倍数下降。但是，其他指标却可以因此而得到改善。

3.2.1　稳定增益

为讨论方便，设放大器在中频段工作，反馈网络由电阻组成，式（3.1.15）中的 A、F 和 A_f 均为实数，即

$$A_f = \frac{A}{1 + FA}$$

上式对 A 求导数

$$\frac{dA_f}{dA} = \frac{1 + FA - AF}{(1 + FA)^2} = \frac{1}{(1 + FA)^2} = \frac{1}{1 + FA} \cdot \frac{A_f}{A}$$

整理得

$$\frac{dA_f}{A_f} = \frac{1}{1 + FA} \cdot \frac{dA}{A} \qquad (3.2.1)$$

$\dfrac{dA_f}{A_f}$ 为闭环增益的相对变化率，$\dfrac{dA}{A}$ 为开环增益的相对变化率，对负反馈放大器 $S > 1$，所以 $\dfrac{dA_f}{A_f} < \dfrac{dA}{A}$。上述结果表明，受外界因素的影响，当开环增益 A 有一个较大的相对变化率 $\dfrac{dA}{A}$ 时，由于引入负反馈，闭环增益的相对变化率 $\dfrac{dA_f}{A_f}$ 只有开环

文本：§3.2.1
反馈对放大器
性能的影响

增益相对变化率的 $\frac{1}{S}$，即闭环增益的稳定性优于开环增益。例如某放大器的开环增益 $A = 50$，由于外界因素（如温度、电源波动、更换元件等）使 A 相对变化 $\frac{dA}{A} = 20\%$，若反馈系数 $F = 0.1$，则闭环增益的相对变化为

$$\frac{dA_f}{A_f} = \frac{1}{1 + FA} \cdot \frac{dA}{A} = \frac{1}{1 + 0.1 \times 50} \times 20\% \approx 3.33\%$$

可见，负反馈大大提高了增益的稳定性。但此时的闭环增益

$$A_f = \frac{A}{1 + FA} = \frac{50}{1 + 0.1 \times 50} \approx 8.33$$

比开环增益显著降低，即负反馈是以降低增益为代价，提高增益的稳定性。

在深度负反馈条件下，$1 + FA \gg 1$，故

$$A_f = \frac{A}{1 + FA} \approx \frac{1}{F} \tag{3.2.2}$$

该式表明，深度负反馈时的闭环增益仅取决于反馈系数 F，而与开环增益 A 无关。通常反馈网络仅由电阻构成，反馈系数 F 十分稳定。所以，闭环增益必然是相当稳定的，诸如温度变化，参数改变，电源电压波动等明显影响开环增益的因素，都不会对闭环增益产生多大影响。

深度负反馈放大器，除具有大的闭环反馈外，还往往存在局部反馈，如图 3.2.1 所示，其开环增益

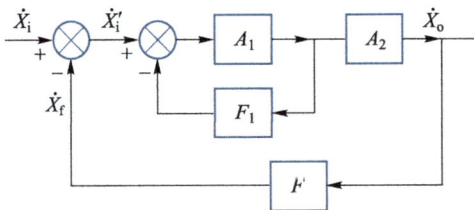

图 3.2.1

$$A = A_{1f} \cdot A_2 = \frac{A_1}{1 + F_1 A_1} \cdot A_2$$

局部反馈 F_1 仅影响开环增益 A，当大的闭环反馈 F 足够深，满足深度负反馈条件时，闭环增益 $A_f = \frac{1}{F}$，几乎与开环增益 A 无关，即基本上不受局部反馈 F_1 的影响，所以，在深度负反馈放大器的分析中，对于局部反馈可不予考虑。

必须说明一点，对于不同的反馈方式，A_f 意义不同，即引入不同的反馈方式，稳定不同的增益（见表 3.1.1）。只有串联电压负反馈才能直接稳定电压增益（电压放大倍数）。

3.2.2 减小非线性失真

以图 3.2.2 反馈放大器的方框图为例来说明。由于晶体管的非线性特性，设输入信号 $\dot{X}_i$ 为正弦波，在无反馈时，设输出信号 $\dot{X}_o$ 产生了正半周小、负半周大的非线性失真（如图中输出端下面的虚线波形所示）。引入负反馈后，将这种失真了的信号经反馈网络送回输入端，与输入信号反相叠加，得到正半周小、负半周大的差值信号 $\dot{X}_i'$，这样，正好弥补了放大器的缺陷，使输出信号比较接近于正弦。

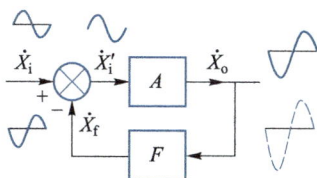

图 3.2.2

文本：§3.2.2 反馈对放大器输入电阻的影响

3.2.3 展宽频带，减小频率失真

由于电路中电容的影响，阻容耦合放大器的放大倍数在高频和低频段都要下降。引入负反馈可以减小各种因素（当然也包括这些电容）的影响，使放大倍数在比较宽的频段上趋于稳定，即展宽了频带。

3.2.4 对输入和输出电阻的影响

负反馈对输入和输出电阻的影响，因反馈方式而异。

对输入电阻的影响仅与输入端反馈的连接方式（叠加方式）有关：串联反馈，由于反馈电压和输入电压反极性串联叠加（见图 3.1.4、图 3.1.6），使输入电流减小，故可使输入电阻增大；并联反馈，由于反馈电流和净输入电流并联（见图 3.1.5、图 3.1.7），使输入电流增加，故可使输入电阻减小。

对输出电阻的影响仅与输出端反馈的连接方式（采样方式）有关：电压反馈，由于对输出电压采样，反馈信号正比于输出电压，而反馈的作用是使输出电压趋于稳定，使其受负载变动的影响减小，即使放大器的输出特性接近理想电压源特性，故而使输出电阻减小；电流反馈，由于对输出电流采样，反馈信号正比于输出电流，而反馈的作用是使输出电流趋于稳定，使其受负载变动的影响减小，即使放大器的输出特性接近理想电流源特性，故而使输出电阻增大。

文本：§3.2.3 反馈对放大器输出电阻的影响

在电路设计中，可根据对输入电阻和输出电阻的具体要求，引入适当的负反馈。例如，若希望减小放大器的输出电阻，可引入电压负反馈；若希望提高输入电阻，可引入串联负反馈，等等。

引入负反馈，可以稳定放大倍数，减小非线性失真，展宽频带，按需要改变输入电阻和输出电阻等。一般来说，反馈越深，效果越显著。

思考题

1. 结合射极跟随器的特性说明负反馈对放大器性能的影响。
2. "凡是负反馈都稳定电压放大倍数"的说法是否正确？有何片面性？

3. 怎样根据放大器的不同要求确定负反馈的反馈方式?

4. 在深度负反馈放大器的分析中,为什么只考虑大的闭环反馈,而不考虑反馈环路内部的局部反馈?

5. 负反馈可以改善放大电路的许多性能,为此所付出的代价是什么?

本章小结

1. 负反馈放大器是反馈技术在放大器中的应用。负反馈放大器包括基本放大器、采样网络、反馈网络和叠加网络四个组成部分。根据采样信号的不同(电压或电流),可分为电压反馈和电流反馈。而根据信号叠加方式的不同(串联或并联),可分为串联反馈和并联反馈,因而有四种反馈方式。

2. 负反馈对放大器的性能有广泛的影响,可稳定放大倍数(同时减小放大倍数),展宽频带,减小非线性失真,增大或减小输入和输出电阻。实际应用中,可根据不同的要求引入不同的反馈方式。

3. 采用集成运放的放大器通常都引入深度负反馈。在深度负反馈的反馈放大器中,闭环增益等于反馈系数的倒数。

习题

一、选择题

3.1　题 3.1 图所示电路的反馈方式是(　　)。

　　(a) 正反馈　　(b) 串联电压负反馈　　(c) 并联电压负反馈

3.2　题 3.2 图所示电路的反馈方式是(　　)。

　　(a) 正反馈　　(b) 串联电压负反馈　　(c) 串联电流负反馈

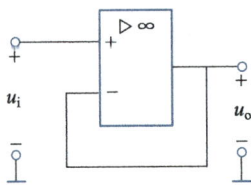

题 3.1 图

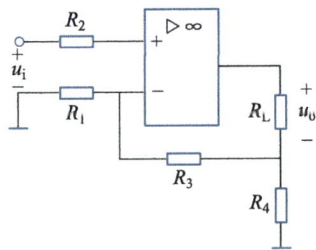

题 3.2 图

3.3　某反馈放大器的框图如题 3.3 图所示,其中 $A_1 = 100, A_2 = 100, F_1 = 0.09, F_2 = 0.09$,则放大器总放大倍数为(　　)。

　　(a) 10　　　　(b) 20　　　　(c) 100

3.4　在反馈放大器中,闭环放大倍数 $A_f = \dfrac{1}{F}$ 成立的前提是(　　)。

　　(a) 必须是深度负反馈放大器　　　　(b) 只要是负反馈放大器即可

　　(c) 只要是反馈放大器即可

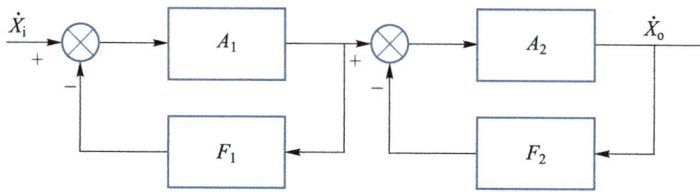

题 3.3 图

3.5 交流负反馈对放大器的影响是( )。

（a）改善放大器的动态性能

（b）稳定静态工作点

（c）改善放大器的动态性能和稳定静态工作点

3.6 题 3.6 图所示放大电路中,电阻 R_E 的作用是( )。

（a）改善放大器的动态性能

（b）稳定静态工作点

（c）改善放大器的动态性能和稳定静态工作点

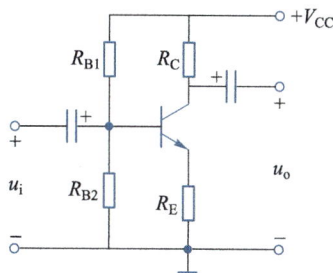

题 3.6 图

3.7 希望提高放大器的输入电阻和带负载能力,需要引入负反馈的方式是( )。

（a）并联电压负反馈 （b）串联电压负反馈

（c）串联电流负反馈

3.8 输入电阻越小,放大电路从信号源吸取的电流( )。

（a）越大 （b）越小 （c）不变

3.9 构成放大电路反馈环节( )。

（a）只能是电阻 （b）只能是无源元件

（c）可以是无源元件,也可以是有源器件

3.10 直流负反馈是指( )。

（a）只存在于直接耦合电路中的负反馈

（b）直流通路中的负反馈

（c）放大直流信号时才有的负反馈

二、解答题

3.11 指出题 3.11 图所示各放大器中的交流反馈环节,判别其反馈类型和反馈方式。

3.12 指出题 3.12 图所示放大电路中的反馈环节,判断其反馈类型和反馈方式。

3.13 判断题 3.13 图所示放大电路中电阻 R_F 引入的交流反馈的反馈类型和反馈方式。

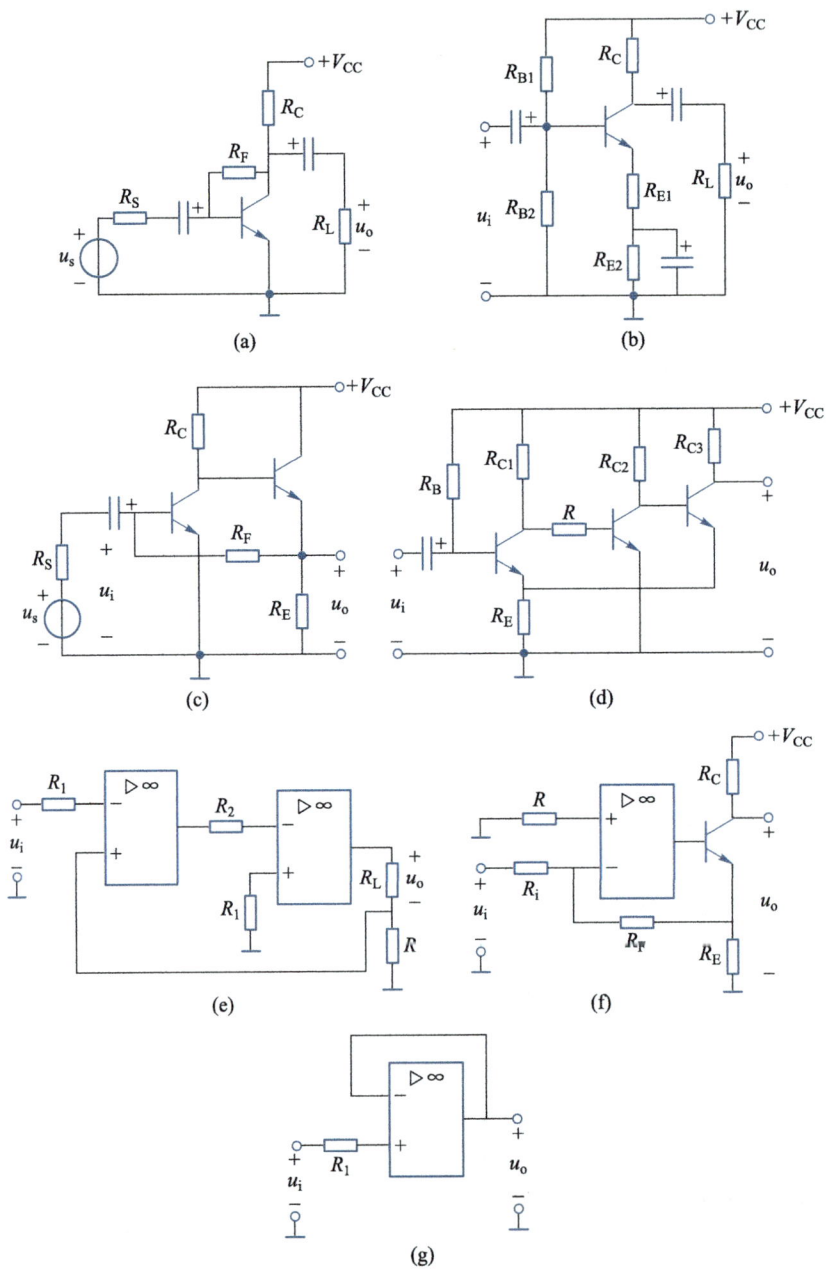

题 3.11 图

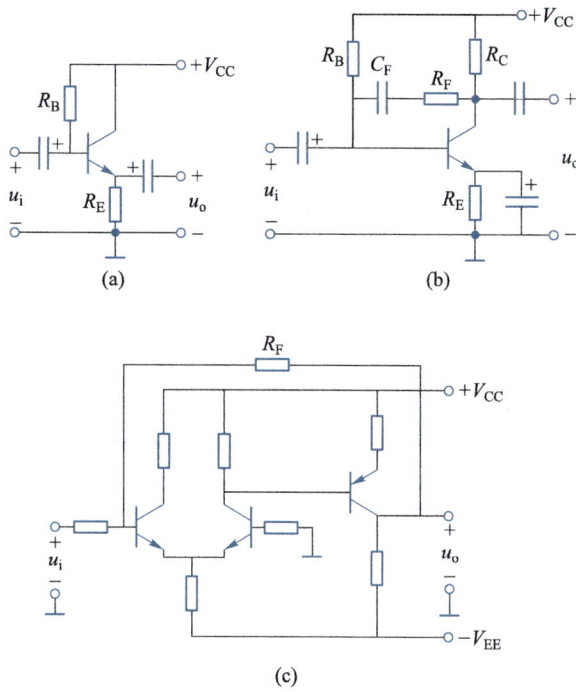

(a)

(b)

(c)

题 3.12 图

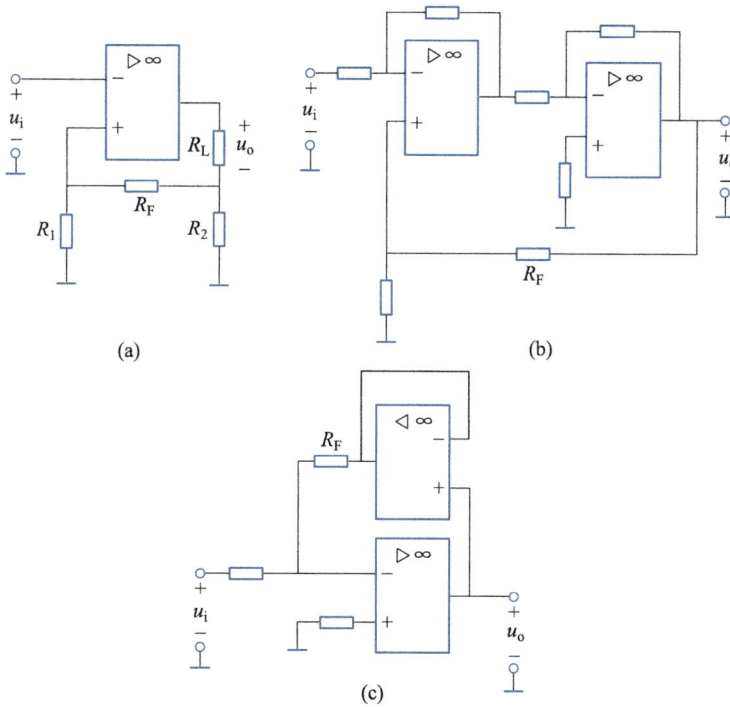

(a)

(b)

(c)

题 3.13 图

3.14　用集成运放构成一反馈放大器,使当集成运放放大倍数相对误差为 ±25%时,反馈放大器放大倍数为 100±1%,试计算集成运放放大倍数的最小值及反馈系数。

3.15　求题 3.15 图所示反馈系统的闭环放大倍数

$$A_f = \frac{\dot{X}_o}{\dot{X}_i}$$

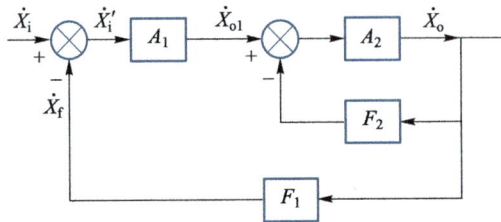

题 3.15 图

3.16　说明题 3.11 各反馈放大器在输入电阻、输出电阻和输出电压(或输出电流)稳定性方面的特点。

3.17　试说明对于题 3.17 图所示的放大器欲达到下述目的,各应引入何种方式的负反馈网络。(1)增大输入电阻;(2)稳定输出电压;(3)稳定电压放大倍数 A_u;(4)减小输出电阻但不影响输入电阻。

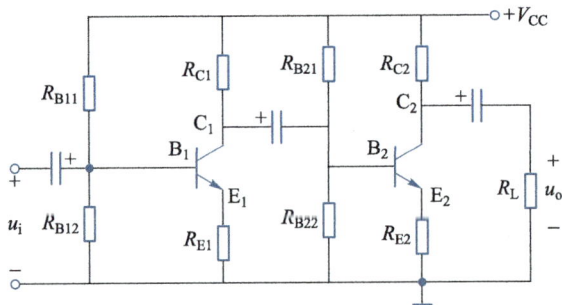

题 3.17 图

第4章　集成运算放大器的应用

集成运算放大器具有可靠性高、使用方便、放大性能好(如极高的放大倍数、很低的零漂)等特点,广泛应用在信号的放大、运算、处理等各个方面。本章重点介绍集成运算放大器在信号的运算(如加、减、积分、微分等)、信号的处理(如滤波、比较、调制、保持等)、信号的放大(如测量放大器)以及波形产生(如正弦波)等方面的应用。

§4.1 模拟运算电路

集成运算放大器引入适当的反馈,可以使输出和输入之间具有某种特定的函数关系,即实现特定的模拟运算,如加、减、积分、微分等,这就构成了模拟运算电路或称运算放大器。运算电路是模拟电子计算机的核心部件,在自动控制、检测技术等方面也得到广泛应用。

本节介绍几种常用的模拟运算电路,并以这些电路为例介绍模拟运算电路的分析方法。在不涉及运算精度的情况下,可以认为构成运算电路的集成运算放大器为理想器件。而理想运算放大器在线性应用时有两条重要结论:

(1) 输入端的电流为零　　　　$i_+ = i_- = 0$

(2) 两个输入端等电位　　　　$V_+ = V_-$

这两条结论是分析模拟运算电路的重要依据。

4.1.1 比例运算

1. 反相输入

图 4.1.1 所示电路中,因同相输入端接地,输入信号经电阻 R_1 加到反相输入端,故称为反相输入放大器。

由理想运算放大器在线性应用时的重要结论(1)可知,输入电流 $i_+ = i_- = 0$,故电阻 R_2 上无压降,$V_+ = 0$,由重要结论(2)可知

$$V_A = V_- = V_+ = 0$$

即对于反相输入的负反馈放大器,反相输入端电位等于地电位,为不接地的地电位点,通常称为"虚地"点。"虚地"概念在反相输入的负反馈放大器分析中非常重要。

由于

$$V_A = 0$$

文本:§4.1.1
运算放大器工
作条件和结论

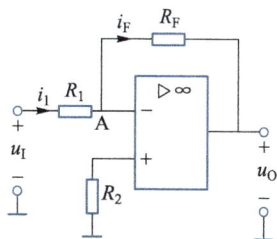

图 4.1.1

故

$$i_1 = \frac{u_1}{R_1}$$

$$i_F = -\frac{u_O}{R_F}$$

因为

$$i_1 = i_F$$

故

$$\frac{u_I}{R_1} = -\frac{u_O}{R_F}$$

$$u_O = -\frac{R_F}{R_1} u_I \tag{4.1.1}$$

文本：§ 4.1.2
比例运算电路

由上式可知，u_O 与 u_I 反相，且满足比例关系，即图 4.1.1 所示电路能够实现输出信号与输入信号之间的反相比例运算，故称为反相比例运算放大电路。比例系数 $\dfrac{u_O}{u_I}$ 只与 R_F 和 R_1 的比值有关，非常稳定。

当 $R_F = R_1$ 时，有

$$u_O = -u_I \quad 即 \quad \frac{u_O}{u_I} = -1 \tag{4.1.2}$$

称为反相器(反号器)。

反相输入比例运算电路由于是电压负反馈，因而工作稳定，输出电阻小，有较强的带负载能力。

2. 同相输入

同相输入电路如图 4.1.2 所示，输入信号加在同相输入端，反相输入端经 R_1 接地。

因为集成运算放大器 $i_+ - 0$，所以电阻 R_1 上没有压降，故有 $V_1 = u_1 = V$ ，这表明，在同相输入方式下，反相输入端非虚地点，而集成运算放大器基本上属于共模输入。有

$$u_I = u_F = \frac{R_1}{R_1 + R_F} u_O$$

$$u_O = \left(1 + \frac{R_F}{R_1}\right) u_I \tag{4.1.3}$$

即

$$\frac{u_O}{u_I} = 1 + \frac{R_F}{R_1}$$

由上式可知，u_O 与 u_I 同相，且满足比例关系，即图 4.1.2 所示电路能够实现输出信号与输入信号之间的同相比例运算，故称为同相比例运算放大电路。

与反相输入一样，输出和输入之间的关系(即比

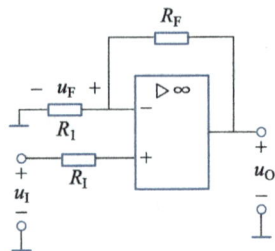

图 4.1.2

例系数)只与 R_F 和 R_1 有关,非常稳定,但比例系数必定大于或等于 1。

当 $R_F = 0$ 或 $R_1 = \infty$ 时,有

$$u_O = u_I \quad 即 \quad \frac{u_O}{u_I} = 1 \tag{4.1.4}$$

称为电压跟随器。

同相输入比例运算电路属于串联电压负反馈,具有工作稳定、输入电阻高、输出电阻低、带负载能力强等特点,尤其是输入电阻高的优点,使其在高内阻信号源情况下得到广泛的应用。但是,由于同相输入时,二输入端电压都几乎等于输入信号电压($V_+ = V_- = u_I$),放大器基本上属于共模输入,在输入信号 u_I 较大时(在模拟运算电路中比较常见),集成运算放大器输入级差分放大器的两个晶体管将工作在大信号运用状态,有较大的非线性失真,有可能影响运算的精度。

例 **4.1.1**　在图 4.1.3 所示电路中,$R_1 = 50$ kΩ,$R_F = 100$ kΩ,已知 $u_I = 1$ V,求输出电压 u_O,并说明输入级的作用。

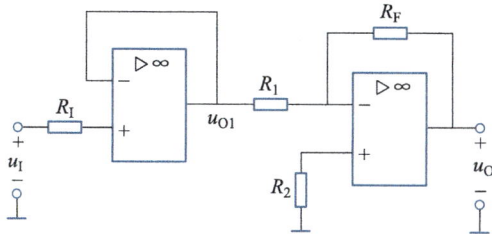

图 4.1.3

解:输入级为跟随器,由于是串联电压负反馈,因而具有极高的输入电阻,起到减轻信号源负担的作用。$u_{O1} = u_I = 1$ V,作为第二级的输入,第二级为反相输入比例运算电路。

$$u_O = -\frac{R_F}{R_1} u_{O1} = -\frac{100}{50} \times 1 \text{ V} = -2 \text{ V}$$

4.1.2　加法和减法运算

1. 加法运算电路

图 4.1.4 为反相输入加法运算电路,A
点为虚地点,故

$$i_1 = \frac{u_{I1}}{R_1}$$

$$i_2 = \frac{u_{I2}}{R_2}$$

因

$$i_- = i_+ = 0$$

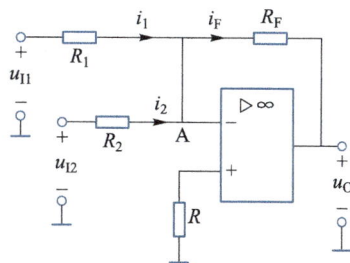

图 4.1.4

文本:§4.1.3
加减运算电路

故

$$i_F = i_1 + i_2$$

则

$$u_O = -i_F R_F = -(i_1 + i_2) R_F$$

$$= -\left(\frac{R_F}{R_1} u_{I1} + \frac{R_F}{R_2} u_{I2}\right) \tag{4.1.5}$$

若 $R_1 = R_2 = R_F$，则

$$u_O = -(u_{I1} + u_{I2}) \tag{4.1.6}$$

为两个输入信号之和的负值。此运算可推广到多个信号。

例 4.1.2　图 4.1.5 所示电路中，$R_F = 100$ kΩ，$R_1 = 25$ kΩ，$R_2 = 50$ kΩ，$R_3 = 500$ kΩ，已知 $u_{I1} = 1$ V，$u_{I2} = 0.5$ V，$u_{I3} = -2$ V，求输出电压 u_O。

解：根据式（4.1.5）可写出

$$u_O = -\left(\frac{R_F}{R_1} u_{I1} + \frac{R_F}{R_2} u_{I2} + \frac{R_F}{R_3} u_{I3}\right)$$

$$= -\left[\frac{100}{25} \times 1 + \frac{100}{50} \times 0.5 + \frac{100}{500} \times (-2)\right] \text{ V} = -4.6 \text{ V}$$

2. 减法运算电路

减法运算电路如图 4.1.6 所示，由叠加原理可得到输出与输入之间的运算关系。

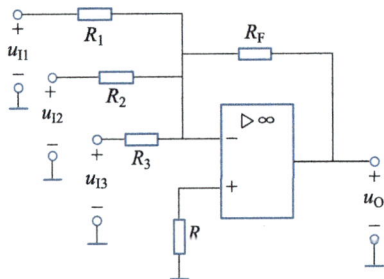
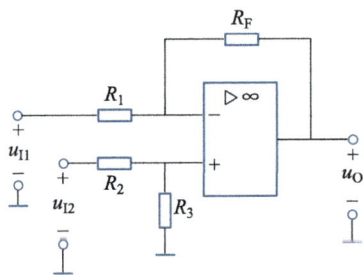

图 4.1.5　　　　　　　　　　　图 4.1.6

u_{I1} 单独作用时，为反相输入比例运算，输出电压为

$$u_{O1} = -\frac{R_F}{R_1} u_{I1}$$

u_{I2} 单独作用时，为同相输入比例运算，同相输入端电压为

$$u_+ = \frac{R_3}{R_2 + R_3} u_{I2}$$

输出电压

$$u_{O2} = \left(1 + \frac{R_F}{R_1}\right) u_+ = \left(1 + \frac{R_F}{R_1}\right) \cdot \frac{R_3}{R_2 + R_3} u_{I2}$$

u_{I1}、u_{I2}共同作用时

$$u_0 = u_{01} + u_{02} = -\left(\frac{R_F}{R_1}u_{I1} - \frac{R_1+R_F}{R_1} \cdot \frac{R_3}{R_2+R_3}u_{I2}\right) \tag{4.1.7}$$

若 $R_1=R_2=R_3=R_F$，则

$$u_0 = -(u_{I1}-u_{I2}) \tag{4.1.8}$$

输出等于两个输入信号之差值。

例 **4.1.3**　图 4.1.7 所示电路中，已知 $u_{I1}=-1$ V，$u_{I2}=1$ V，求输出电压 u_0。

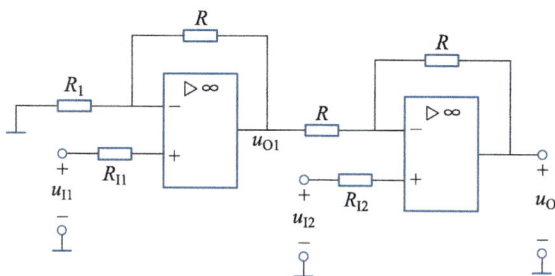

图 4.1.7

解：
$$u_{01} = \left(1+\frac{R}{R}\right)u_{I1} = 2u_{I1}$$

$$u_0 = -\frac{R}{R}u_{01} + \left(1+\frac{R}{R}\right)u_{I2}$$
$$= -2u_{I1}+2u_{I2}$$
$$= -2(u_{I1}-u_{I2})$$
$$= -2\times(-1-1)\,\text{V}$$
$$= 4\,\text{V}$$

4.1.3　积分和微分运算

1. 积分运算电路

积分运算电路如图 4.1.8 所示，图中 A 点为虚地，故

$$i_I = \frac{u_I}{R} \qquad i_F = -C\frac{du_0}{dt}$$

因

$$i_I = i_F$$

即

$$\frac{u_I}{R} = -C\frac{du_0}{dt}$$

则

$$u_0 = -\frac{1}{RC}\int u_I dt \tag{4.1.9}$$

105

输出与输入对时间的积分成正比。

若 u_I 为恒定电压 U,则输出电压

$$u_O = -\frac{U}{RC} \cdot t \qquad (4.1.10)$$

与时间 t 成正比,波形如图 4.1.9 所示(设输出电压 u_O 的初始值为 0 V),最大输出电压受集成运放最大输出电压 $\pm U_{OM}$ 的限制。

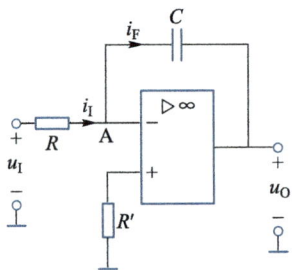

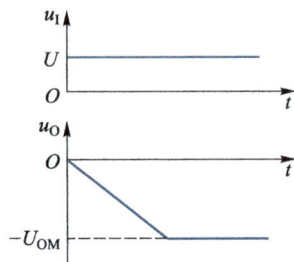

图 4.1.8　　　　　　　　　　　图 4.1.9

例 4.1.4　在图 4.1.8 所示电路中,$R = 100$ kΩ,$C = 10$ μF,已知集成运算放大器的最大输出电压 $U_{OM} = \pm 12$ V,$u_I = -6$ V。求时间 t 分别为 1 s、2 s、3 s 时的输出电压 u_O。

解:$u_O = -\dfrac{u_I}{RC} t = -\dfrac{-6}{100 \times 10^3 \times 10 \times 10^{-6}} t = 6\,t$

则　$t = 1$ s 时,$u_O = 6$ V

$t = 2$ s 时,$u_O = 12$ V

$t = 3$ s 时,$u_O = 12$ V($t = 2$ s 时 u_O 已达到最大值,超过 2 s 后输出电压 u_O 不再变化)。

加法电路和积分电路可组合成求和积分电路,如图 4.1.10 所示。

$$u_O = -\frac{1}{C} \int \left(\frac{1}{R_1} u_{I1} + \frac{1}{R_2} u_{I2} \right) \mathrm{d}t \qquad (4.1.11)$$

若 $R_1 = R_2 = R$,则

$$u_O = -\frac{1}{RC} \int (u_{I1} + u_{I2}) \mathrm{d}t \qquad (4.1.12)$$

2. 微分运算电路

将积分电路的 R、C 对调即为微分运算电路,如图 4.1.11 所示。

图中 A 点为虚地,即 $V_A = 0$,则

$$i_I = C \frac{\mathrm{d}u_I}{\mathrm{d}t} \qquad i_F = -\frac{u_O}{R}$$

因

$$i_I = i_F$$

即

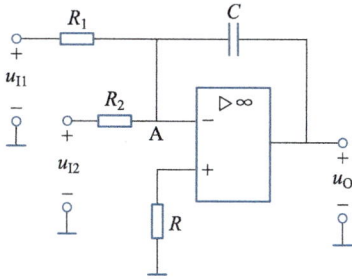

图 4.1.10

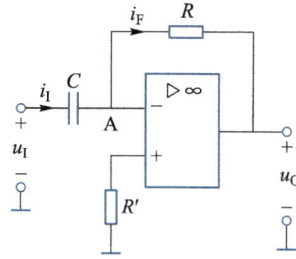

图 4.1.11

$$C\frac{\mathrm{d}u_1}{\mathrm{d}t}=-\frac{u_0}{R}$$

故

$$u_0=-RC\frac{\mathrm{d}u_1}{\mathrm{d}t} \tag{4.1.13}$$

输出电压与输入电压对时间的微分成正比。

4.1.4　比例-积分（PI）放大器

比例-积分放大器如图 4.1.12 所示。

因 A 点为虚地点，即 $V_A=0$，则

$$i_I=\frac{u_I}{R}$$

$$u_0=-R_F i_F-\frac{1}{C}\int i_F\mathrm{d}t$$

因

$$i_I=i_F$$

故

$$u_0=-\left(\frac{R_F}{R}u_I+\frac{1}{RC}\int u_I\mathrm{d}t\right) \tag{4.1.14}$$

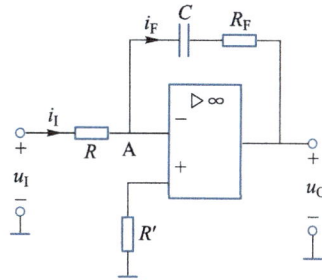

图 4.1.12

输出电压与输入电压成比例（P）-积分（I）关系。

4.1.5　比例-积分-微分（PID）放大器

PID 放大器如图 4.1.13 所示，因 B 点为虚地点，即

$$V_B=0$$

则

$$i_I=\frac{u_I}{R_1}=i_F$$

$$u_A = -\left(R_2 i_F + \frac{1}{C_2}\int i_F \mathrm{d}t\right)$$

$$= -\left(R_2 i_1 + \frac{1}{C_2}\int i_1 \mathrm{d}t\right)$$

$$= -\left(\frac{R_2}{R_1}u_I + \frac{1}{R_1 C_2}\int u_I \mathrm{d}t\right)$$

$$i_{C_1} = C_1 \frac{\mathrm{d}u_A}{\mathrm{d}t} = -C_1\left(\frac{R_2}{R_1}\cdot\frac{\mathrm{d}u_I}{\mathrm{d}t} + \frac{u_I}{R_1 C_2}\right)$$

$$i_3 = i_F - i_{C_1} = \frac{u_I}{R_1} + \frac{R_2 C_1}{R_1}\cdot\frac{\mathrm{d}u_I}{\mathrm{d}t} + \frac{C_1}{R_1 C_2}u_I$$

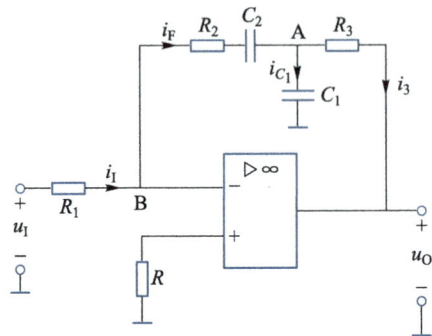

图 4.1.13

$$u_O = -R_3 i_3 + u_A$$

将前两式 u_A、i_3 代入整理得

$$u_O = -\left[\left(\frac{R_3}{R_1} + \frac{R_3 C_1}{R_1 C_2} + \frac{R_2}{R_1}\right)u_I + \frac{1}{R_1 C_2}\int u_I \mathrm{d}t + \frac{R_2 R_3 C_1}{R_1}\cdot\frac{\mathrm{d}u_I}{\mathrm{d}t}\right] \qquad (4.1.15)$$

即输出电压与输入电压成比例(P)-积分(I)-微分(D)关系。

比例-积分放大器和比例-积分-微分放大器分别称为 PI 调节器和 PID 调节器,它们在生产过程自动控制系统中得到广泛应用。

思考题

1. 在运算放大器线性应用电路中,为什么必须引入直流负反馈?

2. 集成运算放大器用于模拟计算,进行电路分析的重要依据是什么?

3. 集成运算放大器实现各种模拟运算时,必须工作在电压传输特性的什么区域? 如何实现?

4. 同相输入和反相输入放大器,二者的输入电阻和输入共模电压各有何特点?

5. 在各种模拟运算电路的输出与输入关系中,为什么均与运算放大器的开环电压放大倍数 A 无关?

§4.2　测量放大器

在许多工业应用中,经常要对一些物理量如温度、压力、流量等进行测量和控制。在这些情况下,通常先利用传感器将它们转换为电信号(电压或电流),因为这些电信号一般都很微弱,需要进行放大处理。另外,由于传感器所处的工作环境一般都比较恶劣,经常受到强大干扰源的干扰,因而在传感器上会产生干扰信号,并和转换得到的电信号叠加在一起。此外,转换得到的电信号往往需要通过屏蔽电缆进行远距离传输,在屏蔽电缆的外层屏蔽上也不可避免地会接收到一些干扰信号(见图 4.2.1)。这些干扰信号对后面连接的放大器,一般构成共模信号输入。由于它们相对于有用的电信号往往比较强大,一般的放大器对它们不足以进行有效地抑制,只有采用专用的测量放大器(或称仪用放大器),才能有效地消除这些干扰信号的影响。

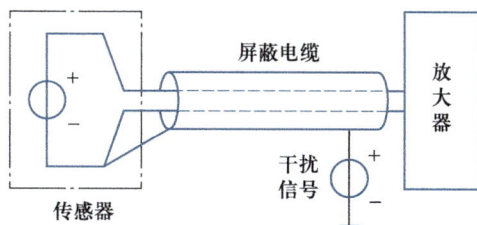

图 4.2.1

　　典型的测量放大器由三个集成运算放大器构成,电路如图 4.2.2 所示。输入级是两个完全对称的同相放大器,因而具有很高的输入电阻,输出级为减法器,由于通常选取 $R_3 = R_4$,故具有跟随特性,且输出电阻很小。u_1 为有效的输入信号,u_C 为共模信号,即前述干扰信号。

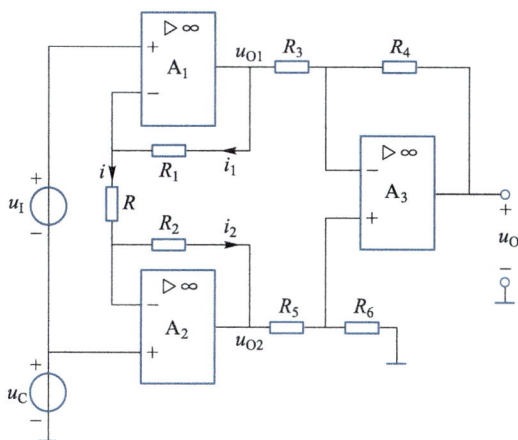

图 4.2.2

　　A_1、A_2、A_3 可视为理想运算放大器,故
对于运算放大器 A_1,有

$$u_{1-} = u_{1+} = u_1 + u_C$$

对于运算放大器 A_2,有

$$u_{2-} = u_{2+} = u_C$$

则

$$i = \frac{u_{1-} - u_{2-}}{R} = \frac{u_1}{R}$$

$$i_1 = i_2 = i$$

$$u_{O1} = R_1 i_1 + u_{1-}$$

$$= \frac{R_1}{R} u_1 + u_1 + u_C$$

$$u_{O2} = -R_2 i_2 + u_{2-}$$

$$= -\frac{R_2}{R}u_I + u_C$$

由减法器得到测量放大器的输出电压

$$u_O = -\frac{R_4}{R_3}u_{O1} + \frac{R_3+R_4}{R_3}\cdot\frac{R_6}{R_5+R_6}\cdot u_{O2} \qquad (4.2.1)$$

严格匹配电阻,使

$$R_3 = R_4 = R_5 = R_6$$

则

$$u_O = -u_{O1} + u_{O2}$$

将 u_{O1}、u_{O2} 表达式代入,整理得输出电压

$$u_O = -\left(1 + \frac{R_1+R_2}{R}\right)u_I \qquad (4.2.2)$$

u_O 与共模信号 u_C 无关,这表明图 4.2.2 测量放大器具有很强的共模抑制能力。

通常选取 $R_1 = R_2$ 为定值,改变电阻 R 即可方便地调整测量放大器的放大倍数。

集成运算放大器的选取,尤其是电阻 R_3、R_4、R_5、R_6 的匹配情况会直接影响测量放大器的共模抑制能力。在实际应用中,往往由于运放及电阻的选配不能满足要求,从而导致测量放大器的性能明显降低。集成测量放大器因易于实现集成运算放大器及电阻的良好匹配,故具有优异的性能。常用的集成测量放大器有 AD522、AD624 等。

思考题

测量放大器和一般放大器相比,具有什么特点?

§4.3　信号处理电路

4.3.1　有源滤波器

滤波器是一种选频网络,它对于所选定的频率范围内的信号衰减较小,能使其顺利通过,而对于频率超出此范围的信号则衰减较大,使其不易通过。

不同的滤波器具有不同的频率特性,大致可分为低通、高通、带通和带阻四种。仅由无源元件 R、C 构成的滤波器称为无源滤波器。无源滤波器的负载能力较差,这是因为无源滤波器与负载间没有隔离,当在输出端接上负载时,负载将成为滤波器的一部分,负载的变化必然导致滤波器频率特性的改变。此外,由于无源滤波器仅由无源元件构成,无放大能力,所以,对输入信号总是衰减的。

由无源元件 R、C 和放大器构成的滤波器称为有源滤波器。放大器广泛采用带有深度负反馈的集成运算放大器。由于集成运算放大器具有高输入阻抗、低输出阻抗的特性,使滤波器输出和输入间有良好的隔离,便于级联,以构成滤波特性好或对频率特性有特殊要求的滤波器。不过,由于集成运算放大器高频

特性一般较差,上限频率一般不超过几千赫兹,所以由集成运算放大器构成的有源滤波器在高频运用时受到限制。

1. 低通滤波器

图 4.3.1(a)所示为同相输入<u>一阶低通有源滤波器</u>,由无源一阶低通滤波器和同相输入比例运算放大器组成,因同相比例运算放大器输入电阻极高,输入电流几乎为零,所以频率特性

$$A_u(\mathrm{j}\omega) = \frac{\dot{U}_\text{o}}{\dot{U}_\text{i}} = \frac{\dot{U}_\text{o}}{\dot{U}_+} \cdot \frac{\dot{U}_+}{\dot{U}_\text{i}}$$

其中 $\dfrac{\dot{U}_\text{o}}{\dot{U}_+} = 1 + \dfrac{R_\text{F}}{R_1}$ 与频率无关,称为<u>通频带增益</u>,以 A_{um} 表示,而

$$\frac{\dot{U}_+}{\dot{U}_\text{i}} = \frac{\dfrac{1}{\mathrm{j}\omega C}}{R + \dfrac{1}{\mathrm{j}\omega C}} = \frac{1}{1 + \mathrm{j}\omega RC}$$

设 $\omega_\text{c} = \dfrac{1}{RC}$,称为<u>截止角频率</u>,则

$$\frac{\dot{U}_+}{\dot{U}_\text{i}} = \frac{1}{1 + \mathrm{j}\dfrac{\omega}{\omega_\text{c}}}$$

得

$$A_u(\mathrm{j}\omega) = A_{um} \frac{1}{1 + \mathrm{j}\dfrac{\omega}{\omega_\text{c}}} \tag{4.3.1}$$

幅频特性

$$|A_u(\mathrm{j}\omega)| = \frac{A_{um}}{\sqrt{1 + \left(\dfrac{\omega}{\omega_\text{c}}\right)^2}} \tag{4.3.2}$$

幅频特性曲线如图 4.3.1(b)所示,为一阶低通特性,在 $0 \sim \omega_\text{c}$ 频段,信号可以通过,且 $u_\text{o} = A_{um} u_\text{i}$,与频率 ω 无关,而频率大于 ω_c 的信号被阻止。

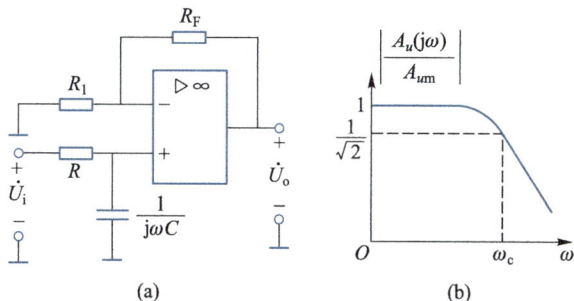

文本:§4.3.1 有源滤波器概述

文本:§4.3.2 一阶低通滤波器

图 4.3.1

　　一阶有源滤波器的幅频特性与理想特性相差较大,采用二阶或高阶有源滤波器可明显改善滤波效果,二阶有源滤波器可以用两个一阶有源滤波器级联实现,也可以仿照图 4.3.1(a)所示电路,由一个无源二阶滤波器和集成运算放大器构成,电路如图 4.3.2 所示。

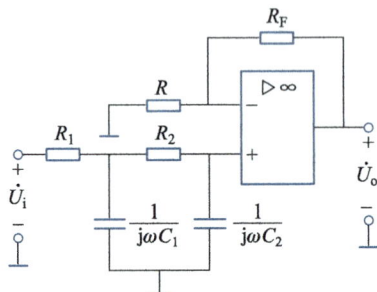

图 4.3.2

　　2. 高通滤波器

　　高通滤波器和低通滤波器一样,有一阶和高阶之分。将图 4.3.1 一阶低通滤波器中的电阻 R 和电容 C 对调即成为一阶高通滤波器,电路如图 4.3.3 所示。频率特性

$$A_u(\mathrm{j}\omega) = \frac{\dot{U}_o}{\dot{U}_i} = A_{um}\frac{1}{1-\mathrm{j}\dfrac{1}{\dfrac{\omega}{\omega_c}}} \tag{4.3.3}$$

式中,$A_{um} = 1 + \dfrac{R_F}{R_1}$ 为通频带增益;$\omega_c = \dfrac{1}{RC}$ 为截止频率。

　　幅频特性

$$|A_u(\mathrm{j}\omega)| = A_{um}\frac{1}{\sqrt{1+\left(\dfrac{1}{\dfrac{\omega}{\omega_c}}\right)^2}} \tag{4.3.4}$$

　　幅频特性曲线如图 4.3.4 所示,为一阶高通特性,频率大于 ω_c 的信号可以通过,而小于 ω_c 的信号被阻止。

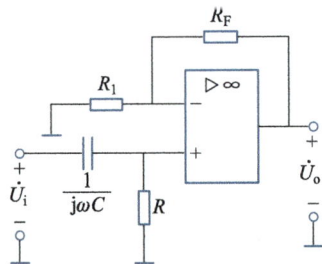

图 4.3.3

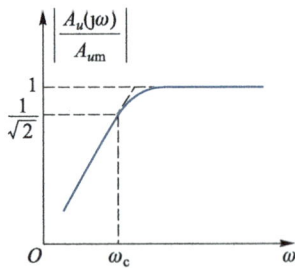

图 4.3.4

　　3. 带通滤波器和带阻滤波器

　　将低通滤波器和高通滤波器串联,并使低通滤波器的截止频率大于高通滤波器的截止频率,则构成有源带通滤波器。其结构图和幅频特性如图 4.3.5 和图 4.3.6 所示,图中 ω_H 为上限频率,ω_L 为下限频率,通频带为

文本:§4.3.3
二阶低通滤波器

文本:§4.3.4
一阶高通滤波器

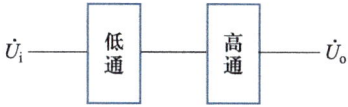

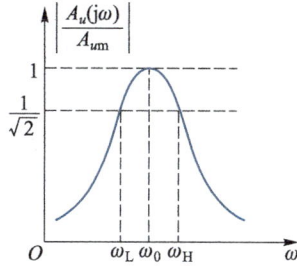

图 4.3.5　　　　　　　　　　　　图 4.3.6

$$BW = \omega_H - \omega_L \tag{4.3.5}$$

频率在通频带范围内的信号可以通过,通频带以外的信号被阻止。

　　将低通滤波器和高通滤波器并联,并使高通滤波器的截止频率大于低通滤波器的截止频率,则构成有源带阻滤波器。其结构图和幅频特性如图 4.3.7 和图 4.3.8 所示,频率位于 ω_L 和 ω_H 之间的信号被阻止而不能通过,其他频率的信号可以通过。

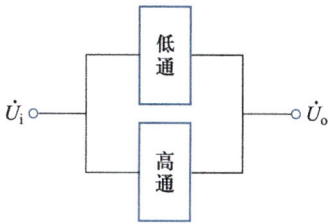

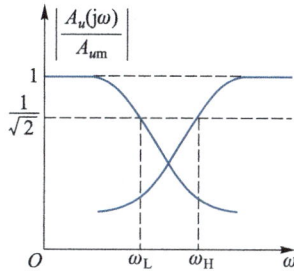

图 4.3.7　　　　　　　　　　　　图 4.3.8

4.3.2　电压比较器

　　电压比较器可对两个电压的相对大小进行比较,其中一个电压为参考电压或基准电压 U_R,另一个为被比较的输入信号电压 u_I。电路如图 4.3.9(a) 所示,集成运算放大器处在开环状态,由于电压放大倍数极高,因而二输入端电压只要

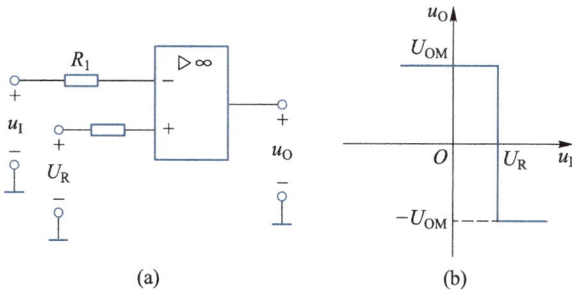

(a)　　　　　　　　　　　(b)

图 4.3.9

有微小的差值,运算放大器便进入非线性工作区域,输出电压 u_O 即达到最大值。电压传输特性如图 4.3.9(b)所示,当 $u_I < U_R$ 时,$u_O = U_{OM}$;当 $u_I > U_R$ 时,$u_O = -U_{OM}$。根据输出电压 u_O 的状态,便可判断输入电压 u_I 相对 U_R 的大小。

当基准电压 $U_R = 0$ 时,称为过零比较器,输入电压 u_I 与零电位比较,电路图和电压传输特性如图 4.3.10 所示,每当输入信号电压 u_I 过零时,输出改变状态。

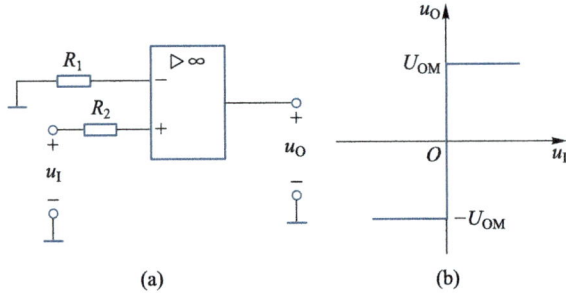

图 4.3.10

为了限制和稳定电压比较器输出电压的幅值,以便和连接的负载相匹配,常在比较器的输出端加接稳压二极管限幅电路。在图 4.3.11(a)所示电路中,用两个稳压二极管反向串联,将电压比较器的输出电压限制在稳压二极管的稳定电压 $+U_Z$ 和 $-U_Z$ 之间,电压传输特性如图 4.3.11(b)所示。根据负载电压的要求,也可以采用单个稳压二极管限幅,电路如图 4.3.12(a)所示,电压比较器的输出电压被限制在 0 V(忽略稳压二极管正向导通压降)和稳压二极管的稳定电压 U_Z 之间,电压传输特性如图 4.3.12(b)所示。

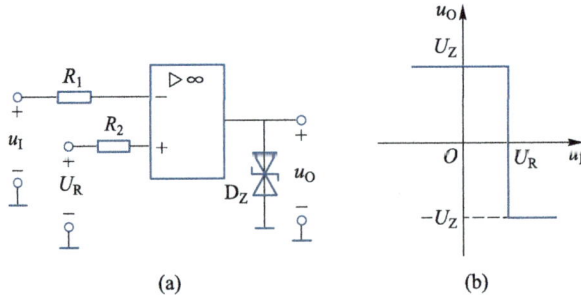

图 4.3.11

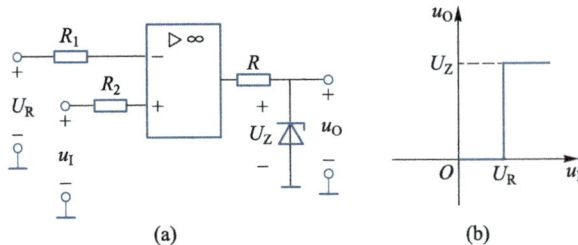

图 4.3.12

电压比较器可用于波形变换,可以把任意波形变换为矩形波。当图 4.3.11(a)所示电压比较器输入为正弦波信号 u_i 时,输出为矩形波,幅值为稳压二极管稳定电压 $\pm U_Z$,如图 4.3.13 所示。当基准电压 $U_R = 0$ V 时,输出信号为方波,调节基准电压 U_R,使其在输入正弦波的幅值 $\pm U_{iM}$ 之间变化,可方便地调节输出矩形波波形的宽度。

电压比较器也可用作脉宽调制器,用输入电压 u_1 去调制输出电压的脉冲宽度,使其与输入电压 u_1 的大小成正比。图 4.3.12 电压比较器用作脉宽调制器时的输入、输出波形如图 4.3.14 所示,基准电压 U_R 是一个频率远高于输入信号 u_1 的三角波,若输入信号为正弦波,则输出信号的脉冲宽度随输入信号按正弦规律改变。

视频:§4.3.7
电压比较器——
波形变换

视频:§4.3.8
电压比较器——
脉宽调制

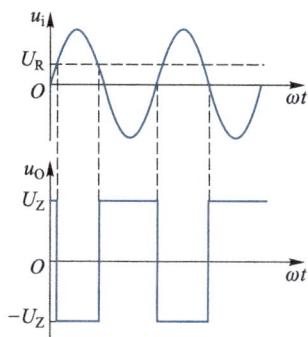

图 4.3.13

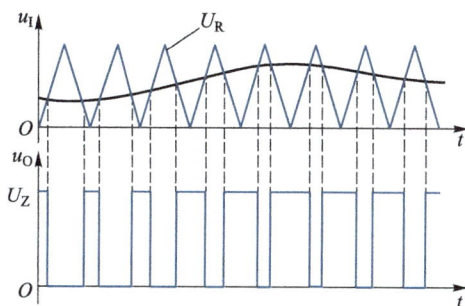

图 4.3.14

脉宽调制器广泛应用于调制功率放大器及开关电源中。脉宽调制器也可用于模数转换,通过测量输出电压的脉冲宽度来反映输入电压的大小,脉冲宽度测量属于时间测量,很容易实现数字化,这就实现了模拟量到数字量的转换。

集成电压比较器把运算放大器和限幅电路集成在一块,其输出电压可以适应数字电路(如 TTL)逻辑电平的要求,可以直接连接,广泛应用于模数接口、电平检测及波形变换等领域。

4.3.3 采样-保持电路

在计算机实时控制和非电量的测量系统中,通常要将模拟量转换为数字量。但因转换不能瞬间完成,需要一定的时间,所以不可能将随时间连续变化的模拟量的每一个瞬间值都转换为数字量,而只能将某些选定时刻的量值进行转换,这就需要对连续变化的模拟量进行跟踪采样,并将采集到的量值保持一定的时间,以便在此时间内完成模拟量到数字量的转换,这就是采样-保持电路的功能。

采样-保持原理电路如图 4.3.15(a)所示,电路由电子开关 S、保持电容 C_H 及控制信号 u_G 构成,u_G 为矩形脉冲。电路的工作过程可分为"采样"和"保持"两个阶段:当控制脉冲到来时,电子开关 S 接通,"采样"阶段开始,输入模拟信号 u_1 经电子开关 S 使保持电容 C_H 迅速充电,电容电压即输出电压 u_O 跟随输入模拟信号 u_1 的变化而变化,即对 u_1 "采样";控制脉冲过后,$u_G = 0$,电子开关 S 断开,采样结束,进入"保持"阶段,保持电容 C_H 上的电压因为没有放电回路而得以保持,维持采样结束时输入信号u_I的量值,直到下一个控制脉冲到来,开始新的采样-保持周期。采样-保持电路的工作波形如图 4.3.15(b)所示。

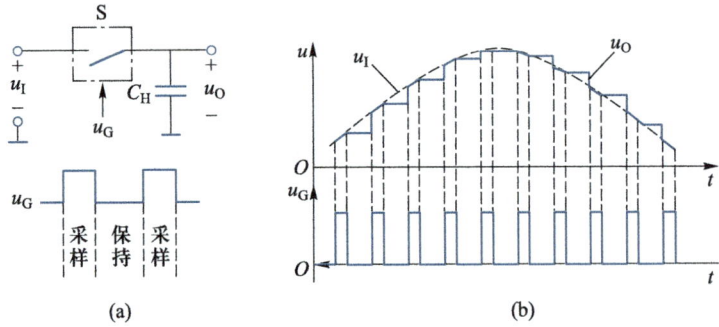

图 4.3.15

图 4.3.15 所示电路的主要问题是:在采样期间信号源直接给电容 C_H 充电,大的充电电流使信号源负担增大;在保持期间,电容 C_H 要通过输出端对负载电阻放电,输出电压 u_o 按指数规律下降而不能保持不变。

为解决上述两个问题,实际的采样-保持电路如图 4.3.16 所示,场效晶体管作电子开关,输入端的跟随器具有很高的输入电阻和很小的输出电阻,大大减小了信号源供出的电流,同时也降低了保持电容的充电电阻,改善了采样电路的电压跟随特性;输出端的跟随器同样具有极高的输入电阻和很小的输出电阻,减小了保持电容的放电电流,增强了保持电路的负载能力,使输出电压 u_o 基本上不受负载的影响。

为了使采样后的信号能真实地反映原模拟信号的变化,采样频率应足够高。根据采样定理,采样频率应不低于模拟信号中频率最高的谐波分量频率的两倍。

集成采样-保持电路 LF198 的接线如图 4.3.17 所示,3、5 脚分别为模拟量输入和采样保持输出,8 脚接控制信号,6 脚外接保持电容,2 脚用以调节输出电压的零点,7 脚接地,1、4 脚间接工作电源,可在±5~±18 V 之间选择,以便于和各种不同类型的电路连接。

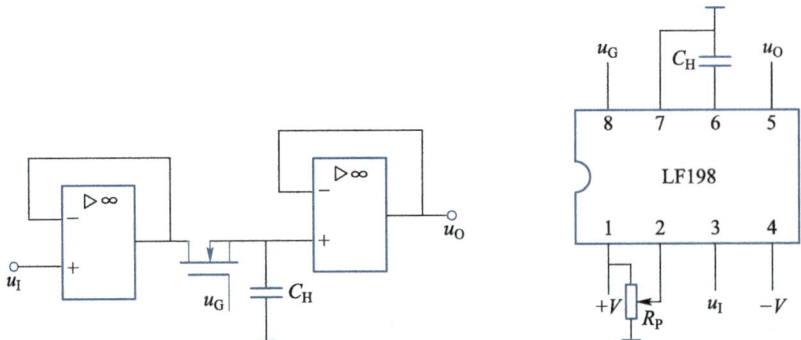

图 4.3.16

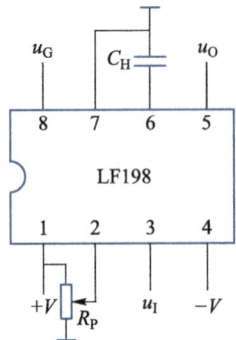

图 4.3.17

思考题

1. 与无源滤波器相比,有源滤波器有何优点?

2. 已知输入信号的频率为 10~12 kHz,为了防止干扰信号的混入,应选用哪种滤波器?

3. 电压比较器工作在什么区域? 输出电压 u_0 的大小和波形有何特点?

4. 电压比较器的基准电压 U_R 接在运算放大器的同相输入端或反相输入端,其电压传输特性有何不同?

5. 在图 4.3.16 的采样–保持电路中,两个运算放大器(电压跟随器)各起什么作用?

§4.4　正弦波振荡器

在放大器中引入反馈可以改善放大器的性能指标,但也会造成一些不良影响,除使增益降低之外,还有可能产生自激振荡,破坏放大器的正常工作。自激振荡对于反馈放大器来说是一件坏事,但是,它在无输入信号的情况下却有信号输出,这种特性若加以利用,即构成了一种全新的电子电路——振荡器。可见,振荡器是反馈放大器的特殊形式。

振荡器有非常广泛的应用,尤其是正弦波振荡器,它可以产生一定频率的正弦波输出,在测量仪器、自控系统、广播通信设备及工业生产(如高频热加工)等方面都有广泛的应用,是一种基本的电子电路。

4.4.1　反馈放大器自激振荡的条件

为了使反馈放大器转化为振荡器,电路必须满足一定的条件。

反馈放大器产生自激振荡的条件可以用图 4.4.1 所示反馈放大器的方块图说明。

在无输入信号($\dot{X}_i = 0$)时,电路中的噪扰电压(如元件的热噪声、电路参数波动引起的电压、电流的变化、电源接通时引起的瞬变过程等)使放大器产生瞬间输出 $\dot{X}_o'$,经反馈网络反馈到输入端,得到瞬间输入 $\dot{X}_i'$,再经基本放大器放大,又在输出端产生新的输出信号 $\dot{X}_o'$,如此反复,一般在负反馈情况下,输出会逐渐减小,直至消失;但在正反馈(如图极性所示)情况下,$\dot{X}_o'$ 会很快增大,最后由于饱和等原因输出稳定在 $\dot{X}_o$,并靠反馈永久保持下去。此时,放大器无输入而有输出,即产生了自激振荡。

可见,产生自激振荡必须满足

$$\dot{X}_f = F\dot{X}_o$$

$$\dot{X}_o = A\dot{X}_i'$$

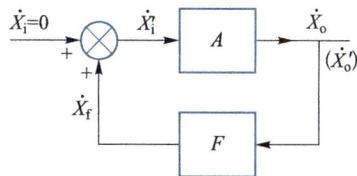

图 4.4.1

文本:§4.4.1 反馈放大器自激振荡条件

而

$$\dot{X}_{\mathrm{f}} = \dot{X}_{\mathrm{i}}'$$

代入上式,得

$$AF = 1 \qquad\qquad (4.4.1)$$

进一步化简为

$$|A| \underline{/\varphi_A} \cdot |F| \underline{/\varphi_F} = |AF| \underline{/\varphi_A + \varphi_F} = 1 \underline{/0°}$$

可分别写为

$$|AF| = 1 \qquad\qquad (4.4.2)$$

$$\varphi_A + \varphi_F = \pm 2n\pi \qquad (n \text{ 为整数}) \qquad (4.4.3)$$

它表明了反馈放大器产生自激振荡的两个基本条件:

① 环路增益的模为 1,称为幅值条件。

② 环路增益的辐角即环路总相移为 2π 的整倍数,称为相位条件。

相位条件中的"环路总相移"包括基本放大器和反馈网络的基本相移和附加相移,基本相移由电路结构决定,是固定的,与频率无关;附加相移是由电路中电容的容抗随频率变化而产生的。

幅值条件表明,为了使反馈放大器产生自激振荡,还必须有足够的反馈深度。事实上,由于电路中引起自激振荡的噪扰电压通常都很弱小,只有使环路增益的模 $|AF| > 1$,才能使其经过反复的反馈放大,使幅值迅速增大而建立起稳定的振荡。随着振幅的逐渐增大,放大器中的晶体管将进入非线性区,使得放大器的增益 A 逐渐减小,最后满足 $|AF| = 1$,振幅趋于稳定。由此可见,起振时必须满足 $|AF| > 1$ 的条件,而稳定工作时必须满足 $|AF| = 1$ 的条件。

4.4.2　正弦波振荡器的构成

文本:§4.4.2
正弦波振荡器
分析

在上述振荡器中,作为激励信号的噪扰电压是非正弦信号,包含有极丰富的谐波成分,所以,振荡器的输出也是非正弦的。为了使振荡器输出单一频率的正弦波,必须对这些信号加以选择,即仅使某个特定频率的谐波成分能满足自激振荡的条件,在反复的反馈中,使振幅逐渐增大,而其他成分都不满足条件而受到抑制,振幅逐渐减小直至为零。这就要求基本放大器或反馈网络必须具有选频作用,由此而构成正弦波振荡器。

在正弦波振荡器中,选频网络可以由 R、C 元件构成,称为 RC 振荡器。也可以由 L、C 元件构成,称为 LC 振荡器。

图 4.4.2 所示电路为文氏桥振荡器,它由两部分组成,其一为带有串联电压负反馈的放大器,闭环电压放大倍数 $A_{uf} = \left(1 + \dfrac{R_F}{R_1}\right) \underline{/0°}$;其二为具有选频作用的 RC 反馈网络。

图 4.4.3 所示的是反馈网络的频率特性。

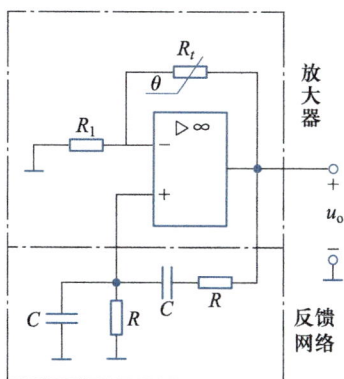

图 4.4.2

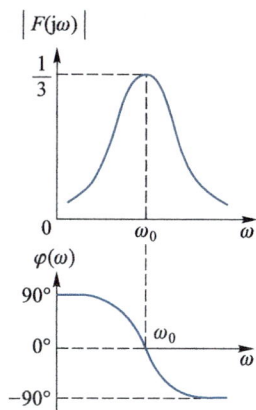

图 4.4.3

$$F_u(j\omega) = \frac{\dot{U}_f}{\dot{U}_o}$$

当频率

$$\omega = \omega_0 = \frac{1}{RC}$$

时,反馈系数

$$F_u(j\omega) = \frac{1}{3} \angle 0°$$

即反馈网络的相移为 0°。反馈放大器为同相输入,基本相移也为 0°,环路总相移为 0°,满足了相位条件。反馈系数的模 $|F_u(j\omega)| = \frac{1}{3}$,所以,只要放大器的闭环电压放大倍数 $A_{uf} = 3$ 即可满足 $|AF| = 1$ 的幅值条件,从而在频率 ω_0 下建立起正弦振荡。

为了顺利起振,应使 $|AF| > 1$,即 $A_{uf} > 3$。在图 4.4.2 中接入一个非线性元件——具有负温度系数的热敏电阻 R_t,且 $R_t > 2R_1$,以便顺利起振。当振荡器的输出幅值增大时,流过 R_t 的电流增加,产生较多的热量,使其阻值减小,负反馈作用增强,使放大器的放大倍数 A_{uf} 减小,从而限制了振幅的增长,直至 $|AF| = 1$,振荡器的输出幅值趋于稳定。这种振荡电路由于放大器始终工作在线性区,所以输出波形的非线性失真较小。

利用双联同轴可变电容器,同时调节选频网络的两个电容,或者用双联同轴电位器,同时调节选频网络的两个电阻,都可方便地调节振荡频率。

文氏桥振荡器频率调节方便,波形失真小,是应用最广泛的 *RC* 振荡器。

思考题

1. 简述自激振荡的条件。

2. 正弦波振荡电路一般由哪几部分组成?各部分的作用是什么?

119

3. 常见的正弦波振荡电路有哪几种？各自特点是什么？

4. 为什么只有当 $|FA|>1$ 时振荡器才能起振？简述起振过程。

5. 正弦波振荡器中的选频网络有何作用？

本章小结

1. 模拟运算电路的输出电压与输入电压之间有一定的函数关系，如比例运算、加减运算、积分和微分运算，以及它们的组合运算等。

2. 信号处理电路包括有源滤波器、电压比较器和采样 – 保持电路等。有源滤波器由无源滤波网络和带有深度负反馈的放大器组成，具有高输入阻抗，低输出阻抗和良好的滤波特性等特点。电压比较器是一种差分输入的开环运算放大器，对两个输入电压进行比较，输出规定的高、低电平。

3. 正弦波振荡器是一种带有正反馈的放大器，由反馈网络、选频网络和放大器组成。选频网络的作用是仅使某一特定的频率成分满足自激振荡条件（幅值条件：环路增益的模为 1；相位条件：环路总相位移为 2π 的整数倍），从而在该频率下建立正弦振荡。

习题

一、选择题

4.1　在题 4.1 图所示由理想运算放大器组成的运算电路中，若运算放大器所接电源为 ±12 V，且 $R_1 = 10\ \text{k}\Omega$，$R_F = 100\ \text{k}\Omega$，则当输入电压 $U_I = 2$ V 时，输出电压 U_O 最接近于（　　）。

(a) 20 V　　　　　(b) –12 V　　　　　(c) –20 V

4.2　电路如题 4.2 图所示，若 u_I 一定，当可变电阻 R_P 的电阻值由大适当减小时，输出电压的变化情况为（　　）。

(a) 由小变大　　　(b) 由大变小　　　(c) 基本不变

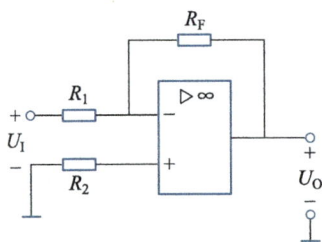
题 4.1 图

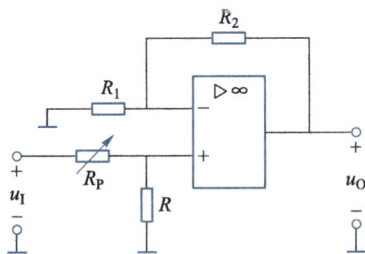
题 4.2 图

4.3　题 4.3 图所示电路的输出电压 u_O 为（　　）。

(a) $-2u_I$　　　　　(b) $-u_I$　　　　　(c) u_I

4.4　在题 4.4 图所示各电路中，满足 $u_O = (1+K)u_I$ 运算关系的是图（　　）。

4.5　电路如题 4.5 图（1）所示，在线性运用条件下，当 u_I 为图（2）所示的阶跃电压时，u_O 的波形为图（3）中的（　　）。

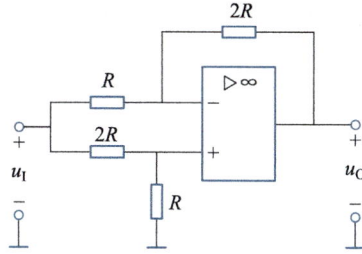

题 4.3 图

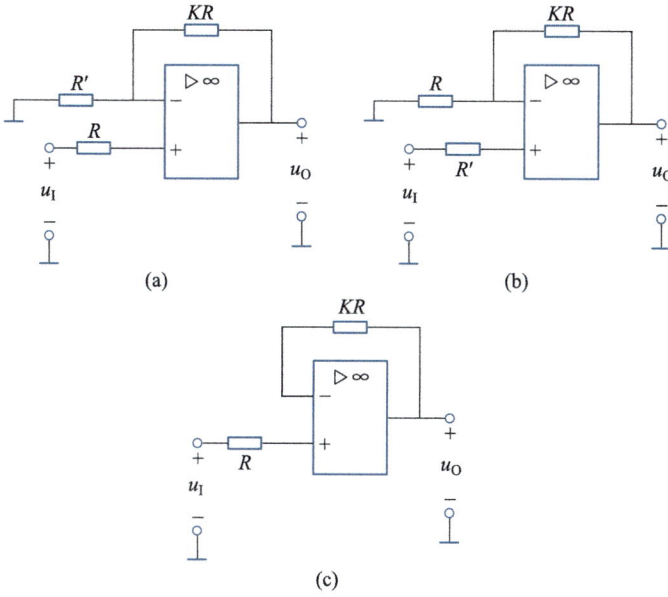

(a)

(b)

(c)

题 4.4 图

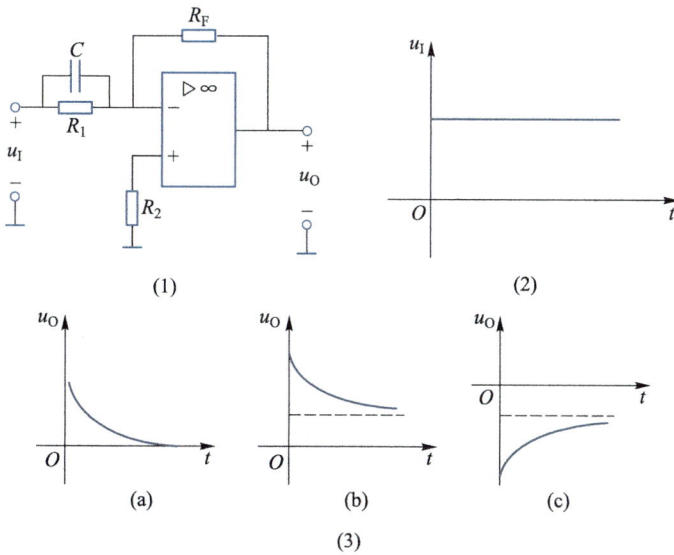

(1)

(2)

(a)

(b)

(c)

(3)

题 4.5 图

4.6　电路如题 4.6 图所示,若输入电压 $U_I = -0.5$ V,则输出端电流 I 为（　　）。

(a) 10 mA　　　　　(b) −5 mA　　　　　(c) 5 mA

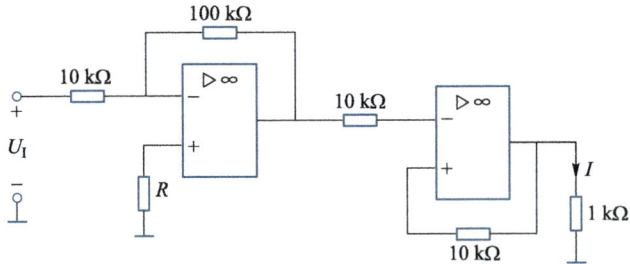

题 4.6 图

4.7　电路如题 4.7 图所示,已知:$R_1 = 10$ kΩ,$R_2 = 100$ kΩ,若 $u_0 = 6$ V,则 $u_I = $（　　）。

(a) 6 V　　　　　(b) 3 V　　　　　(c) 6/11 V

4.8　电路如题 4.8 图所示,当 R_L 的值由小变大时,I_L 将（　　）。

(a) 变大　　　　　(b) 变小　　　　　(c) 不变

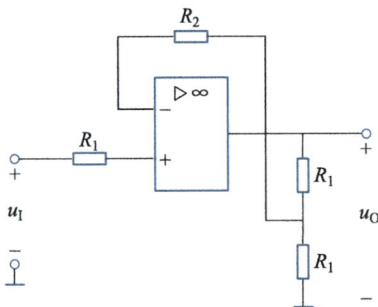

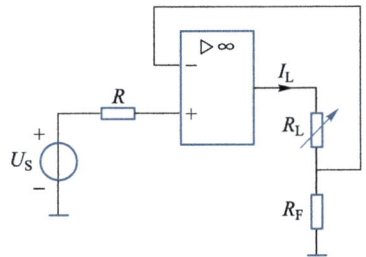

题 4.7 图　　　　　　　　　　　题 4.8 图

4.9　电路如题 4.9 图所示,若 R_1、R_2、R_3 及 u_I 一定,当运算放大器的负载电阻 R_L 适当增加时,负载电流 i_L 将（　　）。

(a) 增加　　　　　(b) 减小　　　　　(c) 不变

4.10　电路如题 4.10 图所示,负载电流 i_L 与输入电压 u_I 的关系为（　　）。

(a) $-u_I/(R_L + R)$　　(b) u_I/R_L　　(c) u_I/R

4.11　电路如题 4.11 图所示,运算放大器的最大输出电压为 ±15 V,稳压二极管 D_Z 的稳定电压为 6 V,设正向压降为零,当输入电压 $u_I = 1$ V 时,输出电压 u_0 等于（　　）。

(a) −15 V　　　　　(b) −6 V　　　　　(c) 0 V

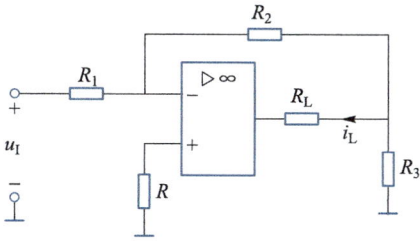

题 4.9 图

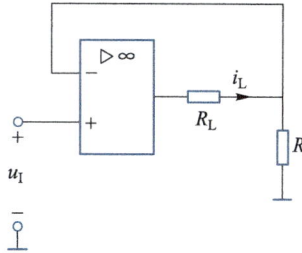

题 4.10 图

4.12 运算放大器电路如题 4.12 图所示,运算放大器的最大输出电压为 ±15 V,双向稳压二极管 D_Z 的稳定电压为 ±6 V,正向压降为零,当输入电压 u_i = sin ωt V 时,输出电压 u_0 的波形为( )。

(a) 幅值为 ±6 V 的方波   (b) 幅值为 ±15 V 的方波

(c) 正弦波

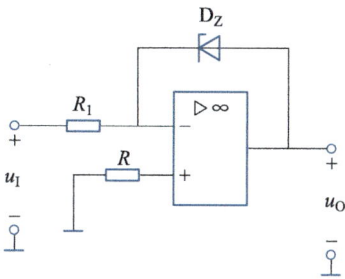

题 4.11 图

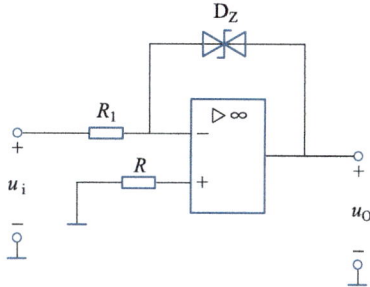

题 4.12 图

4.13 电路如题 4.13 图所示,运算放大器的最大输出电压为 ±12 V,晶体管 T 的 β 足够大,为了使灯 EL 亮,则输入电压 u_I 应满足( )。

(a) $u_I > 0$ (b) $u_I = 0$ (c) $u_I < 0$

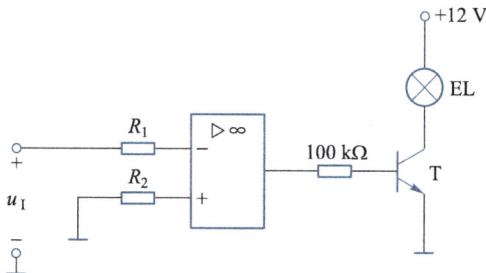

题 4.13 图

4.14 电路如题 4.14 图(a)所示,运算放大器的最大输出电压为 ±12 V,晶体管 T 的 β 足够大,输入电压 u_I 的波形如图(b)所示,则灯 EL 的情况为( )。

(a) 亮 1 s,暗 2 s   (b) 暗 1 s,亮 2 s   (c) 亮 3 s,暗 2 s

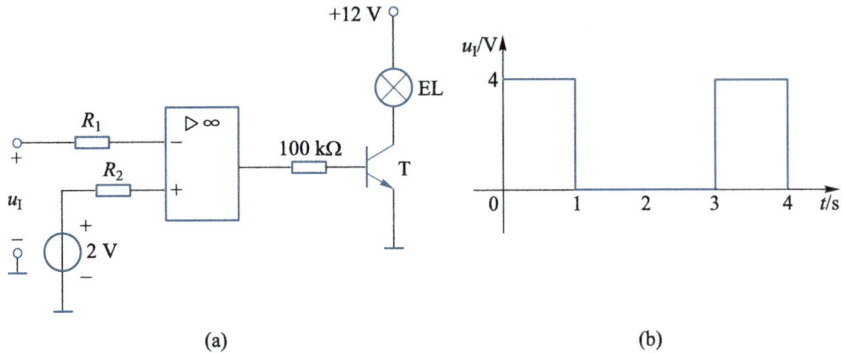

题 4.14 图

4.15 一个正弦波振荡器的反馈系数 $F = \dfrac{1}{5} \angle 180°$,若该振荡器能够维持稳定振荡,则开环电压放大倍数 A_u 必须等于( )。

(a) $\dfrac{1}{5} \angle 360°$　　(b) $\dfrac{1}{5} \angle 0°$　　(c) $5 \angle -180°$

4.16 电路如题 4.16 图所示,欲使该电路维持正弦等幅振荡,若电阻 $R_1 = 100 \text{ k}\Omega$,则反馈电阻 R_F 的阻值应为( )。

(a) 200 kΩ　　(b) 100 kΩ

(c) 400 kΩ

4.17 电路如题 4.16 图所示,输出电压的频率 f_0 为( )。

(a) $\dfrac{1}{RC}$　　(b) $\dfrac{1}{2\pi RC}$

(c) $\dfrac{1}{2\pi\sqrt{RC}}$

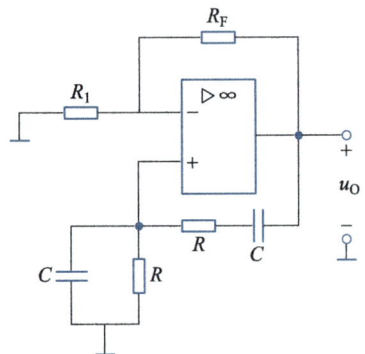

题 4.16 图

二、解答题

4.18 在题 4.18 图所示反相比例运算电路中,已知:$R_1 = 10 \text{ k}\Omega$,$R_2 = 50 \text{ k}\Omega$,$u_I = -1 \text{ V}$,求输出电压 u_0。

4.19 在题 4.18 图所示的反相比例运算电路中,已知:$R_1 = 20 \text{ k}\Omega$,$R_2 = 100 \text{ k}\Omega$,运算放大器的最大输出电压为 ±12 V。求输入电压 u_1 为以下各种情况时的输出电压 u_0。(1) $u_1 = -0.1 \text{ V}$;(2) $u_1 = \sqrt{2}\sin \omega t \text{ V}$;(3) $u_1 = 2.4 \text{ V}$;(4) $u_1 = -3 \text{ V}$。

4.20 题 4.20 图所示电路中,稳压二极管稳定电压 $U_Z = 6 \text{ V}$,$R_1 = 10 \text{ k}\Omega$,电位器 $R_F = 10 \text{ k}\Omega$,试求调节 R_F 时,输出电压 U_0 的变化范围,并说明改变负载电阻 R_L 对 U_0 有无影响。

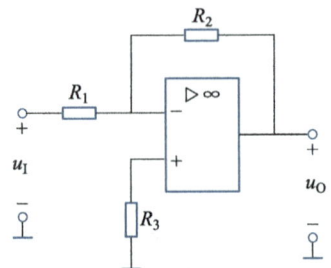

题 4.18 图

4.21 题 4.21 图所示电路中,稳压二极管稳定电压 $U_Z = 6$ V,$R_1 = 10$ kΩ,电位器 $R_F = 10$ kΩ,试求调节 R_F 时,输出电压 U_0 的变化范围,并说明改变负载电阻 R_L 对 U_0 有无影响。

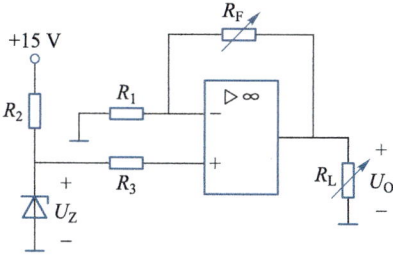

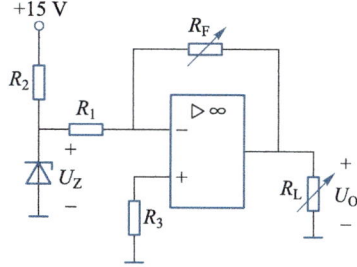

题 4.20 图   题 4.21 图

4.22 在题 4.22 图所示电路中,已知:$R_2 = 200$ Ω,电位器 $R_P = 1$ kΩ,$U_I = 12$ V,稳压二极管 D_Z 的稳定电压 $U_Z = 6$ V。求电位器滑动触头上下滑动时,输出电压 U_0 的变化范围,并说明运算放大器在电路中的作用。

4.23 在题 4.23 图所示电路中,已知输入电压 $u_1 = 10$ V,求输出电压 u_0。

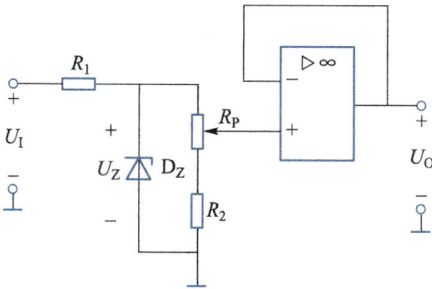

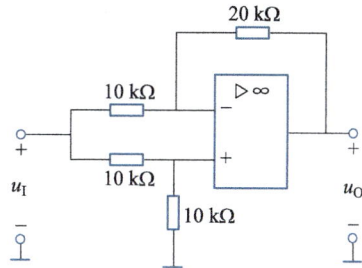

题 4.22 图   题 4.23 图

4.24 试求题 4.24 图所示电压-电流变换电路中,输出电流 i_0 与输入电压 u_I 的关系,并说明改变负载电阻 R_L 对 i_0 有无影响。

4.25 题 4.25 图所示电压-电流变换电路,试求 i_0 与 u_1 的关系。

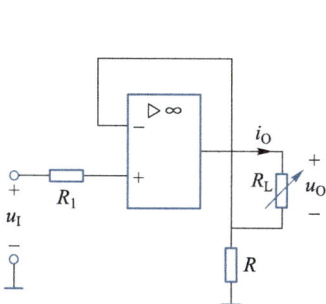

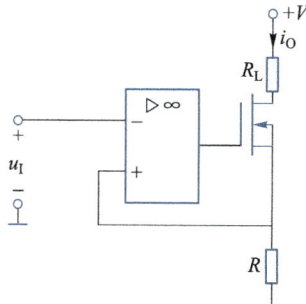

题 4.24 图   题 4.25 图

4.26　题 4.26 图所示恒流电路,试求输出电流 i_O 与输入电压 U 的关系。

4.27　求题 4.27 图所示电路中输出电压 u_O 与输入电压 u_I 的运算关系式。

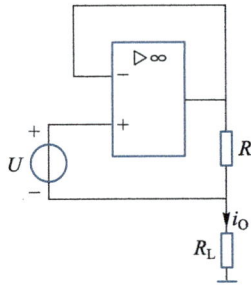
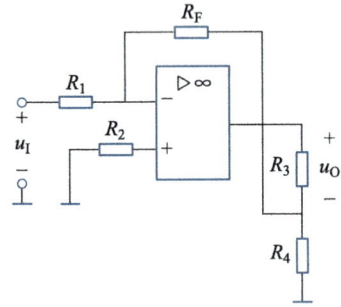

题 4.26 图　　　　　　　　　　题 4.27 图

4.28　求题 4.28 图所示电路中 u_O 与 u_I 的关系。

4.29　在题 4.29 图所示电路中,已知: $R_1 = R_2 = 4$ kΩ, $R_3 = R_F = 20$ kΩ, $u_{I1} = 1$ V, $u_{I2} = 1.5$ V,求输出电压 u_O。

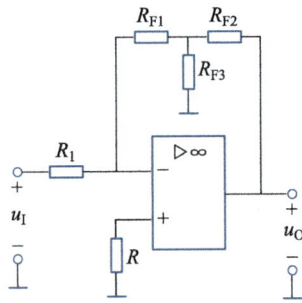
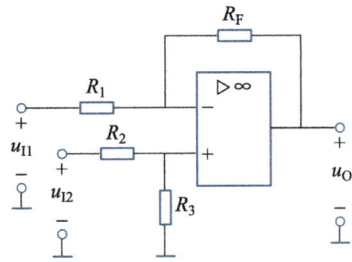

题 4.28 图　　　　　　　　　　题 4.29 图

4.30　求题 4.30 图所示电路中 u_O 与 u_{I1}、u_{I2} 的关系。

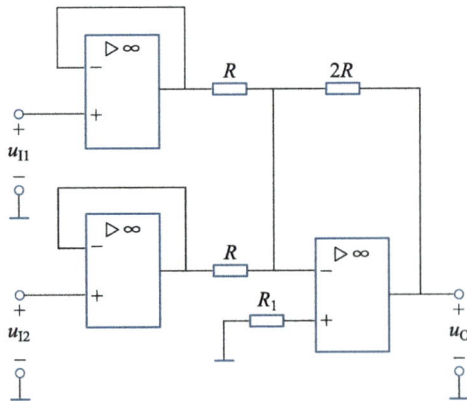

题 4.30 图

4.31　求题 4.31 图所示电路中 u_O 与 u_{I1}、u_{I2} 的关系。

4.32　在题 4.32 图所示电路中,已知:$R_1 = R_2 = 10\ \text{k}\Omega$,$R_3 = 4\ \text{k}\Omega$,$u_I = 0.1\ \text{V}$,求输出电压 u_O。

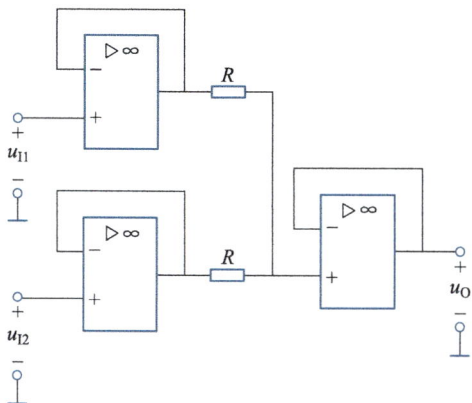

题 4.31 图

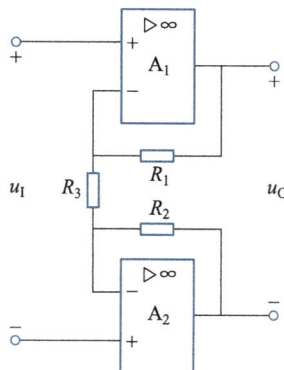

题 4.32 图

4.33　在题 4.33 图所示电路中,已知:$R_1 = 3\ \text{k}\Omega$,$R_2 = 2\ \text{k}\Omega$,$R_3 = 4\ \text{k}\Omega$,$R_F = 6\ \text{k}\Omega$,$U = 1.5\ \text{V}$,求输出电压 u_O。

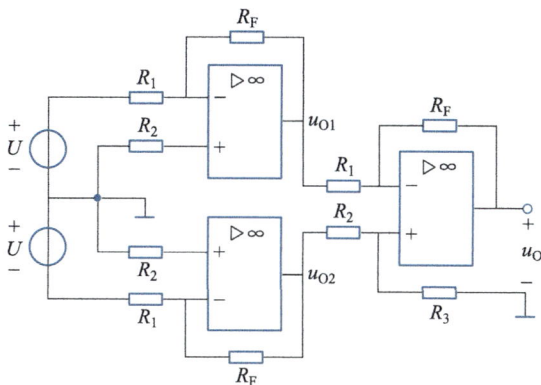

题 4.33 图

4.34　已知题 4.34 图所示电路中 u_{I1}、u_{I2} 的波形,试画出 u_O 的波形。

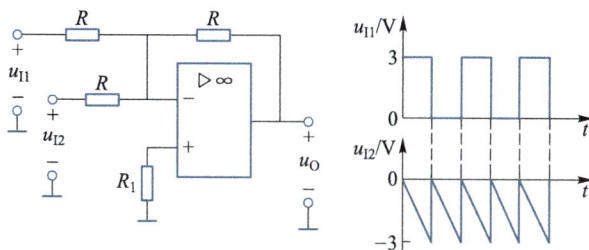

题 4.34 图

4.35　已知题 4.35 图所示电路中 u_{I1}、u_{I2} 波形,试画出 u_0 的波形。

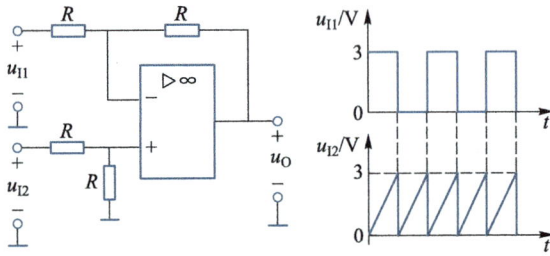

题 4.35 图

4.36　求题 4.36 图所示电路中 u_0 与 u_{I1}、u_{I2} 的关系。

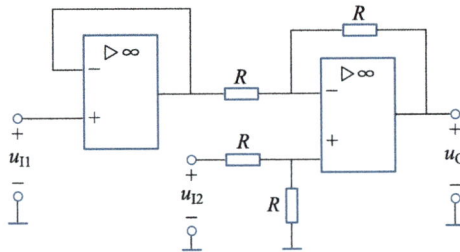

题 4.36 图

4.37　求题 4.37 图所示电路中 u_0 与 u_{I1}、u_{I2} 的关系。

4.38　求题 4.38 图所示电路中 u_0 与 u_{I1}、u_{I2}、u_{I3} 的关系。

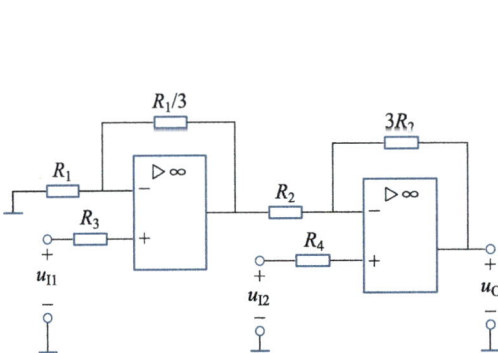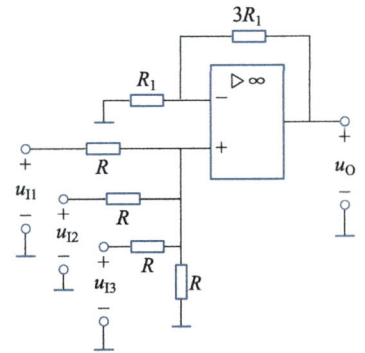

题 4.37 图　　　　　　　　　　　题 4.38 图

4.39　已知图 4.1.10 电路中,$R_1 = R_2 = 100$ kΩ, $C = 10$ μF, $u_{I1} = 0.5$ V, $u_{I2} = 0.3 \sin \omega t$ V,求输出电压 $u_0(t)$。

4.40　在题 4.40 图(a)所示积分运算电路中,已知:$R_1 = 500$ kΩ, $C_F = 1$ μF, 运算放大器的最大输出电压为±10 V。u_I 波形如图(b)所示,试画出输出电压 u_0 的波形。

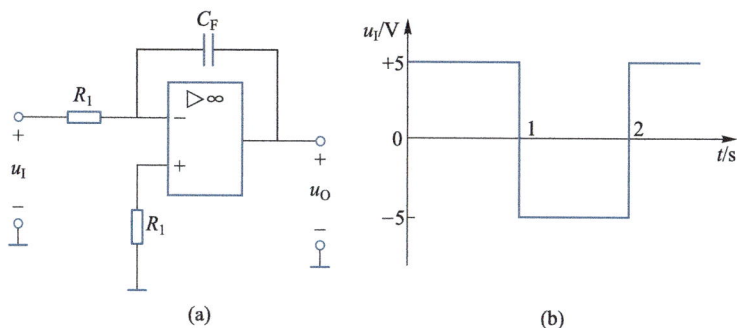

题 4.40 图

4.41 在题 4.41 图(a)所示电路中,已知:$R = 100$ kΩ,$C = 100$ pF,(1) 写出输出电压 u_0 与输入电压 u_1 的运算关系式;(2) 若 u_1 波形如图(b)所示,试画出输出电压 u_0 的波形(标明最大值)。

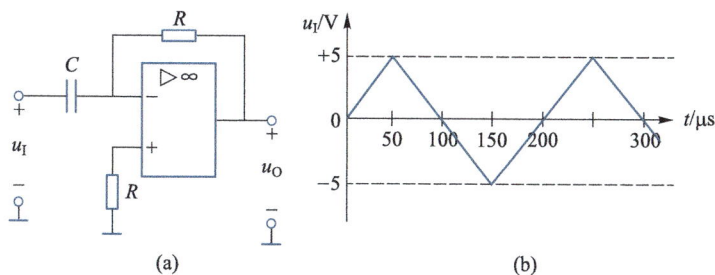

题 4.41 图

4.42 在题 4.42 图所示电路中,已知:$R_1 = R_2 = R_3 = 20$ kΩ,$R_4 = 40$ kΩ,$R_5 = R_6 = 300$ kΩ,$C = 1$ μF,运算放大器的最大输出电压为 ± 15 V。(1) 写出输出电压 u_0 与输入电压 u_1 的运算关系式;(2) 若 $u_1 = 1$ V,$u_c(0) = 0$ V,1 s 后输出电压 u_0 为多少伏?若 u_0 要达到最大值需要多长时间?

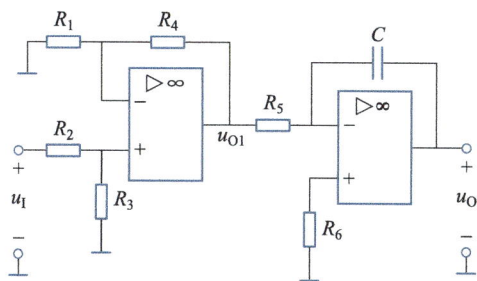

题 4.42 图

4.43 在题 4.43 图所示电路中,已知:$R_1 = 10$ kΩ,$R_2 = 100$ kΩ,$R_3 = R_4 = 1$ MΩ,$C = 1$ μF,$u_{I1} = 0.5$ V,$u_{I2} = 0.4$ V,$u_c(0) = 0.1$ V。问 $t = 10$ s 时,输出电压 u_0 为多少伏?

129

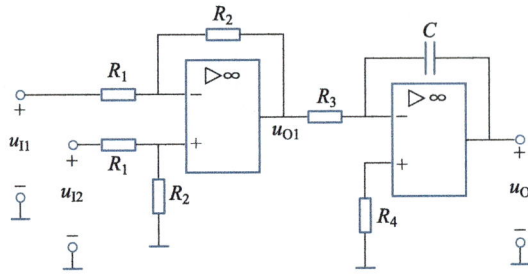

题 4.43 图

4.44　写出题 4.44 图所示电路输出电压 u_O 与输入电压 u_{I1}、u_{I2} 的运算关系式。

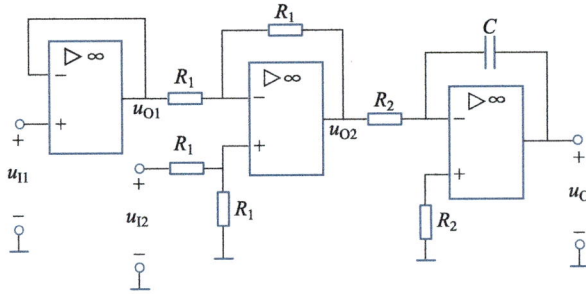

题 4.44 图

4.45　题 4.45 图所示电路中,运算放大器最大输出电压 $U_{OM} = \pm 12$ V,求 $t = 1$ s、2 s 时的输出电压 u_0。

4.46　求题 4.46 图所示电路中 u_0 与 u_I 的关系。

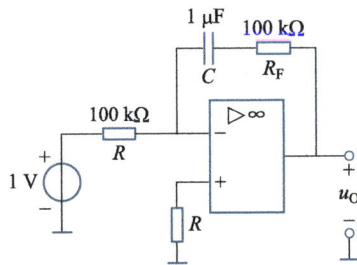

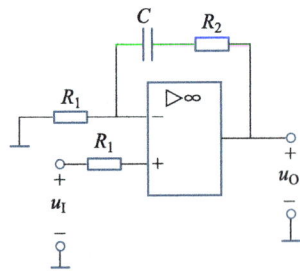

题 4.45 图　　　　　　　　题 4.46 图

4.47　求题 4.47 图所示电路中 u_0 与 u_I 的关系。

4.48　求题 4.48 图所示电路中 u_0 与 u_I 的关系。

4.49　题 4.49 图所示集成运算放大器构成的高内阻直流电压表,量程分别为 0.05 V、0.5 V、5 V、50 V、500 V,试说明高内阻的原因,并计算电阻 R_1、R_2、R_3、R_4。

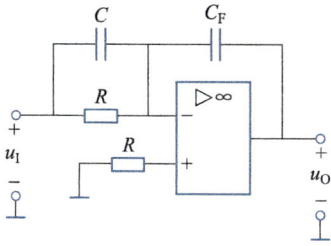

题 4.47 图

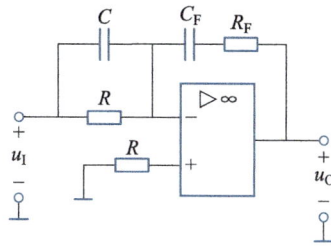

题 4.48 图

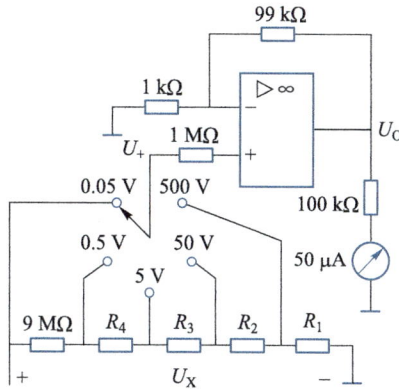

题 4.49 图

4.50　试说明题 4.50 图所示集成运算放大器构成的低内阻微安表电路的工作原理,并确定它的量程。

4.51　题 4.51 图所示为微电流测量电路,满量程为 1 μA,试计算 R_F。

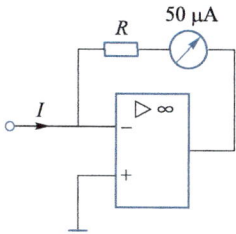

题 4.50 图

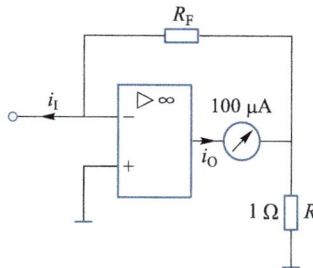

题 4.51 图

4.52　题 4.52 图所示测量放大器电路中,电桥电阻 R_x 从 2 kΩ 变化到 2.1 kΩ 时,输出电压 u_O 变化多少伏?

4.53　求题 4.53 图所示有源滤波电路的频率特性,说明该滤波器属于哪种类型,并画出幅频特性曲线。

4.54　题 4.54 图所示各电路中,运算放大器 $U_{OM}=\pm12$ V,两个稳压二极管 D_Z 的稳定电压 U_Z 均为 6 V,正向导通电压 U_F 均为 0.7 V,试画出它们的电压传输特性。

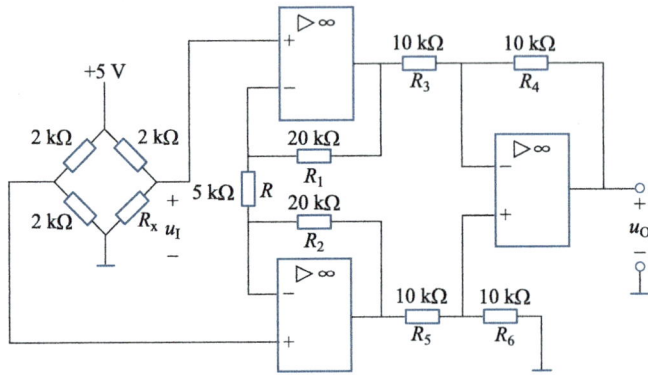

题 4.52 图

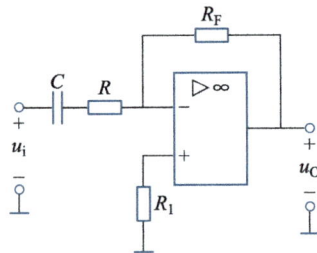

题 4.53 图

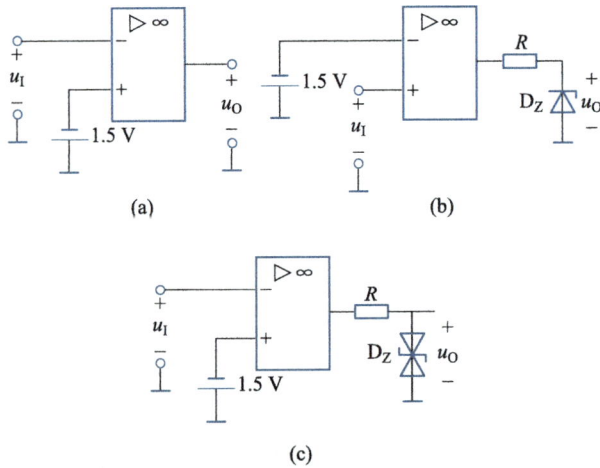

题 4.54 图

4.55 在题 4.54 各图中,已知输入电压 u_I 的波形如题 4.55 图所示,试画出 u_0 的波形。

4.56 题 4.56 图所示正弦波振荡器,已知 $C = 0.1\ \mu F$,$R_2 = 100\ \Omega$,双连可调 电阻 R 调节范围为 $0 \sim 20\ k\Omega$,试求输出电压 u_0 频率的变化范围。

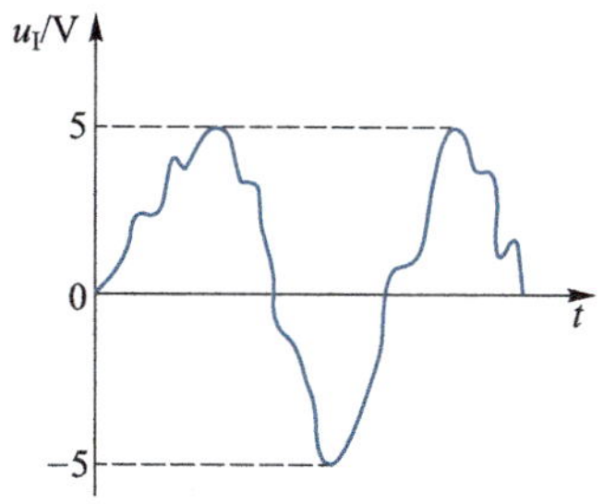

题 4.55 图

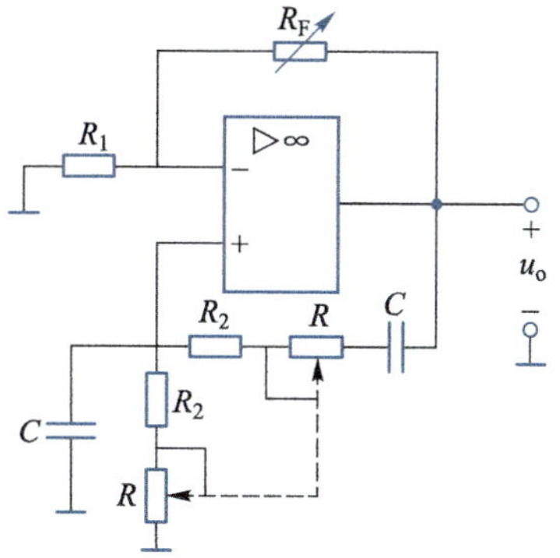

题 4.56 图

第5章 电力电子技术

电力电子技术是利用电力电子器件和控制理论,对电能(特别是大的电功率)进行处理和变换的技术,一般包括下述三个部分:

电力电子器件:电力电子器件一般是指可以通过或控制大的电功率的电子器件,具有体积小、重量轻、功耗小、效率高和响应快等优点,近年来得到飞速发展。

电能变换:电能变换概括四种形式,即整流(交流 AC→直流 DC)、逆变(直流 DC→交流 AC)、直流变换(直流 DC→直流 DC)和变频(交流 AC→交流 AC),包括改变频率,改变电压、电流的大小和类型,改变相位、相数等。

智能控制:智能控制是电力电子和计算机控制技术相结合的成果,多种电力电子智能模块不断问世。

本章将对前两部分的主要内容做简要介绍。

§5.1 电力电子器件

电力电子器件也就是电力半导体器件,在电路中工作在受控通或断的开关状态,因此,又称为开关器件。从这个意义上说,电力电子器件可分为如下三种类型:

① 不可控器件:这类器件通常为两端器件,只能改变加在器件两端间的电压极性,而不能控制其开通和关断,如电力二极管等。

② 半控型器件:这类器件通常为三端器件,在控制端施加控制信号,只能控制其开通,而不能控制其关断。因而又称为非自关断器件。晶闸管(SCR)及其派生器件属于这一类。

③ 全控型器件:这类器件也为三端器件,通过控制端施加控制信号,既可以控制其开通,也可以控制其关断,因而也称为自关断器件。这类器件有门极可关断晶闸管(GTO)、电力晶体管(GTR)、电力 MOS 场效晶体管(PR-MOSFET)、绝缘栅双极晶体管(IGBT)和 MOS 控制晶闸管(MCT)等。

除上述分类法外,根据控制信号不同,电力电子器件还可分为如下两类:

电流控制型(电力二极管除外):有晶闸管(SCR)、门极可关断晶闸管(GTO)、电力晶体管(GTR)等。

电压控制型(电力二极管除外):有电力 MOS 场效晶体管(PR-MOSFET)、绝缘栅双极晶体管(IGBT)、MOS 控制晶闸管(MCT)等。

本章将简要介绍电力二极管、晶闸管(SCR)、门极可关断晶闸管(GTO)、电力晶体管(GTR)、电力 MOS 场效晶体管(PR-MOSFET)、绝缘栅双极晶体管(IGBT)以及 MOS 控制晶闸管(MCT)、集成门极换流晶闸管(IGCT)等器件。

文本:§5.1.1 电力电子器件分类

5.1.1　电力二极管

电力二极管是指可以承受高电压、大电流,具有较大耗散功率的开关器件。它的基本结构和工作原理与§1.2中介绍的二极管基本一样,都以半导体 PN 结为基础,具有正向导通、反向截止的功能。电力二极管 PN 结面积较大,故其额定整流电流通常可达数十安至数百安。

电力二极管是不可控器件,其导通和关断完全是由其在主电路中承受的电压和电流决定。主要类型有普通二极管、快恢复二极管、肖特基二极管。

1. 普通二极管

普通二极管又称为整流二极管,多用于开关频率不高(1 kHz 以下)的整流电路中,其反向恢复时间较长,但正向额定电流和反向额定电压很高,分别可达数千安和数千伏以上。

2. 快恢复二极管

快恢复二极管又称为开关二极管,反向恢复时间很短,通常小于 5 μs。一般用于高频斩波和逆变电路中。

3. 肖特基二极管

肖特基二极管是一种低功耗、超高速电力电子器件,最显著的特点为反向恢复时间极短(可以小到几纳秒),正向导通压降仅 0.4 V 左右,多用于 200 V 以下的低压开关电源中。

快恢复二极管、肖特基二极管分别在中、高频整流和逆变电路中具有不可替代的地位。

文本:§5.1.2
电力二极管

5.1.2　晶闸管（SCR）

晶闸管又称可控硅,常用 SCR 表示。晶闸管的种类很多,有普通型、双向型、可关断型和快速型等。本书只介绍普通型晶闸管。

1. 基本结构

晶闸管的内部结构如图 5.1.1(a)所示。它由四层半导体 $P_1-N_1-P_2-N_2$ 重叠构成,形成三个 PN 结:J_1、J_2 和 J_3。最外层的 P_1 和 N_2 分别引出阳极 A 和阴极 K,中间的 P_2 层引出门极 G,也称为控制极,图 5.1.1(b)为晶闸管的图形符号。晶闸管的外形有螺栓式、平板式和模块式三种,使用时固定在散热器上。

2. 工作原理

晶闸管具有导通和截止(阻断)两种工作方式。

当阳极与阴极之间加反向电压时,由于 PN 结 J_1、J_3 处于反向偏置,无论门极是否加电压,

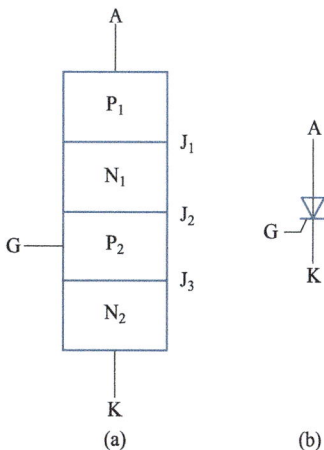

图 5.1.1

文本:§5.1.3
晶闸管的主要
应用

晶闸管均不会导通,晶闸管处于反向阻断状态。

当阳极与阴极之间加正向电压,门极不加电压时,由于 PN 结 J_2 处于反向偏置,晶闸管也不会导通,处于正向阻断状态。

当晶闸管阳极与阴极之间加正向电压,门极与阴极之间也加正向电压时,晶闸管可以导通。为了说明其导通原理,可把晶闸管等效为由 PNP 和 NPN 型两个晶体管组合而成,如图 5.1.2 所示,其中 N_1、P_2 为两管共有,即每一个晶体管的基极与另一个晶体管的集电极相连。图 5.1.3 为说明晶闸管工作原理示意图,当图中按钮开关 SB 闭合时,门极加正向电压 U_G,而阳极通过电阻 R_A 也加正向电压 U_A,使两个晶体管的发射结均为正向偏置,集电结均为反向偏置,即 T_1、T_2 均处于放大状态。此时,由 U_G 产生的门极电流 I_G 就是 T_2 的基极电流 I_{B2},T_2 的集电极电流 $I_{C2} = \beta_2 I_G$,而 I_{C2} 又是 T_1 的基极电流 I_{B1},T_1 的集电极电流 $I_{C1} = \beta_1 I_{C2} = \beta_1 \beta_2 I_G$。$I_{C1}$ 又流入 T_2 基极,再次放大,这样循环下去,反复放大,形成强烈的正反馈,使两个晶体管迅速进入饱和状态,即晶闸管导通。导通后,其压降很小,电压 U_A 几乎全部加到负载电阻 R_A 上,即 $I_A \approx \dfrac{U_A}{R_A}$。所以,晶闸管导通后电流大小取决于外电路参数。

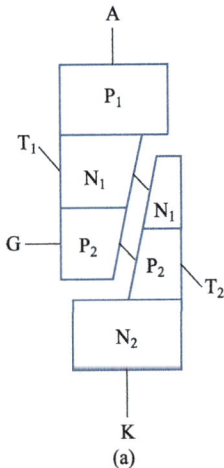
(a)　　　　(b)

图 5.1.2

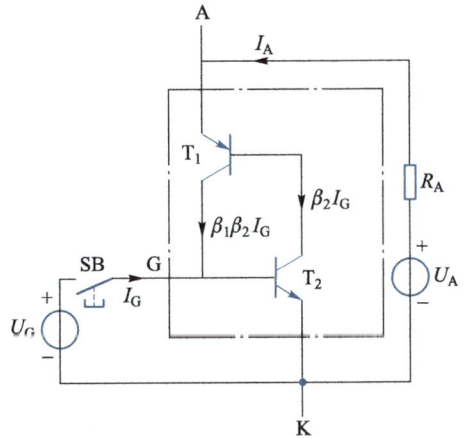

图 5.1.3

文本:§5.1.4
晶闸管结构与
工作原理

晶闸管导通后,再把按钮开关 SB 打开,使门极电流 I_G 消失,但由于管子本身的正反馈自保持作用,晶闸管仍然处于导通状态。因此,门极的作用仅是触发晶闸管导通,导通后门极就失去了控制作用。若要晶闸管回到阻断状态,必须使阳极电流减小到不能维持其正反馈的数值,晶闸管自行关断,此时对应的阳极电流称为维持电流 I_H。根据这个道理,使晶闸管由导通回到阻断状态也可以将阳极与电源 U_A 断开在给阳极与阴极之间加一反向电压。

综上所述,晶闸管相当于一个可控的单向导通开关。其导通必须同时具备两个条件:

（1）在阳极和阴极之间加适当的正向电压 U_{AK}。

（2）在门极和阴极之间加适当的正向触发电压 U_{GK}，在实际工作中，U_{GK} 常采用正向触发脉冲信号。

3. 伏安特性

晶闸管的伏安特性即阳极和阴极之间电压 U_{AK} 与阳极电流 I_A 的关系曲线，如图 5.1.4 所示。

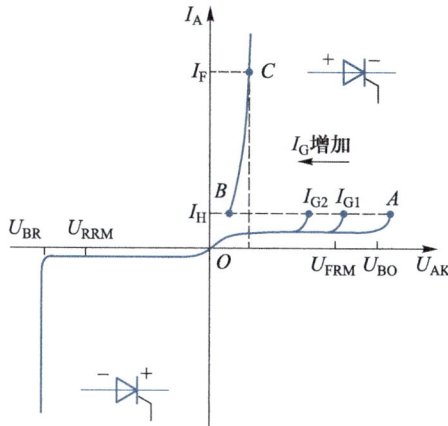

视频：§5.1.5 晶闸管伏安特性

图 5.1.4

在第 I 象限中：当晶闸管承受正向电压、且门极开路时，即 $U_{AK}>0$，$I_G=0$ 时，晶闸管处于正向阻断状态，对应特性的 OA 段。此时晶闸管阳、阴极之间呈现很大的正向电阻，只有很小的正向漏电流，处在正向阻断状态。当 U_{AK} 增加到正向转折电压 U_{BO} 时，J_2 结被击穿，漏电流突然增大，从图 5.1.4 中 A 点迅速经 B 点跳到 C 点，晶闸管转入导通状态。应该指出，晶闸管的这种导通是正向击穿现象，很容易造成晶闸管永久性损坏，实际工作中应避免这种现象发生。如前所述，晶闸管的正常导通应施加正向触发电压，从图 5.1.4 中还可以发现，晶闸管的触发电流 I_C 越大，就越容易导通，正向转折电压就越低。不同规格的晶闸管所需的触发电流是不同的，一般情况，晶闸管的正向平均电流越大，所需的触发电流也越大。晶闸管正向导通后，工作在 BC 段，和普通二极管正向特性相似，其管压降很小，只有 1 V 左右。

在第 III 象限，晶闸管承受反向电压，即 $U_{AK}<0$，晶闸管只有很小的反向漏电流，此段特性与二极管反向特性很相似，晶闸管处于反向阻断状态。当反向电压超过反向击穿电压 U_{BR} 时，反向电流急剧增加，晶闸管被反向击穿。

文本：§5.1.6 晶闸管小结

4. 主要参数

（1）额定正向平均电流 I_F

在规定环境温度（40 ℃）及标准散热条件下，晶闸管处于全导通时可以连续通过的最大工频正弦半波电流的平均值。

（2）维持电流 I_H

控制极断开后，维持晶闸管继续导通的最小电流称为维持电流 I_H。当正向

电流小于 I_H 时,晶闸管自行关断。

（3）正向重复峰值电压 U_{FRM}

在晶闸管门极开路且正向阻断情况下,可以重复加在晶闸管上而不造成正向转折的正向最大电压,用 U_{FRM} 表示。通常规定 U_{FRM} 为正向转折电压 U_{BO} 的 80%。

（4）反向重复峰值电压 U_{RRM}

在控制极开路且反向阻断情况下,可以重复加在晶闸管上而不造成反向击穿的反向最大电压,用 U_{RRM} 表示,规定 U_{RRM} 为反向击穿电压 U_{BR} 的 80%。

通常,把 U_{FRM} 和 U_{RRM} 中较小的一个数值标作该器件的额定电压。

除上述静态指标外,晶闸管还有一些动态指标,如:断态电压临界上升率 du/dt、通态电流临界上升率 di/dt、开通时间 t_{on}、关断时间 t_{off} 等,使用时可查阅有关手册。

5.1.3　门极可关断晶闸管（GTO）

门极可关断晶闸管是一种高电压、大电流双极型全控型器件,继承了晶闸管通态压降比较小的优点。它也属于 PNPN 四层三端器件,其主要特点为:当门极施加负向触发信号时,晶闸管能自行关断。图 5.1.5 为 GTO 的图形符号。

和 SCR 不同的是,GTO 内部是由许多共阳极的小晶闸管并联而成,称为 GTO 元。

GTO 与 SCR 的触发导通原理相同,但二者的关断原理及关断方式截然不同。这是由于 SCR 在导通之后处于深度饱和状态,而 GTO 采取特殊工艺,导通时处于接近临界饱和状态。当 GTO 门极加负脉冲信号时,门极出现反向脉冲电流,使得门极电流减小,正反馈无法维持,GTO 由导通状态转入阻断状态。

图 5.1.5

由于不需用外部电路,仅需门极加脉冲电流就可关断 GTO,所以在高电压、大功率直流电源供电的电能变换电路中可以简化电力变换主电路,提高工作的可靠性,减少关断损耗。GTO 多元集成结构还使 GTO 比 SCR 开通过程快,承受 di/dt 能力强。

GTO 高阻断电压、低通态损耗是其主要特点,但在串联或并联使用中需配备庞大的缓冲电路和门极驱动电路,可靠性不理想,因此,在大功率使用时受到很大限制。

5.1.4　电力晶体管（GTR）

电力晶体管又称功率晶体管,它与普通晶体管的结构、工作原理基本相同,同样具有 NPN 型和 PNP 型两类,图形符号与普通晶体管相同。

电力晶体管和晶闸管一样,属于电流控制型器件,当基极电流 $I_B \geq I_{BS}$,晶体管饱和导通,当基极电流 $I_B = 0$ 或基、射极反向偏置时,晶体管关断,因而电力晶

文本:§5.1.7
门极可关断晶闸管

文本:§5.1.8
电力晶体管

体管为全控型器件。

电力晶体管与普通晶体管相比,电流放大系数 β 较小,如高压电力晶体管的电流放大系数通常均小于 10。在结构上,一般采用复合管形式,一方面可以提高电流放大系数,另一方面又可以减小驱动电流 I_B。电力晶体管作为开关使用,只允许工作在饱和区域和截止区域,为了降低开关损耗,提高开关速度,在导通时应处在浅饱和状态。

5.1.5 电力 MOS 场效晶体管（PR-MOSFET）

电力 MOS 场效晶体管又称功率 MOS 场效晶体管,它与普通 MOS 场效晶体管的工作原理基本相同,同样具有 N 沟道和 P 沟道两种类型。只是电力 MOS 场效晶体管多采用 N 沟道增强型,并在早期 MOS 工艺的基础上作了许多重大改进,如采用垂直沟道、双扩散技术等,使之可以通过大电流、承受高电压和降低导通压降等。

电力 MOS 场效晶体管属于电压控制型器件,当栅、源电压 $U_{GS} > U_{GS(th)}$（开启电压）时,场效晶体管饱和导通;当栅、源电压 $U_{GS} < U_{GS(th)}$ 时,场效晶体管关断。因此电力 MOS 场效晶体管为全控型器件。

图 5.1.6(a)、(b)分别为 N 沟道和 P 沟道增强型电力 MOS 场效晶体管的电路符号,其中含有一个由于电力 MOS 场效晶体管结构本身形成的寄生二极管。当漏、源电压反偏时,寄生二极管导通,因而,电力 MOS 场效晶体管无反向阻断功能,但在高频应用中,该寄生二极管由于恢复时间较长而不起作用。

电力 MOS 场效晶体管与电力晶体管相比,具有如下特点:电力 MOS 场效晶体管属于电压控制型器件,驱动功率小,驱动电路简单;响应速度快,开关频率高;但导通电阻、导通压降和导通功率损耗比电力晶体管要大。因而,电力 MOS 场效晶体管的工作电流一般不超过 30 A,通常应用在高频场合。

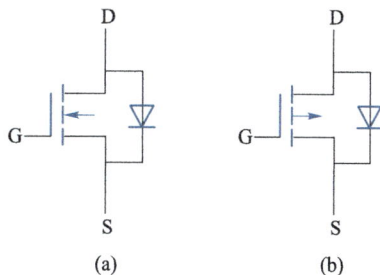

图 5.1.6

文本:§5.1.9 电力 MOS 晶体管

5.1.6 绝缘栅双极晶体管（IGBT）

绝缘栅双极晶体管是一种用晶体管和 MOS 场效晶体管组成的新型复合器件,它的图形符号如图 5.1.7 所示。图 5.1.8 示出它的等效电路,从等效电路可以看出,它由 N 沟道增强型 MOS 场效晶体管和 PNP 型晶体管复合而成,其中 R_N 为基区扩散电阻。绝缘栅双极晶体管的输入特性与 N 沟道增强型 MOS 场效晶体管的转移特性相似,输出特性与晶体管的输出特性相似。不同的是,IGBT 的集电极电流 I_C 受栅、射极间电压 U_{GE} 控制。IGBT 是一种电压控制器件（又称为场控器件）,它的驱动原理和 MOS 管很相似。它的开通和关断由栅、射极间电压 U_{GE} 决定,当 U_{GE} 为正,且大于开启电压 $U_{GE(th)}$ 时,MOS 管内形成导电沟道,并

文本:§5.1.10 绝缘栅双极晶体管

为 PNP 晶体管提供基极电流,进而使 IGBT 导通。当栅、射极间开路或加反向电压时,MOS 管内导电沟道消失,晶体管的基极电流被切断,IGBT 即关断,为全控型器件。

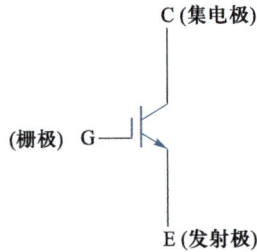

图 5.1.7

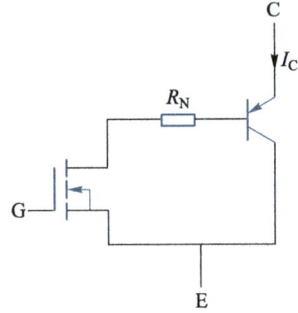

图 5.1.8

由于绝缘栅双极晶体管是一种复合器件,它既具有 MOS 场效晶体管驱动功率小、开关频率高的优点,又具有晶体管的导通压降小、耐压高的优点,因而受到用户的极大关注,近年来发展非常迅速,目前已取代 GTR、GTO 的市场,成为中、大功率电力电子设备的主导器件。为了便于散热和安装,大于 50 A 的 IGBT 一般做成模块式,目前已有将驱动电路、保护电路与 IGBT 集成在一个模块中的产品,称为智能功率模块(IPM)。

5.1.7　MOS 控制晶闸管（MCT）

MOS 控制晶闸管(MCT)是用 SCR 与 MOSFET 复合而成,它的输入侧为 MOSFET 结构,输出侧为 SCR 结构。因此兼有 MOSFET 的高输入阻抗、低驱动功率和开关速度快,以及 SCR 耐压高、电流容量大的特点。同时,它又克服了 SCR 不能自关断和 MOSFET 通态压降大的缺点,是 SCR 的升级换代产品。

图 5.1.9(a)、(b)所示为 P-MCT 和 N-MCT 的符号。目前应用较多的为 P-MCT,图 5.1.10 所示为 P-MCT 的等效电路图。MCT 是在 SCR 结构中集成一对 MOSFET 管,这对 MOSFET 管的作用是控制 SCR 的开通和关断,使 SCR 开通的 MOSFET 称为 ON-FET,使 SCR 关断的 MOSFET 称为 OFF-FET,这两个 MOSFET 的栅极连在一起构成 MCT 的门极 G。MCT 是电压控制器件,对 P-MCT而言,当门极相对于阳极加一负触发脉冲时,ON-FET 导通,它的漏极电流使 NPN 晶体管导通,后者的集电极电流又使 PNP 晶体管导通,而 PNP 管的集电极电流反过来又维持 NPN 管的导通,形成正反馈自锁效应,MCT 保持导通状态。当门极与阳极之间加一正触发脉冲时,OFF-FET 导通,使 PNP 晶体管的发射结短路而立即截止,导致正反馈自锁效应不能继续维持使 MCT 关断。

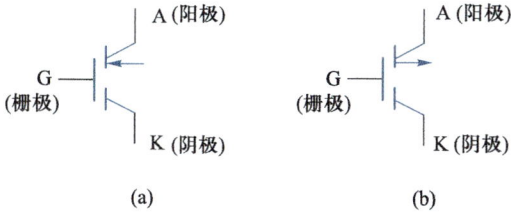

图 5.1.9

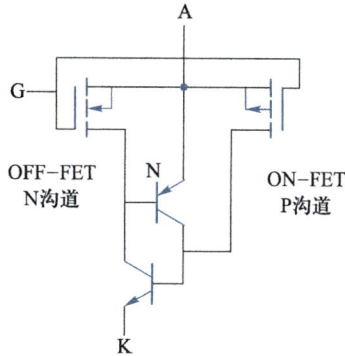

图 5.1.10

N-MCT 的工作原理与 P-MCT 相似,只是用正脉冲使之开通,用负脉冲使之关断。

5.1.8 集成门极换流晶闸管(IGCT)

IGCT 是在 IGBT 和 GTO 成熟技术的基础上,专门为高压大功率变频器而设计的功率开关器件。它将一个平板型的 GTO 芯片与由很多个并联的电力 MOSFET 器件和其他辅助元件组成的 GTO 门极驱动电路,采用精心设计的互连结构和封装工艺集成在一起,兼顾了晶体管稳定关断能力和晶闸管的低通态损耗的优点。IGCT 的容量与 GTO 相当,但开关速度要比普通的 GTO 快很多,而且可以简化普通 GTO 应用时庞大的缓冲电路。

IGCT 结合了 IGBT 的高速开关特性和 GTO 的高阻断电压和低导通损耗特性,使变流装置在功率、可靠性、开关速度、质量和体积等方面都取得了巨大进展,给电力电子成套装置带来了新的飞跃,而且制造成本低,成品率高,有很好的应用前景。

思考题

1. 不可控、半控、全控型电力电子器件的主要区别是什么?

2. 图 5.1.11 中各符号代表何种电力电子器件? 说明它们是不可控器件,还是半控或全控器件。它们的各个电极叫什么名字?

3. 什么是电流控制型器件和电压控制型器件? 它们各有什么特点? 在图 5.1.11 中的可控器件中,哪些是电流控制型器件? 哪些是电压控制型器件?

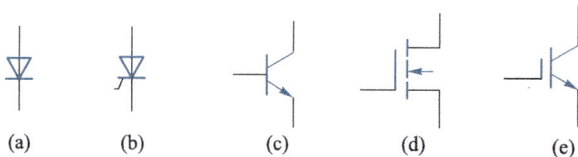

图 5.1.11

4. 叙述晶闸管(SCR)的导通和关断条件。

5. 门极可关断晶闸管(GTO)与晶闸管(SCR)相比有什么优点?

6. 晶闸管是用小的门极电流控制阳极上的大电流,能和晶体管一样构成单管放大电路吗?

7. 晶闸管额定正向平均电流指的是什么条件下的电流?

8. 电力晶体管(GTR)和电力 MOS 场效晶体管(PR-MOSFET)各有什么特点? 各应用在什么场合?

9. 绝缘栅双极晶体管(IGBT)的优点是什么? 为什么有这些优点?

10. 什么是 IGBT 的智能功率模块 IPM? 它有什么特点?

§5.2　整流电路（AC-DC）

将交流电转换成单向脉动直流电的电路称为整流电路(AC-DC)。整流电路按整流元件特性可分为不可控整流和可控整流,按输入电源相数可分为单相整流和三相整流,按输出波形又可分为半波整流和全波整流。

5.2.1　不可控整流电路

用整流二极管可组成不可控整流电路,这类电路的特点是其输出电压平均值与输入交流电压有效值的比值固定不变。

常见的几种不可控整流电路见表 5.2.1,由表中可见,半波整流电路的输出电压相对较低,且脉动大。两管全波整流电路则需要变压器的二次绕组具有中心抽头,且两个整流二极管承受的最高反向电压相对较大,以上两种电路应用较少,目前广泛使用的是桥式整流电路。

表 5.2.1

类型	电路	整流电压的波形	整流电压平均值	每管电流平均值	每管承受最高反压
单相半波			$0.45U$	I_0	$\sqrt{2}\,U$
单相全波			$0.9U$	$\dfrac{1}{2}I_0$	$2\sqrt{2}\,U$

文本:§5.2.1
整流电路分类

续表

类型	电路	整流电压的波形	整流电压平均值	每管电流平均值	每管承受最高反压
单相桥式	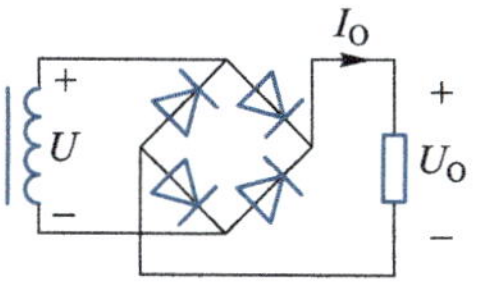	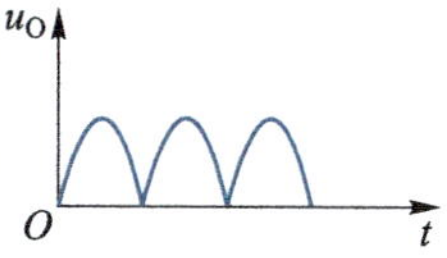	$0.9U$	$\frac{1}{2}I_O$	$\sqrt{2}\,U$
三相半波	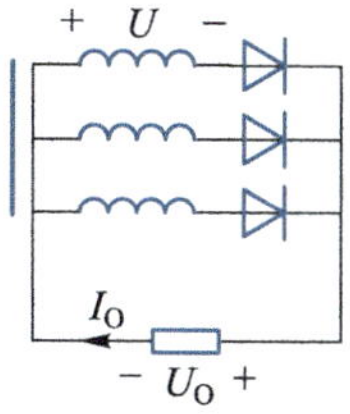	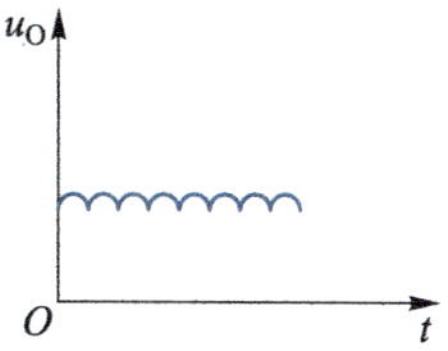	$1.17U$	$\frac{1}{3}I_O$	$\sqrt{3}\sqrt{2}\,U$
三相桥式	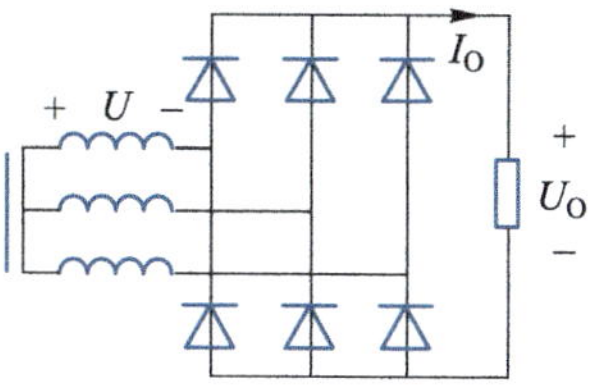	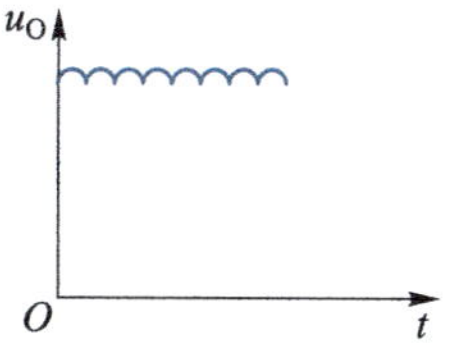	$2.34U$	$\frac{1}{3}I_O$	$\sqrt{3}\sqrt{2}\,U$

　　图 5.2.1(a)所示为单相桥式整流电路,图(b)为单相桥式整流电路的一种简易画法。

　　下面对照图 5.2.1(a)来分析桥式整流电路的工作原理。设整流变压器二次电压为

$$u=\sqrt{2}\ U\sin \omega t$$

当 u 为正半周时,a 点电位高于 b 点电位,二极管 D_1、D_3 处于正向偏置而导通,D_2、D_4 处于反向偏置而截止。此时电流 i_{D1} 的路径为:a→D_1→R_L→D_3→b,如图中实线箭头所示。

　　当 u 为负半周时,b 点电位高于 a 点电位,二极管 D_2、D_4 处于正向偏置导通,而 D_1、D_3 则处于反向偏置截止。此时电流 i_{D2} 的路径为:b→D_2→R_L→D_4→a,如图中虚线箭头所示。

可见无论电压 u 是在正半周还是在负半周,负载电阻 R_L 上都有电流流过,而且方向相同。因此在负载电阻 R_L 得到单向脉动电压和电流,其波形如图 5.2.2 所示。

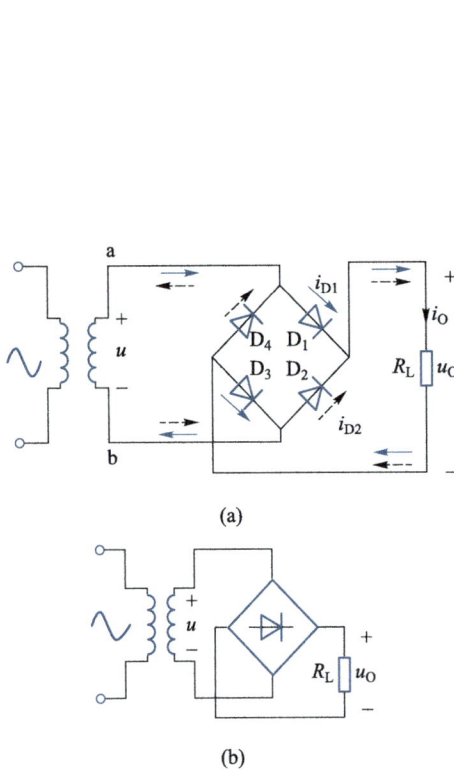

(a)

(b)

图 5.2.1

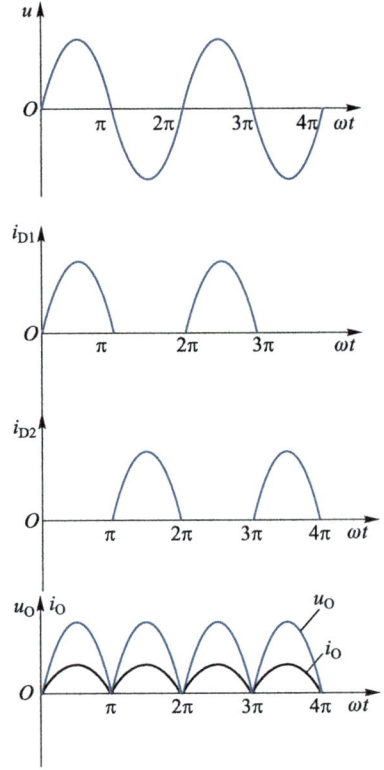

图 5.2.2

单相全波整流电压的平均值为

$$U_0 = \frac{1}{\pi} \int_0^\pi \sqrt{2}\ U\sin \omega t\mathrm{d}(\omega t) = 2\frac{\sqrt{2}}{\pi}\ U \approx 0.9U \tag{5.2.1}$$

流过负载电阻 R_L 的电流平均值为

$$I_0 = \frac{U_0}{R_L} = 0.9\frac{U}{R_L} \tag{5.2.2}$$

流经每个二极管的电流平均值为负载电流的一半,即

$$I_D = \frac{1}{2}I_0 = 0.45\frac{U}{R_L} \tag{5.2.3}$$

每个二极管在截止时承受的最高反向电压为 u 的最大值,有

$$U_{RM} = \sqrt{2}\ U \tag{5.2.4}$$

在选择桥式整流电路的整流二极管时,为了工作可靠,应使整流二极管的最大整流电流 $I_{FM} \geqslant 2I_D$,整流二极管的最高反向工作电压 $U_{DRM} \geqslant 2U_{RM}$。

现在,半导体器件厂已将整流二极管封装在一起,制造成单相整流桥和三相整流桥模块,这些模块只有输入交流和输出直流引脚,减少了接线,提高了可靠性,使用起来非常方便。

例 5.2.1 试设计一台输出电压为 24 V,输出电流为 1 A 的直流电源,电路形式可采用半波整流或全波整流,试确定两种电路形式的变压器二次侧绕组的电压有效值,并选定相应的整流二极管。

解:(1) 当采用半波整流电路时

变压器二次侧绕组电压有效值为

$$U = U_0/0.45 = 24/0.45 \text{ V} = 53.3 \text{ V}$$

整流二极管承受的最高反向电压为

$$U_{RM} = \sqrt{2}\ U = 1.41 \times 53.3 \text{ V} = 75.15 \text{ V}$$

流过整流二极管的平均电流为

$$I_D = I_0 = 1 \text{ A}$$

为安全考虑,选管时可留有适当的裕量。因此可选用 2CZ12B 整流二极管,其最大整流电流为 3 A,最高反向工作电压为 200 V。

(2) 当采用桥式整流电路时

变压器二次侧绕组电压有效值为

$$U = U_0/0.9 = 24/0.9 \text{ V} = 26.7 \text{ V}$$

整流二极管承受的最高反向电压为

$$U_{RM} = \sqrt{2}\ U = 1.41 \times 26.7 \text{ V} = 37.6 \text{ V}$$

流过整流二极管的平均电流为

$$I_D = \frac{1}{2}I_0 = 0.5 \text{ A}$$

因此可选用四个 2CZ11A 整流二极管,其最大整流电流为 1 A,最高反向工作电压为 100 V。

5.2.2 滤波电路

整流电路可以将交流电转换为直流电,但脉动较大,在某些应用中:如电镀、蓄电池充电等,可直接使用脉动直流电源。但许多电子设备需要平稳的直流电源。这种电源中的整流电路后面还需加滤波电路将交流成分滤除,以得到比较平滑的输出电压。滤波通常是利用电容或电感的能量存储功能来实现的。下面介绍几种常用的滤波电路。

1. 电容滤波电路

最简单的电容滤波电路如图 5.2.3 所示,在整流电路的直流输出侧并联一电容 C,利用电容器的充放电作用,使输出电压趋于平滑。

下面以半波整流电容滤波电路为例说明其工作原理,如图 5.2.4 所示。

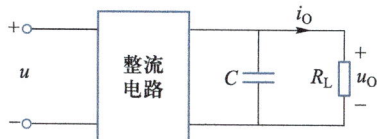

图 5.2.3

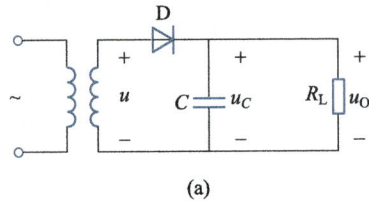

(a)

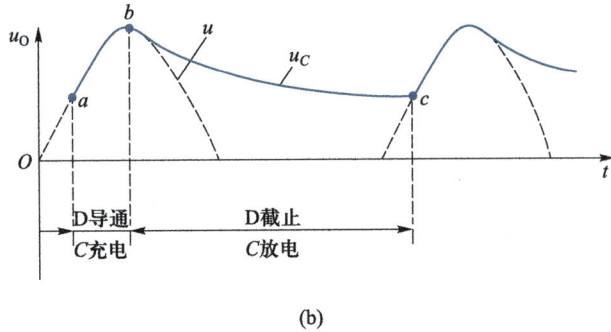

(b)

图 5.2.4

　　设输入电压 $u=\sqrt{2}\,U\sin\omega t$ V,从图 5.2.4(b)可以看出,在输出波形的 ab 段,二极管 D 导通,电源 u 在向负载 R_L 供电的同时又对电容 C 充电,如果忽略二极管正向压降,电容电压 u_c 紧随输入电压 u 按正弦规律上升至 u 的幅值 b 点。在 bc 段 u 继续沿正弦规律下降,且 $u<u_c$,使二极管 D 截止,而电容 C 则对负载电阻 R_L 按指数规律放电,u_c 降至 c 点以后,u 又大于 u_c,二极管又导通,电容 C 再次充电……这样循环下去,电源电压 u 周期性变化,电容 C 周而复始地进行充电和放电,使输出电压脉动减小。电容 C 放电快慢取决于时间常数($\tau=R_L C$)的大小,时间常数越大,电容 C 放电越慢,输出电压 u_0 就越平坦,平均值也越高。电容滤波电路输出特性如图 5.2.5 所示,从图中可见,电容滤波电路的输出电压在负载变化时,波动较大,说明它的带负载能力较差,只适用于负载较轻且变化不大的场合。

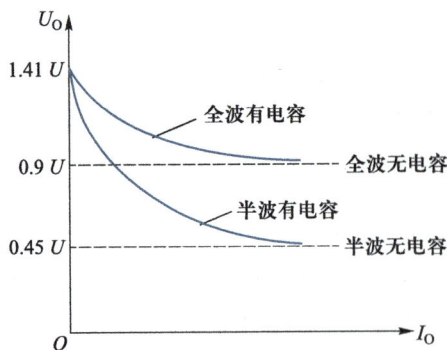

图 5.2.5

一般常用如下经验公式估算电容滤波时的输出电压平均值

半波为 $\qquad\qquad\qquad\qquad U_0 = U \qquad\qquad\qquad\qquad (5.2.5)$

全波为 $\qquad\qquad\qquad\qquad U_0 = 1.2\,U \qquad\qquad\qquad (5.2.6)$

为了获得较平滑的输出电压,一般要求 $R_L \geq (10 \sim 15)\dfrac{1}{\omega C}$,即

$$R_L C \geq (3 \sim 5)\frac{T}{2} \qquad\qquad (5.2.7)$$

式中,T 为交流电压的周期。滤波电容 C 一般选择体积小、容量大的电解电容器。应注意,普通电解电容器有正、负极性,使用时正极必须接高电位端,如果接反会造成电解电容器的损坏。

由图 5.2.4(b)可见,加入滤波电容以后,二极管导通时间缩短,且在短时间内承受较大的冲击电流($i_c + i_0$),为了保证二极管的安全,选管时应放宽裕量。单相半波整流电容滤波电路中二极管承受的反向电压 $u_{DR} = u + u_C$,当负载开路时,承受的反压最高,为

$$U_{RM} = 2\sqrt{2}\,U \qquad\qquad (5.2.8)$$

例 5.2.2　设计一桥式整流、电容滤波电路。要求输出电压 $U_0 = 48$ V,已知负载电阻 $R_L = 100\ \Omega$,交流电源频率为 50 Hz,试选择整流二极管和滤波电容器。

解:流过整流二极管的平均电流为

$$I_D = \frac{1}{2}I_0 = \frac{1}{2} \cdot \frac{U_0}{R_L} = \frac{1}{2} \times \frac{48}{100}\ \text{A} = 0.24\ \text{A} = 240\ \text{mA}$$

变压器二次电压有效值为

$$U = U_0 / 1.2 = \frac{48}{1.2}\ \text{V} = 40\ \text{V}$$

整流二极管承受的最高反向电压为

$$U_{RM} = \sqrt{2}\,U \approx 1.41 \times 40\ \text{V} = 56.4\ \text{V}$$

因此可选择 2CZ11B 作整流二极管,其最大整流电流为 1 A,最高反向工作电压为 200 V。

再根据式(5.2.7),取 $R_L C = 5\dfrac{T}{2} = 5 \times \dfrac{0.02}{2}\ \text{s} = 0.05\ \text{s}$

$$C = \frac{0.05}{R_L} = \frac{0.05}{100}\ \text{F} = 500 \times 10^{-6}\ \text{F} = 500\ \mu\text{F}$$

2. 电感滤波电路

电感滤波电路如图 5.2.6 所示,即在整流电路与负载电阻 R_L 之间串联一个电感 L,由于在电流变化时电感线圈将产生自感电动势来阻止电流的变化,使电流脉动趋于平缓,起到滤波作用。

电感滤波适用于负载电流较大的场

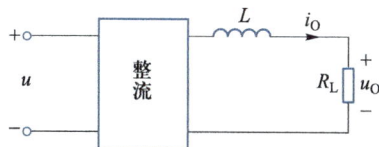

图 5.2.6

合。它的缺点是制作复杂、体积大、笨重且存在电磁干扰。

3. 复合滤波电路

单独使用电容或电感构成的滤波电路,滤波效果不够理想,为了满足较高的滤波要求,常采用电容和电感组成的 *LC*、*CLC*(π 型)等复合滤波电路,其电路形式如图 5.2.7(a)、(b)所示。这两种滤波电路适用于负载电流较大、要求输出电压脉动较小的场合。在负载较轻时,经常采用电阻替代笨重的电感,构成如图 5.2.7(c)所示的 *CRC*(π 型)滤波电路,同样可以获得脉动很小的输出电压。但电阻对交、直流均有压降和功率损耗,故只适用于负载电流较小的场合。

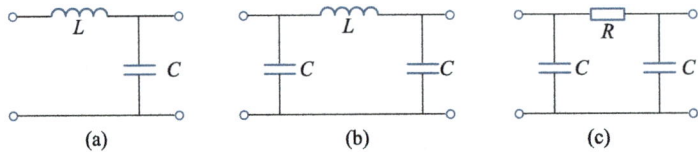

图 5.2.7

文本:§5.2.3 单相桥式可控整流电路工作原理图

5.2.3 单相桥式可控整流电路

可控整流电路由主电路和触发电路两大部分组成,其作用是将交流电变换成电压值可调的直流电。图 5.2.8 所示为单相半控桥式整流电路,其主电路与单相不可控桥式整流电路很相似,只是将其中两个二极管换成晶闸管 T_1、T_2。其工作原理如下:

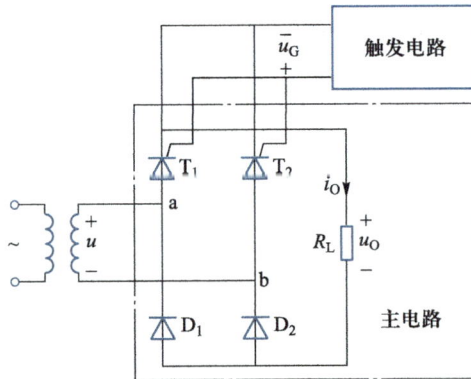

图 5.2.8

当变压器二次侧电压 u 为正半周时,a 点电位高于 b 点电位,晶闸管 T_1 和二极管 D_2 承受正向电压。如果在 $\omega t_1 = \alpha$ 处对 T_1 加一正向触发脉冲 u_G 使之导通,电流的通路为:a→T_1→R_L→D_2→b。当 u 过零时,T_1 自行关断。同理,在 u 为负半周时,b 点电位高于 a 点电位,晶闸管 T_2 和二极管 D_1 承受正向电压,如果在 $\omega t_2 = \pi + \alpha$ 处给 T_2 加一正向触发脉冲 u_G 可使之导通,电流通路为:b→T_2→R_L→

Electronic Engineering　　　　　　　　　　　　　　§5.2　整流电路(AC-DC)

$D_1 \rightarrow a$。当 u 过零时，T_2 自行关断。

单相半控桥式整流电路接电阻性负载时电压波形如图 5.2.9 所示。

晶闸管承受正向电压而不导通的范围称为控制角 α，导通的范围称为导通角 θ，即 $\theta = \pi - \alpha$。显然，改变晶闸管的触发时刻就改变了控制角 α，也即改变了晶闸管的导通角 θ。α 越小，θ 越大，负载上电压 U_0 也就越高。由图 5.2.9 可知，输出电压 u_0 的平均值为

$$U_0 = \frac{1}{\pi} \int_\alpha^\pi \sqrt{2}\ U \sin \omega t\ \mathrm{d}(\omega t)$$

$$= 0.9\ U \frac{1 + \cos \alpha}{2} \qquad (5.2.9)$$

从式(5.2.9)可知，当 $\alpha = 0$、$\theta = \pi$ 时，晶闸管在半周内全导通，$U_0 = 0.9\ U$，与不可控单相桥式整流电路相同。

图 5.2.9

输出电流平均值为

$$I_0 = \frac{U_0}{R_L} = 0.9\ \frac{U}{R_L} \cdot \frac{1 + \cos \alpha}{2} \qquad (5.2.10)$$

流经晶闸管和二极管的电流平均值为

$$I_T = I_D = \frac{1}{2} I_0 \qquad (5.2.11)$$

晶闸管和二极管承受的最高反向电压均为 $\sqrt{2}\ U$。

综上所述，可控整流电路是通过改变控制角 α 的大小实现调节输出电压大小的目的，因此，也称为相控整流电路。

产生触发脉冲 u_G 的电路称为触发电路。为了保证晶闸管电路可靠工作，对触发电路有以下基本要求：

(1) 为了保证晶闸管可靠开通，触发信号应有一定的幅度(4~10 V)和一定的脉宽(≥20 μs)，脉冲前沿应较陡并具有一定的驱动功率。

(2) 从控制角度说，要求触发脉冲与主电路同步，并且有足够宽的移相范围。对于单相可控整流电路，移相范围应大于 150°。

触发电路的种类很多，本书只介绍较简单的单结晶体管触发电路。

单结晶体管又称双基极晶体管，它内部结构是一个 PN 结，外部有三个电极：一个发射极 E 和两个基极 B_1、B_2，其结构和符号如图 5.2.10 所示。

单结晶体管的等效电路如图 5.2.11 点画线框内所示，图中 R_{B1} 与 R_{B2} 为第一基极 B_1 与第二基极 B_2 的等效电阻(为硅片电阻与接触电阻之和)，$R_{B1} + R_{B2}$ 约为几千欧，图中二极管 D 为等效 PN 结。

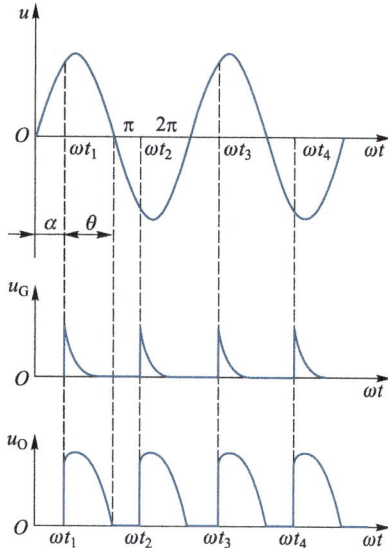

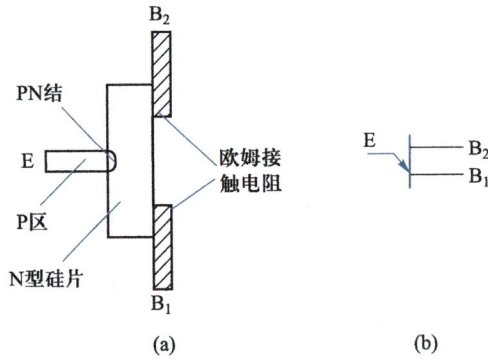

图 5.2.10

单结晶体管的伏安特性是指在两个基极 B_1、B_2 之间加一固定电压 U_B，发射极电流 I_E 与电压 U_E 之间的关系，如图 5.2.12 所示，现分析如下：

A 与 B_1 之间的电压为

$$U_A = \frac{R_{B1}}{R_{B1}+R_{B2}} U_B = \eta U_B \qquad (5.2.12)$$

式中，$\eta = \dfrac{R_{B1}}{R_{B1}+R_{B2}}$ 称为分压比，是单结晶体管的主要参数，其数值由管子的结构决定，一般在 0.5~0.9 之间。

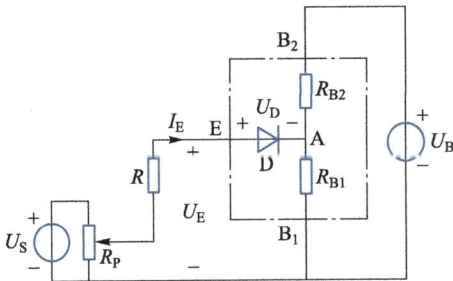

图 5.2.11

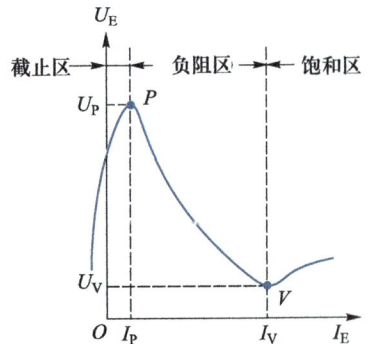

图 5.2.12

调节电位器 R_P 使 U_E 由零开始逐渐增加，在 $U_E<U_A$ 时，PN 结（二极管 D）承受反向偏压而截止，仅有很小的反向电流，单结晶体管处于截止区。当 $U_E = U_D + U_A$ 时，PN 结承受正向电压而导通，此后 R_{B1} 急剧减小，U_E 随之下降，I_E 显著增加，单结晶体管呈现负阻特性，负阻区对应曲线的 PV 段。P 点为电压最高点称为峰点，V 点为电压最低点称为谷点。过了 V 点以后，I_E 继续增大，U_E 略有上升，但变化不大，此时单结晶体管进入饱和状态。当 U_E 下降至 $U_E<U_V$ 时，单结晶体管恢复截止状态。

综上所述,峰点电压 U_P 是单结晶体管由截止转为导通的临界点电压。

$$U_P = U_D + U_A \approx U_A = \eta\, U_B \qquad\qquad (5.2.13)$$

所以, U_P 由分压比 η 和电源电压 U_B 决定。

谷点电压 U_V 是单结晶体管由导通转为截止的临界点电压。一般 U_V 在 2~5 V之间。

利用单结晶体管的负阻特性和 RC 电路的充放电特性,组成频率可变的振荡电路,如图 5.2.13(a)所示,该电路可用来产生晶闸管触发脉冲。

接通电源 U 后,将通过 R 向电容 C 充电,使 u_C 按指数规律上升,当 u_C 升高至单结晶体管的峰点电压 U_P 时,单结晶体管导通, R_{B1} 急剧减小, u_C 通过 R_{B1} 及 R_2 迅速放电,在 R_2 上形成脉冲电压 u_G。当 u_C 下降至单结晶体管的谷点电压 U_V 时,管子截止,电容 C 又开始充电,重复上述过程,电容 C 不断地充、放电,单结晶体管不断地导通、截止,形成弛张振荡。这样在电阻 R_2 上得到一系列前沿很陡的脉冲,如图 5.2.13(b)所示。

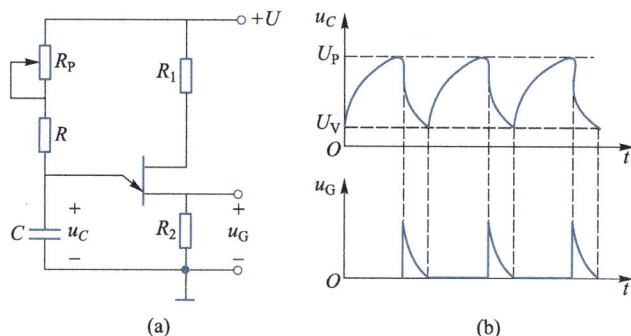

文本:§5.2.6
单结晶体管振荡电路

图 5.2.13

文本:§5.2.7
单结晶体管同步触发电路综合分析

在可控整流电路中,要求触发电路加到晶闸管上的触发脉冲必须与交流电源电压同步。即交流电压每次过零后,送到晶闸管控制极的第一个触发脉冲的时刻应该相同。图 5.2.14 所示为一单结晶体管同步触发电路。由于同步变压器的一次绕组与晶闸管主电路接在同一交流电源上,以实现触发脉冲与主电路同步。变压器二次电压 u_2,经桥式电路整流后得到全波电压 u_{01},再经过由 D_Z 与 R_3 组成的削波电路转换为梯形波 u_Z 作为触发电路的同步电源。触发电路的工作情况如下:

当电源电压 u_1 过零时, u_Z 也过零,使单结晶体管的基极电压 $U_B = 0$, $U_P \approx \eta U_B \approx 0$,如果此时电容 C 上的电压 u_C 不为零值,就会通过单结晶体管的 E、B_1 结对 R_2 放电,使 u_C 迅速下降至零,使得电容 C 在电源每次过零后都从零开始重新充电,只要 R 与 C 的数值不变,则每半周由过零点到产生第一个脉冲的时间间隔是固定的。虽然在每个半周期内会产生多个脉冲,但只有第一个脉冲起到触发晶闸管的作用,一旦晶闸管被触发导通,后面的脉冲将不再起作用。触发电路与主电路同步时的波形,如图 5.2.15 所示。

151

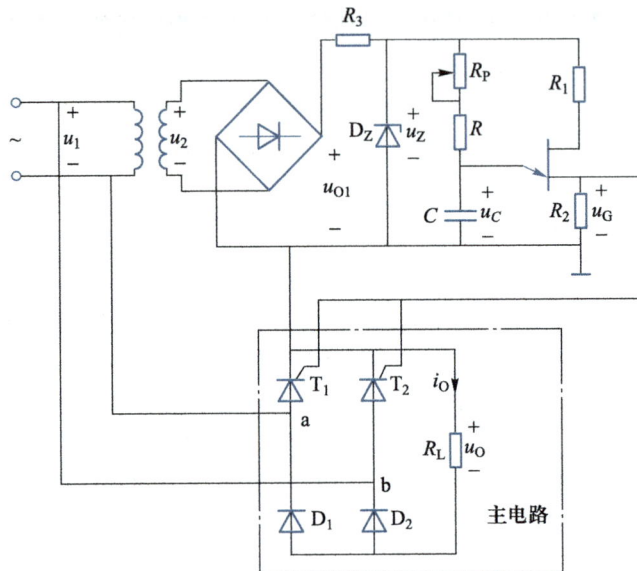

图 5.2.14

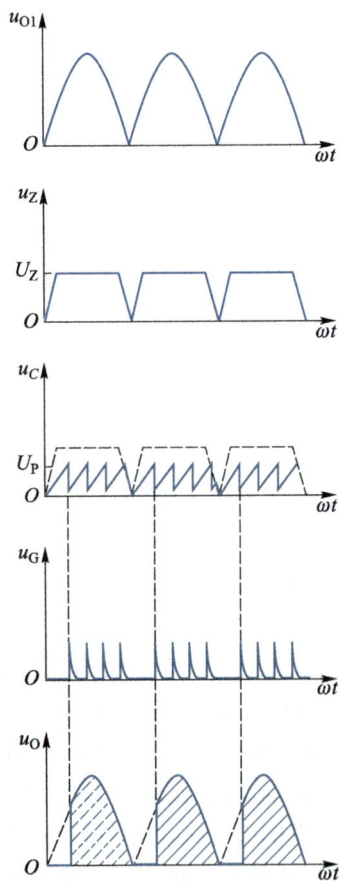

图 5.2.15

电位器 R_P 的作用是"移相",调节 R_P，可以改变电容器 C 的充电快慢，从而改变发出第一个脉冲的时间，以实现改变控制角 α，达到控制输出电压 u_0 的目的。

单相整流电路存在输出电压的脉动较大，造成三相电源负载不平衡等问题。因此，在中、大功率(10 kW 以上)应采用三相整流电路，见表 5.2.1。它们的工作原理，本书不再详述，请读者参阅有关专业书籍。

思考题

1. 设一半波整流电路和一桥式整流电路的输出电压平均值和所带负载大小完全相同，均不加滤波，试问两个整流电路中整流二极管的电流平均值和最高反向电压是否相同？

2. 电容滤波和电感滤波电路的特性有什么区别？各适用于什么场合？

3. 晶闸管能否与晶体管一样构成放大电路？

4. 晶闸管导通后，通过管子的阳极电流大小由电路中哪些因素决定？

5. 为什么可控整流电路的输出端不能直接并接滤波电容？

§5.3 直流稳压电路（DC-DC）

大多数电子设备和微机系统都需要稳定的直流电压，但是，经变压、整流和滤波后的直流电压往往受交流电源波动与负载变化的影响，稳压性能较差。

将不稳定或不可控的直流电压变换成稳定且可调的直流电压的电路称为 DC-DC 变换电路，图 5.3.1 为一个 DC-DC 变换系统的结构示意图。

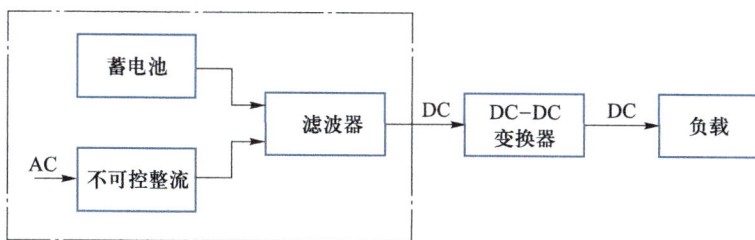

文本：§5.3.1
直流稳压电路
概述

图 5.3.1

DC-DC 变换电路按调整器件的工作状态可分为线性稳压电路和开关稳压电路两大类。前者使用起来简单易行，但转换效率低，体积大；后者体积小，转换效率高，但控制电路较复杂。随着自关断电力电子器件和电力集成电路的迅速发展，开关电源已得到越来越广泛的应用。

5.3.1 线性稳压电源

在第 1 章中曾讲述过用稳压二极管构成的稳压电路，这种稳压电路虽很简单，但受稳压二极管最大稳定电流的限制，负载电流不能太大。另外，输出电压

文本：§5.3.2
线性稳压电路
结构及工作原理

不可调且稳定性也不够理想。串联型线性稳压电源克服了上述缺点,目前应用较为广泛。

　　串联型线性稳压电源的基本原理图如图 5.3.2 所示。整个电路由以下四部分组成。

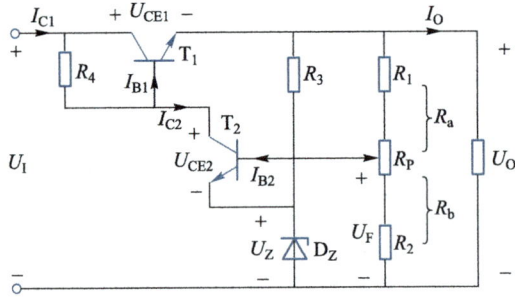

图 5.3.2

　　(1) 采样环节

　　由 R_1、R_P、R_2 组成的分压电路构成,它将输出电压 U_O 分出一部分作为采样电压 U_F,送到比较放大环节。

　　(2) 基准电压

　　由稳压二极管 D_Z 和电阻 R_3 构成的稳压电路提供一个稳定的基准电压 U_Z,作为调整、比较的标准。

　　设 T_2 发射结电压 U_{BE} 可忽略,则

$$U_F = U_Z = U_O \frac{R_b}{R_a + R_b}$$

即

$$U_O = \left(1 + \frac{R_a}{R_b} \right) U_Z \qquad\qquad (5.3.1)$$

　　用电位器 R_P 即可调节输出电压 U_O 的大小,但 U_O 必定大于或等于 U_Z。

　　(3) 比较放大电路

　　它是由 T_2 和 R_4 构成的直流放大器组成,其作用是将采样电压 U_F 与基准电压 U_Z 之差放大后去控制调整管 T_1。

　　(4) 调整环节

　　由工作在线性放大区的功率管 T_1 组成,T_1 称为调整管,其基极电流 I_{B1} 受比较放大电路输出的控制,它的改变又可使集电极电流 I_{C1} 和集、射电压 U_{CE1} 改变,从而达到自动调整稳定输出电压的目的。

　　电路的工作原理:当输入电压 U_I 或输出电流 I_O 变化引起输出电压 U_O 增加时,采样电压 U_F 相应增大,使 T_2 管的基极电流 I_{B2} 和集电极电流 I_{C2} 随之增加,T_2 管的集电极电压 U_{CE2} 下降,因此 T_1 管的基极电流 I_{B1} 下降,使得 I_{C1} 下降,U_{CE1} 增加,U_O 下降,使 U_O 保持基本稳定。这一自动调压过程可表示如下:

$$U_O \uparrow \rightarrow U_F \uparrow \rightarrow I_{B2} \uparrow \rightarrow I_{C2} \uparrow \rightarrow U_{CE2} \downarrow \rightarrow I_{B1} \downarrow \rightarrow U_{CE1} \uparrow \rightarrow U_O \downarrow$$

同理,当 U_I 或 I_O 变化使 U_O 降低时,调整过程相反,U_{CE1} 将减小,使 U_O 保持基本不变。

从上述调整过程可以看出,该电路是依靠电压负反馈来稳定输出电压的。

集成稳压电路具有体积小、使用方便、工作可靠等特点,图 5.3.3 所示为 W78×× 和 W79×× 系列稳压器的外形和引脚排列,W78×× 系列输出正电压有 5 V、6 V、8 V、9 V、10 V、12 V、15 V、18 V、24 V 等多种,若要获得负输出电压则选 W79×× 系列即可。例如,W7805 输出 +5 V 电压,W7905 输出 −5 V 电压。这类三端稳压器在加装散热器的情况下,输出电流可达 1.5 A,最高输入电压为 35 V,最小输入、输出电压差为 2~3 V,输出电压变化率为 0.1%~0.2%。

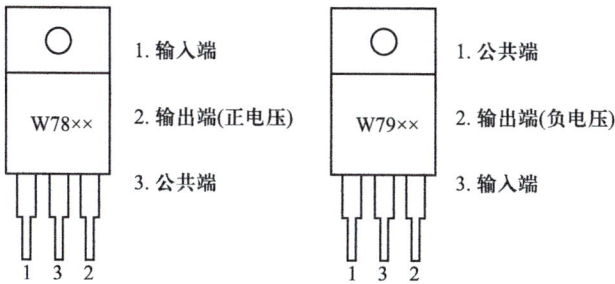

图 5.3.3

下面介绍几种应用电路。

1. 基本电路

图 5.3.4 为 W78×× 系列和 W79×× 系列三端稳压器基本接线图。图中电容 C_1 的作用是抑制高频干扰,防止产生自激振荡,一般容量取 0.1~1 μF 之间,如前面有滤波电容,且接线不长,C_1 可不用;电容 C_2 的作用是改善负载的瞬态响应,提高稳压性能和减小输出纹波,一般容量也取 0.1~1 μF 之间。

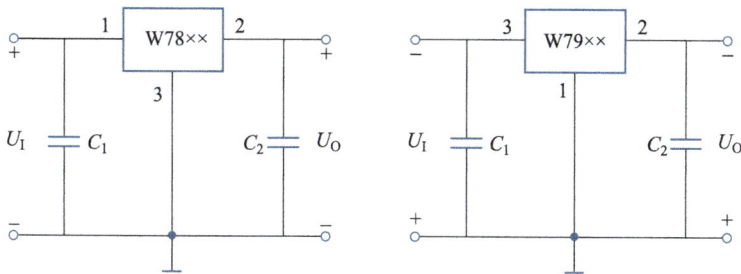

图 5.3.4

2. 提高输出电压的电路

图 5.3.5 所示电路输出电压 U_O 高于 W78×× 的固定输出电压 U_{xx},显然,$U_O = U_{xx} + U_Z$。

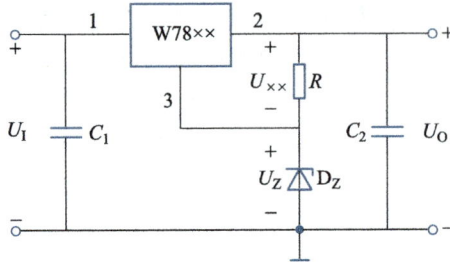

图 5.3.5

3. 扩大输出电流的电路

当稳压电路所需输出电流大于 2 A 时,可通过外接电力晶体管的方法来扩大输出电流,如图 5.3.6 所示。图中 I_3 为稳压器公共端电流,其值很小,可以忽略不计,所以 $I_1 \approx I_2$,则可得

$$I_O = I_C + I_2 = I_2 + \beta I_B = I_2 + \beta(I_1 - I_R)$$
$$= (1+\beta)I_2 + \beta \frac{U_{BE}}{R} \qquad (5.3.2)$$

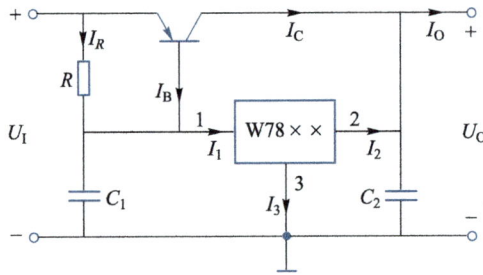

图 5.3.6

例如,功率管 $\beta = 10$, $U_{BE} = -0.3$ V,电阻 $R = 0.5$ Ω, $I_2 = 1$ A,则可计算出 $I_O = 5$ A,可见 I_O 比 I_2 扩大了。

电阻 R 的作用是使功率管在输出电流较大时才能导通。

4. 输出正、负电压的电路

将 W78××系列、W79××系列稳压器组成如图 5.3.7 所示的电路,可输出正、负电压。

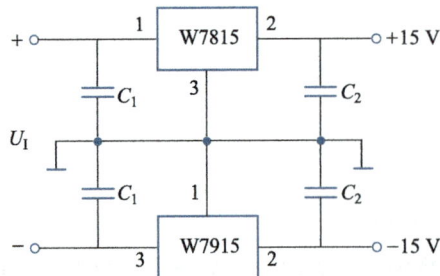

图 5.3.7

156

5. 输出电压可调的电路

用 W78×× 实现输出电压可调的电路如图 5.3.8 所示,图中运算放大器连接成射极跟随器,其输入电压与输出电压均等于 W78×× 的稳压输出 $U_{××}$,采样电阻由 R_1、R_2 和电位器 R_P 组成,输出电压为

$$U_O = \left(1 + \frac{R_b}{R_a}\right) U_{××} \qquad (5.3.3)$$

用电位器 R_P 即可调节输出电压 U_O 的大小。

实现输出电压可调的稳压电源也可直接选用三端可调式稳压器 W117、W217 或 W317,图 5.3.9 所示的是用 W117 组成的输出电压可调的稳压电源电路,W117 的 3、2 端间的电压为基准电压 U_R,W117、W217 和 W317 的基准电压 U_R 均为 1.25 V,则输出电压为

$$U_O = \left(1 + \frac{R_P}{R}\right) U_R = 1.25 \times \left(1 + \frac{R_P}{R}\right) \ \text{V} \qquad (5.3.4)$$

用电位器 R_P 即可调节输出电压 U_O 的大小。这种直接选用三端可调式稳压器的电路,外接元件少,使用方便,被认为是第二代三端集成稳压器。

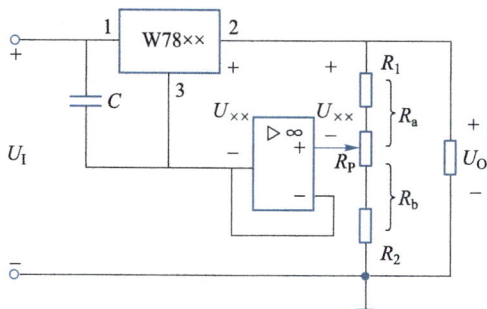

图 5.3.8

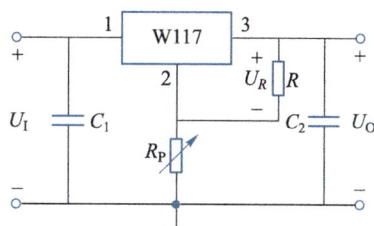

图 5.3.9

5.3.2 开关稳压电源

将直流电压通过半导体开关器件(调整管)转换为高频脉冲电压,经滤波得到纹波很小的直流输出电压,这种装置称为开关稳压电源,或直流斩波器。由于调整管工作在开关状态,因而开关稳压电源具有功耗小、效率高、体积小、重量轻等特点,得到迅速的发展和广泛的应用。

1. 串联降压型开关稳压电源

开关稳压电源的结构框图如图 5.3.10 所示,由开关调整管、滤波器、比较放大和脉宽调制器等环节组成。开关调整管是一个由脉冲(u_{PO})控制的电子开关,如图 5.3.11 所示。当控制脉冲 u_{PO} 出现时,电子开关闭合,$u_{SO} = u_I$;而 $u_{PO} = 0$ 时,电子开关断开,$u_{SO} = 0$。开关的开通时间 T_{on} 与开关周期 T 之比称为脉冲电压 u_{SO} 的占空比 δ。可见,开关调整管的输出电压 u_{SO} 是一个波幅为 u_I、脉宽由 u_{PO} 控制(相等)、频率与 u_{PO} 相等的矩形脉冲电压,其平均值为

$$U_{SO} = \frac{T_{on}}{T_{on}+T_{off}} U_1 = \frac{T_{on}}{T} U_1 = \delta U_1 \tag{5.3.5}$$

由于占空比 $\delta<1$，所以 U_{SO} 小于 U_1，又因为开关调整管与负载串联，因而称为串联降压型开关稳压电源。

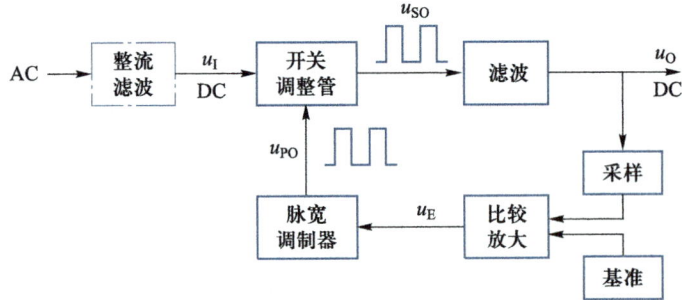

图 5.3.10

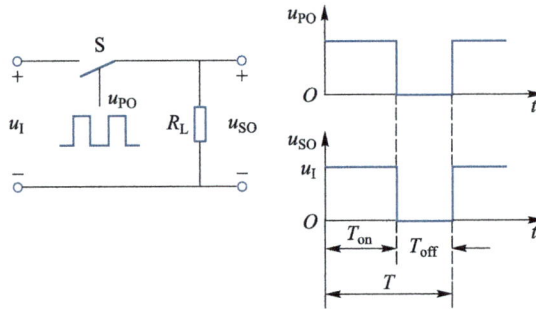

图 5.3.11

滤波器由电感、电容组成，对脉冲电压 u_{SO} 进行滤波，得到纹波（波形脉动部分的峰-峰值）很小的直流输出电压 u_0。由于受滤波器影响，u_0 的平均值将大于 δU_1，而小于 U_1。

将输出电压 u_0 采样与基准电压在比例放大环节中比较、放大，其结果 u_E（误差）作为脉宽调制器（PWM）的输入信号。脉宽调制器是一个基准电压为锯齿波的电压比较器，输出脉冲电压 u_{PO} 的脉宽由 u_E 控制，而频率与基准电压相同。

其工作原理如下：

当输入电压 u_1 和负载都处于稳定状态时，输出电压 u_0 也稳定不变，设对应的误差信号电压 u_E 和控制脉冲电压 u_{PO} 的波形如图 5.3.12（a）所示。如果输出电压 u_0 发生波动，例如 u_1 上升会导致 u_0 上升，则比较放大电路使 u_E 下降，脉宽调制器的输出信号电压 u_{PO} 的脉宽变窄，如图 5.3.12（b）所示，开关调整管的开通时间减小，使 u_0 下降。通过上述调整过程，使输出电压 u_0 基本保持不变。

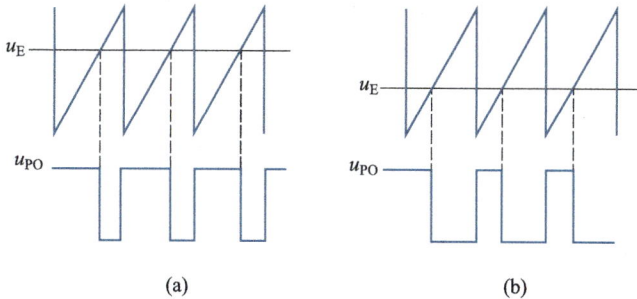

(a)   (b)

图 5.3.12

输出电压 u_0 的稳定过程可描述如下：

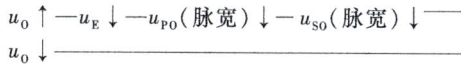

$$u_0 \uparrow - u_E \downarrow - u_{PO}(脉宽) \downarrow - u_{SO}(脉宽) \downarrow \rceil$$
$$u_0 \downarrow \qquad\qquad\qquad\qquad\qquad\qquad\qquad$$

这种定频调宽控制方法称为脉冲宽度调制(PWM)法。

图 5.3.13 所示为串联降压型开关稳压电源的原理图,晶体管 T 为开关调整管,稳压二极管 D_Z 的稳定电压 U_Z 作为基准电压,电位器 R_P 对输出电压 u_0 采样送入比较放大环节与基准电压 U_Z 相比较。滤波器由 L、C 和续流二极管 D 组成,当晶体管 T 导通时,u_I 向负载 R_L 供电同时也为电感 L 和电容 C 充电,当控制信号使 T 截止时,电感 L 储存的能量通过续流二极管 D 向负载释放,电容也同时向负载放电。

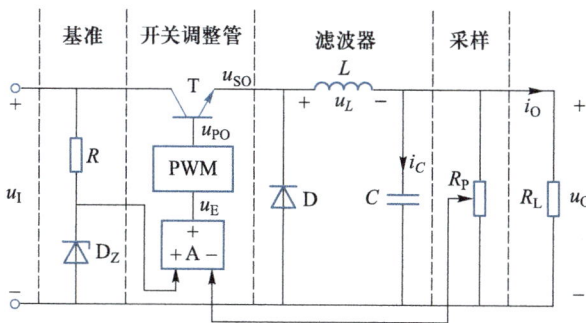

图 5.3.13

2. 并联升压型开关稳压电源

这种开关稳压电源的工作原理示意图如图 5.3.14 所示。当控制信号到来使开关管 T 导通时,二极管 D 截止,其等效电路如图 5.3.14(b)所示,在此 T_{on} 期间,u_I 通过开关管 T 给电感 L 充磁储能,负载电压由电容 C 放电供给。当控制信号使开关管 T 关断时,二极管 D 导通,其等效电路如图 5.3.14(c)所示,在此 T_{off} 期间,因电感储有能量产生的感应电动势能保持 i_L 的方向不变,即电动势 e_L 的

文本：§5.3.5 并联升压型开关稳压电路特点

方向与 i_L 的方向一致,故 e_L 与 u_1 同向串联,两个电压叠加后通过二极管向负载供电,同时对电容 C 充电。设电感 L(或工作频率)足够大,流过 L 的电流为定值 I_L,电感 L 在一个周期内储存的能量 $U_1 I_L T_{on}$ 应等于放出的能量 $U_L I_L T_{off} = (U_0 - U_1) I_L T_{off}$,即

$$U_1 I_L T_{on} = (U_0 - U_1) I_L T_{off}$$

则

$$U_0 = \frac{T}{T_{off}} U_1 = \frac{1}{1-\delta} U_I \quad (5.3.6)$$

由于占空比 $\delta < 1$,所以 U_0 大于 U_1,又因为开关调整管与负载并联,因而称为并联升压型开关稳压电源。

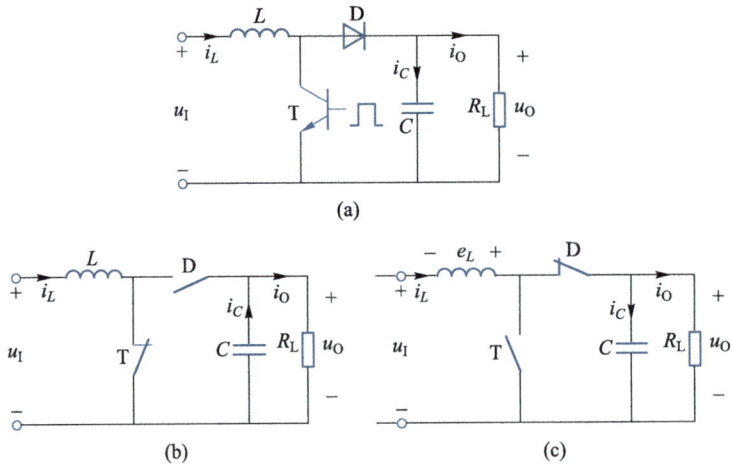

图 5.3.14

3. 变压器输出型开关稳压电源

从实用角度出发,希望开关稳压电源的输入直流电压从交流 220 V 电源直接整流、滤波获取。再将斩波后得到的高频电压用脉冲变压器转换成需要的输出电压,这样做的目的是去掉笨重的工频变压器并将输出电路与供电电源、开关器件和控制电路隔离开来。

图 5.3.15 所示为单端正激式开关稳压电源原理图,这种开关稳压电源的工作情况与降压型开关稳压电源有相似之处。当开关管 T 开通时,变压器一次电压近似等于输入电压 u_1,变压器二次电压使二极管 D_2 导通,为负载供电,并为电容 C_2 充电。当开关管 T 截止时,滤波电感 L 产生反向感应电动势使 D_3 导通,C_2 放电,使负载电流连续,在此 T_{off} 期间,D_2 截止,变压器二次侧相当于开路,但变压器储存的磁场能量必须在 T_{off} 期间放掉,否则在下一个导通期间,磁能将累加,并逐渐进入饱和状态使开关管过流而烧毁。因而,在变压器一次侧必须并联电阻、电容,并通过二极管 D_1 形成退磁回路。

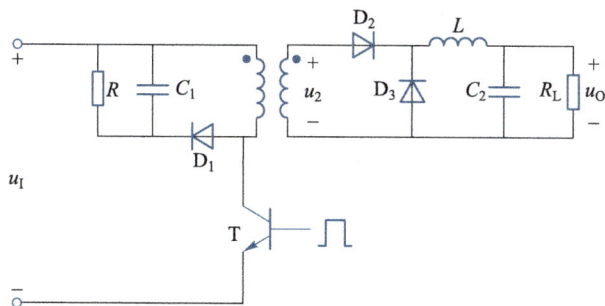

图 5.3.15

近年来,开关稳压电源专用集成电路发展很快,品种不断增多,常见的有:MC34063、LM2575、TL494 和 CW3842 等。这些芯片将开关稳压电源的 PWM 控制电路、开关管驱动电路和保护电路集成在一起,具有可靠性高、使用方便等特点。

思考题

1. 根据稳压管稳压电路和串联型稳压电路的特点,试分析这两种电路各适用于什么场合。

2. 78 系列和 79 系列三端集成稳压器属哪一类型稳压电路? 它们的区别是什么?

3. 稳压电路对输入电压波动的范围有没有限制? 对负载的变化有无限制?

4. 什么是脉宽调制直流斩波器? 如何调节直流输出电压的大小?

5. 说明降压型和升压型开关稳压电源电路的结构特点(开关调整管的位置)。

§5.4 逆变电路(DC-AC)

将直流电转换成交流电的变换装置称为逆变器,它的应用领域非常广泛,是电力电子领域中最活跃的部分。其典型应用有:交流异步电动机变频调速,中、高频感应加热,功率超声波电源,电火花加工,高频逆变焊机,不间断电源(UPS)等。

文本:§5.4.1 逆变电路概述

逆变器按不同的功能有不同的分类方式:按直流电源的性质可分为电压型和电流型逆变器;按输出电压相数可分为单相和三相逆变器;按输出波形分类又有矩形波和正弦波逆变器。

单相桥式脉宽调制(PWM)逆变器原理图如图 5.4.1(a)所示,直流电源 U_I 一般由交流电经整流、滤波获得,也可由蓄电池(如 UPS)获取。开关元件 $T_1 \sim T_4$ 为全控型器件并接成桥式电路,其中 T_1、T_4 和 T_2、T_3 组成两组,在控制端电压 $u_{G1,4}$ 和 $u_{G2,3}$ 控制下交替导通,在负载电阻 R_L 两端得到矩形波交流电压 u_o,波

161

形如图(b)所示,其脉宽为$\frac{T}{2}$,幅值为直流电源电压U_1,频率等于开关器件的切换频率,即控制端控制电压u_C的频率。输出电压u_o的有效值为

$$U_o = \sqrt{\frac{1}{T/2}\int_0^{T/2} u_o^2 \mathrm{d}t} = U_1 \qquad (5.4.1)$$

由式(5.4.1)可以看出,如改变$u_{G1,4}$和$u_{G2,3}$的脉宽,u_o的脉宽也相应地变化,便可改变输出电压u_o的有效值。这种通过改变开关管控制信号脉宽来改变输出交流电压大小的逆变器称为脉宽调制(PWM)逆变器。

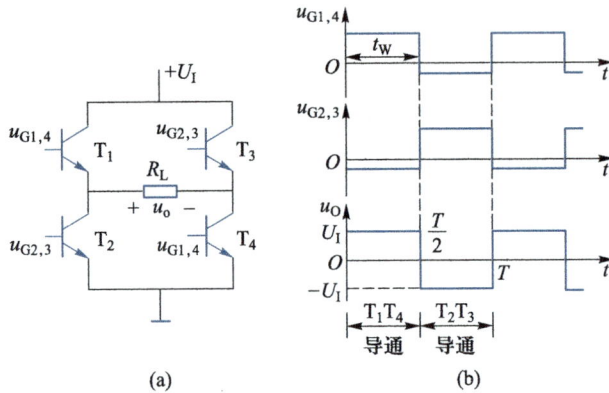

图 5.4.1

产生开关管控制信号u_G的示意图如图5.4.2所示,基准信号u_r和载波信号u_c在比较器中相比较,比较器的输出为开关管控制信号u_G。根据u_r和u_c的波形形状、频率关系,有如下几种脉宽调制方法。

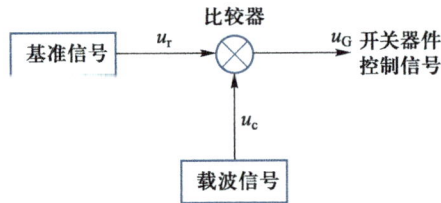

图 5.4.2

5.4.1　单脉冲宽度调制

单脉冲宽度调制是输出电压u_o每半个周期,u_G只有一个脉冲,当改变u_G脉宽t_W时,可改变输出电压u_o的大小。

图5.4.3示出单脉冲宽度调制的波形图,基准信号u_r为矩形波,幅值为U_{rm},载波信号u_c为三角波,幅值为U_{cm},且两者频率相等。u_r与u_c比较的结果为控制信号$u_{G1,4}$和$u_{G2,3}$,脉冲宽度为t_W。在$u_{G1,4}$和$u_{G2,3}$控制下,两组开关管交替导通,

输出电压 u_0 如图所示。u_0 的有效值为

$$U_o = \sqrt{\frac{1}{T/2}\int_{\frac{T}{4}-\frac{t_W}{2}}^{\frac{T}{4}+\frac{t_W}{2}} u_o^2 \mathrm{d}t} = U_I\sqrt{\frac{t_W}{T/2}}$$

（5.4.2）

可见，u_0 的有效值与脉冲宽度 t_W 有关，当基准信号 u_r 的幅值 U_{rm} 在 $0\sim U_{cm}$ 之间变化时，控制信号和输出电压的脉冲宽度 t_W 在 $0\sim\frac{T}{2}$ 之间变化，输出电压 u_0 的有效值在 $0\sim U_I$ 之间变化。输出电压 u_0 的频率与基准信号 u_r 的频率相等。

单脉冲宽度调制控制简单，便于实现，但输出电压 u_0 在脉冲宽度 t_W 较小时，存在较大的谐波分量。如作为电动机电源，会引起较大的噪声，并降低功率因数和效率。

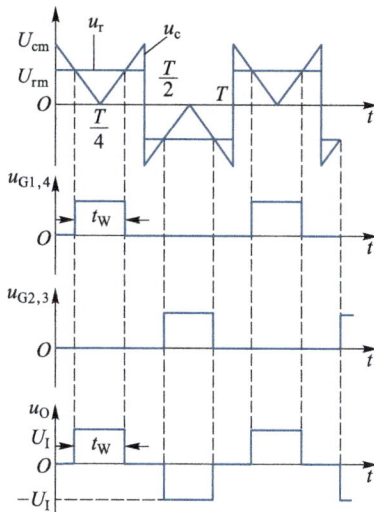

图 5.4.3

5.4.2 多脉冲宽度调制

多脉冲宽度调制是输出电压 u_0 每半个周期，u_G 有 N 个等宽脉冲，当改变 u_G 脉宽 t_W 时，可改变输出电压 u_0 的大小。

图 5.4.4 所示的是多脉冲宽度调制的波形，基准信号 u_r 为矩形波，幅值为 U_{rm}，频率为 f_r，载波信号 u_c 为三角波，幅值为 U_{cm}，频率为 f_c，且 $f_c = Nf_r$，图中 $N=3$。控制信号 $u_{G1,4}$、$u_{G2,3}$ 和输出电压 u_0 如图所示，t_W 为半个周期内每个小脉冲的宽度。u_0 的有效值为

$$U_o = \sqrt{\frac{N}{T/2}\int_{\frac{T/2}{2N}-\frac{t_W}{2}}^{\frac{T/2}{2N}+\frac{t_W}{2}} u_o^2 \mathrm{d}t} = U_I\sqrt{\frac{Nt_W}{T/2}}$$

（5.4.3）

同样，u_0 的有效值与脉冲宽度 t_W 有关，当基准信号 u_r 的幅值 U_{rm} 在 $0\sim U_{cm}$ 之间变化时，控制信号和输出电压的小脉冲宽度 t_W 在 $0\sim\frac{T/2}{N}$ 之间变化，输出电压 u_0 的有效值在 $0\sim U_I$ 之间变化。输出电压 u_0 的频率与基准信号 u_r 的频率相等。

多脉冲宽度调制与单脉冲宽度调制相比，可以显著减小输出电压 u_0 中的谐波分

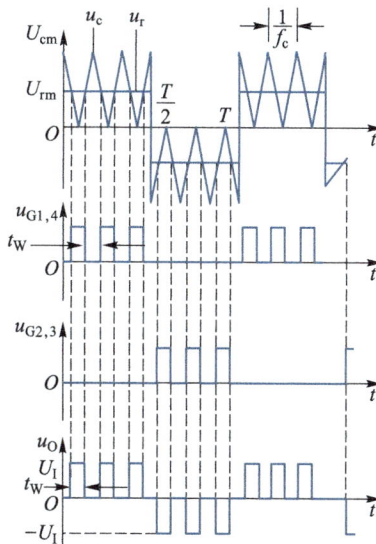

图 5.4.4

163

量,小脉冲的个数 N 越大,效果越明显。

5.4.3 正弦脉冲宽度调制（SPWM）

正弦脉冲宽度调制是输出电压 u_0 每半个周期,u_C 有 N 个不等宽脉冲,其宽度按正弦规律分布,当改变 u_G 脉宽 t_W 时,可改变输出电压 u_0 的大小。

图 5.4.5 示出正弦脉冲宽度调制的波形图,基准信号 u_r 为正弦波,幅值为 U_{rm},频率为 f_r,载波信号 u_c 为三角波,幅值为 U_{cm},频率为 f_c。控制信号 $u_{G1,4}$、$u_{G2,3}$ 和输出电压 u_0 的波形如图所示,半个周期内每个小脉冲的宽度用 t_W 表示,且按正弦规律分布,小脉冲的个数 N 由 f_c 决定。根据式（5.4.3）,u_0 的有效值为

$$U_o = U_I \sqrt{\sum_{i=1}^{N} \frac{t_{Wi}}{T/2}} = U_I \sqrt{\frac{\sum_{i=1}^{N} t_{Wi}}{T/2}} \qquad (5.4.4)$$

输出电压 u_0 有效值的大小与脉冲宽度 t_W 有关,其频率与基准信号 u_r 的频率相等。

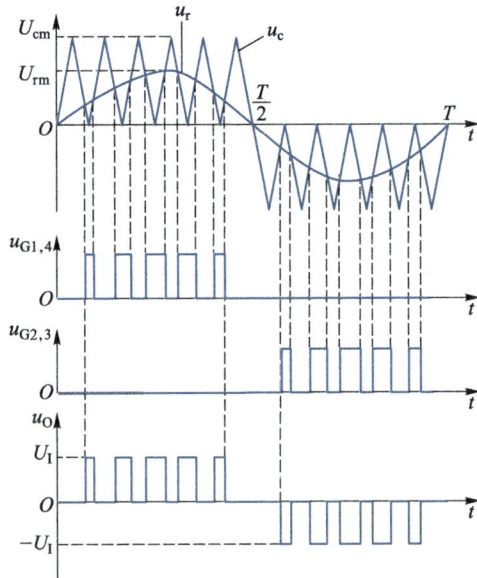

图 5.4.5

根据采样理论,冲量(窄脉冲面积)相等而形状不同的窄脉冲加在惯性环节(感性电路)上,其输出响应的效果基本相同。图 5.4.5 中,输出电压 u_0 在半个周期内小矩形脉冲的宽度(即面积)按正弦规律分布,在小脉冲个数 N 足够大(满足窄脉冲条件)时,其效果与正弦电压相同,N 越大,误差越小。

正弦脉冲宽度调制与多脉冲和单脉冲宽度调制相比,具有谐波分量小,噪声低,便于实现调频、调压等优点。但开关管开关频率较高,开关损耗加大,且控制复杂。目前,通用变频器多采用开关速度快、损耗小的新型电力电子器件,如 IGBT 等,并利用微机技术实现 SPWM 控制,性能越来越完善,控制精度越来越

高,因而得到迅速推广。

1. 什么是逆变器？逆变器的输出电压与一般的交流电源电压有何区别？

2. 说明脉宽调制直流斩波器和脉宽调制逆变器的功能。

3. 脉宽调制(PWM)逆变器有几种调制方法？如何调节输出电压的大小和频率？

4. 分析各种脉宽调制的特点。

本章小结

1. 常用的电力电子器件除不可控器件如电力二极管外,有半控型器件如晶闸管(SCR),全控型器件如门极可关断晶闸管(GTO)、电力晶体管(GTR)、电力MOS场效晶体管(PR-MOSFET)、绝缘栅双极晶体管(IGBT)和MOS控制晶闸管(MCT)等。

电力二极管是以半导体PN结为基础,可以承受高电压、大电流的开关器件。主要类型有用于整流电路中的普通二极管;用于高频斩波和逆变电路中的快恢复二极管;反向恢复时间极短,正向导通压降小的肖特基二极管。

晶闸管(SCR)导通的条件是在阳极和阴极之间加正向电压、栅极和阴极之间也加正向电压(有栅极电流出现)。当阳极电流小于维持电流或阳极、阴极之间加反向电压时便可关断。目前,晶闸管的容量在所有电力电子器件中是最高的,而工作频率是最低的。

门极可关断晶闸管(GTO)是一种高电压、大电流双极型全控型器件,继承了晶闸管通态压降比较小的优点。它也属于PNPN四层三端器件,其主要特点为当门极施加负向触发信号时晶闸管能自行关断。

电力晶体管(GTR)的工作原理与普通晶体管相似,是电流控制型器件,驱动功率较大,容量和工作频率均属中等,是目前各种全控型器件中应用最广的一种器件。

电力MOS场效晶体管(PR-MOSFET)的工作原理与普通MOS场效晶体管相似,是电压控制型器件,驱动功率小,工作频率在所有电力电子器件中是最高的。但通态压降和静态损耗大,且容量小。

绝缘栅双极晶体管(IGBT)是MOS管和晶体管的复合器件,集电极电流受栅极、射极之间电压的控制,是一种电压控制(场控)器件,与GTR相比,容量相当,但驱动功率小,工作频率高,有取代GTR的趋势。

MOS控制晶闸管(MCT)是MOS管和晶闸管的复合器件,输入侧为MOS管结构,输出侧为晶闸管结构,集中了两者的优点,即通态压降小,驱动功率小,工作频率高,并克服了普通晶闸管不能自关断的缺点,是最有发展前途的一种器件。

集成门极换流晶闸管(IGCT)是在IGBT和GTO成熟技术的基础上,专门为高压大功率变频器而设计的功率开关器件。它结合了IGBT的高速开关特性和

GTO 的高阻断电压和低导通损耗特性,给电力电子成套装置带来了新的飞跃,有很好的应用前景。

如下图所示各种器件的容量 S 和工作频率 f 的范围。

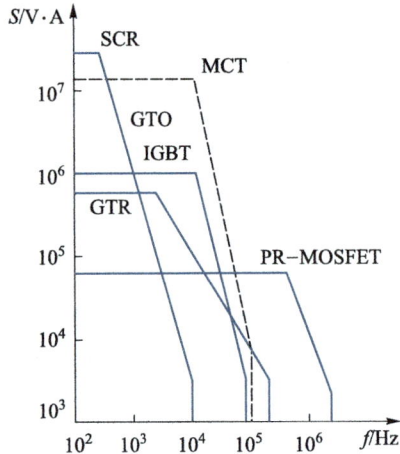

2. 整流(AC-DC 变换)电路的作用是将交流电变换成单向脉动直流电,可分为不可控整流电路和可控整流电路。用二极管可构成不可控整流电路,表 5.2.1 列出了几种常用的不可控整流电路。这类电路的共同特点是输出电压平均值与输入交流电压有效值的比值固定不变。用晶闸管等可控器件可构成可控整流电路,这类电路的特点是输出电压平均值的大小可由触发电路调节。

3. 滤波电路的作用是利用储能元件滤去脉动直流电压中的交流成分,使输出电压趋于平稳。采用电容滤波成本低,输出电压平均值较高,但带负载能力差,适用于负载电流较小且负载变化不大的场合;采用电感滤波成本高,带负载能力强,适用于负载电流较大的场合。在要求较高的场合,可采用 LC、π 型、多节 RC 等复合滤波电路。

4. 稳压(DC-DC 变换)电路的作用是输入电压或负载在一定范围内变化时,保证输出电压稳定。对要求不高的小功率稳压电路可采用硅稳压管稳压电路。要求较高的场合可采用串联型线性稳压电源,该电路引入电压负反馈,使输出电压得到稳定。电路中的调整管工作在线性放大状态。集成稳压电路有 W78 系列和 W79 系列,前者输出正电压,后者输出负电压。输出电压可调的集成稳压电路有 W117、W217 和 W317。开关稳压电源有降压型和升压型两种,其开关管工作在开关状态,利用脉冲宽度调制(PWM)方法稳定输出电压,具有功耗小、效率高等优点。

5. 逆变(DC-AC 变换)电路用来将直流电转换为交流电,脉宽调制(PWM)逆变器由全控器件组成,有单脉冲宽度、多脉冲宽度和正弦脉冲宽度三种调制方法,正弦脉宽调制(SPWM)由于具有谐波小、便于控制等优点而得到广泛应用。

习题

一、选择题

5.1 在下列三种电力电子器件中,属于电压控制型的器件是(   )。

(a) 晶闸管   (b) 电力晶体管

(c) 电力 MOS 场效晶体管

5.2 晶闸管的导通条件是(   )。

(a) 阳极加正向电压   (b) 栅极加正向电压

(c) 阳极和栅极均加正向电压

5.3 绝缘栅双极晶体管是一种新型复合器件,它具有的特点是(   )。

(a) 驱动功率小,工作频率高,通态压降大

(b) 驱动功率小,工作频率高,通态压降小

(c) 驱动功率小,工作频率低,通态压降小

5.4 题 5.4 图所示各个电路中,正确的单相桥式全波整流电路是图(   )。

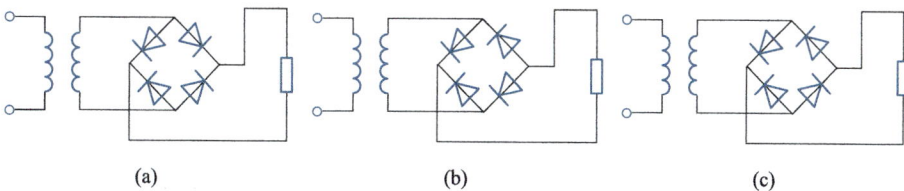

(a)   (b)   (c)

题 5.4 图

5.5 在单相桥式整流电路中,已知交流电压 $u = 100 \sin \omega t$ V,若有一个二极管损坏(断开),则输出电压的平均值 U_0 为(   )。

(a) 31.82 V   (b) 45 V   (c) 0 V

5.6 在题 5.6 图所示全波整流电路中,二极管 D_1 承受的最大反向电压是(   )。

(a) $20\sqrt{2}$ V   (b) $40\sqrt{2}$ V

(c) 40 V

5.7 在题 5.7 图所示半波整流、滤波电路中,二极管 D 承受的最大反向电压是(   )。

(a) $10\sqrt{2}$ V   (b) $20\sqrt{2}$ V

(c) 10 V

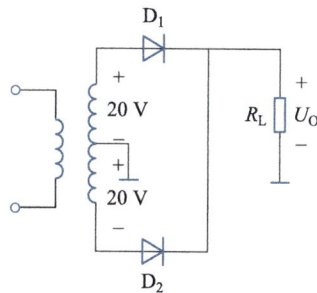

题 5.6 图

5.8 在题 5.8 图所示稳压电路中,要求输出电压 $U_L = 5$ V,若已知输入电压 $U = 10$ V,稳压二极管的稳定电流 $I_Z = 10$ mA,负载电阻 $R_L = 500$ Ω,则限流电阻 R 应为(   )。

(a) 1 000 Ω   (b) 500 Ω   (c) 250 Ω

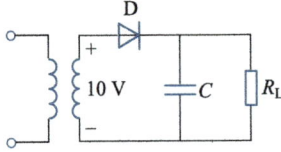

题 5.7 图

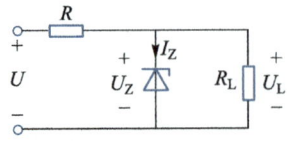

题 5.8 图

5.9　在单相半控桥式整流电路中,已知交流电压 u 的有效值 $U = 200\ \text{V}$,输出电压 u_o 的平均值 $U_o = 90\ \text{V}$,晶闸管 T 的导通角为(　　　)。

(a) 45°　　　　　(b) 90°　　　　　(c) 0°

5.10　单相半控桥式整流电路带电阻负载时,如交流电源电压有效值为 220 V,负载电阻 $R_L = 10\ \Omega$,当控制角 $\alpha = 60°$ 时,流经晶闸管的电流平均值等于(　　　)。

(a) 7.425 A　　　(b) 14.85 A　　　(c) 16.5 A

5.11　在题 5.11 图所示(1)电路中,u 为正弦交流电压,当晶闸管 T 的控制角 $\alpha = 90°$ 时,输出电压 u_o 的波形为图(2)中的(　　　)。

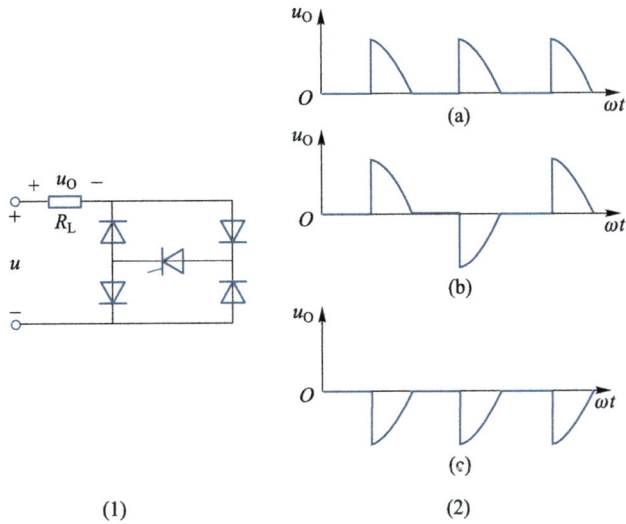

(1)　　　　　　　　　　　　　　(2)

题 5.11 图

5.12　在题 5.12 图所示稳压电路中,已知稳压二极管的稳定电压 $U_Z = 6\ \text{V}$,电位器 R_P 滑动头在最下端位置时,输出电压 U_o 为(　　　)。

(a) 6 V　　　　　(b) 15 V　　　　　(c) 10 V

5.13　题 5.13 图所示稳压电路的输出电压 U_o 为(　　　)。

(a) $\dfrac{R_1 + R_2}{R_2} U_Z$　　　(b) $\dfrac{R_1 + R_2}{R_1} U_Z$　　　(c) U_Z

5.14　在题 5.14 图所示稳压电路中,已知稳压二极管的稳定电压 $U_Z = 6\ \text{V}$,输出电压 U_o 为(　　　)。

(a) 12 V　　　　　(b) 6 V　　　　　(c) 18 V

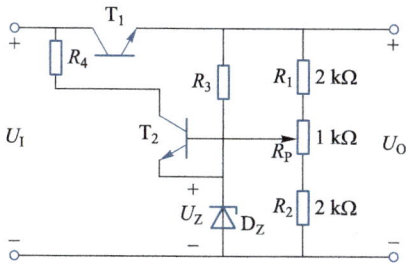

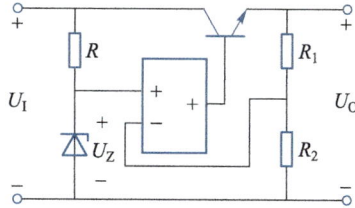

题 5.12 图   题 5.13 图

5.15 在题 5.15 图所示开关稳压电源电路中,已知:输入直流电压 $U_I =$ 110 V,开关周期 $T = 2.5$ ms,导通时间 $T_{on} = 1.25$ ms,则输出电压 u_0 的平均值为(   )。

(a) 55 V   (b) 110 V   (c) 220 V

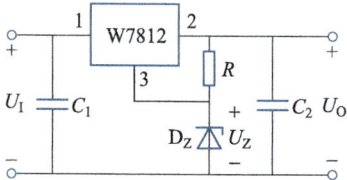

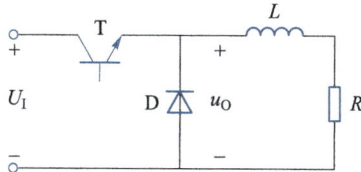

题 5.14 图   题 5.15 图

5.16 在题 5.16 图所示开关稳压电源电路中,已知:输入直流电压 $U_I =$ 100 V,在一个开关周期中,导通 30 μs,关断 20 μs,则输出电压 u_0 的平均值为(   )。

(a) 60 V   (b) 150 V   (c) 250 V

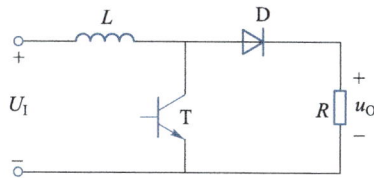

题 5.16 图

5.17 在题 5.17 图(1)所示的逆变电路中,已知直流电源电压 $U_I = 220$ V,晶体管 T_1 和 T_3、T_2 和 T_4 轮流导电,在负载电阻 R_L 两端得到交流电压 u_o。若忽略 $T_1 \sim T_4$ 的导通压降,u_o 的波形为图(2)中的(   )。

5.18 在题 5.17 图(1)逆变电路中,采用单脉冲宽度调制,已知:输入直流电压 $U_I = 100$ V,单脉冲宽度 $t_w = \dfrac{\pi}{2}$,则输出电压 u_o 的平均值为(   )。

(a) 50 V   (b) 70.7 V   (c) 100 V

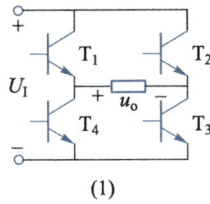

(1)

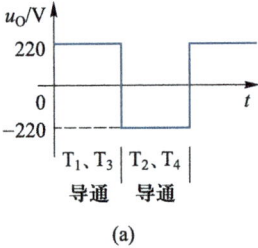

(a)

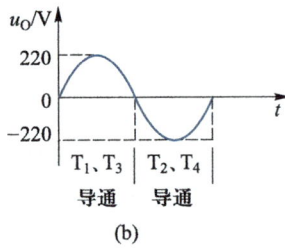

(b)

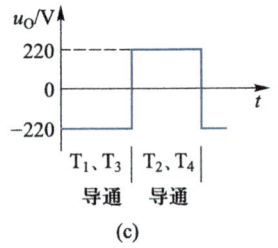

(c)

(2)

题 5.17 图

二、解答题

5.19　将电力电子器件 SCR、GTO、GTR、PR-MOSFET 和 IGBT，分别按开关频率高低和容量的大小排序，写出先后次序。

5.20　在学过的电力电子器件中，哪些是非自关断器件？哪些是自关断器件？它们的导通和关断是如何控制的？

5.21　题 5.21 图所示电路为单相全波整流电路，已知 $U_2 = 10$ V，$R_L = 100\ \Omega$。(1) 求负载电阻 R_L 上的电压平均值 U_0 与电流平均值 I_0，在图中标出 u_0、i_0 的实际方向；(2) 如果 D_2 脱焊，U_0、I_0 各为多少？(3) 如果 D_2 接反，会出现什么情况？(4) 如果在输出端并接一滤波电解电容，试将它按正确极性画在电路图上，此时输出电压 U_0 约为多少？

5.22　在题 5.22 图所示整流电路中，已知 $R_{L1} = R_{L2} = 100\ \Omega$，试求：(1) 输出电压平均值 U_{01} 和 U_{02}，并指明极性；(2) 流过各个二极管的平均电流 I_{D1}、I_{D2}、I_{D3}。

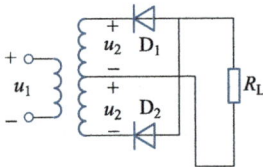

题 5.21 图

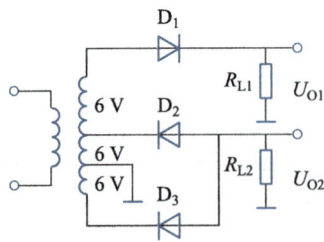

题 5.22 图

5.23　在题 5.23 图所示桥式整流电路中，已知：$u_2 = 10\sqrt{2}\sin\omega t$ V，$R = 50\ \Omega$，$R_L = 1\ \text{k}\Omega$，稳压二极管 D_Z 的稳定电压 $U_Z = 6$ V。试画出下列情况下 u_{AB} 的波形，

并求 u_{AB} 的平均值。(1) S_1、S_2、S_3 打开,S_4 闭合;(2) S_1、S_2 闭合,S_3、S_4 打开;(3) S_1、S_4 闭合,S_2、S_3 打开;(4) S_1、S_2、S_4 闭合,S_3 打开;(5) S_1、S_2、S_3、S_4 全部闭合。

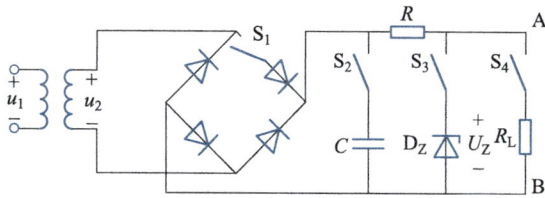

题 5.23 图

5.24 一单相桥式整流电路如题 5.24 图所示,负载电压 $U_0 = 110$ V,负载电阻 $R_L = 50\ \Omega$,试求变压器二次绕组电压,并选择二极管。

5.25 在单相桥式整流电容滤波电路中,已知:交流电源频率 $f = 50$ Hz,要求输出 $U_0 = 30$ V,$I_0 = 0.15$ A,试选择二极管及滤波电容。

5.26 在单相桥式整流电容滤波电路中,已知:负载电阻 $R_L = 50\ \Omega$,负载电压 $U_0 = 24$ V。求变压器二次电压,并选择整流二极管和滤波电容。

5.27 在题 5.27 图所示可控整流电路中,已知:交流电压 $u = 220\sqrt{2}\sin \omega t$ V,$R_L = 1$ kΩ。求晶闸管 T 的导通角 β 分别为 0°、45°、90°、135° 和 180° 时,负载的电压和电流的平均值。

5.28 在题 5.27 图所示的可控整流电路中,已知交流电压 $u = U_m\sin \omega t$ V,当控制角 $\alpha = 0°$ 时,输出电压平均值 $U_0 = 100$ V。若要得到 $U_0 = 50$ V,则控制角 α 应是多少?

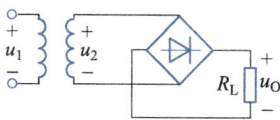

题 5.24 图

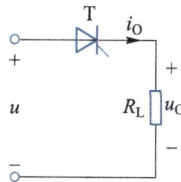

题 5.27 图

5.29 一单相半控桥式整流电路,其输入交流电压有效值为 220 V,负载为 1 kΩ 电阻,试求:当控制角 $\alpha = 0°$ 及 $\alpha = 90°$ 时,负载上电压和电流的平均值,并画出相应的波形。

5.30 一电阻性负载,要求在 0~60 V 范围内调压,采用单相半控桥式整流电路,直接由 220 V 交流电源供电,试计算整流输出平均电压为 30 V 和 60 V 时晶闸管的导通角。

5.31 单相桥式半控整流电路,已知交流电压有效值 $U = 200$ V,负载电阻 $R_L = 5\ \Omega$,若要求负载电流的平均值在 0~36 A 范围内可调,试计算控制角 α 的调节范围。

171

5.32 在题 5.32 图所示可控整流电路中,已知:交流电压 $u = 220\sqrt{2}\sin \omega t$ V, $R_L = 50\ \Omega$。求负载平均电流分别为 2 A 和 1 A 时,晶闸管 T 的导通角。

5.33 在题 5.12 图所示稳压电路中,已知:$R_1 = R_2 = R_P = 220\ \Omega$,稳压二极管的稳定电压 $U_Z = 3.4$ V,晶体管的 $U_{BE} = 0.6$ V。求输出电压 U_0 的可调范围。

5.34 电路如图 5.3.2 所示,已知:$U_Z = 3$ V,$R_1 = R_2 = 3\ \text{k}\Omega$,电位器 $R_P = 10\ \text{k}\Omega$,问:(1)输出电压 U_0 的最大值、最小值各为多少?(2)如果将 T_2 管的集电极电阻 R_4 改接到输出端 U_0 处(T_1 管的发射极上),电路能否正常工作,为什么?

5.35 电路如图 5.3.2 所示,设稳压二极管稳定电压 $U_Z = 4$ V,要求输出电压可在 6 V~12 V 之间调节,问 R_1、R_2、R_P 之间应满足什么条件?

5.36 如题 5.36 图所示的是用 W78×× 稳压器组成的一种提高输入电压的稳压电路,试分析其工作原理。

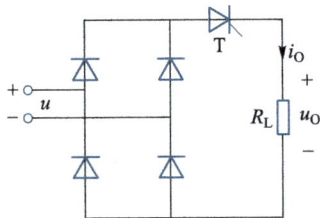

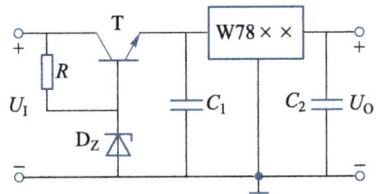

题 5.32 图   题 5.36 图

5.37 题 5.37 图所示的是 W78×× 稳压器外接功率管扩大输出电流的稳压电路,具有外接过流保护环节,用于保护功率管 T_1,试分析其工作原理。

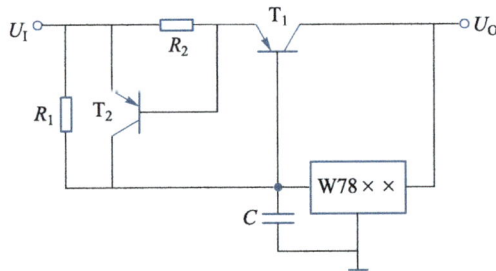

题 5.37 图

5.38 在图 5.3.8 所示电路中,已知:三端集成稳压器为 W7812,$R_1 = R_2 = 3\ \text{k}\Omega$,电位器 $R_P = 3\ \text{k}\Omega$,求输出电压 U_0 的调节范围。

5.39 在图 5.3.9 所示电路中,已知:$R = 1\ \text{k}\Omega$,电位器 $R_P = 10\ \text{k}\Omega$,求输出电压 U_0 的调节范围。

5.40 某一整流滤波稳压电路如题 5.40 图所示。(1)求输出电压 U_0;(2)若 W7812 的片压降 $U_{1-2} = 3$ V,求输入电压 U_I;(3)求变压器二次电压 U_2。

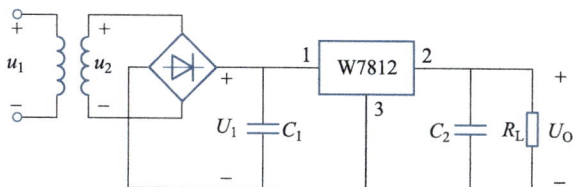

题 5.40 图

5.41 试设计一台直流稳压电源,其输入为 220 V、50 Hz 交流电源,输出电压为 +12 V,最大输出电流为 500 mA,由桥式整流电路和三端集成稳压器构成,并加有电容滤波电路(设三端稳压器的压差为 5 V)。要求:(1) 画出电路图;(2) 确定电源变压器的变比,整流二极管、滤波电容器的参数,三端稳压器的型号。

5.42 题 5.42 图所示开关稳压电源电路,已知:输入直流电压 $U_I = 100$ V,工作频率 $f = 1$ kHz,若要求输出电压 u_0 的平均值在 $25 \sim 75$ V 可调,试计算输出端脉冲的占空比 δ 和开关调整管 T 导通时间 T_{on} 的变化范围。

5.43 题 5.43 图所示开关稳压电源电路,已知:输入直流电压 $U_I = 100$ V,工作频率 $f = 1$ kHz,若要求输出电压 u_0 的平均值在 $125 \sim 200$ V 可调,试计算开关调整管 T 的导通时间 T_{on} 的变化范围。

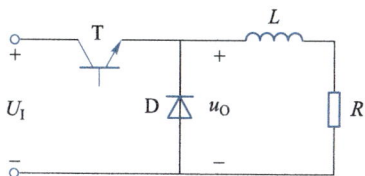

题 5.42 图

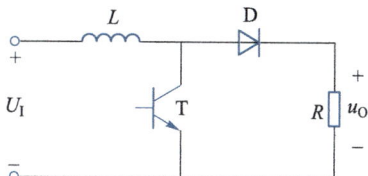

题 5.43 图

5.44 单相桥式脉宽调制(PWM)逆变器采用单脉冲调制,已知输入直流电压 $U_I = 100$ V,载波信号最大值为 U_{cm},基准信号最大值为 U_{rm},若 U_{rm} 在 $0 \sim \dfrac{U_{cm}}{2}$ 之间变化,试计算输出交流电压有效值的变化范围。

5.45 单相桥式脉宽调制(PWM)逆变器采用多脉冲调制,已知输入直流电压 $U_I = 100$ V,载波信号频率为基准信号频率的 10 倍,如果要求输出交流电压的有效值在 $0 \sim 100$ V 之间变化,试计算输出交流电压每半个周期内,小脉冲宽度的变化范围。

附表　几种 **2CZ** 硅整流二极管主要参数(供习题选择)

参数 型号	最大整流电流/ A	最大整流电流时 的正向压降/V	最高反向工作 电压/V
2CZ11A	1	≤1	100
2CZ11B	1	≤1	200

续表

型号 \ 参数	最大整流电流/ A	最大整流电流时 的正向压降/V	最高反向工作 电压/V
2CZ11C	1	≤1	300
2CZ12A	3	≤1	100
2CZ12B	3	≤1	200
2CZ12C	3	≤1	300
2CZ53A	0.3	≤1	25
2CZ53B	0.3	≤1	50
2CZ53C	0.3	≤1	100
2CZ54A	0.5	≤1	25
2CZ54B	0.5	≤1	50
2CZ54C	0.5	≤1	100

第 6 章　逻辑门电路和组合逻辑电路

电子电路根据处理信号和工作方式的不同,可分为模拟电路和数字电路两类。在数字电路中所关注的是输出与输入之间的逻辑关系,而不像模拟电路中要研究输出与输入之间信号的大小、相位变化等。另外,数字电路中工作的信号也不是模拟电路中工作的连续信号,而是不连续的脉冲信号,如图 6.0.1 所示。有信号时,电压 u 为 3 V(或 3~5 V),称为高电平,用 **1** 表示。无信号时,电压 u 为 0.3 V(或 0 V),称为低电平,用 **0** 表示。t_W 为脉冲的持续时间,称为脉宽。脉宽 t_W 与周期 T 之比称为脉冲的占空比 δ。实际脉冲的上升沿(脉冲从 0 到 1)和下降沿(脉冲从 1 到 0)均有微小斜度,而非垂直上下变化。

由于脉冲信号具有 **1** 和 **0** 两种状态(电平)的特点,在数字电路中的晶体管(或场效晶体管)必须工作在开关状态,如图 6.0.2 所示,当 u_I 为高电平 **1**(使 $I_B \geqslant I_{BS}$)时,晶体管 T 饱和导通,输出 $u_o = 0.3$ V,即输出 **0** 电平。当 u_I 为低电平 **0** 时,晶体管 T 截止,$u_o \approx 5$ V,即输出 **1** 电平。在数字电路中,通常采用二进制编码,即只有 **1** 和 **0** 两个数码,用来表示脉冲信号的有无或电平高低。

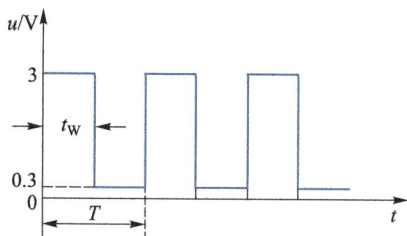

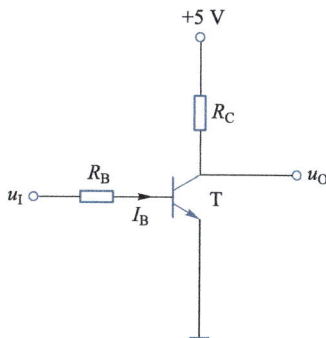

图 6.0.1　　　　　　　　　　图 6.0.2

近年来数字电路得到迅速的发展,大规模、超大规模集成电路不断问世,数字电路的可靠性和智能化水平不断提高,并广泛应用到计算机、通信、工业控制等各个领域。

§6.1　基本逻辑关系和逻辑门电路

门电路是一种具有一定逻辑关系的开关电路。如果把输入信号看作"条件",把输出信号看作"结果",那么当"条件"具备时,"结果"就会发生。也就是

文本:§6.1.1
数字逻辑电路
基本概念

175

说,在门电路的输入和输出信号之间存在着一定的因果关系,即逻辑关系。

基本逻辑关系有三种,它们分别是与逻辑、或逻辑和非逻辑。实现这些逻辑关系的电路分别称为与门、或门和非门。由这三种基本门电路还可以组成其他多种复合门电路。门电路是数字电路的基本逻辑单元。

门电路可以用二极管、晶体管等分立元件组成,目前广泛使用的是集成门电路,本节用分立元件的门电路介绍基本逻辑门的工作原理,集成门电路将在下一节介绍。

6.1.1　与逻辑和与门电路

文本:§6.1.2 与逻辑和与门 电路

当决定某事件的全部条件同时具备时,结果才会发生。这种因果关系称为与逻辑。如图 6.1.1 所示,只有当开关 A、B 全部闭合时(全部条件同时具备),灯 F 才亮(事件发生),否则灯就不亮。输入(A、B)和输出(F)的关系用表 6.1.1 表示,其中开关断开、灯不亮用 **0** 表示,反之用 **1** 表示。从表中可以看出,只有输入 A 与 B 都是 **1** 时,输出 F 才是 **1**,输出与输入之间为与逻辑关系。与逻辑的逻辑表达式为

$$F = A \cdot B \tag{6.1.1}$$

表 6.1.1

A	B	F
0	0	0
0	1	0
1	0	0
1	1	1

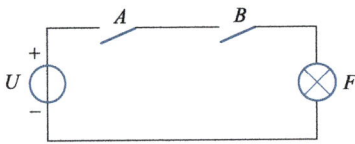

图 6.1.1

图 6.1.2 给出二极管组成的与门电路及与门逻辑符号,在图(a)中,假定 D_A、D_B 为理想二极管,只有当输入 A、B 均为 3 V(高电平 **1**)时,输出 F 才为 3 V(高电平 **1**)。若输入 A、B 有一个或全部为 0 V(低电平 **0**)时,输出 F 必为 0 V(低电平 **0**),符合与逻辑关系。

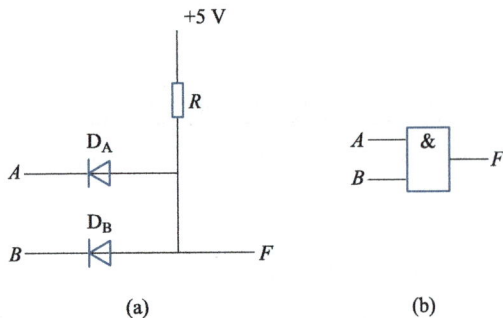

(a)　　　　　　(b)

图 6.1.2

　　图 6.1.3 给出三输入(A、B、C)与门的波形图,从图中可以看出,只有当输入 A、B、C 均为高电平 **1** 时,输出 F 才为高电平 **1**。其他情况下,F 均为低电平 **0**。

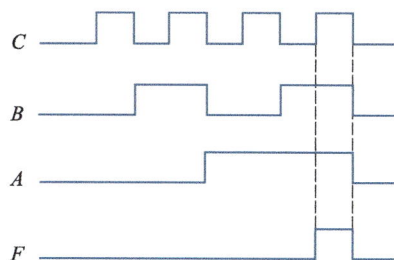

图 6.1.3

　　例 6.1.1　如图 6.1.4 所示,已知输入 A、B 的波形,试画出输出 F 的波形,并说明输入 B 的控制作用。

　　解:脉冲信号加到**与**门输入 A,控制信号加到**与**门输入 B,只有当 A、B 全为高电平时,输出 F 才为高电平,波形如图 6.1.4 所示。可见,只有当控制端 B 为高电平期间,**与**门打开,A 端的脉冲信号才能通过。

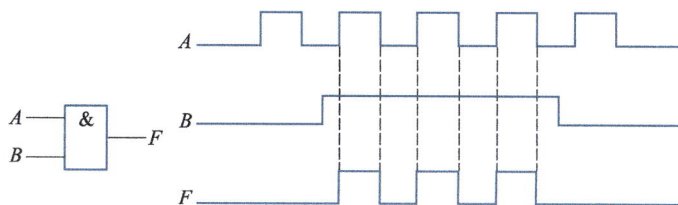

图 6.1.4

6.1.2　**或逻辑**和**或门电路**

　　在决定某事件的条件中,只要任一条件具备,事件就会发生,这种因果关系称为**或逻辑**。如图 6.1.5 所示,只要开关 A、B 其中有一个闭合(任一个条件具备),灯 F 就亮(事件就发生)。输入(A,B)和输出(F)的状态关系用表 6.1.2 表示。可见,只要输入 A 或 B 是 **1**,输出 F 便可是 **1**,输出与输入之间为**或逻辑**关系。**或逻辑**的逻辑表达式为

文本:§6.1.3
或逻辑和或门
电路

$$F = A + B \tag{6.1.2}$$

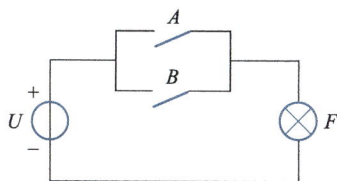

图 6.1.5

表 6.1.2

A	B	F
0	**0**	**0**
0	**1**	**1**
1	**0**	**1**
1	**1**	**1**

图 6.1.6 给出了二极管组成的**或**门电路及**或**门逻辑符号。由图（a）可以看出，只要输入 A 或 B 有一个为高电平 **1**，输出 F 即为高电平 **1**。只有当两个输入端全为低电平 **0** 时，输出 F 才为低电平 **0**。

图 6.1.7 给出三输入（A、B、C）**或**门的波形图，输入端只要有一个是高电平，输出 F 便为高电平。

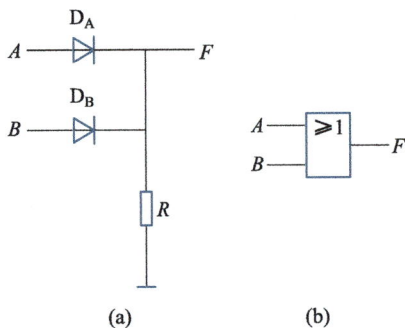

图 6.1.6

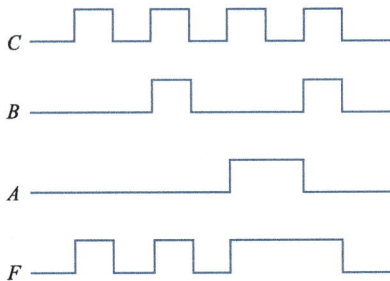

图 6.1.7

6.1.3　非逻辑和非门电路

决定某事件的条件只有一个，当条件出现时事件不发生，而条件不出现时，事件发生，这种因果关系称为非逻辑。如图 6.1.8 所示，开关 A 闭合（条件出现），灯 F 熄灭（事件不发生）；反之，灯 F 亮。假定开关 A 断开、灯 F 熄灭用 **0** 表示，否则用 **1** 表示，其输入（开关 A）和输出（灯 F）的状态关系见表 6.1.3。灯亮这个事件的发生和开关 A 闭合这一条件之间为非逻辑关系。非逻辑的逻辑表达式为

$$F = \bar{A} \tag{6.1.3}$$

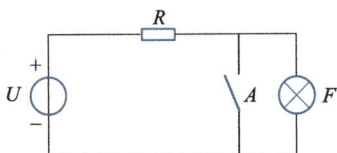

图 6.1.8

表 6.1.3

A	F
0	1
1	0

图 6.1.9 给出晶体管组成的非门电路及非门逻辑符号，由图（a）可以看出，当输入 A 为高电平 **1** 时，晶体管饱和，输出 F 为低电平 **0**。当输入 A 为低电平 **0** 时，晶体管截止，输出 F 为高电平 **1**。输入与输出之间为非的关系。

6.1.4　复合门电路

由三种基本门电路可以组合成多种复合门电路。比如，将与门的输出端接到非门的输入端，可以组成与非门。**与非门**电路如图 6.1.10（a）所示，它是由与门和非门串接而成，与门的输出 F' 即为非门的输入，其状态表见表 6.1.4。可

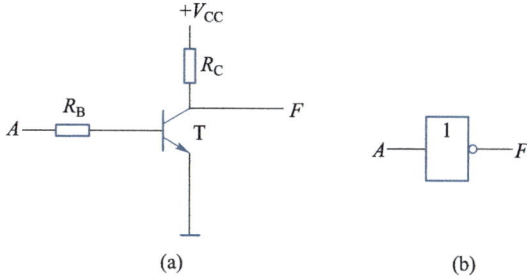

图 6.1.9

见,只有当输入(A,B)全为高电平 **1** 时,输出(F)才为低电平 **0**。只要有一个输入为 **0** 时,输出(F)就是 **1**。**与非门**的逻辑表达式为

$$F = \overline{A \cdot B} \qquad\qquad (6.1.4)$$

逻辑符号如图 6.1.10(b)所示。

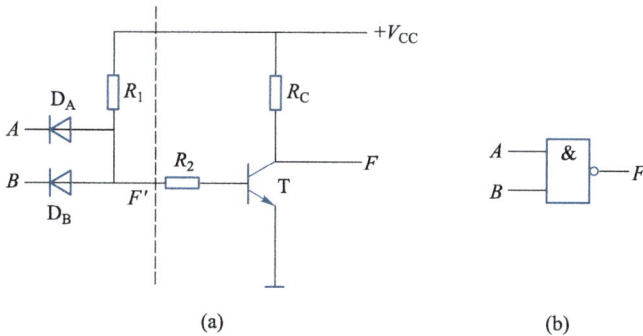

图 6.1.10

表 **6.1.4**

A	B	F'	F
0	0	0	1
0	1	0	1
1	0	0	1
1	1	1	0

按照同样方式,用基本门电路还可以组成**或非门**和**与或非门**,逻辑符号分别如图 6.1.11 和图 6.1.12 所示。

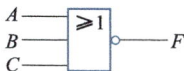

图 6.1.11

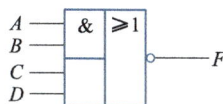

图 6.1.12

思考题

1. 模拟信号和数字信号的主要区别是什么？
2. 模拟电路和数字电路中晶体管的工作状态有何不同？
3. 三种基本逻辑关系是什么？
4. 列出图 6.1.11 **或非门**和图 6.1.12 **与或非门**的逻辑表达式和状态表。

§6.2　集成门电路

前面讨论的是单个元件构成的门电路称为分立元件门电路。利用半导体集成工艺将多个门电路做在同一块硅片上，称为集成门电路。由于其体积小，功耗低，速度快，可靠性高，获得广泛应用。集成门电路按所含的晶体管类型不同，可分为双极型和单极型（又称 MOS 型）两大类。双极型集成电路又可分为晶体管–晶体管逻辑（TTL）电路、高阈值逻辑（HTL）电路及其他一些类型。MOS 型集成电路则分 NMOS 电路、PMOS 电路和互补 MOS 电路（CMOS 电路）等几种类型。

在双极型集成逻辑电路中，本章重点介绍 TTL 集成逻辑门，并以 TTL **与非门**为代表，介绍其他功能的 TTL 门。在单极型集成逻辑门电路中，重点介绍 NMOS 和 CMOS 集成逻辑门。

6.2.1　TTL **与非门电路**

文本：§6.2.1 TTL 与非门电路工作分析

TTL **与非门**的典型电路如图 6.2.1 所示，它包括输入级、中间级和输出级三个部分。输入级由多发射极晶体管 T_1 和电阻 R_1 组成，T_1 有多个发射极，任何一个发射极（A、B 或 C）都可以和基极、集电极构成一个 NPN 型晶体管。发射极 A、B、C 作为**与非门**的输入端。中间级由 T_2 和 R_2、R_3 组成，它将输入信号放大，并传送至输出级。输出级由 T_3、T_4、T_5 和 R_4、R_5 组成，T_3、T_4 构成复合管与 R_5 一起作为 T_5 的有源负载。由中间级 T_2 输出的两个信号，使得 T_4 和 T_5 总是一个导通而另一个截止。**与非门**的输出 F 由 T_4 和 T_5 的连接端引出。

若输入端 A、B、C 有一个或几个为低电平 **0**，则 T_1 的发射结导通，基极电位在 0.7~1 V 左右，该电位不足以使 T_1 的集电结和 T_2、T_5 导通，而使其均处在截止状态，并导致复合管 T_3、T_4 导通，输出 F 为高电平 **1**。只有当输入全部为高电平

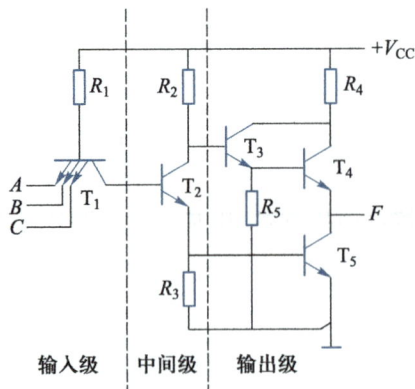

图 6.2.1

1(3 V)时,T_1 管的基极电位大约在 2.1 V(T_1 的集电结,T_2、T_5 的发射结各 0.7 V)左右,发射结截止,而集电结和 T_2、T_5 导通,并使 T_3、T_4 截止,输出 F 为低电平 **0**。其输入、输出符合与非门的逻辑关系。

图 6.2.2 示出二输入四与非门 TTL74LS00 的引脚排列,集成电路内部的各个与非门互相独立,可以单独使用。

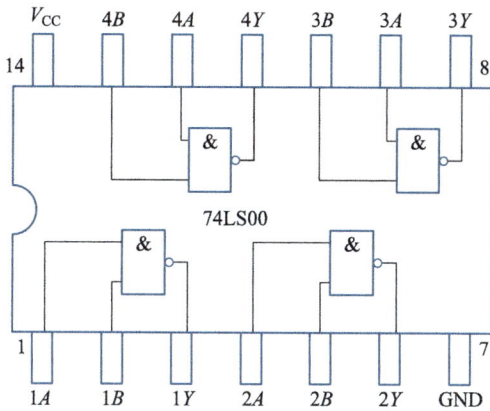

图 6.2.2

TTL 与非门的电压传输特性和主要参数如下:

1. 电压传输特性:$U_O = f(U_I)$

TTL 与非门的输出电压 U_O 随输入电压 U_I 变化的关系曲线称为<u>电压传输特性</u>,如图 6.2.3 所示。它是通过实验得出的,U_I 从零开始增加,在一定范围内输出的高电平基本上不变化;U_I 上升到一定数值后,输出很快下降为低电平,如 U_I 继续增加,输出低电平基本不变。如果输入电压 U_I 从大到小变化,那么输出电压 U_O 将沿曲线做相反的变化。

2. 输出高电平电压 U_{OH} 和输出低电平电压 U_{OL}

U_{OH} 是指输入端有一个或几个是低电平,且输出端接有额定负载时的输出电平。U_{OL} 是指输入端全为高电平,且输出端接有额定

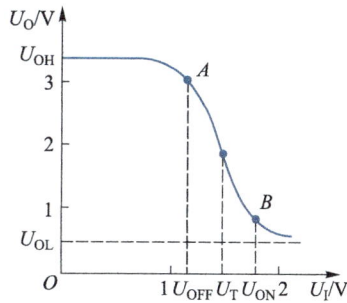

图 6.2.3

负载时的输出电平。TTL 与非门规定 $U_{OH} \geqslant 2.4$ V,$U_{OL} \leqslant 0.4$ V,便认为产品合格。通常约定 $U_{OH} \approx 3.4$ V,$U_{OL} \approx 0.3$ V。

3. 关门电平 U_{OFF}、开门电平 U_{ON} 和阈值电压 U_T

保持输出为高电平的最大输入电压称为<u>关门电平</u> U_{OFF},对应图 6.2.3 所示曲线上 A 点,TTL 产品规定 $U_{OFF} \geqslant 0.8$ V。而把保持输出为低电平的最小输入电压称为<u>开门电平</u> U_{ON},对应图 6.2.3 曲线上 B 点,TTL 产品规定 $U_{ON} \leqslant 2.0$ V。把

A 点和 B 点之间曲线的中点所对应的输入电压值称为阈值电压,用 U_T 表示。对于理想的电压传输特性,A 点到 B 点的变化是陡直的,即 $U_{ON} = U_{OFF} = U_T$,当 $U_I < U_T$ 时,输出电压 U_O 为高电平;当 $U_I > U_T$ 时,输出电压 U_O 为低电平。

4. 扇出系数 N_0

与非门输出端能够驱动后级同类与非门的最大数目称为扇出系数 N_0。它表示与非门带负载的能力,TTL 与非门产品规定值为 $N_0 \geqslant 8$,特殊制作的所谓"驱动器"扇出系数可大于 20。

5. 平均传输延迟时间 t_{pd}

在 TTL 电路中,晶体管工作状态的变化,如由导通到截止,或从截止到导通,均需要经过一定的时间才能建立起新的稳定状态。所以,输入端的信号电平发生变化时,输出端电平的变化必定要滞后一段时间,如图 6.2.4 所示。把从输入脉冲上升沿的 50% 到输出脉冲下降沿的 50% 的时间间隔称为输出从高电平跃变为低电平的传输延迟时间 t_{PHL}。从输入脉冲下降沿的 50% 到输出脉冲上升沿的 50% 的时间间隔称为输出从低电平跃变为高电平的传输延迟时间 t_{PLH}。t_{PHL} 和 t_{PLH} 的平均值称为平均传输延迟时间 t_{pd},它是表示门电路开关速度的一个参数。t_{pd} 越小,开关速度就越快。TTL 与非门的 t_{pd} 一般为几纳秒至几十纳秒($1 \text{ ns} = 10^{-9} \text{ s}$)。

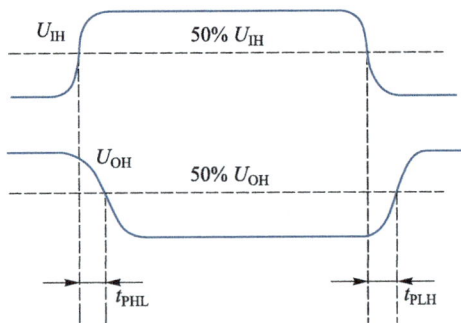

图 6.2.4

其他参数如功耗、噪声容限等这里不再介绍,使用时请查阅有关手册。

6.2.2 集电极开路的与非门(OC 门)

图 6.2.5 给出集电极开路的与非门电路和逻辑符号图,该电路的工作原理与图 6.2.1 所示的与非门电路基本类似。但由于去掉了复合管而使输出 F 处在开路状态,在正常工作时,必须外接负载电阻 R_L 和电源 V。

这种电路的一个特点是几个与非门的输出端可以直接相连而实现线与,如图 6.2.6 所示,从图(b)不难看出:任何一个门的 T_5 管饱和导通都使输出 Y 为低电平;只有全部 T_5 管都截止,输出才是高电平。这样就实现了多个与非门输出间的与关系,图(a)所示电路的逻辑表达式为

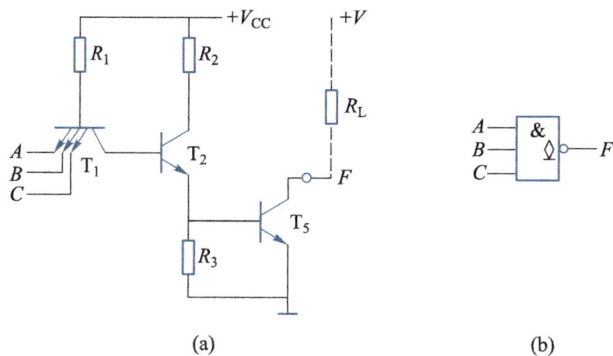

图 6.2.5

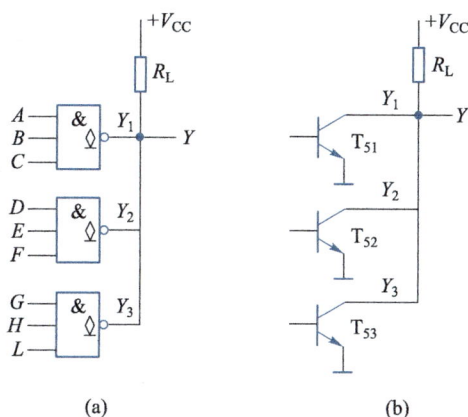

图 6.2.6

$$Y = Y_1 Y_2 Y_3 = \overline{ABC}\,\overline{DEF}\,\overline{GHL}$$

OC 门的另一个特点是可以直接用于驱动高电压、小电流的负载。如图 6.2.5(a)中,负载 R_L 可以是一个继电器的线圈,而电源 V 可以接继电器线圈的额定电压 24 V,使用起来较为方便。

6.2.3　TTL 三态输出门电路

1. TTL 三态输出与非门

三态输出与非门电路与上述的与非门电路不同,它的输出端除出现高电平和低电平外,还可以出现第三种状态——高阻状态。

图 6.2.7 给出 TTL 三态输出与非门电路和逻辑符号图,它与图 6.2.1 比较,增加了一个二极管 D,其中 A、B 是输入端,E 称为控制端,F 为输出端。

当 $E=1$ 时,二极管反偏,这时电路和一般与非门无区别,三态门输出状态决定输入 A、B 状态,且符合与非逻辑关系。当 $E=0$ 时,由于 T_1 导通而使 T_2、T_5 截止,同时,二极管 D 导通使 T_3 和 T_4 也截止。此时输出 F 处于开路状态,也称为高阻状态。在这种状态下,输入 A、B 是低电平还是高电平对输出端的状态无任何影响。

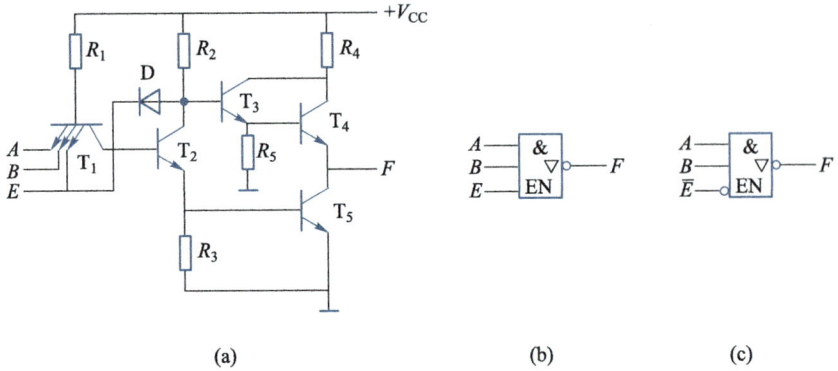

图 6.2.7

在这种电路中，$E=1$ 时为工作状态，输出与输入为**与非关系**，该控制端称为高电平有效，其逻辑符号如图 6.2.7(b) 所示。电路结构稍做改变，可以使控制端在低电平 **0** 时为工作状态，称为控制端低电平有效，逻辑符号如图 6.2.7(c) 所示。图 6.2.7(a) 所示 TTL 三态输出与非门的状态表见表 6.2.1。

表 6.2.1

E	A	B	F
0	×	×	高阻
1	0	0	1
1	0	1	1
1	1	0	1
1	1	1	0

2. TTL 三态输出缓冲门

在两段线路之间实现隔离或接口的门称为缓冲门（也称缓冲器）。具有三态输出功能的缓冲门称为三态缓冲门（或三态缓冲器）。三态缓冲门有同相门和反相门两种，当控制端有效时，同相门的输出与输入相同，而反相门的输出为输入的非；控制端无效时，输出端与输入端相隔离，呈高阻状态。

8 位三态总线缓冲器 74LS467（同相门）和 8 位三态总线缓冲器 74LS468（反相门）的管脚排列如图 6.2.8 所示。在图(a)中，当 $\overline{G}_1 = \overline{G}_2 = 0$ 时 $Y=A$，否则 Y 为高阻。在图(b)中，当 $\overline{G}_1 = \overline{G}_2 = 0$ 时 $Y=\overline{A}$，否则 Y 为高阻。

三态缓冲器可以作为输入设备与数据总线之间的接口，如图 6.2.9 所示。图中 74LS467 一方面可以将输入设备与数据总线隔离，另一方面可以实现将输入设备多组数据分时传送到同一个数据总线上。当出现第一个传送脉冲时，第一组数据送入数据总线；当出现第二个脉冲时，第二组数据送入数据总线……需

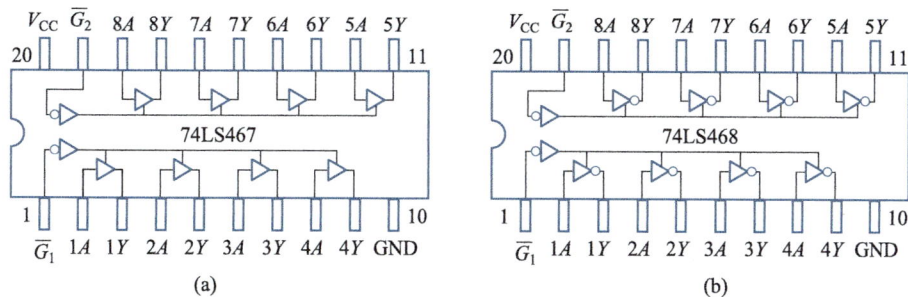

图 6.2.8

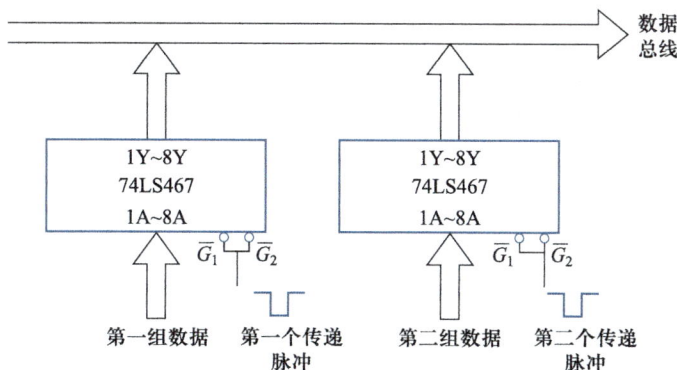

图 6.2.9

要指出的是,任何时刻只允许有一个三态缓冲器处于工作状态,而其余均处于高阻状态。

6.2.4　单极型(MOS 型)集成逻辑门电路

由 MOS 器件构成的门电路称为 MOS 集成逻辑门,属于单极型逻辑门。就逻辑功能而言,它与双极型(TTL)门电路并无区别,但由于 MOS 器件具有制造工艺简单、集成度高、体积小、功耗低、抗干扰能力强等优点,所以在各种数字电路中得到广泛的应用。

1. NMOS 门电路

图 6.2.10(a)是 NMOS 非门电路,由两个 N 沟道增强型 MOS 管组成,T_1 称为驱动管,T_2 的栅极与漏极相连构成一个两端元件,相当于一个非线性电阻,如图(b)所示,作为 T_1 管的漏极负载电阻,称为负载管。

当输入 A 为高电平 **1** 时,T_1 的栅、源电压大于它的开启电压 $U_{GS(th)}$,T_1 导通,输出 F 为低电平 **0**。反之,当输入 A 为低电平 **0** 时,T_1 的栅、源电压小于它的开启电压 $U_{GS(th)}$,T_1 截止,输出 F 为高电平 **1**。其逻辑表达式为

$$F = \overline{A}$$

图 6.2.11 是两输入的 NMOS 与非门电路,T_3 是负载管,T_1 和 T_2 为驱动管,输入信号加在 T_1、T_2 的栅极,输出端 F 取自 T_3 与 T_2 的相连处。

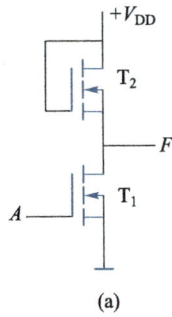
(a)

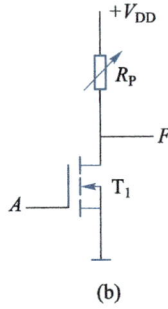
(b)

图 6.2.10

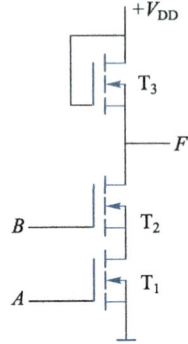

图 6.2.11

当 A、B 两个输入全为 **1** 时，T_1 与 T_2 两管同时导通，输出 F 为低电平 **0**。而当 A、B 有一个为低电平 **0** 时，T_1、T_2 必然有一个管子截止，输出 F 为高电平 **1**。其逻辑表达式为

$$F = \overline{AB}$$

2. CMOS 门电路

CMOS 非门如图 6.2.12 所示，驱动管 T_1 为 N 沟道增强型 MOS 管（NMOS），负载管 T_2 为 P 沟道增强型 MOS 管（PMOS），组成互补对称型 MOS 非门电路。

当输入为低电平 **0** 时，T_1 截止，T_2 导通，输出 F 为高电平 **1**；反之，当输入为高电平 **1** 时，T_1 导通，T_2 截止，输出 F 为低电平 **0**，实现了非逻辑功能。

CMOS 与非门如图 6.2.13 所示，当 A、B 两个输入同时为高电平 **1** 时，T_1、T_3 同时导通，T_2、T_4 同时截止，输出 F 为低电平 **0**；而当 A、B 有一个是低电平 **0** 时，T_1、T_3 中有一个截止，T_2、T_4 中有一个导通，输出 F 为高电平 **1**，实现了与非逻辑功能。

图 6.2.14 示出用 CMOS 实现的三态非门电路，当控制端 $E = 0$ 时，T_1、T_4 截止，输出 F 处于高阻状态；当 $E = 1$ 时，T_1、T_4 导通，输出 F 由输入 A 决定，即

$$F = \overline{A}$$

此外，CMOS 也有漏极开路的门电路。各种门电路的逻辑功能和逻辑符号与 TTL 门电路相同。

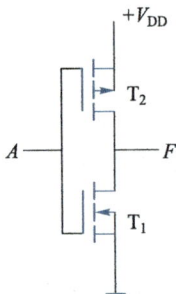

图 6.2.12

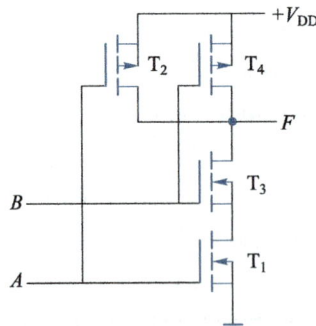

图 6.2.13

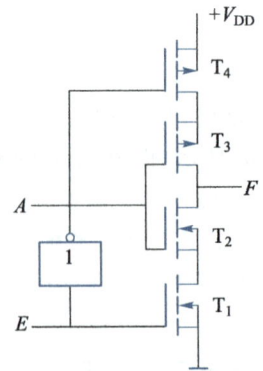

图 6.2.14

CMOS 电路工作时,互补管中只有一个管导通,另一个管截止,故电路中只有截止管的极小漏电流流过,静态功耗很低。此外,CMOS 电路还具有工作速度快、抗干扰性能好、负载能力强、电源适用范围宽等优点。CMOS 电路的主要缺点是制造工艺较复杂,成本较高。

思考题

1. 图 6.2.2 所示 TTL 与非门电路输入端在悬空时相当于接低电平还是接高电平?为什么?

2. MOS 门电路输入端悬空时能否工作?为什么?

3. TTL 与非门有哪些主要参数?

4. 可否把两个与非门的输出端接到后级与非门的同一个输入端上?为什么?

5. 三态门的输出有几种状态?何为低电平有效?何为高电平有效?

6. 和 TTL 电路相比,CMOS 电路主要优点是什么?

7. 单极型门电路与双极型门电路相比,有何特点?

§6.3 逻辑函数的表示和化简

把门电路按一定的规律加以组合,可以组成具有各种逻辑功能的逻辑电路。分析研究逻辑电路的数学工具是逻辑代数(又称布尔代数),逻辑代数具有三种基本运算:与运算(逻辑乘)、或运算(逻辑加)和非运算(逻辑非)。逻辑电路输出与输入的逻辑关系用逻辑函数描述,根据逻辑函数的特点可以采用逻辑函数表达式、真值表、卡诺图和逻辑图四种方式表示。在分析或设计逻辑电路时,为使逻辑电路简单可靠,需要对逻辑函数进行化简,通常采用代数化简法和卡诺图化简法。

下面先介绍逻辑代数,然后再介绍逻辑函数的表示和化简的方法。

6.3.1 逻辑代数基本运算规则和定律

1. 基本运算规则

逻辑乘(与运算) $F=A \cdot B$

$$A \cdot 0=0 \quad A \cdot 1=A \quad A \cdot A=A \quad A \cdot \bar{A}=0$$

逻辑加(或运算) $F=A+B$

$$0+A=A \quad 1+A=1 \quad A+A=A \quad A+\bar{A}=1$$

逻辑非(非运算) $F=\bar{A}$

$$\bar{0}=1 \quad \bar{1}=0 \quad \bar{\bar{A}}=A \quad (又称还原律)$$

2. 交换律

$$AB=BA \tag{6.3.1}$$

$$A+B=B+A \tag{6.3.2}$$

3. 结合律

$$ABC = (AB)C = A(BC) \tag{6.3.3}$$

$$A+B+C = A+(B+C) = (A+B)+C \tag{6.3.4}$$

4. 分配律

$$A(B+C) = AB+AC \tag{6.3.5}$$

$$A+BC = (A+B)(A+C) \tag{6.3.6}$$

证：

$$
\begin{aligned}
(A+B)(A+C) &= AA+AB+AC+BC \\
&= A+A(B+C)+BC \\
&= A\left[\mathbf{1}+(B+C)\right]+BC \\
&= A+BC
\end{aligned}
$$

5. 吸收律

$$A(A+B) = A \tag{6.3.7}$$

证：

$$
\begin{aligned}
A(A+B) &= AA+AB \\
&= A+AB \\
&= A(\mathbf{1}+B) \\
&= A
\end{aligned}
$$

$$A(\bar{A}+B) = AB \tag{6.3.8}$$

$$A+AB = A \tag{6.3.9}$$

$$A+\bar{A}B = A+B \tag{6.3.10}$$

证：

$$
\begin{aligned}
A+\bar{A}B &= A+AB+\bar{A}B \\
&= A+(A+\bar{A})B \\
&= A+B
\end{aligned}
$$

$$(A+B)(A+\bar{B}) = A \tag{6.3.11}$$

证：

$$
\begin{aligned}
(A+B)(A+\bar{B}) &= AA+A\bar{B}+AB+B\bar{B} \\
&= A+A(B+\bar{B}) \\
&= A+A = A
\end{aligned}
$$

6. 反演律（摩根定律）

$$\overline{AB} = \bar{A}+\bar{B} \tag{6.3.12}$$

$$\overline{A+B} = \bar{A}\ \bar{B} \tag{6.3.13}$$

证：

A	B	$\bar{A}$	$\bar{B}$	$\overline{AB}$	$\bar{A}+\bar{B}$	$\overline{A+B}$	$\bar{A}\ \bar{B}$
0	0	1	1	1	1	1	1
0	1	1	0	1	1	0	0
1	0	0	1	1	1	0	0
1	1	0	0	0	0	0	0

6.3.2　逻辑函数的表示

逻辑函数用来描述逻辑电路输出与输入的逻辑关系,可以用下列四种方法表示。

1. 真值表(逻辑状态表)

将 n 个输入变量的 2^n 个状态及其对应的输出函数值列成一个表格称为真值表(或逻辑状态表)。例如:设计一个三人(A、B、C)表决使用的逻辑电路,当多数人赞成(输入为 **1**)、表决结果(F)有效(输出为 **1**),否则 F 为 **0**。根据上述要求,输入有 $2^3=8$ 个不同状态,把 8 种输入状态下对应的输出状态值列成表格,就得到真值表,见表 6.3.1。

文本:§6.3.2
逻辑函数的表示

表 6.3.1

A	B	C	F
0	0	0	0
0	0	1	0
0	1	0	0
0	1	1	1
1	0	0	0
1	0	1	1
1	1	0	1
1	1	1	1

2. 逻辑表达式

真值表所示的逻辑函数也可以用逻辑表达式来表示,通常采用的是**与或**表达式,即将真值表中输出等于 **1** 的各状态表示成全部输入变量(包括原变量和反变量)的**与**项(例如:表 6.3.1 中,当 A、B、$C=$ **0**、**1**、**1** 时,$F=$ **1** 可写成 $F=\bar{A}BC$),总的输出表示成这些**与**项的**或**函数。对应表 6.3.1,共有四项 $F=$ **1**,故写出逻辑函数的**与或**表达式为

$$F=\bar{A}BC+A\bar{B}C+AB\bar{C}+ABC \qquad (6.3.14)$$

式中每个**与**项都是全部输入变量的原变量或反变量的乘积。

3. 卡诺图(阵列图)

逻辑函数也可以用卡诺图表示,所谓卡诺图是由许多方格组成的阵列图,方格又称单元,单元的个数等于逻辑函数输入变量的状态数。每个单元表示输入变量的一种状态,该状态写在方格的左方和上方,而对应的输出变量状态填入单元中。如表 6.3.1 表示的逻辑函数,可用图 6.3.1 所示的卡诺图表示。

方格左方和上方输入变量状态的取值要遵循下述原则:两个位置相邻单元

的输入变量的取值只允许有一位不同,图 6.3.2 和图 6.3.3 分别给出二输入变量和四输入变量取值的卡诺图。有时,为方便起见,可以用十进制数对各单元编号,并将图 6.3.2 和图 6.3.3 中各单元的编号填写在各自的方格中。

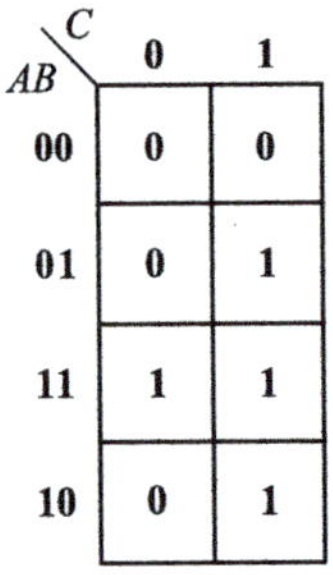

图 6.3.1

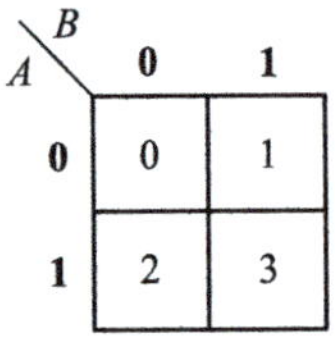

图 6.3.2

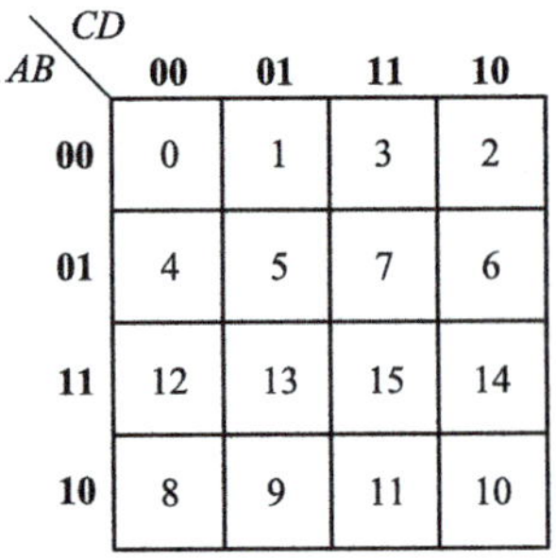

图 6.3.3

卡诺图中的"相邻"概念,可以从立体上去理解,如同世界地图一样是一个封闭球体切割展开而得。所以,图中不仅任意上、下两行是相邻的,而且最上行和最下行也是相邻的。同理,不仅任意左右两列是相邻的,而且最左列和最右列也是相邻的。由此,四个角的单元也是相邻的。

4. 逻辑图

按照逻辑表达式用对应的逻辑门符号连接起来就是逻辑图,如式(6.3.14)对应的逻辑图如图 6.3.4 所示。

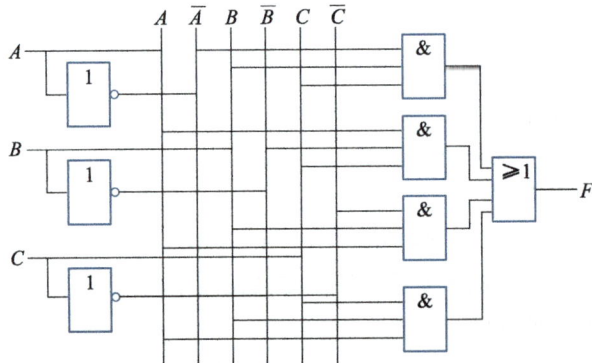

图 6.3.4

例 6.3.1　某逻辑函数的真值表如表 6.3.2 所示,试用其他三种方法表示该逻辑函数。

解:(1) 由真值表画卡诺图,如图 6.3.5 所示。

190

（2）由真值表写出逻辑表达式

$$F = \overline{A}\,\overline{B}C + \overline{A}B\overline{C} + A\overline{B}\,\overline{C}$$

（3）由逻辑表达式画出逻辑图，如图 6.3.6 所示。

表 6.3.2

A	B	C	F
0	0	0	0
0	0	1	1
0	1	0	1
0	1	1	0
1	0	0	1
1	0	1	0
1	1	0	0
1	1	1	0

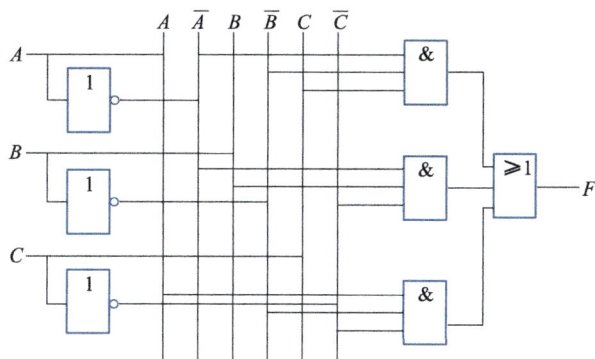

图 6.3.5

图 6.3.6

6.3.3 逻辑函数的化简

    同一个逻辑函数的逻辑表达式可以有多种形式，只有化简为最简形式，在用门电路实现时才能得到最简单的逻辑电路。所谓化简逻辑函数，是使逻辑函数的**与或**表达式中所含的**或**项数最少，每个**与**项的变量数也最少。

    1. 公式化简法

    应用逻辑代数基本定律进行化简，通常根据吸收律消去多余项，当不能直接应用公式时，需要先将逻辑式变换（如将某些项拆开，或者配项等）再利用公式化简。

文本：§6.3.3 逻辑函数卡诺图化简法

例 **6.3.2** $F = AC + \bar{A}B + \bar{A}BCD$

$\qquad\qquad = AC + \bar{A}B$ (吸收律)

例 **6.3.3** $F = A + \bar{A}CDE + (\bar{C} + \bar{D})E$

$\qquad\qquad = A + CDE + \overline{CDE}$

$\qquad\qquad = A + E$ (吸收律、反演律)

例 **6.3.4** $F = \bar{A}\bar{B}C + AB\bar{C} + BC$

$\qquad\qquad = \bar{A}\bar{B}C + AB\bar{C} + (\bar{A}BC + ABC)$ (配项)

$\qquad\qquad = \bar{A}C(\bar{B} + B) + AB(\bar{C} + C)$

$\qquad\qquad = \bar{A}C + AB$

例 **6.3.5** $F = \overline{\overline{(AB + \bar{A}\bar{B})}\ \overline{(BC + \bar{B}\bar{C})}}$

$\qquad = AB + \bar{A}\bar{B} + BC + \bar{B}\bar{C}$ (反演律)

$\qquad = AB + \bar{A}\bar{B} + BC + \bar{B}\bar{C}$ (还原律)

$\qquad = AB + \bar{A}\bar{B}(C + \bar{C}) + BC(A + \bar{A}) + \bar{B}\bar{C}$ (配项)

$\qquad = AB + \bar{A}\bar{B}C + \bar{A}\bar{B}\bar{C} + ABC + \bar{A}BC + \bar{B}\bar{C}$ (分配律)

$\qquad = AB + \bar{A}\bar{B}C + \bar{B}\bar{C} + \bar{A}BC$ (吸收律)

$\qquad = AB + \bar{A}C(\bar{B} + B) + \bar{B}\bar{C}$ (并项)

$\qquad = AB + \bar{A}C + \bar{B}\bar{C}$

在逻辑函数的化简过程中,用还原律($A = \bar{\bar{A}}$)和反演律可以将逻辑函数化为与非形式,相应的逻辑图一律用**与非门**实现。

例 **6.3.6**   将例 6.3.2 的逻辑表达式化为**与非**形式。

解:$F = AC + \bar{A}B = \overline{\overline{AC + \bar{A}B}} = \overline{\overline{AC} \cdot \overline{\bar{A}B}}$

化简过程中,一般需要综合几个公式才能得到最简结果,并且在很大程度上依赖于经验和对公式应用的熟练程度。

2. 卡诺图化简法

卡诺图法在变量较少(变量≤4)时,具有直观、迅速的优点。卡诺图化简法是吸收律 $AB + \bar{A}B = B$ 的直接应用。利用卡诺图的相邻性(即任意两个相邻单元对应的输入变量仅有一个变量取反),当相邻单元内都标 **1** 时,应用该公式即可将它们对应的输入变量合并。重复应用此公式,可逐步将逻辑函数化简。

仍以真值表 6.3.1 为例,分析化简方法。

该例的卡诺图如图 6.3.7(a)所示,共有四个单元为 **1**,它们的单元号分别为 3、5、6、7,其中:6、7 号相邻,分别用 $AB\bar{C}$ 和 ABC 表示,利用吸收律可消去 C,即 $AB\bar{C} + ABC = AB$。3、7 号相邻分别用 $\bar{A}BC$ 和 ABC 表示,利用吸收律可以消去 A,即 $\bar{A}BC + ABC = BC$。5、7 号相邻,分别用 $A\bar{B}C$ 和 ABC 表示,利用吸收律可以消去 B,即 $A\bar{B}C + ABC = AC$,最后得

$$F = AB + BC + AC$$

在化简过程中,ABC 重复使用了三次,根据逻辑加基本法则,这是允许的。

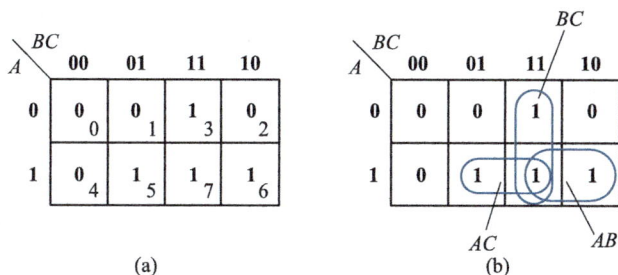

图 6.3.7

上述化简过程,可以在卡诺图中用圆圈勾画出来,如图 6.3.7(b)所示。根据该例,可以得到如下的化简原则:

① 将卡诺图中 2^n 个($n=1,2,3,\cdots$)相邻为 **1** 的单元圈起来,形成矩形或方形的集合(边沿相邻、四角相邻不要遗漏)。

② 集合的单元数应尽可能多,即集合要尽量大,越大可以消去的变量数就越多。

③ 集合的数目应尽量少,必要时可重复使用某些单元,但每画一个集合至少要包含一个未被圈过的新单元。集合数越少化简后的函数项数就越少。

④ 当所有 **1** 的单元都被圈过后,化简过程完成。化简结果为各个集合项的逻辑和。

例 6.3.7　某逻辑函数卡诺图如图 6.3.8 所示,试化简此函数。

解:(1)根据化简原则将卡诺图中 2^n 个相邻为 **1** 的单元圈起来,如图 6.3.8 所示。

(2)根据所画集合项写出各个集合项的逻辑和的表达式

$$F = A\overline{D} + \overline{B}\,\overline{D} + \overline{A}BD + C$$

例 6.3.8　试用卡诺图将函数 $F = \overline{A}\,\overline{B}C\overline{D} + A\overline{C}\overline{D} + ABD + C$ 化为最简**与或**式。

解:(1)首先作出该函数式的卡诺图,如图 6.3.9 所示。

① 在 $\overline{A}\,\overline{B}C\overline{D}$ 对应的单元 $F(0000)$ 中标 **1**。

② $A\overline{C}\overline{D}$ 不含变量 B,即 B 取值是任意的,可以为 **0**,也可以为 **1**,但必须 $A=1\ C=0\ D=0$,由此可在 $F(1100)$ 和 $F(1000)$ 二单元内标 **1**。

③ ABD 项不含 C,即 C 取值任意,故可在 $F(1101)$ 和 $F(1111)$ 单元内标 **1**。

④ C 这一项不含 A、B、D 即它们的取值任意,但必须 $C=1$,其取值对应的单元为 $F(0011)F(0010)F(0111)F(0110)F(1011)F(1010)F(1111)F(1110)$ 都填上 **1**,即为所求卡诺图。

(2)按照卡诺图化简原则和步骤进行化简,并写出最简**与或**表达式

$$F = \overline{B}\,\overline{D} + AB + C$$

193

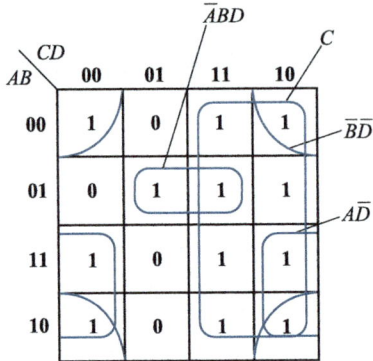
图 6.3.8

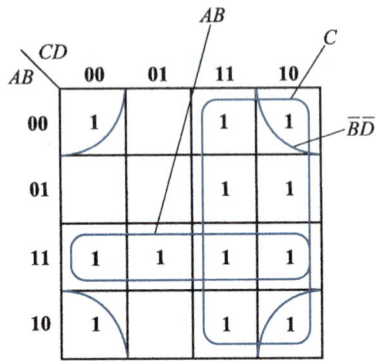
图 6.3.9

此函数与原函数相比要简化得多。

如果输入变量的某些状态不会出现,也就是说,它对应的输出是 **0** 还是 **1** 是"无所谓"的,在卡诺图的单元中用符号×表示。在卡诺图化简时,根据具体情况,可以将这些"无所谓"的单元取 **1** 或取 **0**,使得化简过程更为简单、方便。

例 6.3.9　某逻辑函数的卡诺图如图 6.3.10 所示,试化简该函数。

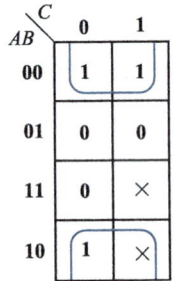
图 6.3.10

解:图中 5 和 7 单元为"无所谓"状态×,从化简需要出发,5 单元取 **1**,7 单元取 **0**,在图中可画一个包含 4 个单元的集合,得

$$F = \bar{B}$$

思考题

1. 设 $F = A\bar{B}C$,$\bar{F} = ?$
   设 $F = A + B + \bar{C}$,$\bar{F} = ?$

2. 若 $A + B = B + C$,则 $A = C$ 正确否?
   若 $AB = AC$,则 $B = C$ 正确否?

3. 逻辑函数有四种表示方法,若已知一种表示方法,如何用另外三种方法表示?

4. 用卡诺图化简图 6.3.7(a)所示的逻辑函数,将相邻为 1 的 4 个单元画为一个集合,是否正确?为什么?

5. 如何将逻辑函数化为与非形式?

§6.4　组合逻辑电路的分析和设计

文本:§6.4.1
组合逻辑电路
分析概述

逻辑电路按其逻辑功能和结构特点可以分为两大类:一类称为组合逻辑电路,该电路的输出状态仅取决于输入的即时状态;另一类称为时序逻辑电路,这

种电路的输出状态不仅与输入的即时状态有关,而且还与电路原来的状态有关。本章仅研究组合逻辑电路。

讨论组合逻辑电路包括两方面内容:其一是分析给定逻辑电路的逻辑功能;其二是由给定的逻辑要求设计相应的逻辑电路。下面以实例就分析和设计两方面的问题来讨论组合逻辑电路。

6.4.1 组合逻辑电路的分析

组合逻辑电路分析的任务是根据给定的逻辑图,分析其逻辑功能。分析步骤如下:

① 由给定的逻辑图写出逻辑式。

② 将逻辑式化简。

③ 由简化逻辑式列出真值表。

④ 由真值表分析其逻辑功能。

例 6.4.1 分析图 6.4.1(a)所示电路的逻辑功能。

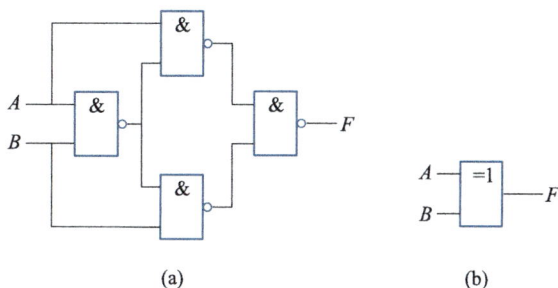

(a)   (b)

图 6.4.1

解:由逻辑图写出逻辑式并化简之

$$F = \overline{A \cdot \overline{AB}} \cdot \overline{B \cdot \overline{AB}}$$

$$= A\,\overline{AB} + B\,\overline{AB}$$

$$= A(\bar{A}+\bar{B}) + B(\bar{A}+\bar{B})$$

$$= A\bar{B} + \bar{A}B$$

列出逻辑真值表如表 6.4.1 所示,可以看出:输入变量 A、B 相同时,输出 F 为 **0**;输入变量 A、B 相异(**0**、**1** 或 **1**、**0**)时,输出 F 为 **1**。这种输入、输出关系称为**异或**逻辑,可以直接用式

$$F = A \oplus B$$

表示这种逻辑关系,式中符号 $\oplus$ 表示**异或**逻辑。**异或**门逻辑符号如图 6.4.1(b)所示。

例 6.4.2 分析图 6.4.2 所示电路的逻辑功能。

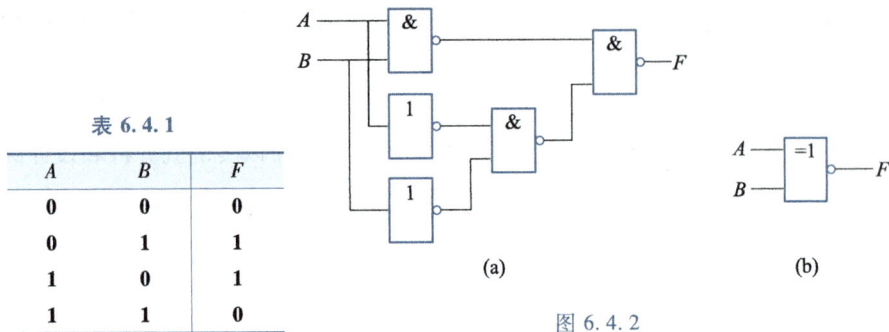

表 6.4.1

A	B	F
0	0	0
0	1	1
1	0	1
1	1	0

图 6.4.2

解:由逻辑图写出逻辑式并化简之

$$F = \overline{\overline{AB}\ \overline{\overline{A}\ \overline{B}}}$$

$$= \overline{\overline{AB}} + \overline{\overline{\overline{A}\ \overline{B}}}$$

$$= AB + \overline{A}\ \overline{B}$$

列出逻辑真值表如表 6.4.2 所示,可以看出:输入变量 A、B 相异时,输出 F 为 **0**;输入变量 A、B 相同时,输出 F 为 **1**。这种输入、输出关系称为**同或逻辑**。从表 6.4.1 和表 6.4.2 不难看出,**同或**和**异或**是互为非的关系,因而**同或**逻辑表达式可以直接写成

$$F = \overline{A \oplus B}$$

同或门逻辑符号如图 6.4.2(b)所示。

图 6.4.3 和图 6.4.4 分别给出四**异或**门 74LS136 和四**异或**(**同或**)门 74LS135 的引脚排列图。在图 6.4.4 中,输出 Y 与输入 A、B 的逻辑关系,当 C 为 **0** 电平时,为**异或**关系,而当 C 为 **1** 电平时,为**同或**关系。**异或**门和**同或**门在故障检测等方面得到了广泛的应用。

表 6.4.2

A	B	F
0	0	1
0	1	0
1	0	0
1	1	1

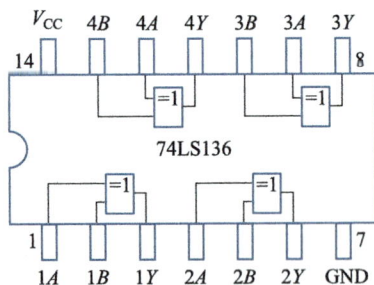

图 6.4.3

例 6.4.3　分析图 6.4.5 所示电路的逻辑功能。

解:由逻辑图写出逻辑表达式

$$F = AB + BC + CA$$

列出逻辑真值表如表 6.4.3 所示,该电路实现三人表决器逻辑功能。当多数人赞成(输入为 **1**)时,表决结果(F)有效(输出为 **1**);否则 F 为 **0**。即输出 F 取输入 A、B、C 中多数的值。

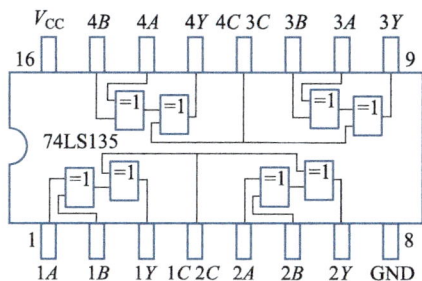

图 6.4.4

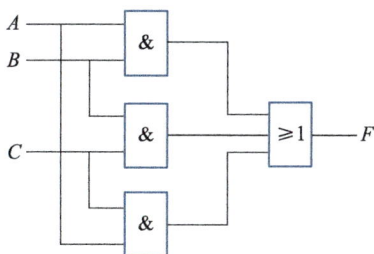

图 6.4.5

表 **6.4.3**

A	B	C	F
0	0	0	0
0	0	1	0
0	1	0	0
0	1	1	1
1	0	0	0
1	0	1	1
1	1	0	1
1	1	1	1

6.4.2　组合逻辑电路的设计

设计的任务是根据给定的逻辑要求,画出最简单的逻辑电路图。一般步骤如下:

(1) 根据逻辑要求列出真值表。

(2) 由真值表写出逻辑式或卡诺图并化简之。

(3) 由化简后的逻辑式画出逻辑图。

下面用一个具体例子说明设计过程。

例 6.4.4　设计一个供电系统检测控制逻辑电路。设 A、B、C 为三个电源,共同向某一重要负载供电,在正常情况下,至少要有两个电源处在正常状态,否则发出报警信号。

解:(1) 根据逻辑要求列出真值表。

设 A、B、C 在正常状态时为 **1**,否则为 **0**,输出 F 报警时为 **1**,正常时为 **0**,列真值表见表 6.4.4。

(2) 由真值表画出卡诺图,并化简。

卡诺图如图 6.4.6 所示,化简后逻辑式为

$$F = \bar{A}\,\bar{B} + \bar{B}\,\bar{C} + \bar{A}\,\bar{C}$$

化为**与非门**形式

$$F = \bar{A}\,\bar{B} + \bar{B}\,\bar{C} + \bar{A}\,\bar{C} = \overline{\overline{\overline{A}\overline{B}} \cdot \overline{\overline{B}\,\overline{C}} \cdot \overline{\overline{A}\,\overline{C}}}$$

文本:§6.4.2
组合逻辑电路
分析——例题
分析

文本:§6.4.3
组合逻辑电路
设计概述

表 6.4.4

A	B	C	F
0	0	0	1
0	0	1	1
0	1	0	1
0	1	1	0
1	0	0	1
1	0	1	0
1	1	0	0
1	1	1	0

（3）画出用**与非门**实现的逻辑图,如图 6.4.7 所示。

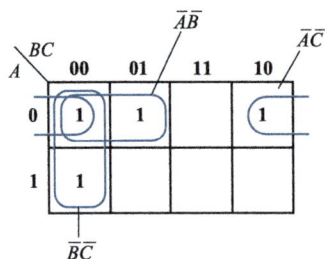

图 6.4.6

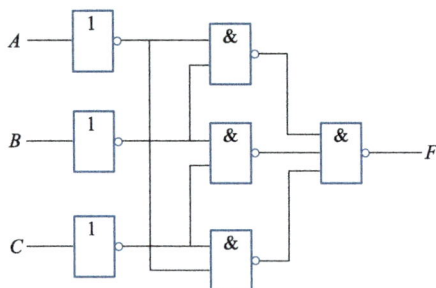

图 6.4.7

例 6.4.5　设计一个优先权控制器。设对三个部门进行服务的优先权由高到低按 A、B、C 排列,部门提出服务请求用高电平 **1** 表示。服务控制器分别用 F_A、F_B 和 F_C 表示,出现高电平为 **1** 和低电平为 **0**。

解:（1）根据逻辑要求列出真值表,见表 6.4.5。

表 6.4.5

A	B	C	F_A	F_B	F_C
0	0	0	0	0	0
0	0	1	0	0	1
0	1	0	0	1	0
0	1	1	0	1	0
1	0	0	1	0	0
1	0	1	1	0	0
1	1	0	1	0	0
1	1	1	1	0	0

（2）由真值表写出逻辑表达式,并化简

$$F_A = A$$

$$F_B = \bar{A}B\bar{C} + \bar{A}BC = \bar{A}B$$

$$F_C = \bar{A}\,\bar{B}C$$

（3）画出逻辑图,如图 6.4.8 所示。

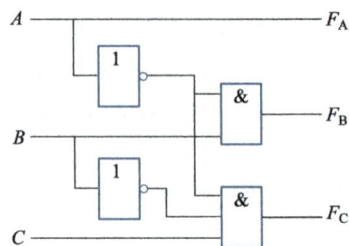

图 6.4.8

§6.5 组合逻辑部件

组合逻辑部件是指具有某种逻辑功能的中规模集成组合逻辑电路芯片。常用的有加法器、编码器、译码器、多路选择器、多路分配器、数字比较器等。本节主要介绍它们的逻辑功能和应用。

6.5.1 加法器

加法器是用来实现二进制加法运算的电路,它是计算机中最基本的运算单元。例如:两个二进制数 **1011** 与 **0111** 相加,运算规则是逢二进一

$$
\begin{array}{r}
\mathbf{1\ 0\ 1\ 1} \\
+)\ \mathbf{0\ 1\ 1\ 1} \\
\hline
\mathbf{1\ 0\ 0\ 1\ 0}
\end{array}
$$

文本:§6.5.1
加法器概述

其和为 **10010**。

由上式看出:

(1) 最低位是两个数相加,不需考虑进位,这种加法称为半加。

(2) 其余各位都是三个数相加,包括加数、被加数以及低位向本位的进位数,这种加法称为全加。

(3) 任何位相加的结果都产生两个输出,一个是本位和,另一个是向高位的进位。加法器就是根据这些基本规律设计的。

1. 半加器

半加器功能是完成两个 1 位二进制数相加,其真值表如表 6.5.1 所示,其中输入 A、B 分别表示被加数和加数,输出 C 表示进位数,S 为本位和。

表 6.5.1

A	B	C	S
0	**0**	**0**	**0**
0	**1**	**0**	**1**
1	**0**	**0**	**1**
1	**1**	**1**	**0**

从真值表可知

$$S = \bar{A}B + A\bar{B} = A \oplus B$$

$$C = AB$$

可见,S 是**异或**逻辑,可用**异或**门实现,C 可用一个**与**门实现,其逻辑图及逻辑符号如图 6.5.1 所示。

2. 全加器

全加器用来实现本位被加数 A_n、加数 B_n 以及低位的进位数 C_{n-1} 三者相加。

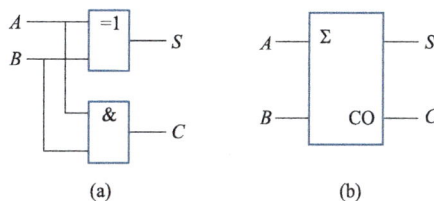

(a)   (b)

图 6.5.1

相加的结果有本位和 S_n 和进位 C_n。因此,全加器应有三个输入端、两个输出端。根据三个输入变量的状态组合按照二进制加法法则,全加器的真值表见表 6.5.2。

表 6.5.2

A_n	B_n	C_{n-1}	C_n	S_n
0	0	0	0	0
0	0	1	0	1
0	1	0	0	1
0	1	1	1	0
1	0	0	0	1
1	0	1	1	0
1	1	0	1	0
1	1	1	1	1

根据真值表可写出 S_n 和 C_n 的逻辑表达式为

$$S_n = \bar{A}_n\bar{B}_nC_{n-1} + \bar{A}_nB_n\bar{C}_{n-1} + A_n\bar{B}_n\bar{C}_{n-1} + A_nB_nC_{n-1}$$
$$= (A_n\bar{B}_n + \bar{A}_nB_n)\bar{C}_{n-1} + (\bar{A}_n\bar{B}_n + A_nB_n)C_{n-1}$$
$$= (A_n\oplus B_n)\bar{C}_{n-1} + \overline{(A_n\oplus B_n)}C_{n-1}$$

由于半加器
$$S = A_n\bar{B}_n + \bar{A}_nB_n = A_n\oplus B_n$$
$$\bar{S} = A_nB_n + \bar{A}_n\bar{B}_n = \overline{A_n\oplus B_n}$$

代入上式得

$$S_n = S\bar{C}_{n-1} + \bar{S}C_{n-1}$$
$$C_n = \bar{A}_nB_nC_{n-1} + A_n\bar{B}_nC_{n-1} + A_nB_n\bar{C}_{n-1} + A_nB_nC_{n-1}$$
$$= A_nB_n(\bar{C}_{n-1} + C_{n-1}) + (\bar{A}_nB_n + A_n\bar{B}_n)C_{n-1}$$
$$= A_nB_n + (A_n\oplus B_n)C_{n-1}$$
$$= A_nB_n + SC_{n-1}$$

可见,S_n 同半加和 S 与前级进位 C_{n-1} 具有**异或**逻辑关系,正好用两个半加器实现。进位 C_n 为这两个半加器的进位输出相**或**,如图 6.5.2(a) 所示,图 6.5.2(b) 示出全加器的逻辑符号。

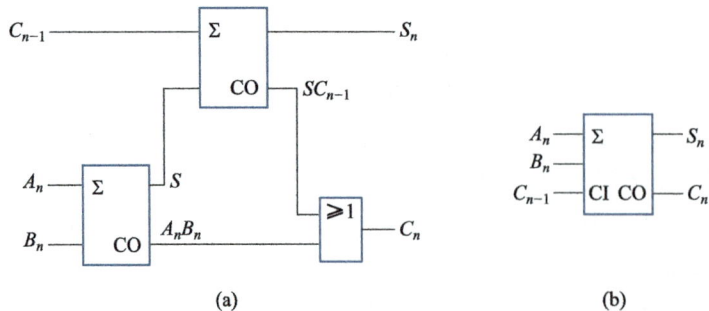

(a)　　　　　　(b)

图 6.5.2

200

全加器是构成计算机运算器的基本单元,目前市场上已有多种型号的全加器集成芯片,图 6.5.3 示出 74LS183 集成块的引脚排列,其内部集成了两个独立的全加器,各自具有独立的本位和与进位输出。

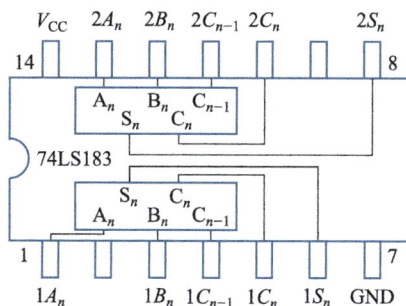

图 6.5.3

文本:§ 6.5.2
全加器——例
题分析

全加器具有多种用途,下面举例加以说明。

例 6.5.1 用 2 片 74LS183 组成 4 位二进制加法器。

解:设 4 位二进制数 $A_3A_2A_1A_0$ 与 $B_3B_2B_1B_0$ 相加和为 S_4、S_3、S_2、S_1、S_0,电路连接如图 6.5.4 所示。

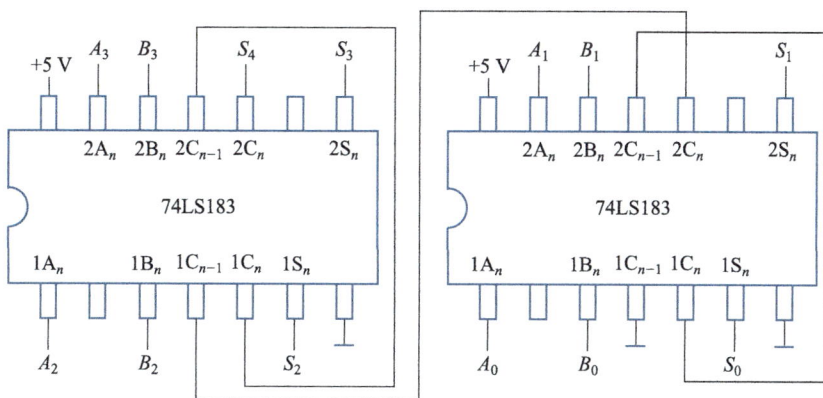

图 6.5.4

例 6.5.2 用全加器和**异或**门组成三中取二表决器,并具有检错(不一致)功能。

解:由全加器状态表 6.5.2 可以看出,进位输出 C_n 与 A_n、B_n 和 C_{n-1} 的状态正好符合三中取二逻辑。因而,全加器可以组成一个表决器,如图 6.5.5(a)所示,图中用三个**异或**门检测输入 x 与输出 y 的不一致性。当**异或**门输出 g 出现高电平 **1** 时,表明与之相连的输入端的状态与输出 y 不一致,说明该输入端出错(状态与其他两端不同)。图 6.5.5(b)为芯片连接图。

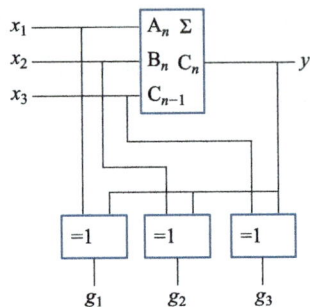

(a)

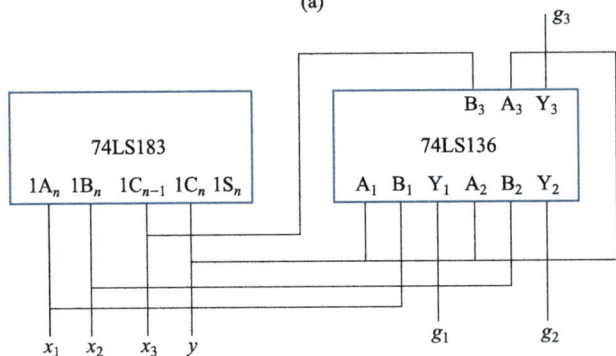

(b)

图 6.5.5

6.5.2　编码器

数字电路中广泛采用的二进制数只有 **0** 和 **1** 两个数码,相应地只能表示两个不同的信号。而实际应用中,信号是多种多样的,如十进制数字、字母符号、标点符号、操作指令等。为此把若干个 **0** 和 **1** 按一定的规律编排在一起,组成不同的代码来表示各种信号,这一过程称为编码。

下面以二-十进制编码器为例,说明编码器的设计过程和工作原理。二-十进制编码器是用来将十进制数的十个数码 0、1、2、3、4、5、6、7、8、9 编成二进制代码的电路,输入的是 0~9 十个数码,输出的是对应的二进制代码。用二进制代码表示十进制数,称为二-十进制编码(简称 BCD 码),二-十进制编码的方案很多,这里采用最常用的 8421 码。

设计编码器的步骤如下:

(1) 确定二进制代码的位数,列真值表。

因为输入有十个数码,要求有十种状态,所以输出取 4 位二进制代码。由于 4 位二进制数有 $2^4 = 16$ 种不同组合,取前十种(**0000 ~ 1001**)表示十进制数的 0~9,后六种组合(**1010~1111**)去掉,这样可列出 8421 码的二-十进制编码表,见表 6.5.3。$Y_0 \sim Y_9$ 表示十个输入开关信号,当 Y_1 为 **1** 时,输出二进制代码为 **0000**;当 Y_1 为 **1** 时,输出为 **0001**……;当 Y_9 为 **1** 时,输出为 **1001**。

二进制代码各位的 **1** 所代表的十进制数从高位到低位依次为 8、4、2、1，称之为"权"，8421 码由此而得名。二进制代码各位的数码(0 或 1)乘以该位的"权"再相加，即得出该二进制代码所表示的 1 位十进制数。例如：**1001** 这个二进制代码表示的十进制数为 $1\times 8+0\times 4+0\times 2+1\times 1=9$。

（2）写出逻辑函数表达式。

根据表 6.5.3 可写出 4 位输出函数表达式为

$$D_0 = Y_1+Y_3+Y_5+Y_7+Y_9$$
$$D_1 = Y_2+Y_3+Y_6+Y_7$$
$$D_2 = Y_4+Y_5+Y_6+Y_7$$
$$D_3 = Y_8+Y_9$$

表 6.5.3

十进制数按键	输入										输出			
	Y_9	Y_8	Y_7	Y_6	Y_5	Y_4	Y_3	Y_2	Y_1	Y_0	D_3	D_2	D_1	D_0
0	0	0	0	0	0	0	0	0	0	1	0	0	0	0
1	0	0	0	0	0	0	0	0	1	0	0	0	0	1
2	0	0	0	0	0	0	0	1	0	0	0	0	1	0
3	0	0	0	0	0	0	1	0	0	0	0	0	1	1
4	0	0	0	0	0	1	0	0	0	0	0	1	0	0
5	0	0	0	0	1	0	0	0	0	0	0	1	0	1
6	0	0	0	1	0	0	0	0	0	0	0	1	1	0
7	0	0	1	0	0	0	0	0	0	0	0	1	1	1
8	0	1	0	0	0	0	0	0	0	0	1	0	0	0
9	1	0	0	0	0	0	0	0	0	0	1	0	0	1

化简并采用**与非门**实现

$$D_0 = \overline{\overline{Y_1+Y_3+Y_5+Y_7+Y_9}} = \overline{\overline{Y_1}\,\overline{Y_3}\,\overline{Y_5}\,\overline{Y_7}\,\overline{Y_9}}$$

$$D_1 = \overline{\overline{Y_2+Y_3+Y_6+Y_7}} = \overline{\overline{Y_2}\,\overline{Y_3}\,\overline{Y_6}\,\overline{Y_7}}$$

$$D_2 = \overline{\overline{Y_4+Y_5+Y_6+Y_7}} = \overline{\overline{Y_4}\,\overline{Y_5}\,\overline{Y_6}\,\overline{Y_7}}$$

$$D_3 = \overline{\overline{Y_8+Y_9}} = \overline{\overline{Y_8}\,\overline{Y_9}}$$

（3）由逻辑表达式画出逻辑电路图。

根据逻辑表达式画出 8421 码编码器的电路图如图 6.5.6 所示，图中用十个动断键表示 0~9 十个数，按下（断开）某一个键时，从 $D_3\sim D_0$ 便可输出对应的 8421 码。

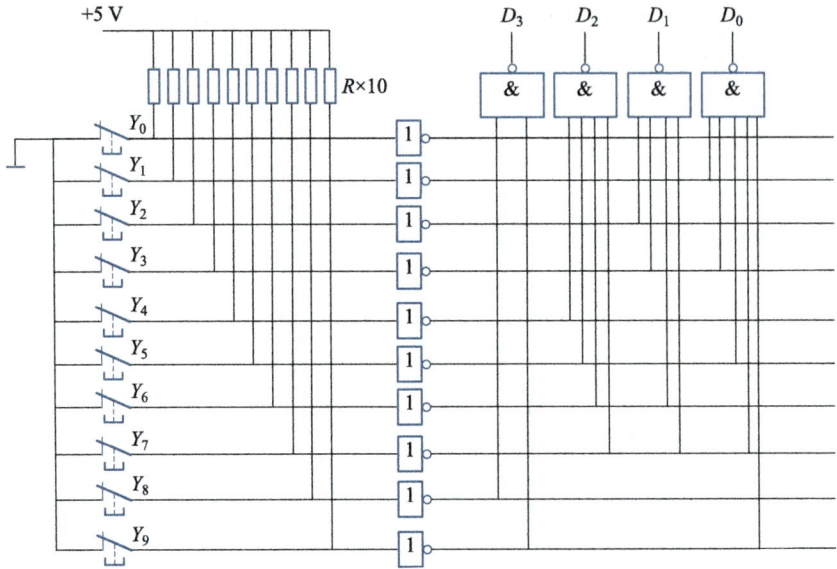

图 6.5.6

上述电路存在一个缺点,当同时按下两个或多个键时,其输出端将出现混乱。为解决这一问题,可采用优先权编码器,这种编码器允许几个信号同时输入,但电路只对其中优先级别最高的输入信号进行编码输出。图 6.5.7 给出 10-4 线(8421 反码)优先编码器 74LS147 的引脚排列,该片的优先次序规定为 9 键最高,8 键次之,依次递降,1 键最低。当按下 9 键(出现低电平 **0**)时,不管其他键是否被按下,电路只对 9 进行编码,并输出 8421 码(**1001**)的反码 **0110**,74LS147 的真值表见表 6.5.4。

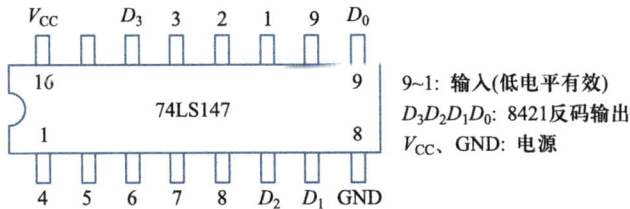

9~1: 输入(低电平有效)
$D_3 D_2 D_1 D_0$: 8421反码输出
V_{CC}、GND: 电源

图 6.5.7

表 6.5.4

输入键号										输出			
9	8	7	6	5	4	3	2	1	0	D_3	D_2	D_1	D_0
1	1	1	1	1	1	1	1	1	0	1	1	1	1
1	1	1	1	1	1	1	1	0	×	1	1	1	0
1	1	1	1	1	1	1	0	×	×	1	1	0	1

204

续表

输入键号										输出			
9	8	7	6	5	4	3	2	1	0	D_3	D_2	D_1	D_0
1	1	1	1	1	1	0	×	×	×	1	1	0	0
1	1	1	1	1	0	×	×	×	×	1	0	1	1
1	1	1	1	0	×	×	×	×	×	1	0	1	0
1	1	1	0	×	×	×	×	×	×	1	0	0	1
1	1	0	×	×	×	×	×	×	×	1	0	0	0
1	0	×	×	×	×	×	×	×	×	0	1	1	1
0	×	×	×	×	×	×	×	×	×	0	1	1	0

例 6.5.3 设计一个编码器,实现表 6.5.5 所示的编码功能。

解: 根据编码表 6.5.5 写出

$$Q_2 = 0+1+2+3 = \overline{\overline{0+1+2+3}} = \overline{\overline{0} \cdot \overline{1} \cdot \overline{2} \cdot \overline{3}}$$

$$Q_1 = 0+1+4+5 = \overline{\overline{0+1+4+5}} = \overline{\overline{0} \cdot \overline{1} \cdot \overline{4} \cdot \overline{5}}$$

$$Q_0 = 0+2+4+6 = \overline{\overline{0+2+4+6}} = \overline{\overline{0} \cdot \overline{2} \cdot \overline{4} \cdot \overline{6}}$$

开关低电平有效,用开关位置的**非**表示(如 $\overline{0}, \overline{1}, \cdots, \overline{6}$),如图 6.5.8 所示。

表 6.5.5

输入	输出		
开关位置	Q_2	Q_1	Q_0
0	1	1	1
1	1	1	0
2	1	0	1
3	1	0	0
4	0	1	1
5	0	1	0
6	0	0	1
7	0	0	0

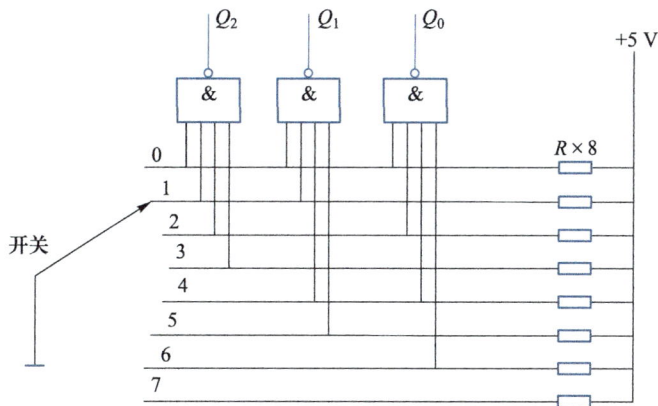

图 6.5.8

6.5.3 译码器

译码是编码的逆过程,其功能是把某种代码"翻译"成一个相应的输出信号,译码器一般分为线译码器和显示译码器两大类。

1. $n-2^n$ 线译码器

下面以 $n=2$,即 2-4 线译码器为例,说明线译码器的设计过程。

2-4 线译码器表明输入端为二位代码,输出端具有 4 个。如果对译码器输出的要求是对应于输入的每组代码,四个输出端中只有一个输出信号为高电平 **1**,其余为低电平 **0**,则可列出译码真值表,见表 6.5.6。

由真值表写出 A_1A_0 与 Y 的逻辑表达式为

$$Y_0 = \overline{A}_1\overline{A}_0$$

$$Y_1 = \overline{A}_1 A_0$$

$$Y_2 = A_1 \overline{A}_0$$

$$Y_3 = A_1 A_0$$

最后由逻辑式画出逻辑图,如图 6.5.9 所示。

表 6.5.6

输入			输出			
$\overline{S}$	A_1	A_0	Y_3	Y_2	Y_1	Y_0
0	0	0	0	0	0	1
0	0	1	0	0	1	0
0	1	0	0	1	0	0
0	1	1	1	0	0	0
1	×	×	0	0	0	0

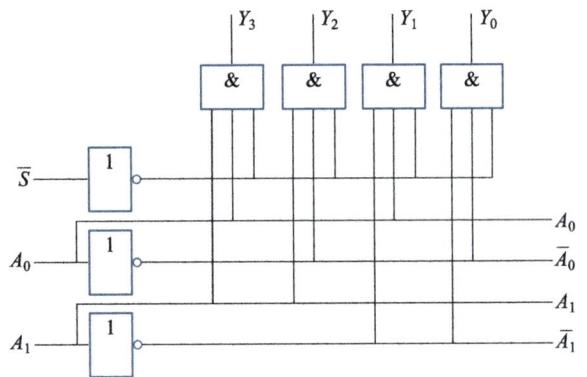

图 6.5.9

由图 6.5.9 可见,当 A_1A_0 输入为 **00** 时,Y_0 为 **1**,其余输出为 **0**,当 A_1A_0 输入为 **11** 时,Y_3 为 **1**,其余输出为 **0**,这样就实现了把输入代码译成特定的输出信号。$\overline{S}$ 为控制端,作用是控制译码器的工作或扩展其功能。当 $\overline{S}=1$ 时,四个与门均被封锁,不论 A_1A_0 输入状态如何,译码器输出 $Y_3 \sim Y_0$ 均为低电平 **0**。当 $\overline{S}=0$ 时,译码器可按 A_1A_0 状态组合进行正常译码,如表 6.5.6 所示,控制端为低电平有效。

例 6.5.4　用与非门设计 2-4 线译码器,输出为低电平有效。

解:(1) 列译码真值表,见表 6.5.7。

(2) 写出逻辑表达式

$$\overline{Y}_0 = \overline{\overline{A}_1\overline{A}_0} \qquad \overline{Y}_1 = \overline{\overline{A}_1 A_0}$$

$$\overline{Y}_2 = \overline{A_1 \overline{A}_0} \qquad \overline{Y}_3 = \overline{A_1 A_0}$$

(3) 画逻辑图,如图 6.5.10 所示。

表 6.5.7

A_1	A_0	$\overline{Y}_3$	$\overline{Y}_2$	$\overline{Y}_1$	$\overline{Y}_0$
0	0	1	1	1	0
0	1	1	1	0	1
1	0	1	0	1	1
1	1	0	1	1	1

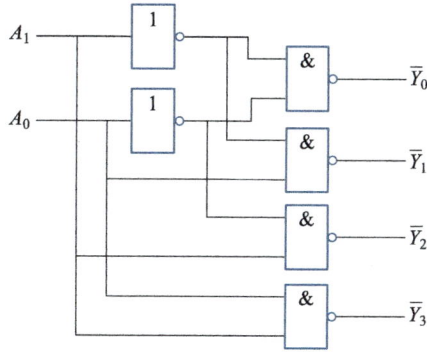

图 6.5.10

文本：§ 6.5.3
译码器——例
题分析

图 6.5.11 示出双 2-4 线译码器 74LS139 的引脚排列和逻辑符号，$1\overline{G}$ 和 $2\overline{G}$ 分别为两个译码器的控制端，均为低电平有效，译码真值表与表 6.5.7 相同。图 6.5.12 示出 3-8 线译码器 74LS138 的引脚排列和逻辑符号，它具有三个控制端 G_1、$\overline{G}_{2A}$ 和 $\overline{G}_{2B}$，当 $G_1 = 1$，$\overline{G}_{2A} = \overline{G}_{2B} = 0$ 时，译码器进行译码，译码输出端为低电平有效，译码真值表如表 6.5.8 所示。

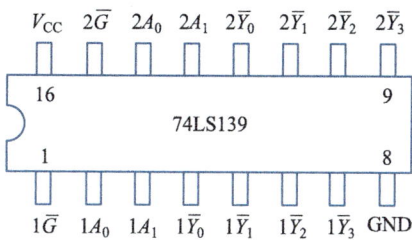

(a)

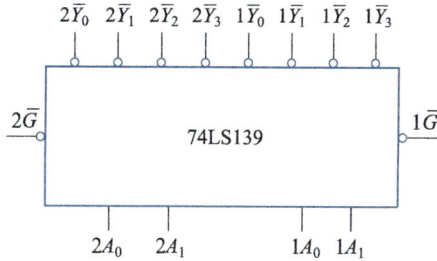

(b)

图 6.5.11

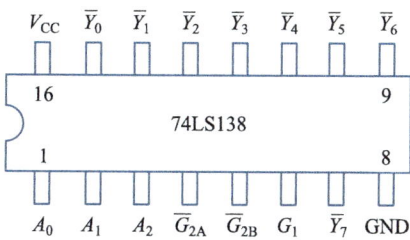

(a)

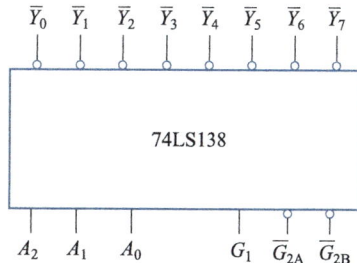

(b)

图 6.5.12

例 6.5.5　用 $\dfrac{1}{2}$74LS139 和 4×74LS467（8 位三态总线缓冲器）组成的计算机分时控制系统如图 6.5.13 所示，试说明其工作原理。

表 6.5.8

A_2	A_1	A_0	$\overline{Y}_7$	$\overline{Y}_6$	$\overline{Y}_5$	$\overline{Y}_4$	$\overline{Y}_3$	$\overline{Y}_2$	$\overline{Y}_1$	$\overline{Y}_0$
0	0	0	1	1	1	1	1	1	1	0
0	0	1	1	1	1	1	1	1	0	1
0	1	0	1	1	1	1	1	0	1	1
0	1	1	1	1	1	1	0	1	1	1
1	0	0	1	1	1	0	1	1	1	1
1	0	1	1	1	0	1	1	1	1	1
1	1	0	1	0	1	1	1	1	1	1
1	1	1	0	1	1	1	1	1	1	1

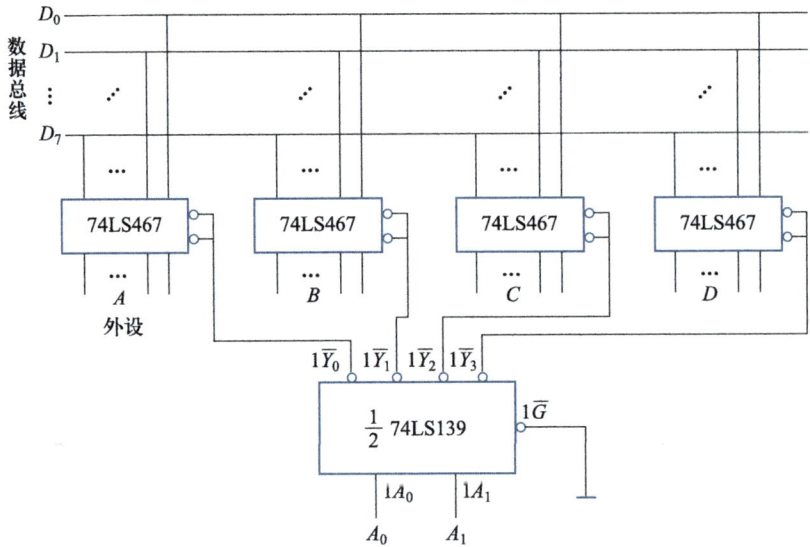

图 6.5.13

解：74LS139 的 $1\overline{G}$ 接地，即 $1\overline{G}=0$ 处在译码工作状态，当输入端 $A_1A_0=\mathbf{00}$ 时，输出 $1\overline{Y}_0=\mathbf{0}$，外设 A 的 8 位数据送入计算机数据总线 $D_7\sim D_0$。当 $A_1A_0=\mathbf{01}$ 时，$1\overline{Y}_1=\mathbf{0}$，外设 B 的 8 位数据送入 $D_7\sim D_0$，等等。如果控制 A_1A_0 的电平，就可将外设 A、B、C、D 的数据分别送入数据总线 $D_7\sim D_0$，如表 6.5.9 所示。

例 6.5.6　用 1 片双 2-4 线译码器 74LS139 连成一个**异或**门（$F=A\oplus B$）和一个**同或**门（$F'=\overline{A'\oplus B'}$）。

解：译码器译码表和**异或**门、**同或**门的真值表分别见表 6.5.10 和表 6.5.11，根据输出与输入的状态关系，其电路图如图 6.5.14 所示，图中

208

$$F = \overline{1\overline{Y}_1 \cdot 1\overline{Y}_2} = \overline{\overline{A}\,B \cdot A\,\overline{B}} = \overline{A}B + A\overline{B} = A \oplus B$$

$$F' = \overline{2\overline{Y}_0 \cdot 2\overline{Y}_3} = \overline{\overline{A'\,B'} \cdot A'B'} = \overline{A'}\,\overline{B'} + A'B' = \overline{A' \oplus B'}$$

可见，F 为**异或**门输出，F' 为**同或**门输出。

表 6.5.9			
A_1	A_0	$1\overline{Y}$	$D_7 \sim D_0$
0	0	$1\overline{Y}_0$	A
0	1	$1\overline{Y}_1$	B
1	0	$1\overline{Y}_2$	C
1	1	$1\overline{Y}_3$	D

表 6.5.10						
A	B	$1\overline{Y}_3$	$1\overline{Y}_2$	$1\overline{Y}_1$	$1\overline{Y}_0$	F
0	0	1	1	1	0	0
0	1	1	1	0	1	1
1	0	1	0	1	1	1
1	1	0	1	1	0	0

表 6.5.11						
A'	B'	$2\overline{Y}_3$	$2\overline{Y}_2$	$2\overline{Y}_1$	$2\overline{Y}_0$	F'
0	0	1	1	1	0	1
0	1	1	1	0	1	0
1	0	1	0	1	1	0
1	1	0	1	1	1	1

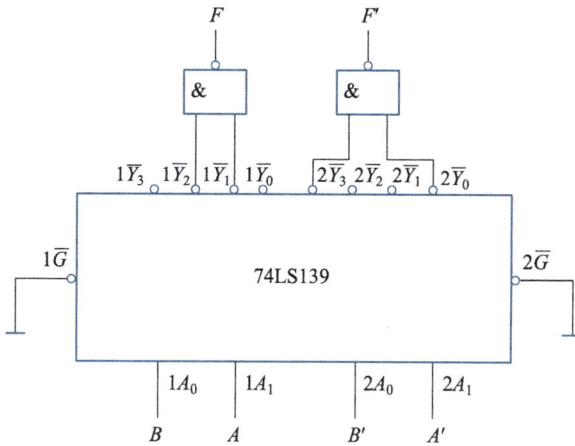

图 6.5.14

2. 显示译码器

在计算机、数字仪器仪表、数字钟等数字系统中，常常要把测量数据和运算结果用十进制数显示出来，这就要用显示译码器译成能用显示器件显示出的十进制数。

常用的显示器件有半导体数码管、液晶数码管和荧光数码管等。下面以半导体七段数码管为例，说明显示译码器的工作原理。

半导体数码管用 7 个发光二极管分成七段（a、b、c、d、e、f、g）安装而成，如图 6.5.15 所示，因而又称七段数码管。其内部接法可分为共阴极和共阳极两种，分别如图 6.5.16(a)、(b)所示。

共阴极接法中，当 $a \sim g$ 中某段为高电平时该段亮，如图 6.5.16(a)所示。共阳极接法中，则 $a \sim g$ 中某段为低电平时该段亮，如图 6.5.16(b)所示。控制不同的段发光，可显示 $0 \sim 9$ 不同的数字。

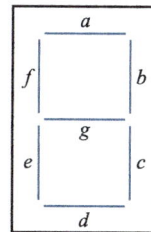

图 6.5.15

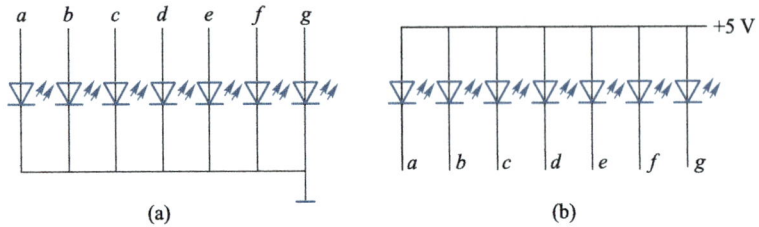

图 6.5.16

用七段显示译码器把 BCD(用 4 位二进制数表示 1 位十进制数)代码译成驱动七段数码管的信号,显示出相应的十进制数码。如果采用共阴极数码管,则七段显示译码器的真值表见表 6.5.12。若采用共阳极数码管,则输出状态应和表 6.5.12 所示相反,即 **1** 和 **0** 对换。

表 6.5.12

输入(BCD 码)				输出							显示数字
D	C	B	A	a	b	c	d	e	f	g	
0	0	0	0	1	1	1	1	1	1	0	0
0	0	0	1	0	1	1	0	0	0	0	1
0	0	1	0	1	1	0	1	1	0	1	2
0	0	1	1	1	1	1	1	0	0	1	3
0	1	0	0	0	1	1	0	0	1	1	4
0	1	0	1	1	0	1	1	0	1	1	5
0	1	1	0	1	0	1	1	1	1	1	6
0	1	1	1	1	1	1	0	0	0	0	7
1	0	0	0	1	1	1	1	1	1	1	8
1	0	0	1	1	1	1	1	0	1	1	9

由真值表不难看出,输入为 **1000** 时,a、b、c、d、e、f、g 七段均亮,显示数字 8。若输入为 **0000**,七段中只有 g 不亮,显示数字 0,其余类推。根据真值表可写出输出(七段)与输入的逻辑表达式,经化简后不难画出逻辑电路图。图 6.5.17 示出 BCD-七段译码器/驱动器 74LS248 的引脚排列,该芯片输出为高电平有效,与共阴极七段数码管配合使用。灯测试端 $\overline{LT}$ 用来检查数码管各段能否正常发光,当 $\overline{LT}=0$ 时,译码器输出 $a \sim g$ 全部为高电平 1,各段发光二极管均应发光。在正常工作时,该端应接高电平 **1**。灭零输入 $\overline{RBI}$ 和灭零输出 $\overline{RBO}$ 用来自动地将多位数字显示中前面不必要显示的零熄灭,

当输入 $D_3D_2D_1D_0$ 全为 **0** 时,应显示 **0**。若 $\overline{RBI}=0$,则输出 $a\sim g$ 全为 **0**,使显示器熄灭,并使 $\overline{RBO}$ 输出低电平 **0**。多位译码显示系统的灭零控制电路如图 6.5.18 所示,图中 5 位显示器最大可以显示 999.99。例如当需要显示 9.97 时,若无灭零控制,5 位显示器会出现 009.97,而在该图中,则只会出现 9.97。

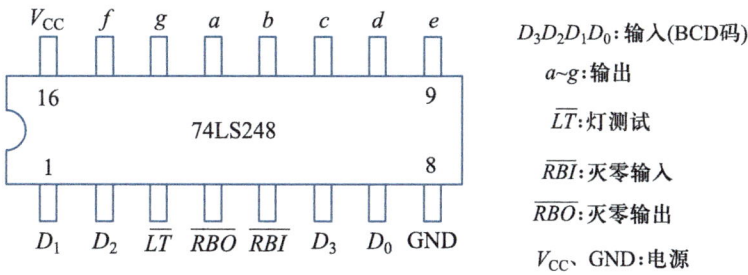

$D_3D_2D_1D_0$:输入(BCD码)
$a\sim g$:输出
$\overline{LT}$:灯测试
$\overline{RBI}$:灭零输入
$\overline{RBO}$:灭零输出
V_{CC}、GND:电源

图 6.5.17

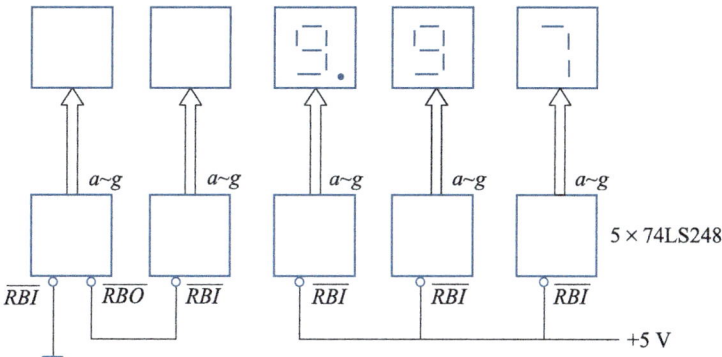

图 6.5.18

另一种 BCD-七段译码器/驱动器 74LS246 的引脚排列和功能与 74LS248 完全一样,所不同的只是输出 $a\sim g$ 为低电平有效,与共阳极七段数码管配合使用。

6.5.4　多路选择器和多路分配器

在数字系统中,当需要进行远距离多路数据传送时,为了减少传输线的数目,发送端常通过一条公共传输线用多路选择器分时发送数据到接收端,接收端利用多路分配器分时将数据分配给各路接收端,其原理如图 6.5.19 所示。

多路选择器实质上是一个受控的多路开关,具有多个输入端和一个输出端,由数据选择控制端信号决定选择哪一路输入与输出相连。多路分配器的功能与多路选择器相反,具有一个输入端和多个输出端,由数据分配控制端信号决定输

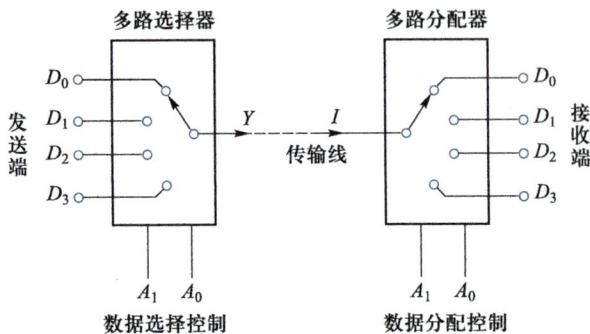

图 6.5.19

入分配给哪一路接收端。

1. 多路选择器

图 6.5.20 为 4 选 1 多路选择器的逻辑图,四路输入数据 $D_0 \sim D_3$,一路数据输出 Y,输出与输入的哪一路相连由数据选择控制信号 A_1、A_0 的状态决定,如表 6.5.13 所示。根据逻辑图求得的 4 选 1 多路选择器逻辑函数表达式为

$$Y = \bar{A}_1 \bar{A}_0 D_0 + \bar{A}_1 A_0 D_1 + A_1 \bar{A}_0 D_2 + A_1 A_0 D_3$$

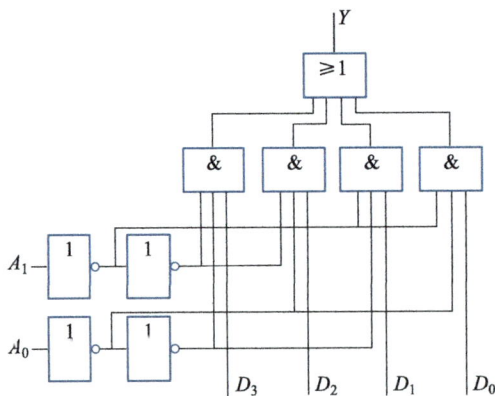

图 6.5.20

表 6.5.13

选择控制		输出
A_1	A_0	Y
0	0	D_0
0	1	D_1
1	0	D_2
1	1	D_3

知道了 4 选 1 多路选择器的电路结构和工作原理,就不难理解 8 选 1、16 选 1 等多路选择器了。所不同的是它们的数据选择控制代码由 2 位变为 3 位、4 位,分别用来选择 8 路和 16 路的输入数据。多路选择器一般都具有选择允许控制端 $\bar{S}$(低电平有效),该端通过一个非门作为图 6.5.20 中所有与门的一个输入端,便可实现选择允许控制的功能。

图 6.5.21 所示为常用的双 4 选 1 数据选择器 74LS153 的管脚排列和逻辑符号图。这两个 4 选 1 数据选择器共用一个数据选择控制端,但各有自己的选择允许端、数据输入端及输出端,选择控制端 $1\bar{S}$、$2\bar{S}$ 且低电平有效。

212

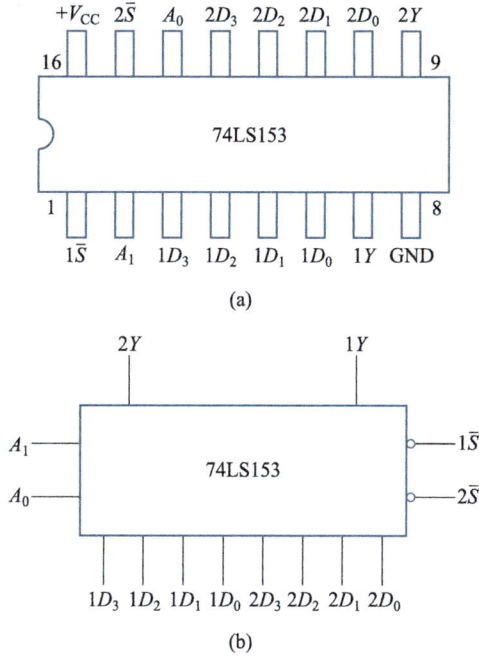

(a)

(b)

图 6.5.21

图 6.5.22 示出 8 选 1 多路选择器 74LS151 的引脚排列和逻辑符号,其输入、输出逻辑关系如表 6.5.14 所示。

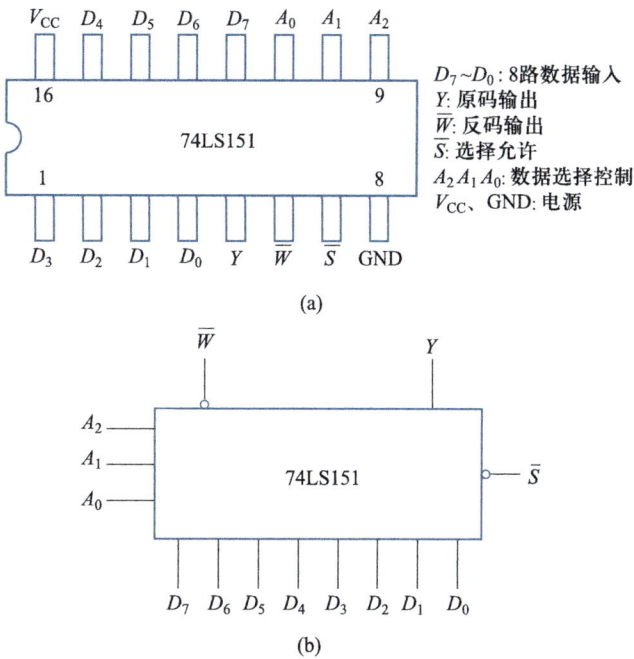

$D_7 \sim D_0$: 8路数据输入
Y: 原码输出
$\overline{W}$: 反码输出
$\overline{S}$: 选择允许
$A_2 A_1 A_0$: 数据选择控制
V_{CC}、GND: 电源

(a)

(b)

图 6.5.22

表 6.5.14

$\overline{S}$	A_2	A_1	A_0	Y	$\overline{W}$
1	×	×	×	0	1
0	0	0	0	D_0	$\overline{D_0}$
0	0	0	1	D_1	$\overline{D_1}$
0	0	1	0	D_2	$\overline{D_2}$
0	0	1	1	D_3	$\overline{D_3}$
0	1	0	0	D_4	$\overline{D_4}$
0	1	0	1	D_5	$\overline{D_5}$
0	1	1	0	D_6	$\overline{D_6}$
0	1	1	1	D_7	$\overline{D_7}$

当数据选择器输入端个数不足时,可以利用选择允许控制端进行通道扩展。例如,用两片 74LS151 完成 16 选 1 的工作,扩展图如图 6.5.23 所示。当 $A_3 = 0$ 时,选中数据选择器(1),根据地址输入端 $A_2 \sim A_0$ 的取值组合,从 $D_7 \sim D_0$ 中选取一路进行传送;当 $A_3 = 1$ 时,选中数据选择器(2),根据地址输入端 $A_2 \sim A_0$ 的取值组合,从 $D_{15} \sim D_8$ 中选取一路进行传送,从而实现 16 选 1 的功能。

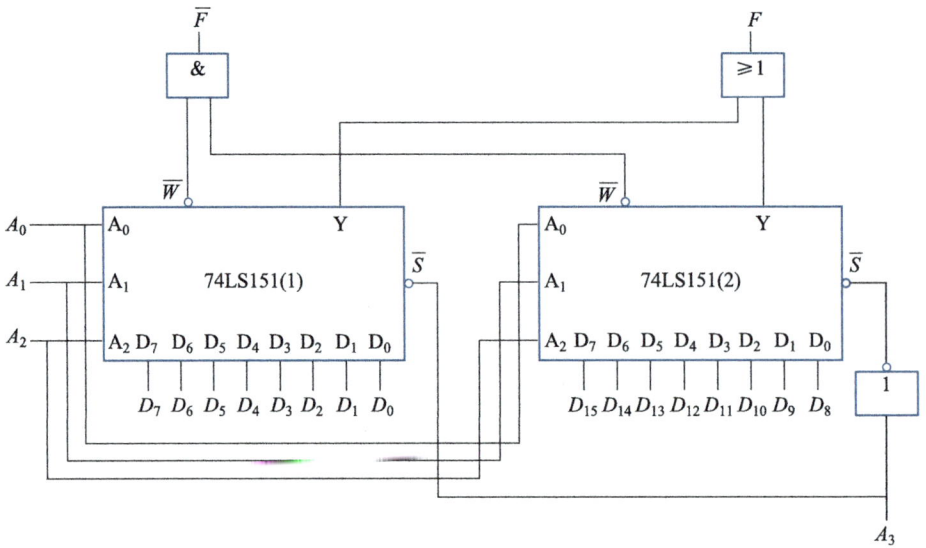

图 6.5.23

多路选择器除完成对多路数据进行选择的基本功能外,在逻辑设计中还可用来实现各种逻辑函数功能。

例 6.5.7 用多路选择器实现如下逻辑函数的功能

$$F = A\overline{B}C + \overline{A}B + A\overline{C}$$

解:由于给定函数为一个三变量函数,故可采用 8 选 1 数据选择器实现其功能。

将逻辑函数表示为每个与项中包含全部输入变量的**与或**表达形式

$$F = A\overline{B}C + \overline{A}B(C + \overline{C}) + A\overline{C}(B + \overline{B})$$
$$= A\overline{B}C + \overline{A}BC + \overline{A}B\overline{C} + AB\overline{C} + A\overline{B}\overline{C}$$

214

8 选 1 数据选择器的输出表达式为

$$Y = A_2A_1A_0D_7 + A_2A_1\bar{A}_0D_6 + A_2\bar{A}_1A_0D_5 + A_2\bar{A}_1\bar{A}_0D_4$$
$$+ \bar{A}_2A_1A_0D_3 + \bar{A}_2A_1\bar{A}_0D_2 + \bar{A}_2\bar{A}_1A_0D_1 + \bar{A}_2\bar{A}_1\bar{A}_0D_0$$

比较上述两个表达式可知:要使 $F = Y$,只需令 $A_2 = A$,$A_1 = B$,$A_0 = C$,且 $D_6 = D_5 = D_4 = D_3 = D_2 = \mathbf{1}$,$D_7 = D_1 = D_0 = \mathbf{0}$ 即可。图 6.5.24 所示的是用 74LS151 实现给定函数的逻辑电路。

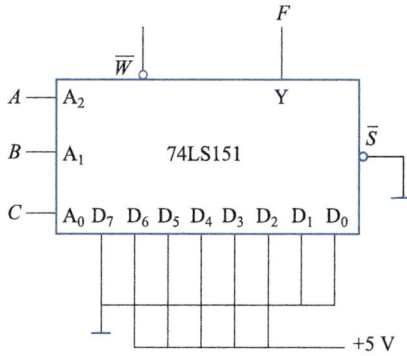

图 6.5.24

2. 多路分配器

多路分配器是用与门的控制作用实现的,图 6.5.25 示出 1-4 分配器的逻辑电路图,其输入输出逻辑关系见表 6.5.15。

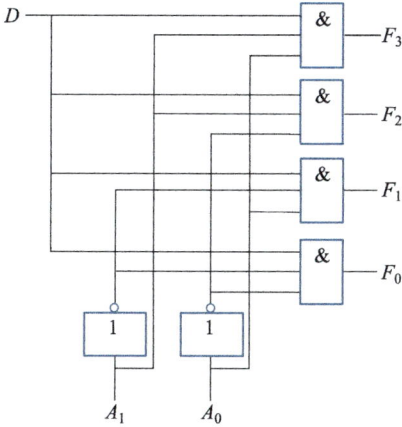

图 6.5.25

表 6.5.15

分配控制		输出			
A_1	A_0	F_3	F_2	F_1	F_0
0	**0**	**0**	**0**	**0**	D
0	**1**	**0**	**0**	D	**0**
1	**0**	**0**	D	**0**	**0**
1	**1**	D	**0**	**0**	**0**

例 6.5.8 试用 3-8 线译码器 74LS138 连成 1-8 分配器。

解:如果将 3-8 线译码器的输入端 $A_2A_1A_0$ 作为分配器的分配控制端,则 $\bar{Y}_0 \sim \bar{Y}_7$ 为分配器的 8 路输出,如图 6.5.26 所示,输入数据 D 与 $\bar{G}_{2A}$ 相连,输出和输入的逻辑关系如表 6.5.16 所示。

表 6.5.16

分配控制			输出							
A_2	A_1	A_0	$\overline{Y}_7$	$\overline{Y}_6$	$\overline{Y}_5$	$\overline{Y}_4$	$\overline{Y}_3$	$\overline{Y}_2$	$\overline{Y}_1$	$\overline{Y}_0$
0	0	0	1	1	1	1	1	1	1	D
0	0	1	1	1	1	1	1	1	D	1
0	1	0	1	1	1	1	1	D	1	1
0	1	1	1	1	1	1	D	1	1	1
1	0	0	1	1	1	D	1	1	1	1
1	0	1	1	1	D	1	1	1	1	1
1	1	0	1	D	1	1	1	1	1	1
1	1	1	D	1	1	1	1	1	1	1

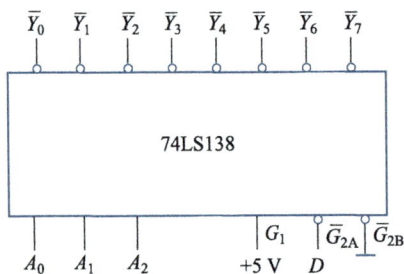

图 6.5.26

6.5.5　数字比较器

在计算机、数字仪器仪表和自动控制设备中,经常需要比较两个数字的大小,或两者是否相等。被比较的数可以是二进制数,也可以是由二进制代码表示的符号、字母等。能进行两个数码比较的电路称为数字比较器。

以 1 位比较器为例,介绍如下:

设两个 1 位二进制数为 a_i 和 b_i,比较结果有三种可能:(1) $a_i = b_i$;(2) $a_i < b_i$;(3) $a_i > b_i$。其逻辑功能表如表 6.5.17 所示。

$a_i < b_i$ 逻辑表达式为 $\overline{a}_i b_i$

$a_i > b_i$ 逻辑表达式为 $a_i \overline{b}_i$

$a_i = b_i$ 逻辑表达式为 $\overline{a}_i \overline{b}_i + a_i b_i = \overline{\overline{a}_i b_i + a_i \overline{b}_i}$（**异或**反相为**同或**）

根据逻辑表达式可画出一位比较器逻辑电路,如图 6.5.27 所示。

表 6.5.17

输入		输出		
a_i	b_i	$a_i = b_i$	$a_i < b_i$	$a_i > b_i$
0	0	1	0	0
0	1	0	1	0
1	0	0	0	1
1	1	1	0	0

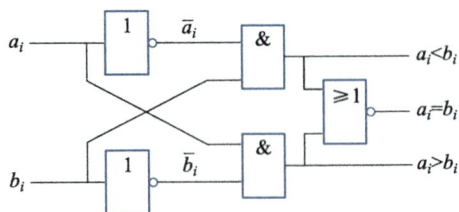

图 6.5.27

思考题

1. 半加器和全加器的逻辑功能有何不同？

2. 为什么能用全加器实现三中取二(多数)表决功能？如何连接电路？

3. 图 6.5.6 中若使用十个常开按钮，实现 8421 编码，电路图应如何修改？

4. 若对 N 个信号进行编码时，是否可用公式 $2^n \geqslant N$ 来确定需要使用的二进制代码的位数 n？

5. 在线译码器中，如果输入代码有 n 位，则有 2^{n-1} 个输出信号，是否正确？

6. 如何将双 2-4 线译码器 74LS139 连接成 3-8 线译码器？

§6.6 可编程逻辑器件

可编程逻辑器件(PLD)是一种可以由用户编程执行一定逻辑功能的大规模集成电路，基本结构如图 6.6.1(a)所示，**与**阵列对输入项进行**与**运算，其输出(乘积项)在**或**阵列中进行**或**运算。图 6.6.1(b)表示为**与**、**或**阵列的习惯画法，"·"表示固定连接，"×"表示可编程连接。用户通过编程器对**与**阵列或者**或**阵列进行编程，可以实现各种逻辑关系和时序逻辑功能。

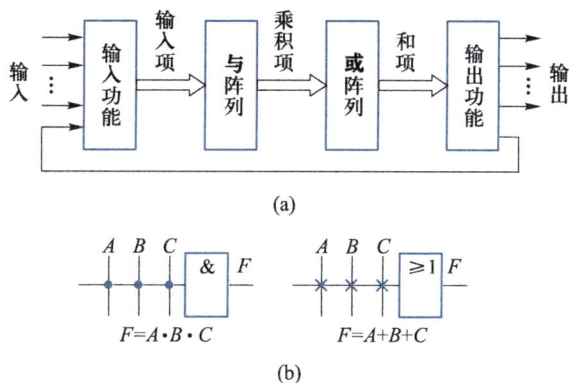

(a)

(b)

图 6.6.1

早期的可编程逻辑器件因为结构规模小，难以实现复杂的逻辑功能，所以称为简单可编程逻辑器件(SPLD)。伴随着大规模集成电路设计工艺及测试技术的发展，集成密度高、运行速度快、功能强大、低功耗高密度可编程逻辑器件(HDPLD)相继推出，其代表产品有复杂可编程逻辑器件(CPLD)和现场可编程逻辑门阵列(FPGA)。

6.6.1 简单可编程逻辑器件(SPLD)

根据**与**阵列和**或**阵列是否能够编程以及输出功能的不同，简单可编程逻辑器件大致可分为四种类型：可编程只读储存器(PROM)、可编程逻辑阵列(PLA)、可编程阵列逻辑(PAL)和通用阵列逻辑(GAL)。

文本：§6.6.1 可编程逻辑器件概述及分类

1. 可编程只读存储器（PROM）

PROM 由固定的**与**阵列和可编程的**或**阵列组成，如图 6.6.2 所示，输入数据 I_2、I_1、I_0 经过输入缓冲器输出其原码和反码（非），和与门的输入线按一定要求作固定连接，形成**与**阵列。可编程**或**阵列由与门的输出线和或门的输入线组成，其交叉处制造厂家用熔断丝连接。用户使用前根据要求用编程器将阵列中的某些熔丝烧断，以实现一定的逻辑关系。由于编程是用烧断熔丝实现的，因而一旦编程后，就不能再更改了。工作时，系统根据输入数据 $I_2 \sim I_0$ 从输出 $Q_2 \sim Q_0$ 读取**或**阵列的信息，因而称为只读存储器。PROM 主要用来存储固定的程序、数据和表格等。

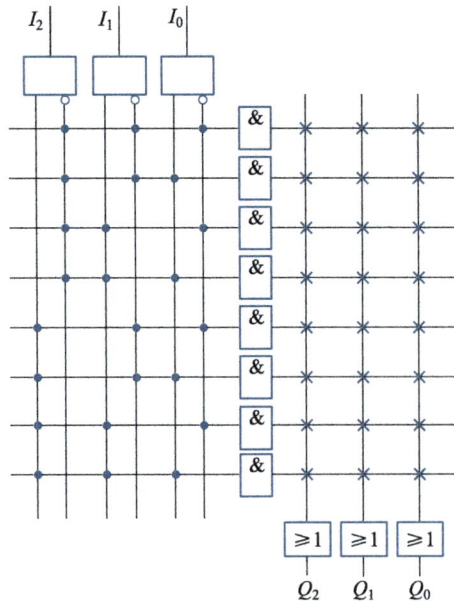

图 6.6.2

例 6.6.1　可编程逻辑器件 PROM 作为只读存储器使用，如图 6.6.3 所示，电路具有 4 个存储单元，输入为二位地址码 A_1A_0，输出为四位存储内容 $D_3 \sim D_0$，表 6.6.1 给出了各单元的存储内容。试在图中画出可编程**或**阵列的编程结果。

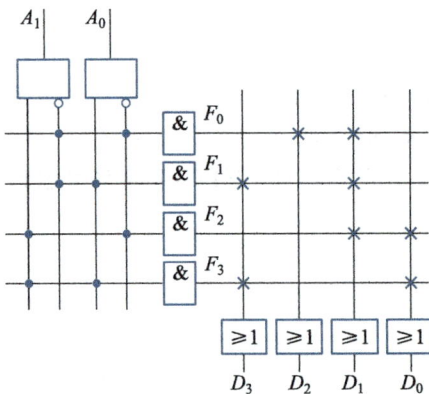

图 6.6.3

表 6.6.1

单元地址		存储内容			
A_1	A_0	D_3	D_2	D_1	D_0
0	0	0	1	1	0
0	1	1	0	1	0
1	0	0	0	1	1
1	1	1	0	0	1

解：与阵列为固定连接，各与门输出为

$$F_0 = \bar{A}_1 \cdot \bar{A}_0 \quad F_1 = \bar{A}_1 A_0 \quad F_2 = A_1 \bar{A}_0 \quad F_3 = A_1 A_0$$

根据表 6.6.1，各或门输出应为

$$D_3 = F_1 + F_3 \quad D_2 = F_0 \quad D_1 = F_0 + F_1 + F_2 \quad D_0 = F_2 + F_3$$

则或阵列的编程结果如图 6.6.3 所示，其中有×处表示与门输出线和或门输入线相连，无×处表示熔丝被烧断而不相连。

2. 可编程逻辑阵列（PLA）

PLA 的与阵列和或阵列都是可编程结构，如图 6.6.4 所示，和 PROM 相比，由于与阵列也是可编程的，这样就可以只产生逻辑函数所需要的乘积项，而不像 PROM 中对应 3 个输入端固定有 8 个乘积项，使用起来更加灵活、方便。

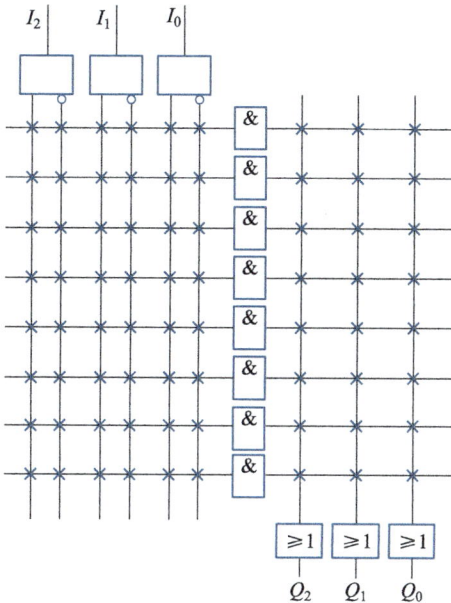

图 6.6.4

例 6.6.2　试画出用 PLA 实现下列逻辑函数的编程结果：

（1）$F_1 = \bar{A}\bar{B}C + AB\bar{C} + BC$

（2）$F_2 = \overline{A\bar{B} + BC}$

解：由于 PLA 的与阵列和或阵列均可以编程，因而将逻辑函数化简为最简与或式，用与阵列实现其中的与运算，用或阵列实现或运算。

（1）$F_1 = \bar{A}\bar{B}C + AB\bar{C} + BC = \bar{A}\bar{B}C + AB\bar{C} + ABC + \bar{A}BC$

$$= \bar{A}C(\bar{B} + B) + AB(\bar{C} + C)$$

$$= \bar{A}C + AB$$

用与阵列输出两个与项：$\bar{A}C$、AB，在或阵列中对它们取或，编程结果如图 6.6.5 所示。

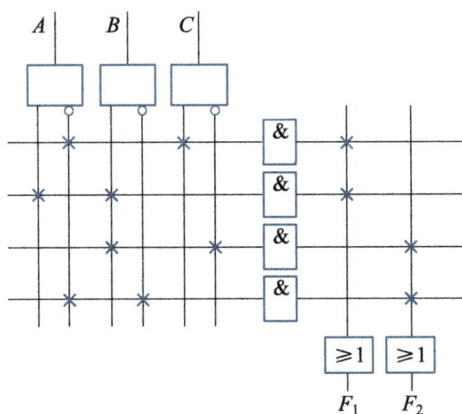

图 6.6.5

（2）$F_2 = \overline{A\bar{B} + BC} = \overline{A\bar{B}} \cdot \overline{BC}$

$= (\bar{A} + B)(\bar{B} + \bar{C})$

$= \bar{A}\bar{B} + \bar{A}\bar{C} + B\bar{C}$

$= \bar{A}\bar{B} + \bar{A}\bar{B}\bar{C} + \bar{A}B\bar{C} + B\bar{C}$

$= \bar{A}\bar{B} + B\bar{C}$

用**与**阵列输出两个与项：$\bar{A}\bar{B}$、$B\bar{C}$，在**或**阵列中对它们取**或**，编程结果如图 6.6.5 所示。

3. 可编程阵列逻辑（PAL）

PAL 的基本结构是由可编程的**与**阵列和固定的**或**阵列组成，如图 6.6.6 所示，输出包含的乘积项数目由固定连接的**或**阵列提供，可编程**与**阵列决定每个乘积项的内容。根据输出功能的不同，PAL 可分为专用输出结构、异步 I/O 结构和寄存器型输出结构。图 6.6.6 属专用输出结构，这种类型适用于实现组合逻辑函数。异步 I/O 结构的特点是输出为三态门，具有输出反馈，从而可以改变输入/输出线的数目，并能实现双向 I/O 的功能。

例 6.6.3　试画出分别用 PLA 和 PAL 实现全加器的阵列编程结果。

解：全加器的状态表见表 6.6.2。

设　$F_1 = \bar{A}_n\bar{B}_nC_{n-1}$　　$F_2 = \bar{A}_nB_n\bar{C}_{n-1}$

$F_3 = \bar{A}_nB_nC_{n-1}$　　$F_4 = A_n\bar{B}_n\bar{C}_{n-1}$

$F_5 = A_n\bar{B}_nC_{n-1}$　　$F_6 = A_nB_n\bar{C}_{n-1}$

$F_7 = A_nB_nC_{n-1}$

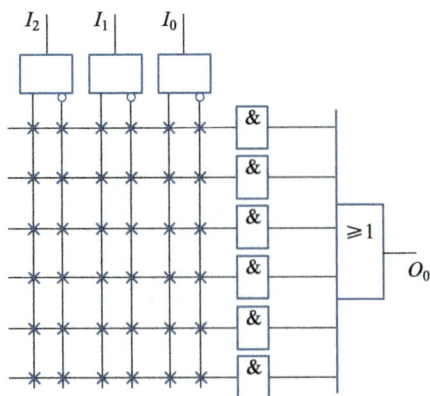

图 6.6.6

则　　$C_n = F_3 + F_5 + F_6 + F_7$　　$S_n = F_1 + F_2 + F_4 + F_7$

表 6.6.2

A_n	B_n	C_{n-1}	C_n	S_n
0	0	0	0	0
0	0	1	0	1
0	1	0	0	1
0	1	1	1	0
1	0	0	0	1
1	0	1	1	0
1	1	0	1	0
1	1	1	1	1

文本：§6.6.2
复杂可编程逻
辑器件概述

根据 $F_1 \sim F_7$ 和 C_n、S_n 的表达式，PLA 编程结果如图 6.6.7 所示，PAL 编程结果如图 6.6.8 所示。

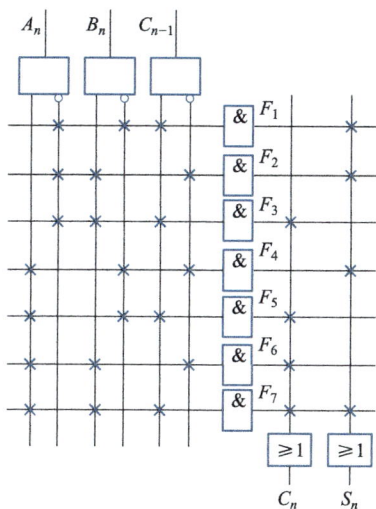

图 6.6.7

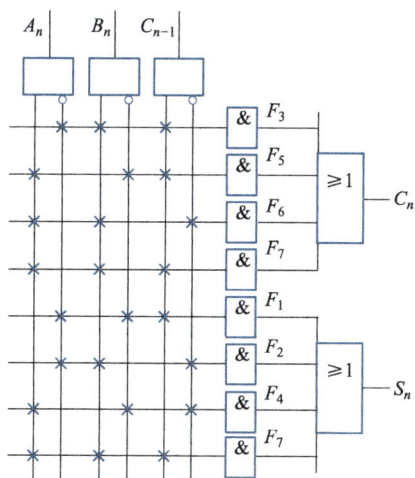

图 6.6.8

4. 通用阵列逻辑(GAL)

GAL 结构与 PAL 基本一样，只是在每个输出端增加了一个可编程的输出逻辑宏单元，其输出状态可以由用户定义。GAL 由于速度快、功耗低、集成度高，可多次编程，使用灵活方便，是各种 PLD 中最为流行的一种。

6.6.2　高密度可编程逻辑器件(HDPLD)

高密度可编程逻辑器件的集成度较高，通常超过 1 000 门/片，通用性强，具有在系统可编程或现场可编程特性，可用于实现较大规模的逻辑电路。

1. 复杂可编程逻辑器件(CPLD)

复杂可编程逻辑器件(CPLD)是由 GAL 元件发展起来的,主体仍为**与**、**或**阵列,但功能和规模要比 GAL 强大很多,适合组合、时序等逻辑电路应用,可以替代成百上千个通用中规模集成电路。

CPLD 主要由逻辑阵列块(LAB)、可编程互连阵列(PIA)、输入输出单元(I/O 单元)构成,其结构示意图如图 6.6.9 所示。

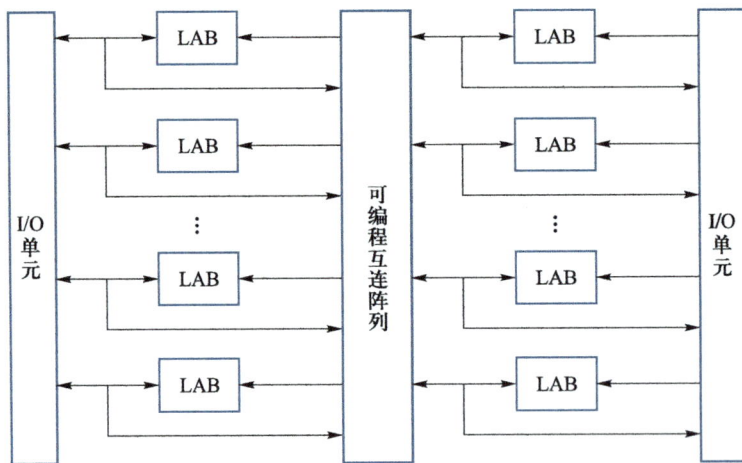

图 6.6.9

每个 LAB 是由多个宏单元(Macrocell)组成,每个宏单元主要包括:逻辑阵列(**与**阵列和触发器)、乘积项选择矩阵和可编程寄存器,其中**与**阵列为每个宏单元提供乘积项,实现组合逻辑功能;乘积项选择矩阵用以分配乘积项作为实现组合逻辑功能的门电路的输入,或者将乘积项作为宏单元的辅助输入实现触发器"清零""预置"等控制功能;可编程寄存器由每个宏单元中的触发器组成,通过编程可以完成时序逻辑功能。

可编程互连阵列实现信号传递,连接所有的宏单元;I/O 单元完成输入输出的电气特性控制。为了使用方便,越来越多的 CPLD 都做成了在系统可编程器件(ispPLD),不需要另外的编程器,在正常的工作电压下,可在系统中直接完成对器件的编程。

2. 现场可编程逻辑阵列(FPGA)

现场可编程逻辑阵列(FPGA)的编程单元采用基于静态随机存取存储器(SRAM)工艺,通过查找表(LUT)逻辑形式结构实现逻辑功能,用户可以通过编程决定每个单元的功能以及它们的互连关系。

SRAM 是通过触发器存储数据,可以随时按照指定的地址写入、读出数据。LUT 是 SRAM 的一种应用形式,其工作原理类似一个根据逻辑真值表或状态转移表设计的逻辑函数发生器。SRAM 预先加载要实现的逻辑函数真值表,输入变量等效于 SRAM 的地址码,每输入一组信号进行逻辑运算,就相当于输入一个

文本:§6.6.3 现场可编程逻辑门阵列概述

222

地址进行查表,找出地址所对应的输出,便得到该组输入信号逻辑运算的结果。

典型的 FPGA 通常包含三类基本资源:可配置逻辑模块(CLB),可编程输入输出模块(I/OB)和可编程内部互连资源(PIR),基本结构如图 6.6.10 所示。

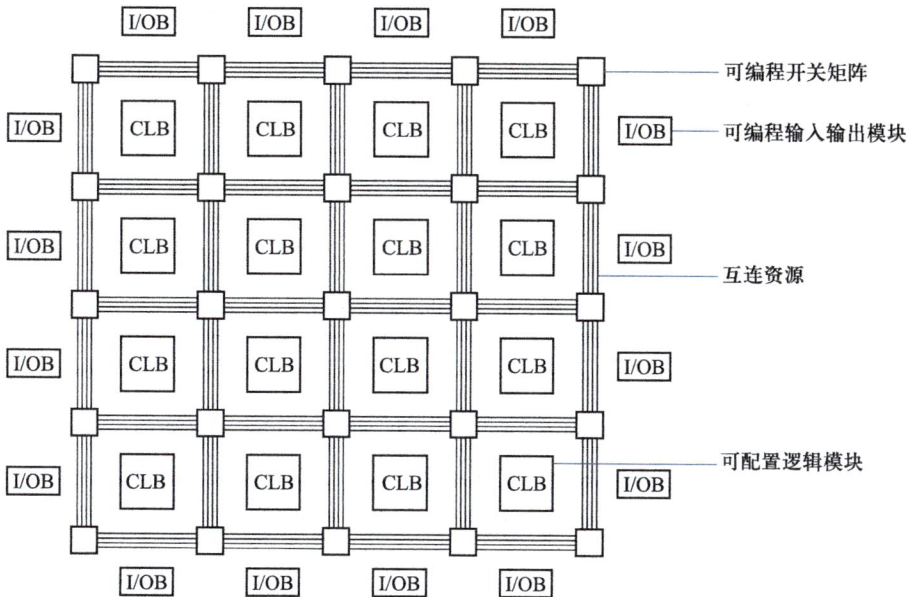

图 6.6.10

CLB 是实现用户逻辑功能的基本单元,主要由逻辑函数发生器、触发器、多路选择器等电路组成。它们通常排列成一个阵列,散布于整个芯片;I/OB 完成芯片上逻辑块与外部封装脚的接口,常围绕着阵列排列于芯片四周;可编程内部互连资源包括各种长度的连接线段、可编程开关矩阵和可编程连接点,它们将各个 CLB 或 I/OB 连接起来,构成数字系统的电路。

CPLD/FPGA 都是用户根据各自需要而自行构造逻辑功能的数字集成电路,其基本设计方法是借助集成开发软件平台,通过构造原理图、硬件描述语言等方法,生成相应的目标文件,通过下载电缆将代码传送到目标芯片中,实现数字系统设计。

虽然 CPLD 与 FPGA 的内部结构稍有不同,但它们都具有体系结构和逻辑单元灵活、集成度高、运行速度快、功耗噪声低、适用范围宽、设计开发周期短、设计制造成本低等特点,因此被广泛应用于产品的原型设计和产品生产之中。

本章小结

1. 基本逻辑关系有**与**逻辑、**或**逻辑和**非**逻辑。输出、输入之间具有这些逻辑关系的开关电路称为门电路,对应基本逻辑关系的门电路有**与**门、**或**门和**非**门。用这些基本门电路可以组成复合门电路,如**与非**门、**或非**门、**与或非**门等。常用的逻辑门电路见下表。

常用逻辑门电路表

逻辑门		与	或	非	与非	或非
逻辑符号		A—[&]—F, B	A—[≥1]—F, B	A—[1]—○F	A—[&]—○F, B	A—[≥1]—F, B
输入逻辑变量		$F=AB$	$F=A+B$	$F=\bar{A}$	$F=\overline{AB}$	$F=\overline{A+B}$
A	B	F	F	F	F	F
0	0	0	0	1	1	1
0	1	0	1	1	1	0
1	0	0	1	0	1	0
1	1	1	1	0	0	0

2. 集成门电路包括 TTL 门电路和 MOS 门电路两大部分。

经常使用的 TTL 门电路有 TTL **与非门**电路、集电极开路的**与非门**电路和三态输出门电路。集电极开路的**与非门**电路在输出端和电源之间必须外接负载。三态输出门电路的输出端具有三种状态,即高电平、低电平和高阻状态。有三态输出**与非门**,同相缓冲门和反相缓冲门等,当控制输入端无效时,输出均为高阻状态。TTL 门电路的主要参数有输出高电平、输出低电平、阈值电压和传输延迟时间等。

MOS 门电路有 NMOS 门电路和 CMOS 门电路等,与 TTL 门电路一样,可以组成各种各样的逻辑门电路。与 TTL 门电路相比,有功耗小、集成度高等优点,而 TTL 门电路的突出优点是工作速度快。

3. 逻辑函数描述逻辑电路输出和输入之间的逻辑关系,逻辑函数的表示和化简是组合逻辑电路的数学基础。逻辑函数具有 4 种表示方法:真值表、逻辑表达式、卡诺图和逻辑电路图。已知一种表示方法,便可用其他三种方法表示出来。逻辑函数的化简可以用公式法和卡诺图法。公式法化简需要使用逻辑函数的基本运算规则和定律;卡诺图法适用于输入自变量小于、等于 4 的情况,是一种非常有效而简便的方法。

4. 组合逻辑电路分析的任务是根据已知的逻辑电路图,分析其逻辑功能。按下列步骤进行分析:① 由逻辑电路图写出逻辑表达式,并进行化简;② 由化简后的逻辑表达式列出真值表;③ 由真值表分析逻辑功能。

组合逻辑电路设计的任务是根据提出的逻辑要求,设计出最简单的逻辑电路图。按下列步骤进行设计:① 根据逻辑要求列出真值表;② 由真值表写出逻辑表达式或卡诺图,并进行化简;③ 由化简后的逻辑表达式画出逻辑电路图。

5. 组合逻辑部件是指具有某种逻辑功能的中规模集成组合逻辑电路芯片,经常使用的有加法器、编码器、译码器、选择器、分配器和比较器等。重点要了解它们的输入、输出逻辑关系和应用方法。

加法器有半加器和全加器,分别对两个和三个 1 位二进制数进行加法运算,输出均为本位和和进位。

编码器是对输入的信号(如十进制数、字母、符号等)进行编码,输出对应的二进制代码。如二-十进制编码器输入信号是 10 个十进制数,输出是对应的用 4 位二进制数按"8421"编码表示的代码。

译码器是对输入的二进制代码进行译码,输出对应的信号。如 3-8 线译码器输入 3 位二进制代码,输出对应的 8 个信号;显示译码器输入 4 位二进制"8421"代码,输出对应的 7 个信号,去控制半导体七段数码管。

多路选择器具有多个输入端和一个输出端,选择控制端用二进制代码控制,选择多个输入端中的一个从输出端输出。多路分配器与多路选择器的功能正好相反,具有一个输入端和多个输出端,输入端的信号由分配控制端用二进制代码控制,分配给多个输出端中的一个,并从该端输出。

数字比较器用来对两个数码(如二进制数、二进制代码等)进行比较,输出比较的结果,一般用大、小或相等表示。下表列出了几种常用的组合逻辑部件。

常用的组合逻辑部件表

部件	功能	典型芯片
加法器	实现两个 1 位二进制数相加,输出进位与本位和	双全加器 74LS183
编码器	将某一种信号(如十进制数,符号,指令等)转换为二进制数码	BCD 优先权编码器 74LS147
译码器	将二进制数码转换为对应的输出信号	3-8 线译码器 74LS138 BCD-七段显示译码器 74LS248
多路选择器	从多路输入中选择一路输出	8 选 1 多路选择器 74LS151
多路分配器	将输入数据从多路输出中选择一个输出	
数字比较器	对两组数据进行比较,输出比较结果	

6. 可编程逻辑器件是一种由**与、或**阵列组成的大规模集成电路,用户可以对其编程实现各种逻辑关系和时序逻辑功能。

习题

一、选择题

6.1 由开关组成的逻辑电路如题 6.1 图所示,设开关 A、B 分别有如图所示的 **0** 和 **1** 两个状态,则电灯 F 亮的逻辑式为(   )。

(a) $F=AB+\bar{A}B$ (b) $F=A\bar{B}+AB$ (c) $F=\bar{A}B+A\bar{B}$

6.2 如题 6.2 图所示的逻辑门中,能使 F 恒为 **1** 的逻辑门是图(   )。

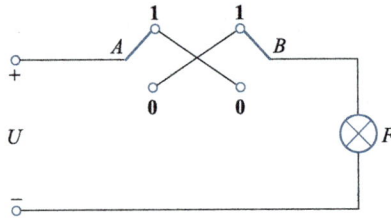

题 6.1 图

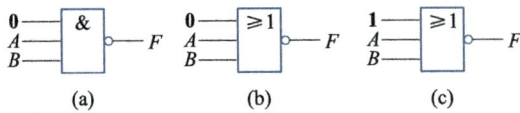

题 6.2 图

6.3　逻辑电路如题 6.3 图所示,输出 F 的逻辑函数表达式为(　　)。

（a）$F=\overline{ABCD}$　　　　（b）$F=\overline{AB}\cdot\overline{CD}$　　　　（c）$F=\overline{\overline{AB}\,\overline{CD}}$

6.4　逻辑门电路如题 6.4 图所示,输出 F 的逻辑函数表达式为(　　)。

（a）$F=\overline{ABC\cdot \mathbf{0}}$　　　　（b）$F=\overline{AB+C\cdot \mathbf{0}}$　　　　（c）$F=\overline{AB+C}$

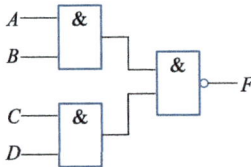　　　　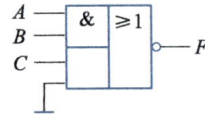

题 6.3 图　　　　　　　　　题 6.4 图

6.5　和函数式 $F=AB+\bar{A}C$ 相等的表达式为(　　)。

（a）$AB+C$　　　　（b）$AB+\bar{A}C+BCDE$　　　　（c）$A+BC$

6.6　与函数式 $F=\overline{ABCD}$ 相等的表达式为(　　)。

（a）$\overline{AB}\,\overline{CD}$　　　　（b）$\bar{A}+\bar{B}+\bar{C}+\bar{D}$　　　　（c）$\overline{\bar{A}+\bar{B}+\bar{C}+\bar{D}}$

6.7　逻辑电路如题 6.7 图所示,输出 F 的逻辑函数表达式为(　　)。

（a）$F=AC+B\,\bar{C}$　　　　（b）$F=(A+C)(B+\bar{C})$

（c）$F=\overline{(A+C)+(B+\bar{C})}$

6.8　逻辑电路如题 6.8 图所示,输出 F 的逻辑函数表达式为(　　)。

（a）$F=A\,\overline{ABB}\,\overline{AB}$　　　　（b）$F=A\,\overline{AB}+B\,\overline{AB}$　　　　（c）$F=\overline{A\oplus B}$

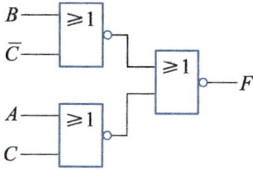

题 6.7 图

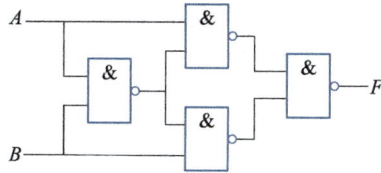

题 6.8 图

6.9 逻辑电路如题 6.9 图所示,输出 F 的逻辑函数表达式为( )。

(a) $F = \overline{A+B}$ (b) $F = \overline{AB}$ (c) $F = \overline{A} + \overline{B}$

6.10 逻辑电路如题 6.10 图所示,输出 F 的逻辑函数表达式为( )。

(a) $F = \overline{A}B$ (b) $F = A\overline{B}$ (c) $F = \overline{AB}$

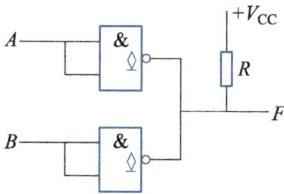

题 6.9 图

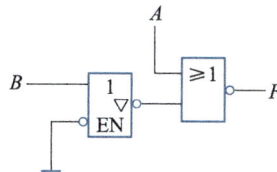

题 6.10 图

6.11 逻辑电路如题 6.11 图所示,已知输入波形 A 为脉冲信号,则输出 F 的波形为( )。

(a) 与 A 同相的脉冲信号   (b) 与 A 反相的脉冲信号
(c) 高电平 **1**

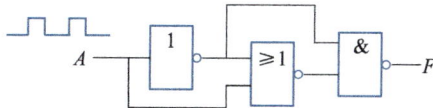

题 6.11 图

6.12 如题 6.12 图所示的逻辑门中,能使 $F = A$ 的逻辑门是图( )。

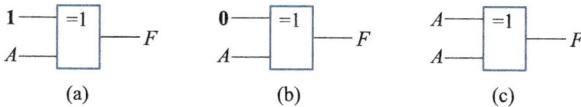

题 6.12 图

6.13 题 6.13 图中,实现逻辑函数 $F = A\overline{B} + A\overline{C} + \overline{A}BC$ 的逻辑电路为( )。

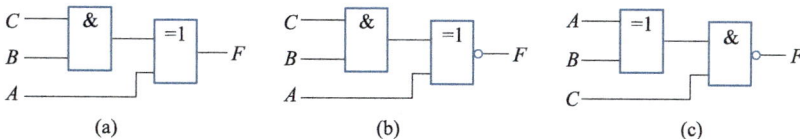

题 6.13 图

6.14　逻辑电路如题 6.14 图所示，F 的逻辑函数表达式为(　　)。

(a) $F=A$　　　　(b) $F=B$　　　　(c) $F=A\oplus B$

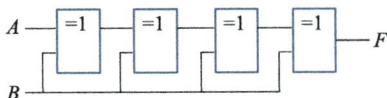

题 6.14 图

6.15　已知逻辑函数的真值表见题 6.15 表，则输出 F 的逻辑表达式是(　　)。

(a) $F=A+BC$　　　(b) $F=A+\overline{B}C$　　　(c) $F=A+B\overline{C}$

题 **6.15** 表

A	B	C	F
0	0	0	0
0	0	1	0
0	1	0	1
0	1	1	0
1	0	0	1
1	0	1	1
1	1	0	1
1	1	1	1

6.16　某逻辑电路的输入 A、B、C 及输出 F 的波形如题 6.16 图所示，则 F 的函数表达式为(　　)。

(a) $\overline{A}C+AB\overline{C}$　　　(b) $\overline{A}B+AB\overline{C}$　　　(c) $AB+C$

6.17　译码、显示(共阳极数码管)电路如题 6.17 图所示，当 $Q_2Q_1Q_0=111$ 时，应显示数字 7，此时译码器的输出 $abcdefg$ 为(　　)。

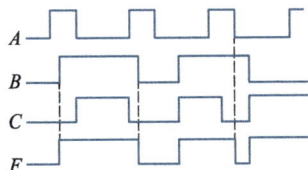

题 6.16 图

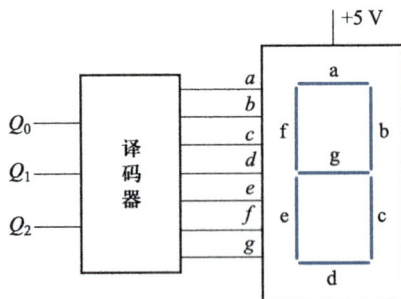

题 6.17 图

(a) **1110000**　　　(b) **0001111**　　　(c) **0000000**

6.18　2-4 线译码器的逻辑符号如题 6.18 图所示，若要求 $\overline{Y}_1$ 端输出为 **0**，

则 A_1、A_0、$\overline{G}$ 的电平应为(   )。

   (a) **010**   (b) **011**   (c) **000**

 6.19 在题 6.19 图所示逻辑电路中,D 为数据输入端,A 为控制端,F 为输出端,则图(a)、图(b)分别是(   )。

   (a) 分配器、选择器 (b) 选择器、分配器 (c) 分配器、加法器

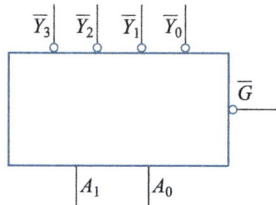

题 6.18 图

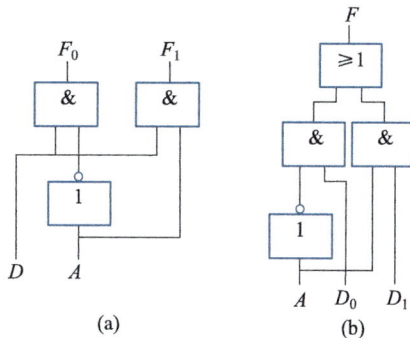

(a)

(b)

题 6.19 图

 6.20 题 6.20 图中,实现一位同比较的电路为(   )。

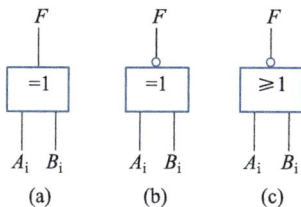

(a) (b) (c)

题 6.20 图

二、解答题

 6.21 题 6.21 图所示电路,若状态赋值规定用 **1** 表示开关闭合,用 **0** 表示开关断开,灯亮用 **1** 表示,求灯 F 点亮的逻辑表达式。

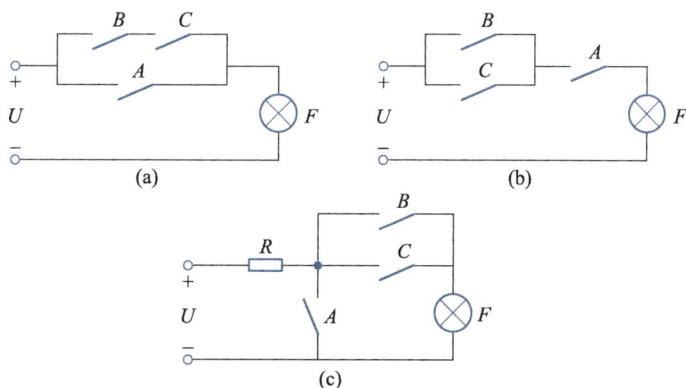

(a)   (b)

(c)

题 6.21 图

6.22 题 6.22 图(a)、(b)所示二极管门电路:(1) 写出输出 F_1、F_2 与输入 A、B、C 之间的逻辑关系;(2) 画出(a)、(b)电路的逻辑符号图;(3) 若 A、B、C 的波形如图(c)所示,请画出 F_1、F_2 的波形图。

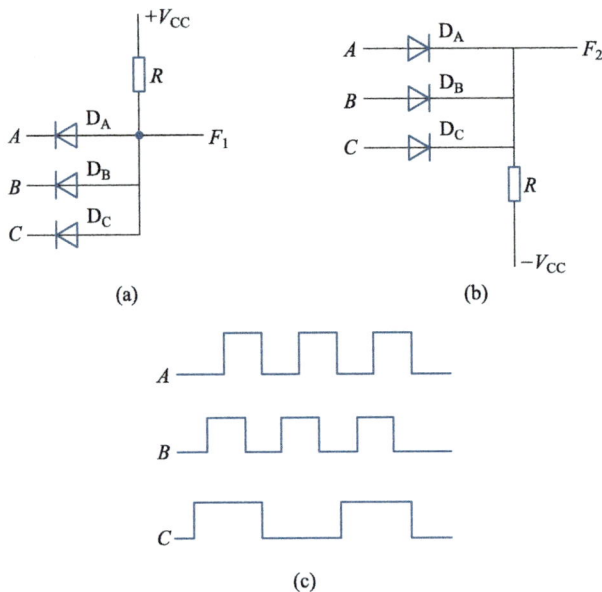

(a)

(b)

(c)

题 6.22 图

6.23 试分析题 6.23 图(a)逻辑电路的逻辑功能,写出逻辑表达式。若输入图(b)波形,画出输出 F 的波形。

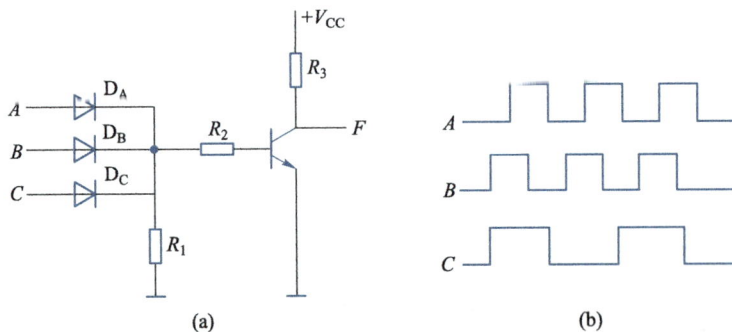

(a)

(b)

题 6.23 图

6.24 常用 TTL 集成门电路如题 6.24 图(a)所示,已知输入 A、B 波形如图(b)所示,试写出 F_1、F_2、F_3、F_4 的逻辑表达式,并画出各输出波形。

6.25 用三态门组成的总线换路开关如题 6.25 图(a)所示,信号输入为 A、B,换路控制为 E。已知 A、B、E 的波形如图(b)所示,试画出 F_1、F_2 的波形。

6.26 分析题 6.26 图中所示电路的逻辑关系,写出 F 的逻辑表达式。

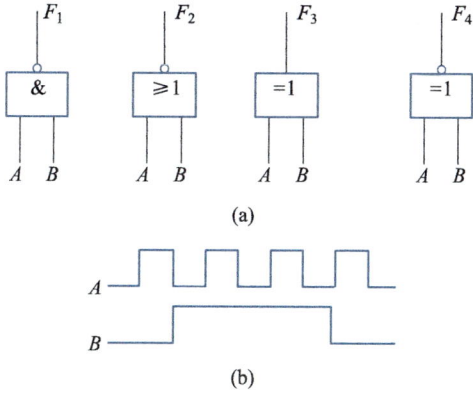

题 6.24 图

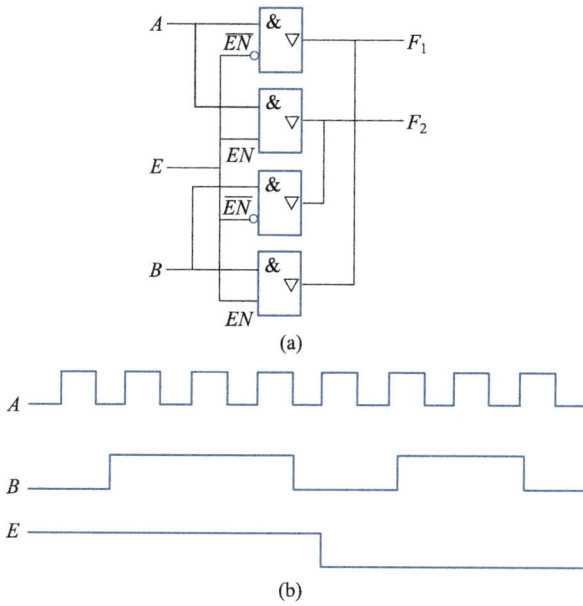

题 6.25 图

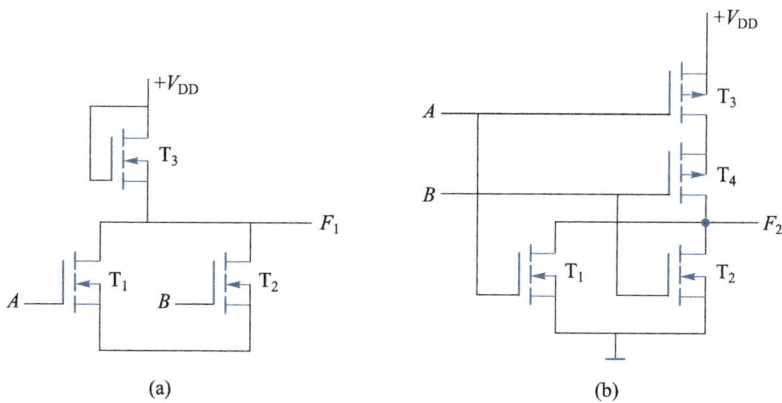

题 6.26 图

6.27 写出题 6.27 图所示各电路输出 F 的逻辑表达式。

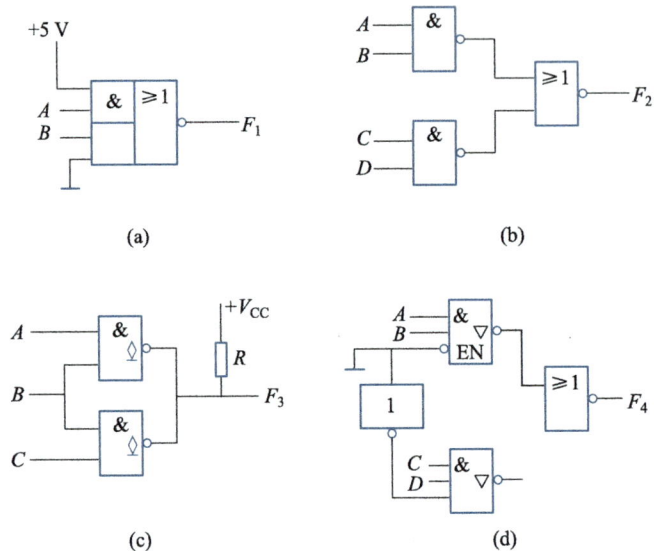

(a)   (b)

(c)   (d)

题 6.27 图

6.28 已知题 6.28 图所示逻辑电路和输入波形,试写出输出 F 的逻辑表达式,并画出它们的波形。

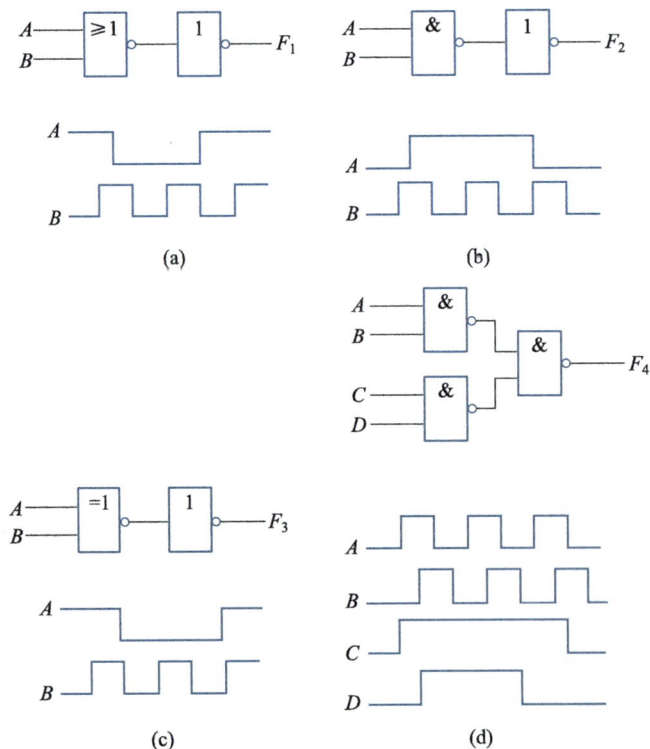

(a)   (b)

(c)   (d)

题 6.28 图

6.29 已知逻辑函数表达式 $F = \overline{A}\,\overline{B}C + ABC$，试用真值表、卡诺图和逻辑图表示。

6.30 已知题 6.30 图所示逻辑图，试写出逻辑表达式，列出真值表和卡诺图。

6.31 已知某组合逻辑电路的输入 A、B、C 及输出 F 的波形如题 6.31 图所示，试列出真值表，画出卡诺图，并写出逻辑表达式。

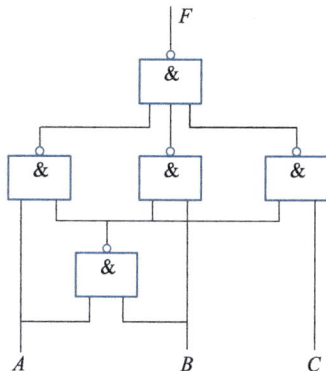

题 6.30 图

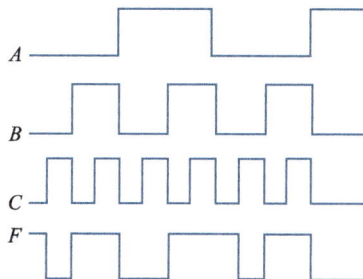

题 6.31 图

6.32 已知某门电路输入 A、B 与输出 F 之间逻辑关系的真值表如题 6.32 表所示。（1）写出逻辑表达式；（2）若已知 A、B 的波形如题 6.31 图所示，画出输出 F 的波形。

题 6.32 表

A	B	F
0	0	1
0	1	1
1	0	1
1	1	0

6.33 用布尔代数将下列各逻辑函数化为最简**与或**表达式。

（1）$F = A(\overline{A} + B) + B(B + C) + B$

（2）$F = (AB + A\overline{B} + \overline{A}B)(A + B + D + \overline{A}\,\overline{B}\overline{D})$

（3）$F = (A + B)C + \overline{A}C + AB + ABC + \overline{B}C + \overline{A + B}C$

（4）$F = A\overline{B}\overline{C} + A\overline{B}C + AB\overline{C} + ABC + \overline{A\overline{B}C} + A\overline{C}$

（5）$F = (A + B + C)(\overline{A} + \overline{B} + \overline{C})$

6.34 用布尔代数推证下列各式。

（1）$ABC + \overline{A} + \overline{B} + \overline{C} = 1$

（2）$\overline{(\overline{A}+B)}+\overline{(A+\overline{B})}+\overline{(\overline{A}B)(A\ \overline{B})}=1$

（3）$\overline{A}\ \overline{B}+A\overline{B}+\overline{A}B=\overline{B}+\overline{A}$

（4）$\overline{(A\overline{B}+\overline{A}B\overline{B})}+\overline{(\overline{A}C+A\overline{C}\cdot C)}=\overline{A}\overline{B}+A\overline{C}$

6.35　用**与非门**实现下列逻辑关系,画出逻辑图。

（1）$F=ABC$

（2）$F=A+B+C$

（3）$F=ABC+DEG$

（4）$F=\overline{A+B+C}$

（5）$F=A\overline{B}+\overline{A}B$

（6）$F=AB+\overline{A}\ \overline{B}$

（7）$F=\overline{A}\ \overline{B}+(\overline{A}+B)\overline{C}$

（8）$F=A\overline{B}+A\overline{C}+\overline{A}B$

6.36　用卡诺图法将下列逻辑函数化简成最简**与或**表达式。

（1）$F=AB+\overline{A}BC+\overline{A}B\overline{C}$

（2）$F=\overline{A}\ \overline{B}\overline{C}D+\overline{A}\ \overline{B}CD+\overline{A}\ \overline{B}C\overline{D}+A\overline{B}\overline{C}\overline{D}+A\overline{B}CD+A\overline{B}C\overline{D}$

（3）$F=A\overline{B}+B\overline{C}\overline{D}+ABD+\overline{A}B\overline{C}D$

（4）$F=A\overline{B}C+(\overline{B}+C)(\overline{B}+\overline{D})+\overline{A+C+D}$

6.37　逻辑函数 F 的真值表如题 6.37 表所示,试画出卡诺图,写出 F 的最简表达式,并画出用**与非门**表示的逻辑图。

题 **6.37** 表

A	B	C	F
0	0	0	0
0	0	1	1
0	1	0	0
0	1	1	1
1	0	0	1
1	0	1	0
1	1	0	1
1	1	1	0

6.38　写出题 6.38 图所示电路的逻辑表达式,并化简。

6.39　证明题 6.39 图所示两个逻辑电路具有相同的逻辑功能。

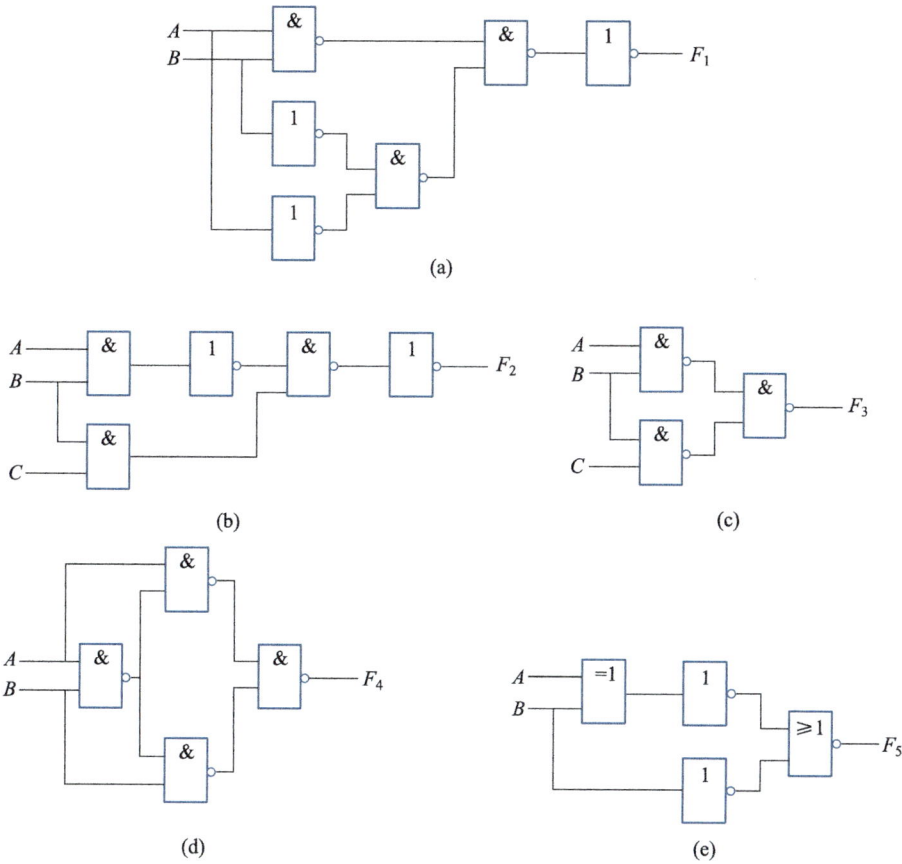

题 6.38 图

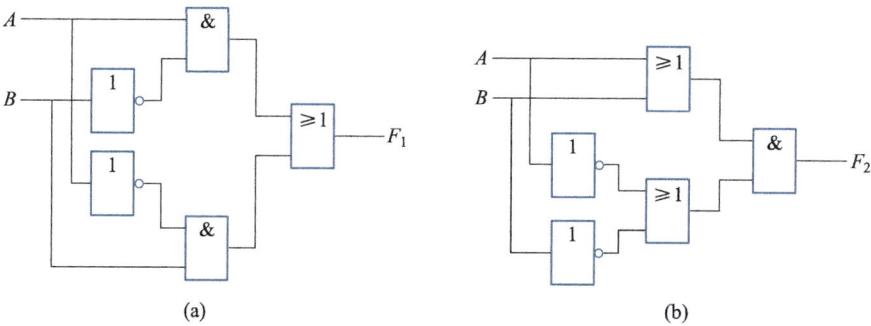

题 6.39 图

6.40 写出题 6.40 图所示电路的逻辑表达式,并化简为最简**与或**式,列出真值表,分析电路的逻辑功能。

6.41 写出题 6.41 图所示判奇电路的逻辑表达式,列出真值表,说明它的逻辑功能。如需要判偶电路,应如何修改该电路?

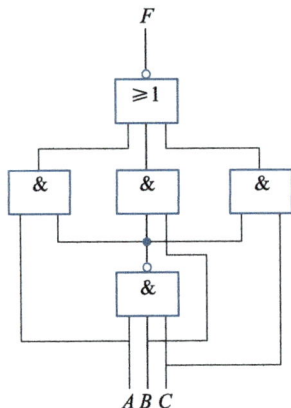

题 6.40 图

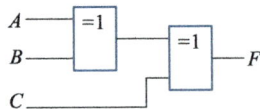

题 6.41 图

6.42　分析题 6.42 图(a)电路的逻辑功能,若已知 E、D_0、D_1 的波形如图(b)所示,试画出 F 的波形。

6.43　分析题 6.43 图(a)电路的逻辑功能,若已知 E、D 的波形如图(b)所示,试画出 F_1、F_2 的波形。

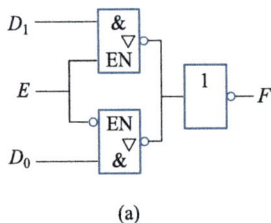

(a)

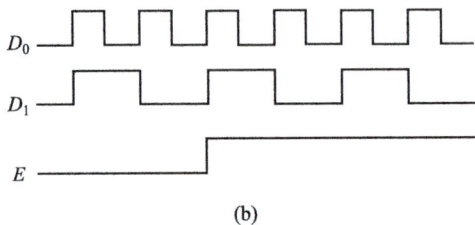

(b)

题 6.42 图

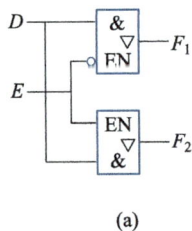

(a)

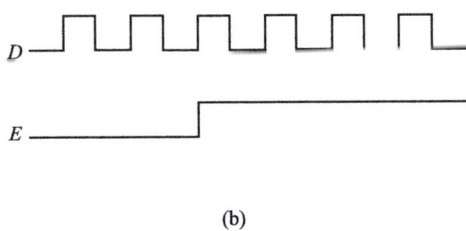

(b)

题 6.43 图

6.44　试用**与非**门设计一个有三个输入端和一个输出端的组合逻辑电路,其功能是输入的三个数码中有偶数个 **1** 时,电路输出为 **1**,否则为 **0**。

6.45　试用**异或**门设计一个有三个输入端和一个输出端的组合逻辑电路,其功能是输入的三个数码中有奇数个 **1** 时,电路输出为 **1**,否则为 **0**。

6.46　设有三台电动机 A、B、C,要求 A 开机 C 必须开机,B 开机 C 也必须开机,C 可单独开机,如不满足上述要求发出报警信号。试写出输出报警的逻辑表达式(电机开机及输出报警均用 **1** 表示),并画出逻辑电路图。

6.47　试用**与非**门设计一个三输入、三输出的组合逻辑电路。输出 F_1、F_2、F_3 为三个操作台,由三个输入信号 A、B、C 控制,每个工作台必须接收到两个信号才能动作:当 A、B 有信号时 F_1 动作,B、C 有信号时 F_2 动作,C、A 有信号时 F_3 动作(A、B、C 有信号和工作台动作均用 **1** 表示)。

6.48　某公司 A、B、C 三个股东,分别占有 50%、30% 和 20% 的股份。设计一个三输入三输出的多数表决器,用于开会时按股份大小记分输出表决结果——赞成、平局和否决,分别用 X、Y、Z 表示(股东赞成和输出结果均用 **1** 表示)。

6.49　二进制编码电路如题 6.49 图所示,试写出灯 EL 的逻辑表达式,并说明灯 EL 在什么情况下可以发亮。

6.50　试用双 2-4 线译码器 74LS139 连接成一个 3-8 线译码器电路。

6.51　用**与非**门设计 2-4 线译码器,要求输出端高电平有效,控制端低电平有效。

6.52　设计一个如题 6.52 图所示的显示译码器,用 3 位二进制数 $Q_2Q_1Q_0$ 控制共阴极七段发光数码管按题 6.52 表显示数字。

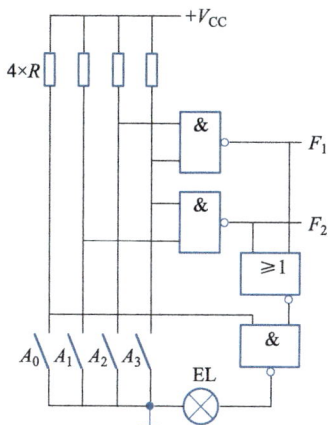

题 6.49 图

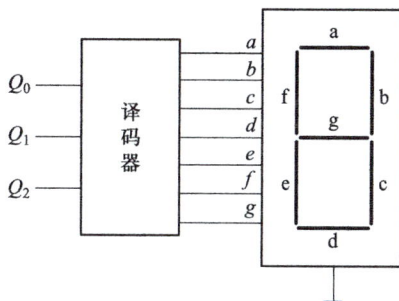

题 6.52 图

题 **6.52** 表

Q_2	Q_1	Q_0	显示数字
0	0	1	1
0	1	0	2
0	1	1	3
1	0	0	4
1	0	1	5
1	1	0	6
1	1	1	8

6.53　2 选 1 多路选择器如题 6.53 图(a)所示,信号输入为 A、B,选择控制为 S。已知 A、B 和 S 的波形如图(b)所示,试画出 F 的波形。

(a)

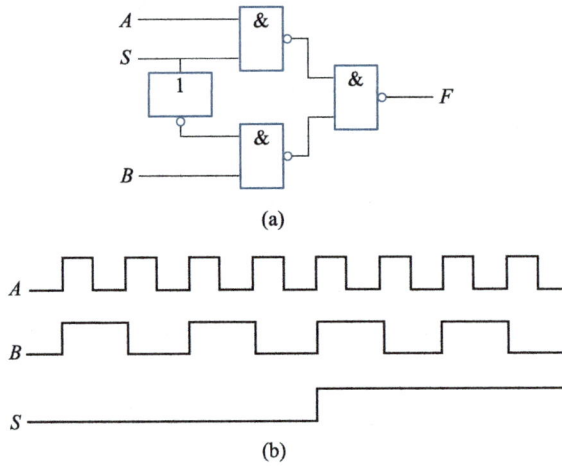

(b)

题 6.53 图

6.54　题 6.54 图所示为 4 选 1 多路选择器的逻辑图,数据输入为 $D_0 \sim D_3$,选择控制为 A_1、A_0,选择允许为 $\overline{E}$,输出为 F。(1) 写出逻辑表达式;(2) 列出真值表,并说明 $\overline{E}$ 为何种电平时允许输出数据。

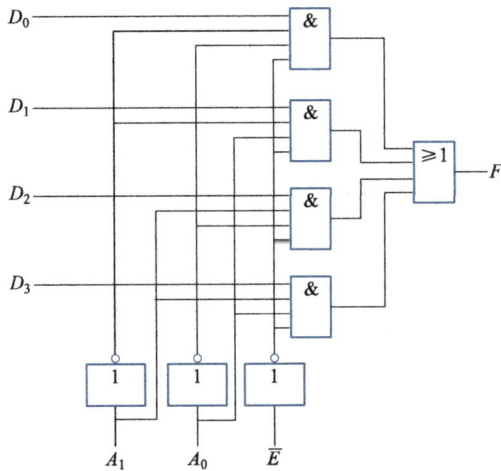

题 6.54 图

6.55　设计一个具有分配允许端 $\overline{S}$(低电平有效)的 1-2 分配器。

6.56　试用双 2-4 线译码器 74LS139 连成 1-4 分配器。

6.57　题 6.57 图所示电路为用 8 选 1 多路选择器 74LS151 和 3-8 线译码器 74LS138 组成的多路数据传输系统,从甲地向乙地传送数据。如实现题 6.57 表中各通道之间的传送,试将两地的控制码 $A_2 A_1 A_0$ 填入表中。

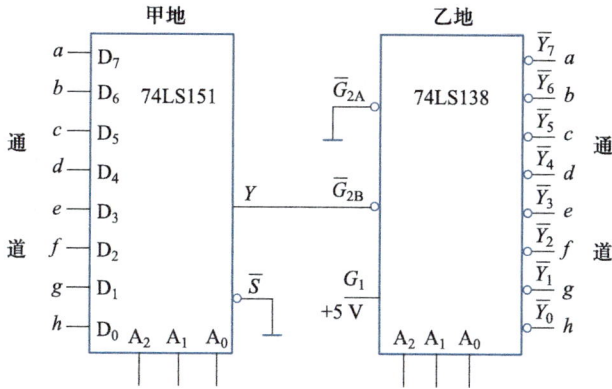

题 6.57 图

题 **6.57** 表

甲地→乙地		74LS151 A_2 A_1 A_0	74LS138 A_2 A_1 A_0
a	b		
d	f		
h	a		

6.58 利用多路选择器实现函数 $F=AB+\bar{B}$。

6.59 利用多路选择器实现函数 $F=AB+\bar{A}BC+\bar{A}B\bar{C}$。

6.60 用题 6.60 图所示 PROM 实现 2-4 线译码器逻辑。已知译码状态如题 6.60 表所示,试画出**或**阵列的编程结果。

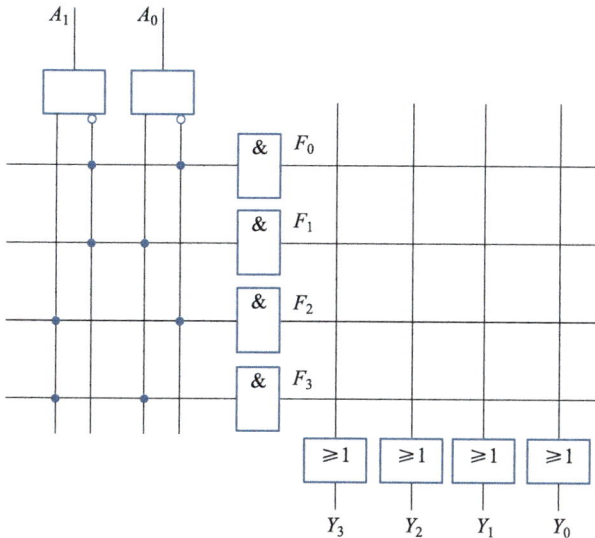

题 6.60 图

题 6.60 表

A_1	A_0	Y_0	Y_1	Y_2	Y_3
0	0	1	0	0	0
0	1	0	1	0	0
1	0	0	0	1	0
1	1	0	0	0	1

6.61　用 PLD 实现三中取二多数表决器逻辑,试画出题 6.61 图所示电路中的编程结果。(1) 用 PLA,如题 6.61 图(a)所示;(2) 用 PAL,如题 6.61 图(b)所示。

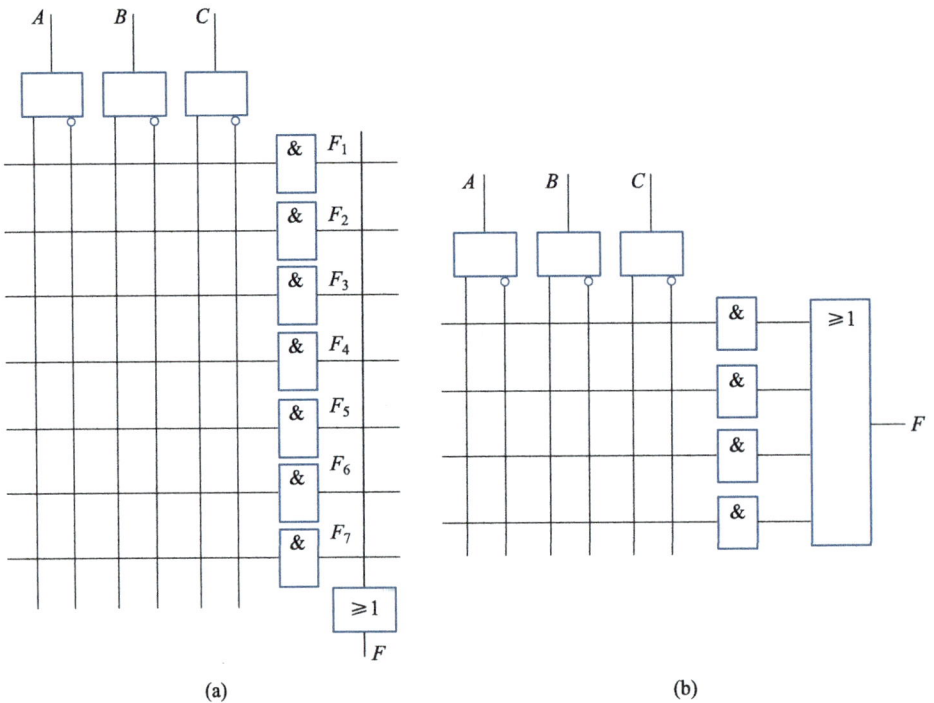

(a)　　　　　　　　　(b)

题 6.61 图

6.62　画出分别用 PLA 和 PAL 实现下列逻辑函数的编程结果。

(1) $F_1 = A\bar{B}\bar{C} + \bar{A}BC + \bar{B}C + B\bar{C}$

(2) $F_2 = \overline{(A\bar{B} + \bar{A}B\bar{B})} + \overline{(\bar{A}C + A\bar{C}C)}$

6.63　画出分别用 PLA 和 PAL 实现三同或门 $F_1 = \bar{A}\ \bar{B}C + ABC$ 和三异或门 $F_2 = \bar{A}\ \bar{B}C + \bar{A}B\bar{C} + \bar{A}BC + A\bar{B}\bar{C} + A\bar{B}C + AB\bar{C}$ 的编程结果。

第 7 章　时序逻辑电路

组合逻辑电路由逻辑门组成,其输出只由输入状态决定,且符合一定的逻辑关系。而时序逻辑电路的输出不但与输入状态有关,而且还取决于输出端原来的状态,一般由逻辑门和触发器组成。典型的时序逻辑电路有寄存器、计数器等。

本章首先介绍触发器的原理和逻辑功能,这部分内容是学好本章的基础。然后依次学习各种寄存器、计数器。重点是分析各种部件的逻辑功能,并侧重介绍集成电路芯片和它们的应用。

§7.1　双稳态触发器

触发器和门电路一样,是数字电路中的一种基本部件,它具有两种状态,即 **1**(高电平)和 **0**(低电平)。根据能否稳定地保持上述状态,触发器可分为双稳态触发器、单稳态触发器和无稳态触发器。双稳态触发器具有置位、复零、计数、记忆(即存储)等多种逻辑功能,它是构成各种时序逻辑电路的基本部件。而无稳态和单稳态触发器主要用于脉冲的产生和整形,这部分内容将在下一章中介绍和学习。

7.1.1　基本 R-S 触发器

由两个与非门组成的基本 R-S 触发器如图 7.1.1(a)所示,它具有两个输出端 Q 和 $\bar{Q}$,它们的状态在正常情况下应是非的关系,规定用 Q 的状态表示触发器的状态。$\bar{R}_\mathrm{D}$ 和 $\bar{S}_\mathrm{D}$ 为两个输入端,触发器的状态由 $\bar{R}_\mathrm{D}$ 和 $\bar{S}_\mathrm{D}$ 的状态决定,$\bar{R}_\mathrm{D}$(Reset)称为直接复 **0** 端,$\bar{S}_\mathrm{D}$(Set)称为直接置 **1** 端。输出与输入的逻辑关系分析如下:

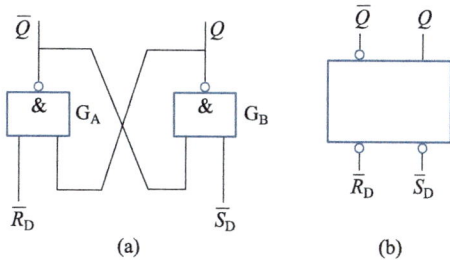

图 7.1.1

241

1. $\overline{S}_D=1,\overline{R}_D=1$

这种情况为两个输入端均为高电平或无输入负脉冲信号,如果触发器原来的状态 $Q=1(\overline{Q}=0)$,与非门 G_A 两个输入端均为 **1**,则 $\overline{Q}$ 仍为 **0**,该端反馈输入到与非门 G_B,使其 Q 端仍保持 **1**。若触发器原来的状态 $Q=0$,$\overline{Q}$ 必为 **1**,与非门 G_B 输入端均为 **1**,则 Q 仍保持 **0**。可见不管 Q 原来的状态如何,当 $\overline{R}_D=\overline{S}_D=1$,即均无输入信号时,触发器的状态不会变化,这种功能称为记忆(即存储)功能。

2. $\overline{S}_D=1,\overline{R}_D=0$

当 $\overline{R}_D$ 端接低电平或输入负脉冲,即 $\overline{R}_D=0$ 时,不管 Q 原来是 **0** 还是 **1**,$\overline{Q}$ 必为 **1**,反馈到 G_B 门,使其输入端为全 **1**,则 Q 必为 **0**。因而 $\overline{R}_D$ 端称为直接复 **0** 端,即在 $\overline{R}_D$ 端出现负脉冲或施加低电平,可使触发器的状态(Q 端)复 **0**。

3. $\overline{S}_D=0,\overline{R}_D=1$

当 $\overline{S}_D$ 端接低电平或输入负脉冲,即 $\overline{S}_D=0$ 时,对与非门 G_B 而言,不管 Q 原来的状态如何,此时 Q 必为 **1**。因而 $\overline{S}_D$ 称为直接置 **1**(置位)端,即在 $\overline{S}_D$ 出现负脉冲或施加低电平,可使触发器的状态(Q 端)置 **1**。

4. $\overline{S}_D=0,\overline{R}_D=0$

在这种情况下,相当于两个输入端同时接低电平或出现负脉冲,此时不管触发器原来的状态如何,Q 和 $\overline{Q}$ 必然均为 **1**。但当两个负脉冲同时过去,即 $\overline{S}_D$ 和 $\overline{R}_D$ 又恢复高电平时,G_A、G_B 两个与非门的输入端均全 **1**,Q 和 $\overline{Q}$ 都有可能出现 **0**。但由于两个与非门信号传输速度的差异,只要有一个出现 **0**,反馈到输入端,必使另一个输出为 **1**。由于信号传输速度差异的随机性,使得 Q 的状态没有一个确定的值。在数字电路中,这种情况是不允许的。

$\overline{S}_D$、$\overline{R}_D$ 两个输入端的四种状态,对应触发器 Q 的状态用表 7.1.1 的状态表表示,该表同时给出对应的逻辑功能,即具有置 **1**、复 **0** 和存储功能。逻辑符号如图 7.1.1(b)所示,图中 $\overline{R}_D$ 和 $\overline{S}_D$ 处的小圆圈,表示它们都是低电平 **0** 有效。图 7.1.2 表示基本 R-S 触发器在 Q 的初值为 **0** 时的工作波形图。

例 7.1.1　用基本 R-S 触发器组成单脉冲发生器。

在图 7.1.3(a)中,按键 S 在原始位置时,$\overline{R}_D=0$,$\overline{S}_D=1$,则 $Q=0$,$\overline{Q}=1$。当按下按键 S,$\overline{R}_D=1$,$\overline{S}_D=0$,使 $Q=1$,$\overline{Q}=0$,松开按键 S 又恢复原来位置,又使 $Q=0$,$\overline{Q}=1$,这样在 Q 端和 $\overline{Q}$ 端分别产生一个正脉冲和负脉冲。用上述电路产生的单脉冲,与用机械按键直接产生单脉冲相比,由于 $\overline{S}_D$ 和 $\overline{R}_D$ 在按键发生抖动时同时处在高电平,使 Q 和 $\overline{Q}$ 的状态保持不变,因而可以有效地消除由于按键抖动而在单脉冲波形上出现如图 7.1.3(b)所示的"毛刺"现象。该电路作为理想的单脉冲发生器得到了广泛的应用。

视频:§7.1.1 基本 R-S 触发器逻辑分析

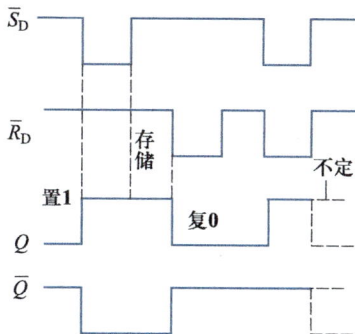

图 7.1.2

表 7.1.1

$\bar{S}_D$	$\bar{R}_D$	Q	功能
0	0	不确定	不允许
0	1	1	置1
1	0	0	复0
1	1	不变	存储

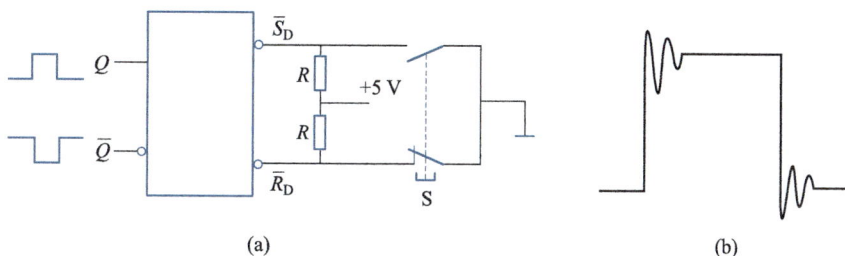

(a)   (b)

图 7.1.3

7.1.2 可控 R–S 触发器

视频:§7.1.2
可控 R–S 触
发器逻辑分析

由表 7.1.1 可知,基本 R–S 触发器的状态由输入端 $\bar{R}_D$ 和 $\bar{S}_D$ 直接控制,即 $\bar{R}_D$ 和 $\bar{S}_D$ 一旦出现负脉冲或低电平,输出 Q 随即发生相应变化,以致 Q 的状态变化在时间上无法由系统统一控制,这在许多场合是极不方便的。

图 7.1.4(a)示出可控 R–S 触发器的逻辑电路图,它的上部是一个基本 R–S 触发器,下部由 G_C、G_D 两个**与非门**组成导引电路,C 为时钟脉冲输入端,也称触发器的触发端,由系统时钟脉冲 CP 控制,将输入 S、R 的信号(电平)传送到上部的基本 R–S 触发器。它的逻辑符号如图 7.1.4(b)所示。

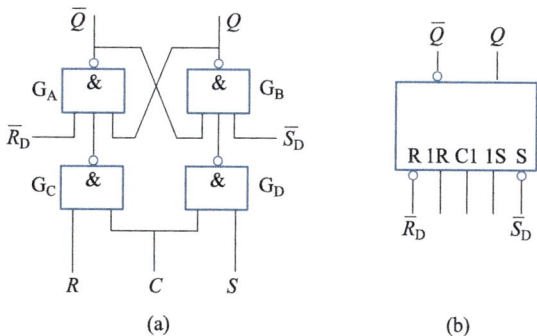

(a)   (b)

图 7.1.4

在 C 端施加的时钟脉冲 CP 为正脉冲,当 $CP=0$ 时,封锁导引电路,不管 R、S 有无信号,与非门 G_C 和 G_D 输出均为 1,根据基本 R-S 触发器的逻辑关系,输出 Q 的状态不会变化。当 $CP=1$ 出现正脉冲时,打开与非门 G_C、G_D,输入 R、S 的状态通过导引电路可以影响 Q 状态。所谓可控 R-S 触发器,就是它的状态(Q 端)只有在时钟脉冲出现($CP=1$)时才随着输入 S 和 R 的状态变化,从而系统可以通过时钟脉冲实现对触发器状态变化时刻的控制。由于它的状态(Q 端)变化时刻与出现 CP 脉冲同步,因而又称为同步 R-S 触发器。

下面分析 $CP=1$ 即出现正脉冲时输入 S 和 R 如何影响输出 Q 的状态,假定用 Q_n 和 Q_{n+1} 分别表示 CP 时钟脉冲出现前后 Q 的状态:

导引电路中的与非门 G_C 和 G_D,当 $CP=1$ 时,其输出与输入 R 和 S 是非的关系,因而当 $R=S=0$ 时,G_C 和 G_D 的输出均为 1,根据基本 R-S 触发器的逻辑关系,输出 Q 的状态不会变化,即 $Q_{n+1}=Q_n$;按照同样的分析方法,当 $R=0$,$S=1$ 时,G_C 输出 1,G_D 输出 0,使 $Q_{n+1}=1$;当 $R=1$,$S=0$ 时,G_C 输出 0,G_D 输出 1,使 $Q_{n+1}=0$;当 $R=S=1$ 时,G_C、G_D 输出均为 0,当 CP 正脉冲过去或 S、R 同时恢复到 0 时,Q_{n+1} 的状态不确定,这种情况同样是不允许的。

表 7.1.2 表示可控 R-S 触发器的状态表,该表同时给出对应的逻辑功能,其功能和基本 R-S 触发器一样,所不同的是:对输入 S 和 R 而言,是高电平 1 有效。

从逻辑电路图中可以看出:$\overline{S_D}$、$\overline{R_D}$ 端出现低电平,可直接使 Q 置 1、复 0,它们和 S、R 端的区别在于:S、R 端是否有效,由系统时钟脉冲 CP 控制,而 $\overline{S_D}$、$\overline{R_D}$ 与 CP 无关,因而它们均带下标 D,称为直接置 1 端和直接复 0 端,在系统开始工作时,可以通过它们使触发器置 1 或复 0。

图 7.1.5 表示可控 R-S 触发器在 Q 的初值为 0 时的工作波形图。

表 7.1.2

CP	S	R	Q_{n+1}	功能
0	×	×	Q_n	存储
1	0	0	Q_n	存储
1	0	1	0	复 0
1	1	0	1	置 1
1	1	1	不定	不允许

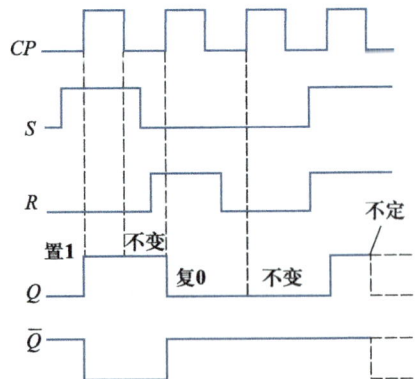

图 7.1.5

例 7.1.2　分析用四个可控 R-S 触发器组成的图 7.1.6 所示电路的功能,其中 $\overline{S_D}$ 端均为高电平。

解:首先给清 0 脉冲,四个触发器的状态 $Q_3Q_2Q_1Q_0=0000$,当出现 CP 脉冲时，Q_3 和 Q_0 置 **1**，而 Q_2 和 Q_1 状态不变，即 $Q_3Q_2Q_1Q_0 = \mathbf{1001}$，各触发器的状态等于相应 S 端的电平。该电路具有寄存数据的功能。

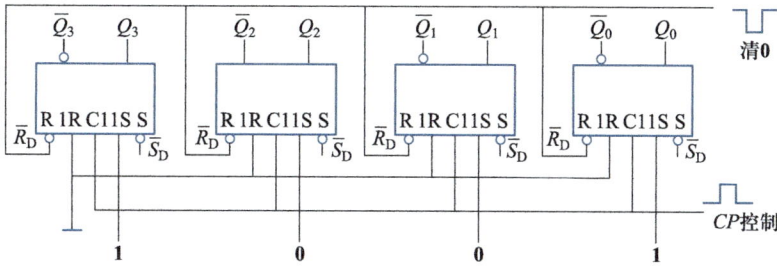

图 7.1.6

•7.1.3 *J-K* 触发器

无论是基本 $R\text{-}S$ 触发器，还是可控 $R\text{-}S$ 触发器，它们都存在不确定的状态，这在许多应用场合中是很不方便的。而用两个可控 $R\text{-}S$ 触发器组成的 $J\text{-}K$ 触发器如图 7.1.7 所示，不但可以避免不确定的状态，而且增强了触发器的逻辑功能。

文本：§7.1.3
J-K 触发器电路特点

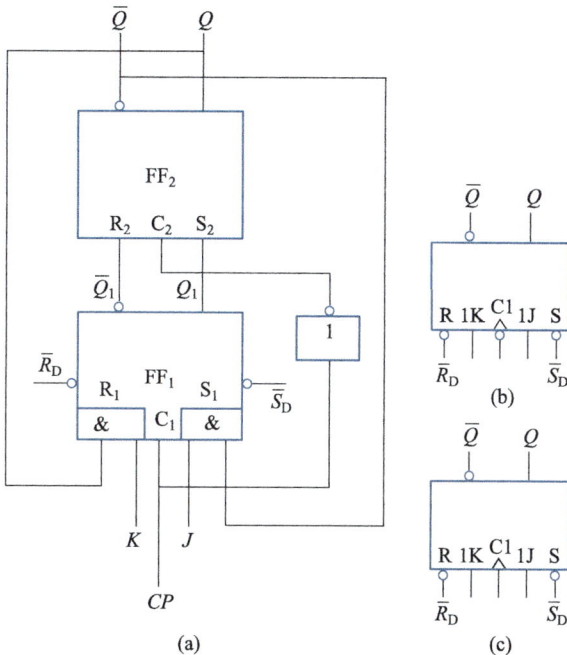

图 7.1.7

下面首先根据图 7.1.7(a)，分析其结构特点和工作原理：CP 时钟脉冲直接作用在触发器 FF_1 的 C_1 端，并又通过一个非门与触发器 FF_2 的 C_2 端相连，在

$CP=1$ 时，$C_1=1$ 而 $C_2=0$，触发器 FF_1 的 Q_1 和 $\overline{Q_1}$ 由 S_1 和 R_1 的状态决定，而触发器 FF_2 的状态（Q）不会变化。当 $CP=0$ 时，$C_1=0$，而 $C_2=1$，情况正与刚才相反，FF_1 的状态（Q_1）不会变化，而 FF_2 的状态（Q）由 S_2 和 R_2 决定。由于 S_2 和 R_2 直接与 Q_1 和 $\overline{Q_1}$ 相连，因而 Q 的状态由 Q_1 和 $\overline{Q_1}$ 决定，根据可控 R-S 触发器的状态表可知，Q 必等于 Q_1，也就是说，Q 随着 Q_1 变化。故而，将触发器 FF_1 称为主触发器，FF_2 称为从触发器，这种结构的 J-K 触发器又叫主从型 J-K 触发器。

J-K 触发器的状态用从触发器的状态 Q 表示，J、K 为输入端，它们与 S_1 和 R_1 的逻辑关系为

$$S_1 = J \cdot \overline{Q} \qquad R_1 = K \cdot Q$$

J-K 触发器的逻辑功能分析如下：

工作时，假定在直接复 0 端 $\overline{R_D}$ 施加负脉冲，使 $Q_1=0$，$\overline{Q_1}=1$，时钟脉冲 CP 作用在 C_1 端，当 $CP=0$ 时，$C_1=0$，Q_1 状态不变，而 $C_2=1$，Q 的状态随着 Q_1 变化，即 Q 的初值为 0，而 $\overline{Q}$ 为 1。

1. $J=1,K=1$

当出现第一个 CP 时钟脉冲时，$CP=1$，Q_1 根据 S_1 和 R_1 的状态变化，此时 $S_1=J \cdot \overline{Q}=1$，$R_1=K \cdot Q=0$，使 $Q_1=1$，$\overline{Q_1}=0$，而 Q 和 $\overline{Q}$ 保持原来的状态（0 和 1）不变。当 CP 脉冲过后，$CP=0$，Q_1 和 $\overline{Q_1}$ 保持不变，而 Q 随着 Q_1 变化，即 $Q=Q_1=1$，$\overline{Q}=0$；当出现第二个 CP 时钟脉冲时，$CP=1$，Q_1 的状态要发生变化，由于此时 $S_1=J \cdot \overline{Q}=0$，$R_1=K \cdot Q=1$，则 $Q_1=0$，$\overline{Q_1}=1$，Q 和 $\overline{Q}$ 状态（1 和 0）保持不变。当 $CP=0$ 时，Q_1 和 $\overline{Q_1}$ 不变，Q 随着 Q_1 变化，即 $Q=Q_1=0$，$\overline{Q}=1$；当出现第三个 CP 时钟脉冲时，工作情况和出现第一个 CP 脉冲时完全一样。以后依次重复下去，其工作波形图如图 7.1.8 所示。

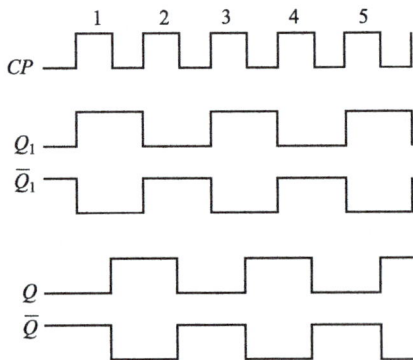

图 7.1.8

不难看出，触发器的状态 Q 总是在 CP 时钟脉冲的下降沿发生变化（也称为翻转），而且其状态值总是 CP 脉冲来以前状态值的非，用 $Q_{n+1}=\overline{Q_n}$ 表示。由于

每来一个 CP 脉冲, Q 的状态翻转一次, Q 的翻转次数等于 CP 脉冲的个数,因而这种功能称为计数功能。

2. $J=1,K=0$

由逻辑电路图可以看出,不管 Q 的初值是 **0** 还是 **1**, $R_1=K\cdot Q$ 总为 **0**,而 $S_1=J\cdot\overline{Q}$,其值与 Q 的初值有关,当 Q 的初值为 **0**, $\overline{Q}$ 为 **1** 时, $S_1=1$,出现 CP 脉冲($CP=1$)时, $Q_1=1$ (置 **1**), CP 脉冲过后($CP=0$), $Q=Q_1=1$;当 Q 的初值为 **1**, $\overline{Q}$ 为 **0** 时, $S_1=0$,出现 CP 脉冲时 Q_1 和 Q 的状态均不会变化,仍为 **1**。可见,在 $J=1,K=0$ 的情况下,触发器具有置 **1** 功能。其 Q 的初值为 **0** 时的工作波形图如图 7.1.9 所示,不难看出,触发器的状态 Q 在 CP 时钟脉冲的下降沿置 **1**。

3. $J=0,K=1$

与上述情况正好相反, $S_1=J\cdot\overline{Q}$ 总为 **0**,而 $R_1=K\cdot Q$ 与 Q 的初值有关,当 Q 的初值为 **1**, $R_1=1$,出现 CP 脉冲时, $Q_1=0$, CP 脉冲过后, $Q=Q_1=0$;当 Q 的初值为 **0** 时, $R_1=0$, CP 脉冲出现时, Q_1 和 Q 的状态均不会变化,仍保持原来的 **0** 态。可见,在 $J=0,K=1$ 的情况下,触发器具有复 **0** 功能。其 Q 的初值为 **1** 的工作波形图如图 7.1.10 所示,同样,触发器的状态 Q 在 CP 时钟脉冲的下降沿复 **0**。

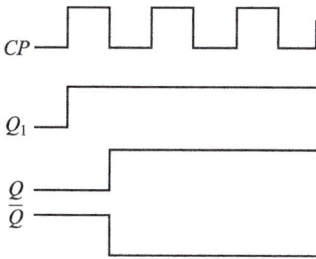

图 7.1.9

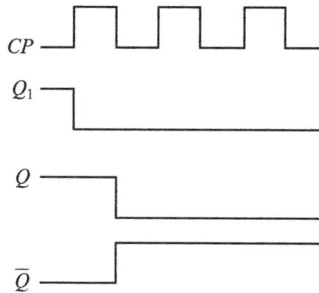

图 7.1.10

4. $J=0,K=0$

此时,不管原来的 Q 状态如何, S_1 和 R_1 总为 **0**, CP 脉冲出现时, Q_1 和 Q 的状态不会变化,即保持原来的状态,用 $Q_{n+1}=Q_n$ 表示,触发器具有记忆(即存储)功能。

根据上述分析,列出 $J-K$ 触发器的状态表见表 7.1.3。图 7.1.7(b)表示它的逻辑符号,其中 C 端处的小圆圈和三角,表示 Q 端的状态在 CP 时钟脉冲的下降沿翻转。另外一种 $J-K$ 触发器的逻辑符号如图 7.1.7(c)所示, C 端处只有三角而没有小圆圈,表示 Q 端的状态在 CP 时钟脉冲的上升沿翻转。这两种 $J-K$ 触发器的状态表和逻辑功能完全一样,后一种触发器的原理这里不再讨论。

集成电路双 $J-K$ 触发器 74LS112 的引脚排列如图 7.1.11 所示。

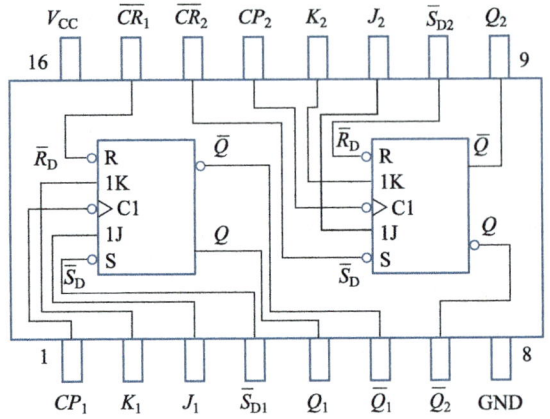

图 7.1.11

表 7.1.3

J	K	Q_{n+1}	功能
0	0	Q_n	存储
0	1	0	复 0
1	0	1	置 1
1	1	$\overline{Q_n}$	计数

例 7.1.3　一片双 J-K 触发器 74LS112 的连接电路如图 7.1.12 所示，J、K 端均为高电平 **1**，在 CP 脉冲作用下，试画出 Q_1 和 Q_2 的波形图。设 Q_1、Q_2 的初值均为 **0**，并说明该电路的分频功能。

解：由于 J、K 端均为高电平 **1**，两个触发器都处在计数状态，Q_1 在 CP 脉冲的下降沿翻转，Q_2 在 Q_1 脉冲的下降沿翻转，波形图如图 7.1.13 所示。由波形图可见：Q_1 脉冲的个数为 CP 脉冲的二分之一，即脉冲频率减半，称 Q_1 脉冲为 CP 脉冲的二分频。同理，Q_2 为四分频。因而该电路具有二分频和四分频的功能。

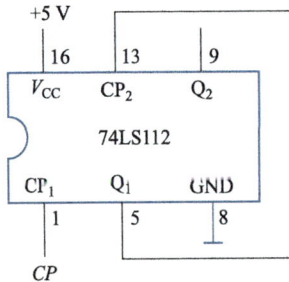

图 7.1.12

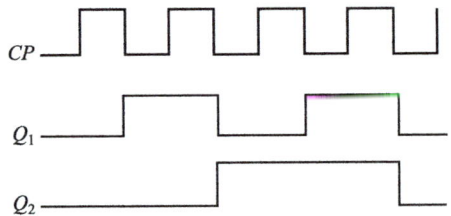

图 7.1.13

7.1.4　其他类型的触发器

在双稳态触发器中，除了 R-S 触发器、J-K 触发器外，根据电路结构和工作原理的不同，还有众多具有不同逻辑功能的触发器。从应用角度出发，下面仅以 J-K 触发器为基础，介绍其他几种触发器的逻辑功能。

1. D 触发器

图 7.1.14（a）示出 D 触发器的逻辑电路，当输入 $D=1$ 时，$J=1$，$K=0$，在 CP 脉冲的下降沿 Q 端置 **1**；当 $D=0$ 时，$J=0$，$K=1$，在 CP 脉冲的下降沿 Q 端复 **0**，

其逻辑功能用 $Q_{n+1}=D_n$ 表示,即每来一个 CP 脉冲,触发器的状态 Q 等于 CP 脉冲来以前输入 D 的状态。与 $J-K$ 触发器一样,D 触发器也有下降沿翻转和上升沿翻转两类,逻辑符号分别用图(b)、(c)表示,其状态表见表 7.1.4。

图 7.1.15 示出上升沿翻转的集成电路双 D 触发器 74LS74 的引脚排列。

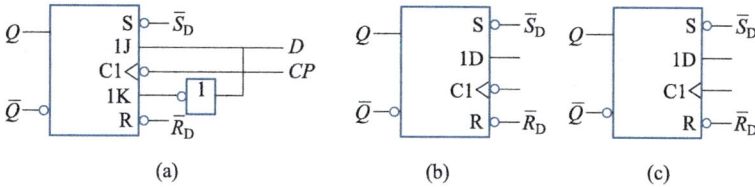

图 7.1.14

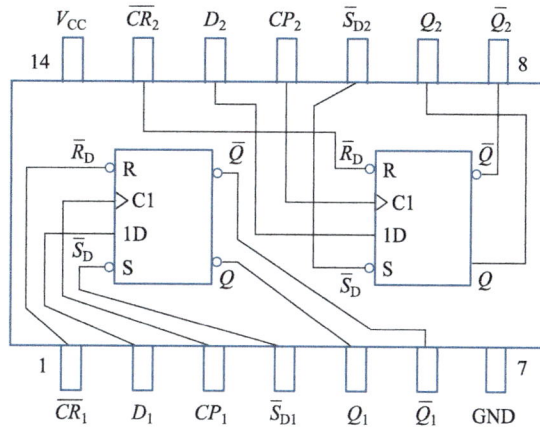

表 7.1.4

D_n	Q_{n+1}
0	**0**
1	**1**

图 7.1.15

2. T' 触发器

将 D 触发器的输出 $\bar{Q}$ 与输入 D 相连,组成 T' 触发器,如图 7.1.16 所示。由于 Q 和 $\bar{Q}$ 是非的关系,因而每来一个 CP 时钟脉冲,Q 的状态必取其非,用 $Q_{n+1}=\bar{Q}_n$ 表示,该触发器具有计数功能。用 $\frac{1}{2}$74LS74 组成的 T' 触发器,其工作波形图如图 7.1.17 所示(设 Q_1 的初态为 **0**)。

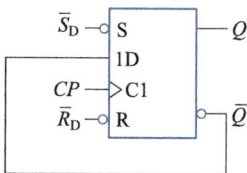

图 7.1.16

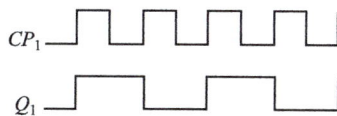

图 7.1.17

3. T 触发器

图 7.1.18(a)示出由 J-K 触发器组成的 T 触发器的逻辑电路,当输入 $T=1$ 时,$J=K=1$,J-K 触发器处在计数状态,每来一个 CP 时钟脉冲,Q 翻转一次;当输入 $T=0$ 时,$J=K=0$,J-K 触发器处在存储状态,即使有 CP 时钟脉冲出现,Q 的状态也保持不变。其状态表如表 7.1.5 所示。由于 T 触发器只有在 T 等于高电平 **1** 时才处在计数状态,因而 T 触发器又称为可控计数器。图 7.1.19 示出它的工作波形图(设 Q 的初态为 **0**)。T 触发器下降沿翻转和上升沿翻转的逻辑符号如图 7.1.18(b)和(c)所示。

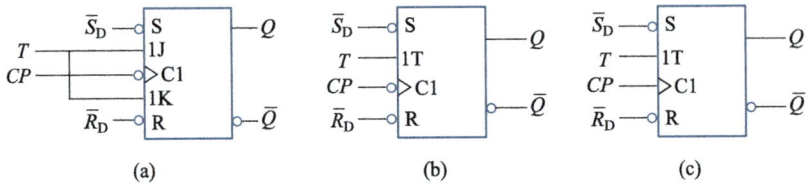

图 7.1.18

表 7.1.5

T	Q_{n+1}	功能
0	Q_n	存储
1	$\overline{Q_n}$	计数

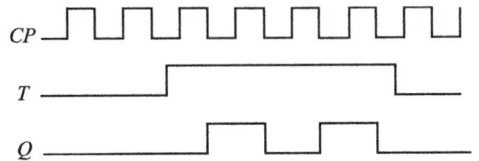

图 7.1.19

4. 锁存器

具有接收和存储(记忆)功能的触发器又称为锁存器。

图 7.1.20 示出 4 位双稳态锁存器 74LS375 的引脚排列,这是一种用电位控制的 D 触发器。当控制信号 C 为高电平 **1** 时,输出 Q 的状态等于输入 D 的状态(接收功能);当 C 为低电平 **0** 时,Q 的状态保持原来的状态不变,与现时 D 的状态无关,即起到锁存的作用(存储功能)。其状态表见表 7.1.6。

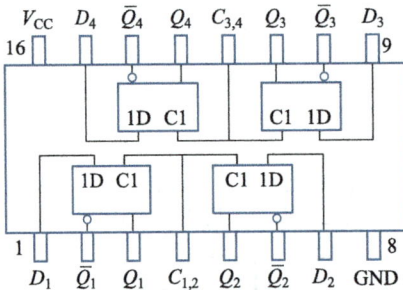

图 7.1.20

表 7.1.6

C	D	Q_{n+1}	功能
0	×	Q_n	锁存
1	**0**	**0**	接收
1	**1**	**1**	

例 7.1.4　使用 $\frac{1}{4}$74LS375 芯片,已知 D_1 和 C_1 波形,Q_1 的初值为 **0**,如图 7.1.21 所示,试画出 Q_1 的波形。

解:在 t_1 到 t_2 时间,Q_1 的状态被锁存,在其他时刻(C_1 为高电平),Q_1 等于 D_1,波形如图 7.1.21 所示。

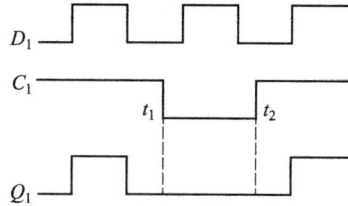

图 7.1.21

7.1.5　触发器应用举例

触发器在数字电路中得到广泛的应用,下面仅以两例加以说明。

1. 混合冗余系统

混合冗余系统是以多数表决器为核心,当工作模块故障时能自动切除,并投入备用模块的数字系统,它具有极高的可靠性,广泛地应用在要求可靠性很高的数字系统中。图 7.1.22 示出 $H(3,1)$ 混合冗余系统的电路图,它由三个工作模块、一个备用模块、开关电路、三中取二表决器和差错检测器等部分组成。所有工作模块和备用模块功能完全一样,三个工作模块通过三组由基本 R-S 触发器和**与或**门组成的开关电路与三中取二表决器相连(表决器原理请见例 6.4.3),表决器的输出 Y 为系统的输出,其值等于三个模块的表决结果,真值

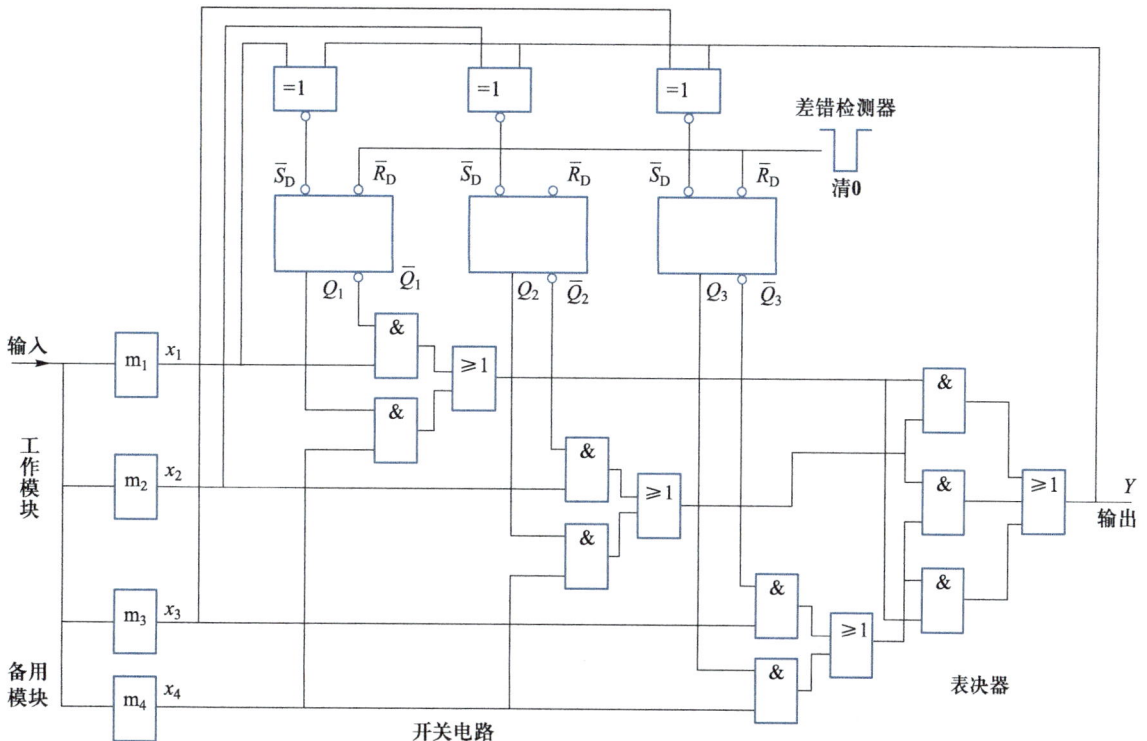

图 7.1.22

表见表 7.1.7。差错检测器由**同或**电路组成,当模块输出 x 与系统输出 Y 一致时,差错检测器输出 **1**,否则为 **0**。系统工作时,首先通过 $\overline{R}_\mathrm{D}$ 使三个触发器清 **0**,切断备用模块的输出 x_4 与表决器的通道。而 $\overline{Q}=\mathbf{1}$,三个工作模块的输出(x_1、x_2、x_3)通过**与或**门送入表决器中进行表决。当三个工作模块均正常时(x_1、x_2、x_3 和 Y 的状态相同),差错检测器输出为 **1**,三个触发器的状态都不变。若任一个工作模块(如 m_1)发生故障(x_1 与 x_2、x_3 的状态不同),表决器的输出 Y 取多数仍为正常模块(m_2、m_3)的值,使与故障模块(m_1)相连的**同或**门输出 **0**,使相应的基本 R-S 触发器 $\overline{Q}_1=\mathbf{0}$,切除故障模块($m_1$),$Q_1=\mathbf{1}$,投入备用模块 m_4。表决器的输入仍为三个正常的模块(m_4,m_2,m_3),系统仍可以进行三中取二表决。显然,在这种系统中,允许两个模块相继发生故障,而系统输出 Y 仍为正常值,因而大大地提高了系统的可靠性。

表 7.1.7

x_1	x_2	x_3	Y
0	0	0	0
0	0	1	0
0	1	0	0
0	1	1	1
1	0	0	0
1	0	1	1
1	1	0	1
1	1	1	1

2. 抢答电路

在智力竞赛中,参赛者通过按动按钮进行抢答,图 7.1.23 示出用 2 片双 J-K 触发器 74LS114 和一片四输入双**与**门 74LS21 组成的四人抢答电路。开始工作时,按下清 **0**($\overline{CR}$)按钮 S,所有 Q 均为 **0** 电平,4 个发光二极管 $\mathrm{LED}_1 \sim \mathrm{LED}_4$ 全灭。所有 $\overline{Q}$ 均为 **1** 电平,**与**门 G_1 输出 **1**,打开**与**门 G_2,时钟脉冲 CP 作用在所有触发器的时钟输入端。由于所有的 J、K 均为 **0** 电平,所以所有的 Q 一直保持 **0** 电平不变。当四人抢答按钮 $S_1 \sim S_4$ 中的任何一个如 S_2 首先按下,对应的 $J_2=\mathbf{1}$,使对应的 $Q_2=\mathbf{1}$,LED_2 发光。与此同时,对应的 $\overline{Q}_2=\mathbf{0}$,$G_1$ 输出 **0** 电平,关闭 G_2 门,触发器的端均为 **0** 电平,使各触发器 Q 端的状态不再改变,直到按下清 **0** 按钮 S 即可进行下一轮抢答。

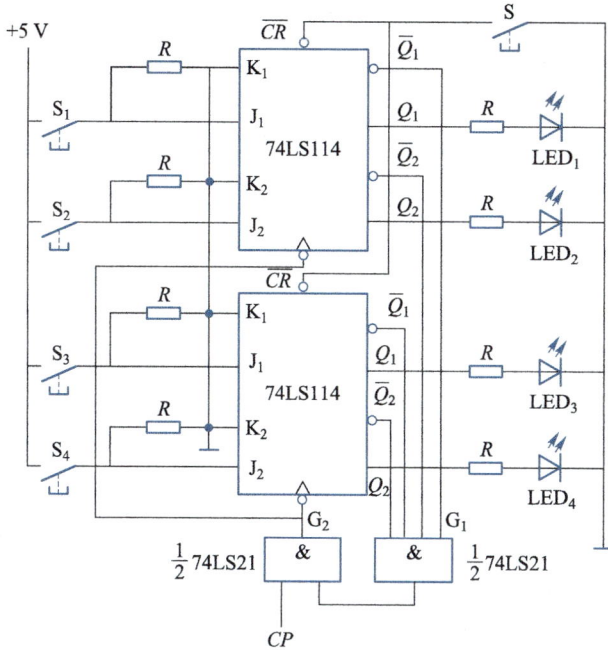

图 7.1.23

思考题

1. 试说明可控 R-S 触发器时钟脉冲 CP 的作用。

2. J-K 触发器（或 D 触发器）的时钟脉冲 CP 上升沿触发和下降沿触发，对触发器的逻辑功能有无影响？对翻转时刻有无影响？

3. 你所学过的几种触发器中，Q 和 $\overline{Q}$ 的状态在任何情况下总是**非**的关系吗？哪些是？哪些不是？

4. T 触发器和 T' 触发器在逻辑功能上有何相同之处和不同之处？

5. 所学过的几种触发器为什么叫双稳态触发器？其状态各在什么情况下能稳定不变？

6. 如何将可控 R-S 触发器转换为 D 触发器？

§7.2 寄存器

寄存器主要用来暂时存放数码，是一种常用的时序逻辑部件。它由触发器和一些逻辑门电路组成。触发器用来存放数码，一个触发器有两种状态，也就是说只能存放 1 位二进制数。在数字电子计算机中的寄存器通常是 8 位、16 位、32 位等，它们分别由 8 个、16 个、32 个触发器组成。逻辑门电路用来控制数码的存入或取出。

寄存器存取数码的方式有并行和串行两种，所谓并行是指在一个时钟脉冲

文本：§ 7.2.1
寄存器概述

253

控制下,各位数码同时存入或取出,称为并行输入或并行输出。串行是指在一个时钟脉冲作用下,只移入(存入)或移出(取出)一位数码,n 位数码必须用 n 个时钟脉冲作用才能全部移入或移出,称为串行输入或串行输出。对于并行输入、并行输出的寄存器称为数码寄存器,它只有存放数码的功能。而具有串行输入或输出功能的寄存器称为移位寄存器,它不但能存放数码,而且还具有二进制数的运算功能。

7.2.1 数码寄存器

视频:§ 7.2.2 数码寄存器

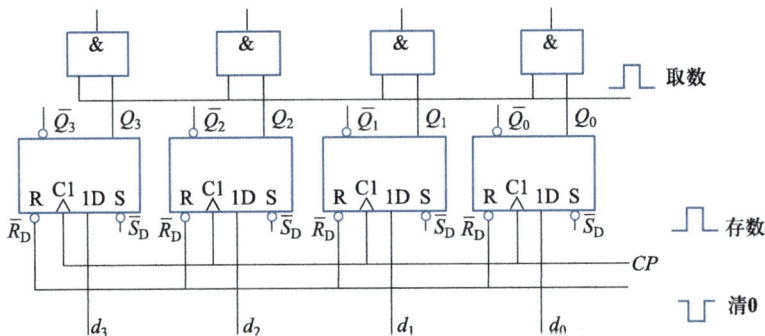

图 7.2.1 示出一个由 4 个 D 触发器和 4 个与门组成的 4 位数码寄存器,4 位待存的数码 $d_3 d_2 d_1 d_0$ 分别与 4 个 D 触发器的 D 端相接,序数脉冲的取数脉冲作用在 D 触发器的触发端 C1 和与门输入端。当发出存数脉冲时,4 个触发器的状态 Q_3、Q_2、Q_1、Q_0 分别与 4 位数码 $d_3 \sim d_0$ 相同,实现数码存入的操作。当需要取出该数码时,发出一个取数脉冲,打开 4 个与门,4 位数码分别从 4 个与门输出。只要不存入新的数码,原来的数码可重复取出,并一直保持下去。寄存器需要清 0 时,在 $\overline{R}_D$ 端加一个清 0 负脉冲即可实现。显然,这种寄存器属于并行输入、并行输出寄存器。

图 7.2.1

例 7.2.1 画出用可控 $R\text{-}S$ 触发器组成 4 位数码寄存器的电路图,并说明其工作过程。

解: 4 位数码寄存器用 4 个可控 $R\text{-}S$ 触发器组成,如图 7.2.2 所示,待存数据 $d_3 \sim d_0$ 直接与触发器的 S 相连,并经非门与 R 连接,当 $d=1$ 时,$S=1$,$R=0$,触发器置 1;若 $d=0$,则 $S=0$,$R=1$,触发器复 0。发存数正脉冲,$d_3 \sim d_0$ 存入寄存器,发取数正脉冲,寄存器的数据从 4 个与门输出。清 0 负脉冲通过 $\overline{R}_D$ 端可以直接使寄存器清 0。

图 7.1.6 电路也是一种用可控 $R\text{-}S$ 触发器组成的 4 位数码寄存器,但这种电路在存数前必须首先用 $\overline{R}_D$ 清 0。而图 7.2.1 和图 7.2.2 的电路省去了存数前必须清 0 的操作。

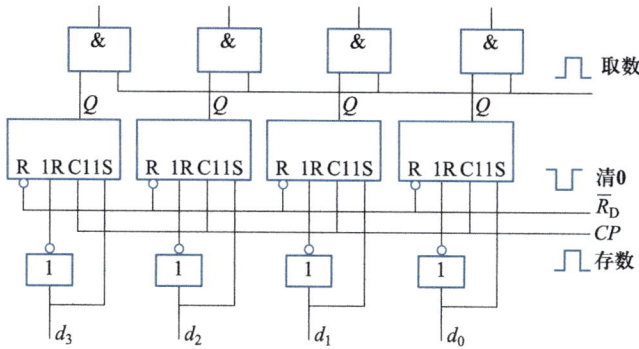

图 7.2.2

7.2.2 移位寄存器

移位寄存器按照移位方向可分为三种，从低位向高位移动称为右移寄存器，反之为左移寄存器，如具有右移和左移两种功能，称为双向移位寄存器。图 7.2.3 示出一个由 D 触发器组成的 4 位右移寄存器，4 位待存的数码（**1010**）需要用 4 个移位脉冲作用才能全部移入。在存数操作前，一般用清 0 负脉冲对各触发器清 0。当出现第 1 个移位脉冲时，待存数码的最高位 **1** 和 4 个触发器的数码同时右移一位，即待存数码的最高位存入 Q_0，而寄存器原存数码的最高位从 Q_3 溢出；当出现第 2 个移位脉冲时，待存数码的次高位 **0** 和寄存器中的 4 位数码又同时右移一位。以此类推，在 4 个移位脉冲作用下，4 个触发器的数码同时右移 4 次，待存的 4 位数码便可存入寄存器。表 7.2.1 所示的状态列出上述整个移位过程，图 7.2.4(a) 示出各触发器的工作波形图。如果已存入的 4 位数码仍然用右移方式取出，则只需将 FF_0 的 D 端接地，再用 4 个移位脉冲作用即可实现，其工作过程的分析与存入数码过程基本相同，这里不再重叙，该过程的状态表在表 7.2.1 中列出，工作波形图如图 7.2.4(b) 所示。按照上述过程操作的移位寄存器，显然是串行输入，串行输出寄存器。

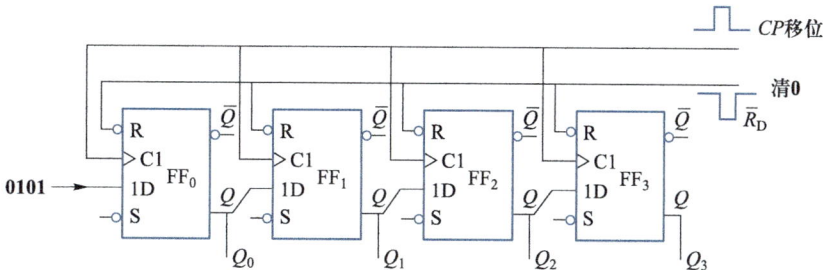

文本：§7.2.3 移位寄存器概述

图 7.2.3

视频：§7.2.4 移位寄存器

255

表 7.2.1

CP	Q_0	Q_1	Q_2	Q_3	溢出	操作	功能
0	0	0	0	0		清 0	
1	1	0	0	0	0	右移 1 位	
2	0	1	0	0	0	右移 2 位	存入
3	1	0	1	0	0	右移 3 位	
4	0	1	0	1	0	右移 4 位	
1	0	0	1	0	1	右移 1 位	
2	0	0	0	1	0	右移 2 位	取出
3	0	0	0	0	1	右移 3 位	
4	0	0	0	0	0	右移 4 位	

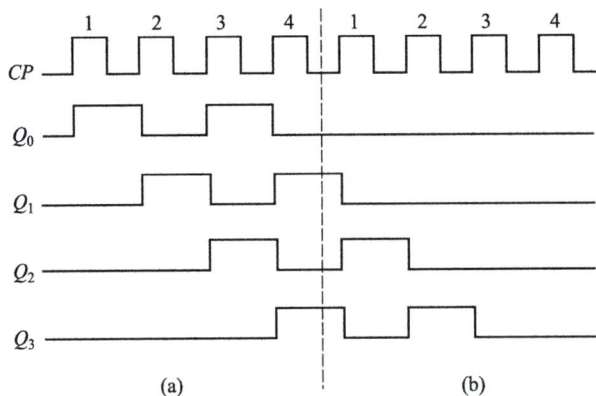

图 7.2.4

图 7.2.5 示出一种由 4 个 D 触发器组成的可以串入/串出,也可以并入/串出的移位寄存器。在存入数码前首先用 $\overline{R}_D$ 负脉冲清 **0**,数码 $d_3 \sim d_0$ 可以用存数脉冲通过**与非门**控制 $\overline{S}_D$ 端并行置入,也可以用 4 个移位脉冲从低位触发器的 D 端串行存入。串行存入和串行取出的过程与图 7.2.4 完全相同。

例 7.2.2 设图 7.2.6 中各触发器的初态为 **0**,已知 CP 移位脉冲,试列出各触发器 Q 的状态表,并画出工作波形图。

解:图中由 3 个 D 触发器组成的电路,其基本结构为移位寄存器形式,但与一般的移位寄存器的区别在于,它无需从外部输入数码,输入端的数码是从输出端反馈而来。各触发器输入端的表达式为

$$D_0 = \overline{Q}_1 + \overline{Q}_2$$
$$D_1 = Q_0$$
$$D_2 = Q_1$$

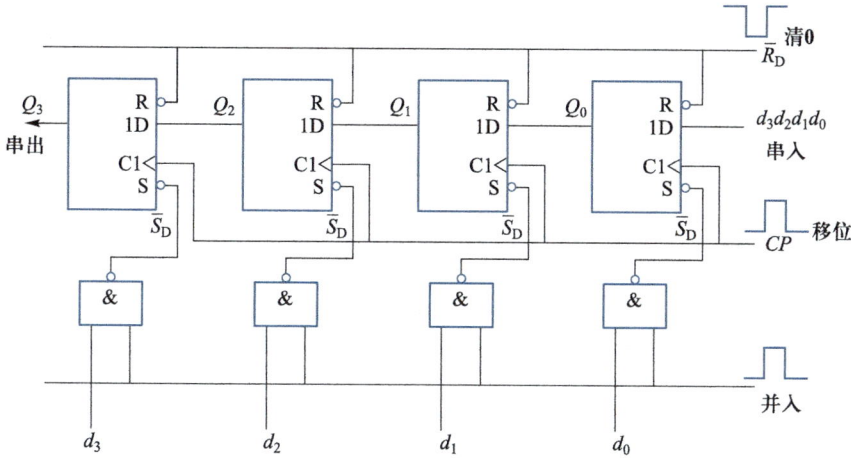

图 7.2.5

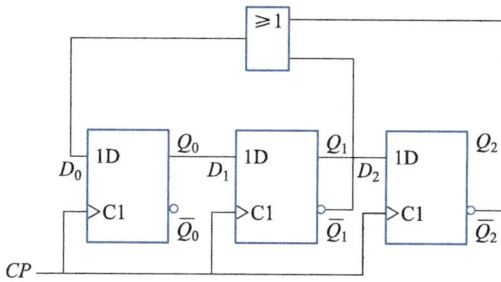

图 7.2.6

按照表达式,根据现时的 Q 求出 D。当 CP 脉冲出现时,Q 的状态等于 CP 脉冲出现前 D 的状态,依此可列出状态表见表 7.2.2,工作波形图如图 7.2.7 所示。

表 7.2.2

CP	D_0	Q_0	Q_1	Q_2
0	1	0	0	0
1	1	1	0	0
2	1	1	1	0
3	0	1	1	1
4	0	0	1	1
5	0	0	0	1
6	1	1	0	0

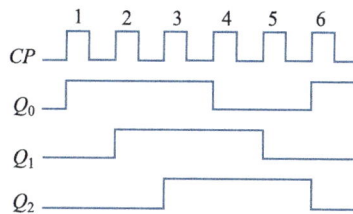

图 7.2.7

7.2.3 集成电路寄存器

在应用中要求寄存器具有多种功能,中规模集成电路 74LS194 就是一种数据具有左移、右移、清 **0**、并入、并出、串入、串出等多种功能的双向移位寄存器,其引脚排列、功能和逻辑符号如图 7.2.8(a)、(b)所示,逻辑功能见表 7.2.3。

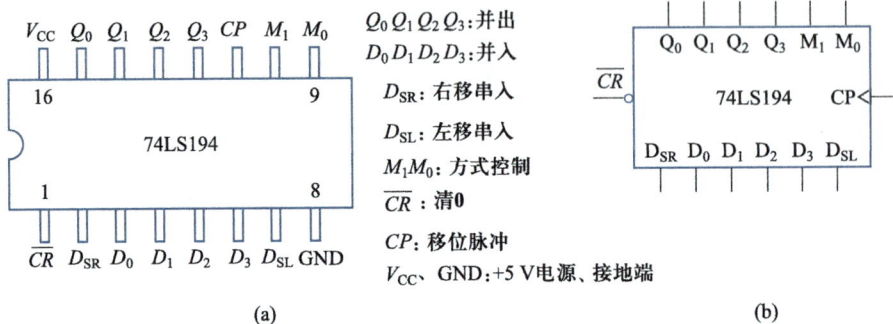

$Q_0 Q_1 Q_2 Q_3$：并出
$D_0 D_1 D_2 D_3$：并入
D_{SR}：右移串入
D_{SL}：左移串入
$M_1 M_0$：方式控制
$\overline{CR}$：清0
CP：移位脉冲
V_{CC}、GND：+5 V电源、接地端

(a)　　　　　　　　　　(b)

图 7.2.8

表 7.2.3

$\overline{CR}$	CP	M_1	M_0	功能
0	×	×	×	$Q_0 Q_1 Q_2 Q_3$ 清 **0**
1	↑	**0**	**0**	保持
1	↑	**0**	**1**	右移：$D_{SR} \to Q_0 \to Q_1 \to Q_2 \to Q_3$
1	↑	**1**	**0**	左移：$D_{SL} \to Q_3 \to Q_2 \to Q_1 \to Q_0$
1	↑	**1**	**1**	并入：$Q_0 Q_1 Q_2 Q_3 = D_0 D_1 D_2 D_3$

例 7.2.3　用 74LS194 构成的 4 位脉冲分配器(又称环形计数器)的引脚连接和原理图如图 7.2.9(a)、(b)所示,试分析工作原理,并画出其工作波形。

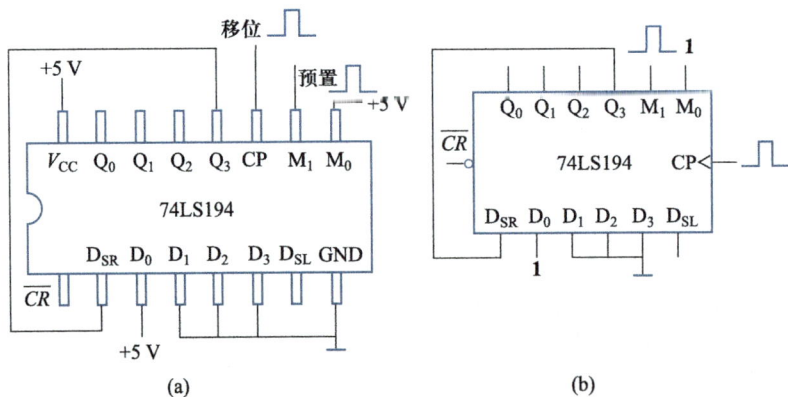

(a)　　　　　　　　　　(b)

图 7.2.9

解：工作前首先在 M_1 端加预置正脉冲,使 $M_1 M_0 = $ **11**,寄存器处在并入状态, $D_0 D_1 D_2 D_3$ 的数码 **1000** 在 CP 移位脉冲(第 0 个)作用下并行存入 $Q_0 Q_1 Q_2 Q_3$。预置脉冲过后, $M_1 M_0 = $ **01**,寄存器处在右移状态,然后每来一个移位脉冲,

$Q_0 \sim Q_3$ 循环右移一位,右移工作波形图如图 7.2.10 所示,状态表见表 7.2.4。从 $Q_0 \sim Q_3$ 每端均可输出系列脉冲,但彼此相隔 CP 移位脉冲的一个周期时间。

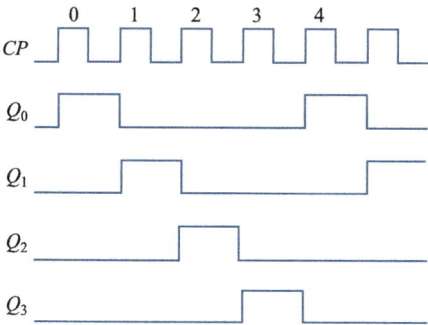

图 7.2.10

表 7.2.4

CP	Q_0	Q_1	Q_2	Q_3	功能
0	**1**	**0**	**0**	**0**	并入
1	**0**	**1**	**0**	**0**	右移
2	**0**	**0**	**1**	**0**	右移
3	**0**	**0**	**0**	**1**	右移
4	**1**	**0**	**0**	**0**	右移

另一种称为自启动脉冲分配器(即扭环形计数器)的电路如图 7.2.11 所示,$M_1 M_0 = \mathbf{01}$,寄存器处在右移状态,工作时首先用 $\overline{CR}$ 端清 **0**,然后在 CP 移位脉冲作用下,从 $Q_0 \sim Q_3$ 可依次输出系列脉冲,状态表见表 7.2.5,工作波形图如图 7.2.12 所示。

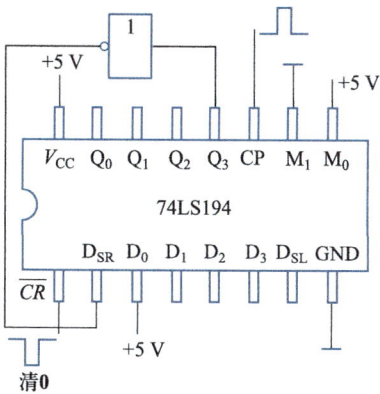

图 7.2.11

表 7.2.5

CP	Q_0	Q_1	Q_2	Q_3
1	**1**	**0**	**0**	**0**
2	**1**	**1**	**0**	**0**
3	**1**	**1**	**1**	**0**
4	**1**	**1**	**1**	**1**
5	**0**	**1**	**1**	**1**
6	**0**	**0**	**1**	**1**
7	**0**	**0**	**0**	**1**
8	**0**	**0**	**0**	**0**
9	**1**	**0**	**0**	**0**

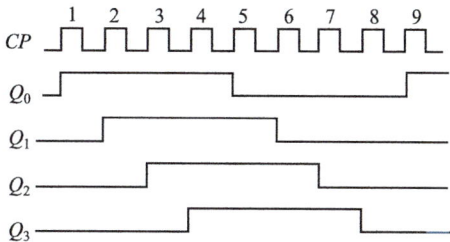

图 7.2.12

259

7.2.4　寄存器应用举例

寄存器作为数字电路的主要部件得到广泛应用,现举例如下。

1. 顺序脉冲发生器

在电子计算机和数字控制系统中,有许多操作需要按次序分别顺序工作,这就需要用顺序脉冲发生器产生一系列节拍脉冲对各部分进行控制,以协调各种操作。

一种移位寄存器型的顺序脉冲发生器如图 7.2.13 所示,它由自启动脉冲分配器(扭环形计数器)和译码电路组成,表 7.2.6 示出它们的状态表,节拍脉冲输出 $Z_0 \sim Z_7$ 的工作波形如图 7.2.14 所示。

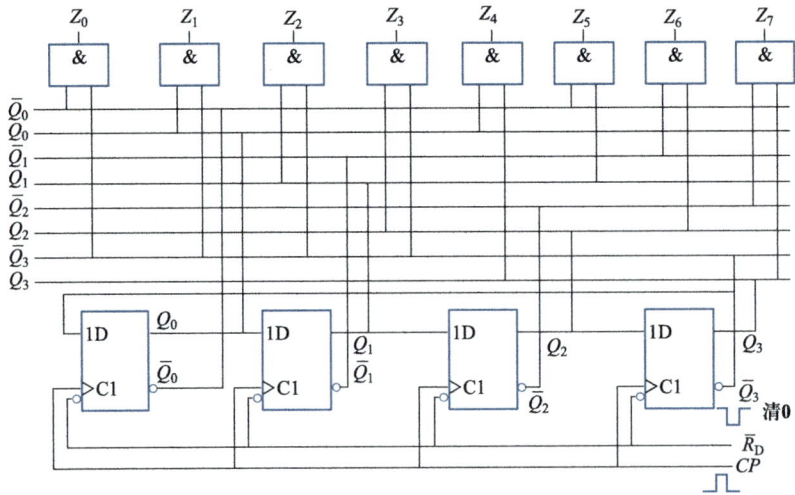

图 7.2.13

表 7.2.6

CP	Q_0	Q_1	Q_2	Q_3	Z_0	Z_1	Z_2	Z_3	Z_4	Z_5	Z_6	Z_7
0	0	0	0	0	1	0	0	0	0	0	0	0
1	1	0	0	0	0	1	0	0	0	0	0	0
2	1	1	0	0	0	0	1	0	0	0	0	0
3	1	1	1	0	0	0	0	1	0	0	0	0
4	1	1	1	1	0	0	0	0	1	0	0	0
5	0	1	1	1	0	0	0	0	0	1	0	0
6	0	0	1	1	0	0	0	0	0	0	1	0
7	0	0	0	1	0	0	0	0	0	0	0	1
8	0	0	0	0	1	0	0	0	0	0	0	0

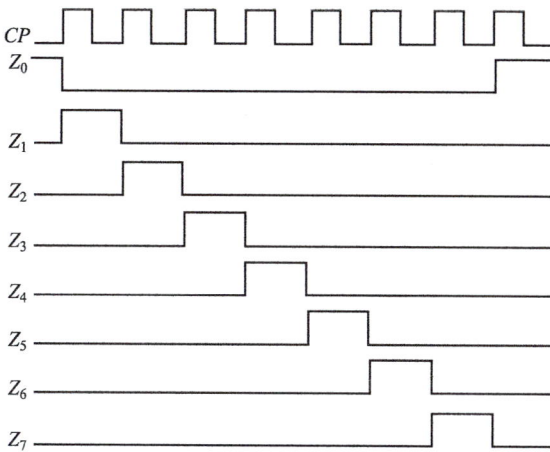

图 7.2.14

2. 8 路彩灯控制器

彩灯控制器由编码器、驱动器和彩灯(发光二极管 LED)组成,图 7.2.15 示出一个 8 路彩灯控制器的电路图。编码器根据彩灯显示花形按节拍送出 8 位状态编码信号,通过驱动器(非门)使彩灯按规律亮灭。假如 8 路彩灯花形规定为由中间向两边对称地逐次点亮,全亮后仍由中间向两边对称逐次熄灭,其状态编码表见表 7.2.7。编码器用两片双向移位寄存器 74LS194 实现,均接为自启动脉冲分配器(扭环形计数器),其中 D_1 为右移方式,D_2 为左移方式。工作时首先用清 **0** 脉冲使寄存器全部清 **0**,然后在节拍脉冲 CP 的控制下,各个 Q 端按表 7.2.7 所示的状态变化,每 8 个节拍重复一次。当 Q 为 **1** 时,经驱动器反相,共阳极发光二极管(彩灯)亮;反之,Q 为 **0** 时发光二极管灭。每个灯发光时间的长短,由节拍脉冲 CP 的频率控制。

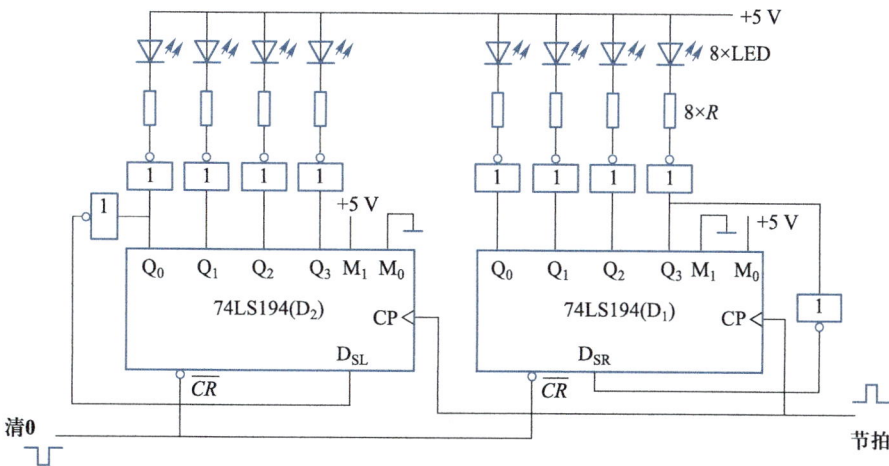

图 7.2.15

视频:§ 7.2.6
8 路彩灯控制器

表 7.2.7

节拍脉冲	寄存器 D_1				寄存器 D_2			
(C)	Q_3	Q_2	Q_1	Q_0	Q_3	Q_2	Q_1	Q_0
0	0	0	0	0	0	0	0	0
1	0	0	0	1	1	0	0	0
2	0	0	1	1	1	1	0	0
3	0	1	1	1	1	1	1	0
4	1	1	1	1	1	1	1	1
5	1	1	1	0	0	1	1	1
6	1	1	0	0	0	0	1	1
7	1	0	0	0	0	0	0	1
8	0	0	0	0	0	0	0	0

思考题

1. 数码寄存器的数据被取走后,寄存器内容是否变化? 移位寄存器的数据被取走后,寄存器的内容变化吗?

2. 用基本 R-S 触发器能否组成数码寄存器? 存数脉冲应如何连接在电路上?

3. 图 7.2.3 所示 4 位右移寄存器,有人认为如 D_0 的数据为 0,在一个移位脉冲 CP 的作用下,可以逐一右移到 Q_0、Q_1、Q_2 和 Q_3,使寄存器的状态为全 0,你认为对吗? 为什么?

4. 在寄存器电路中,时钟脉冲 CP 有何作用?

5. 如果将 8 位移位寄存器的首尾相连组成循环移位寄存器,试问经过几个移位脉冲寄存器的内容才能重复出现?

文本:§ 7.3.1
计数器分类

§7.3 计数器

计数器和寄存器一样,也是一种应用极为广泛的时序逻辑电路,它的主要用途是对脉冲进行计数,也可以用来作为分频器或脉冲分配器等。计数器具有多种分类方式,按对输入计数脉冲的累计方式,可分为加法计数器、减法计数器和可逆计数器(可加、可减);按各位触发器状态翻转的次序,可分为异步计数器和同步计数器;按计数进制(即经过几个脉冲计数循环一次)可分为二进制计数器、十进制(BCD)计数器和任意进制计数器等。

计数器可以由 J-K 触发器或 D 触发器与一些门电路组成。目前,集成电路计数器已得到广泛应用,本节主要介绍计数器的基本原理、分析方法以及集成电路芯片的使用方法。

7.3.1　二进制计数器

　　触发器有 **1** 和 **0** 两种状态,对应二进制数的 **1** 和 **0**,因此一个触发器可以用来表示 1 位二进制数。用 4 个触发器表示的 4 位二进制数可以累计 16 个脉冲,4 位二进制加法计数器的状态见表 7.3.1。图 7.3.1 是用 4 个 J-K 触发器组成的 4 位二进制加法计数器,所有触发器的 $J=K=1$,均处在计数工作状态,每当它们的 C 端出现下降沿时,Q 的状态即可翻转。在计数前,首先在 $\overline{R}_\mathrm{D}$ 端用负脉冲清 **0**,其工作波形如图 7.3.2 所示,$Q_0 \sim Q_3$ 的波形变化与表 7.3.1 的 4 位二进制加法计数器状态表完全一致。作为整体,该电路也可称为十六进制加法计数器。从电路结构特点来看,CP 计数脉冲只与最低位触发器的 C1 端相连,并用该脉冲触发翻转,而其他触发器均用低一位触发器的输出 Q 进行触发翻转,即用低位输出推动高一位触发器,4 个触发器的状态只能依次翻转。因而,这种结构特点的计数器称为异步计数器。这种计数器结构简单,但计数速度较慢。

文本:§ 7.3.2 异步二进制加法计数器

表 7.3.1

计数脉冲	Q_3	Q_2	Q_1	Q_0
0	0	0	0	0
1	0	0	0	1
2	0	0	1	0
3	0	0	1	1
4	0	1	0	0
5	0	1	0	1
6	0	1	1	0
7	0	1	1	1
8	1	0	0	0
9	1	0	0	1
10	1	0	1	0
11	1	0	1	1
12	1	1	0	0
13	1	1	0	1
14	1	1	1	0
15	1	1	1	1
16	0	0	0	0

表 7.3.2

计数脉冲	Q_3	Q_2	Q_1	Q_0
0	1	1	1	1
1	1	1	1	0
2	1	1	0	1
3	1	1	0	0
4	1	0	1	1
5	1	0	1	0
6	1	0	0	1
7	1	0	0	0
8	0	1	1	1
9	0	1	1	0
10	0	1	0	1
11	0	1	0	0
12	0	0	1	1
13	0	0	1	0
14	0	0	0	1
15	0	0	0	0
16	1	1	1	1

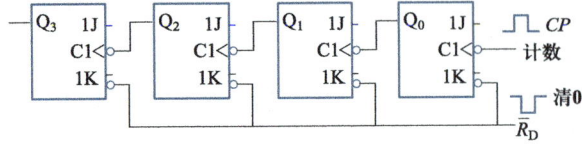

图 7.3.1

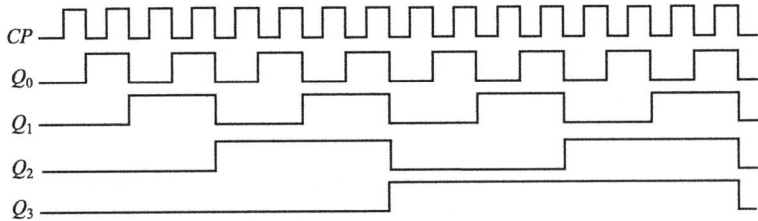

图 7.3.2

　　观察 $Q_0 \sim Q_3$ 波形的频率,不难发现,每出现两个 CP 计数脉冲,Q_0 输出一个脉冲,即频率减半,称为对 CP 计数脉冲二分频。同理,Q_1 为四分频,Q_2 为八分频,Q_3 为十六分频。因此,在许多场合,计数器也可作为分频器使用,以得到不同频率的脉冲。

　　图 7.3.3 是用 4 个 D 触发器组成的 4 位异步二进制加法计数器,每个触发器的 $\overline{Q}$ 与 D 相连,接成计数方式(即 T' 触发器),其工作原理和波形图与前面基本相同,请读者自行分析。应注意的是,由于 Q 的状态在 CP 脉冲的上升沿翻转,因而各触发器要用低位触发器的 $\overline{Q}$ 触发。

文本:§ 7.3.3
异步二进制减
法计数器

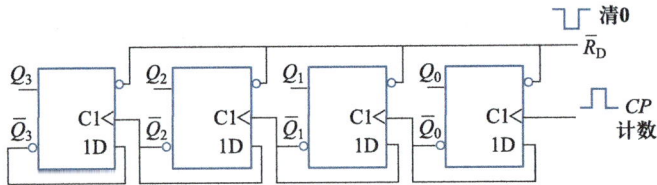

图 7.3.3

　　二进制加法计数器在电路上稍做变动,便可组成减法计数器。4 位二进制减法计数器的状态表见表 7.3.2,图 7.3.4 是用 4 个 D 触发器组成的 4 位异步减法计数器。D 触发器仍接为 T' 触发器,工作前在 $\overline{S}_D$ 端用负脉冲对各触发器置 **1**,然后对 CP 计数脉冲进行减 **1** 计数,其工作波形如图 7.3.5 所示。

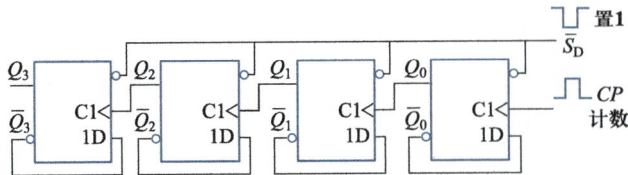

图 7.3.4

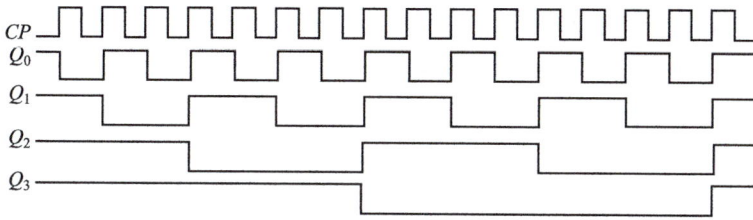

图 7.3.5

　　为了提高计数速度,将计数脉冲输入端与各个触发器的 C 端相连。在计数脉冲触发下,所有应该翻转的触发器可以同时动作,这种结构的计数器称为同步计数器。图 7.3.6 示出用 4 个 $J-K$ 触发器($FF_0 \sim FF_3$)组成的 4 位同步二进制加法计数器。各个触发器只要满足 $J = K = 1$ 的条件,在 CP 计数脉冲的下降沿 Q 即可翻转。一般从分析状态表可以找到 $J = K = 1$(处在计数状态)的逻辑关系,该逻辑关系又称为驱动方程。分析表 7.3.1 的 4 位加法计数器状态可以得出:

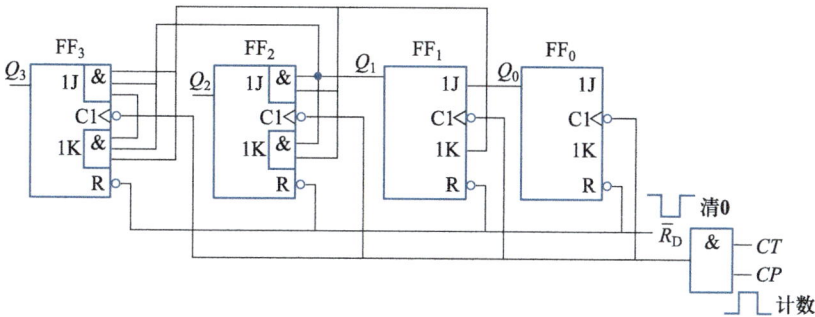

图 7.3.6

　　对于触发器 FF_0,要求每来一个 CP 计数脉冲,Q_0 必须翻转一次,因而驱动方程为 $J_0 = K_0 = 1$。

　　对于触发器 FF_1,只有在 $Q_0 = 1$ 的情况下,来一个 CP 计数脉冲,Q_1 才翻转,其驱动方程应该是 $J_1 = K_1 = Q_0$。

　　按照同样分析方法可以得出,触发器 FF_2 的驱动方程为 $J_2 = K_2 = Q_1 Q_0$,触发器 FF_3 的驱动方程为 $J_3 = K_3 = Q_2 Q_1 Q_0$。根据上述驱动方程,便可连成如图 7.3.6 所示电路,其工作波形图与异步计数器完全相同。图中的与门是用来实现可控计数的,当计数允许端 $CT = 1$ 时,计数器对 CP 脉冲计数;若 $CT = 0$,则停止计数。

文本:§ 7.3.4 同步二进制加法计数器

7.3.2　十进制计数器

　　通常,人们更习惯于十进制计数,即逢十进一,这种计数必须用十种状态表示 0~9 十个数。

　　现实中很难找到一种具有 10 种不同状态的部件,比较简便易行的方法是用

4 个触发器表示的 16 种状态中的 10 种分别表示十进制数中的 10 个数。当然，在 16 种状态中取其中 10 种状态的方法可以是多种多样的，通常采用"8421"编码方式，表 7.3.3 示出其 8421 编码表，即用 8421 编码的 4 位二进制数表示一位十进制数。

根据表 7.3.3 编码表，可以画出同步十进制加法计数器的电路图，如图 7.3.7 所示。图中：触发器 FF_0 的驱动方程为 $J_0 = K_0 = 1$，即每来一个 CP 计数脉冲，Q_0 翻转一次。

触发器 FF_1 的驱动方程为 $J_1 = Q_0 \cdot \overline{Q_3}$，$K_1 = Q_0$，方程中引入 $\overline{Q_3}$，是因为在 0~7 个计数脉冲期间，$\overline{Q_3} = 1$，只需满足 $Q_0 = 1$，则 $J_1 = K_1 = 1$，来一个计数脉冲 Q_1 翻转一次。在第 8、9 个计数脉冲时，$\overline{Q_3} = 0$，使 $J_1 = 0$，在 $Q_0 = 1$ 时 $K_1 = 1$，从而使第 10 个计数脉冲出现时 Q_1 复 0，而不像二进制计数器中又翻为 1。

表 7.3.3

计数脉冲	BCD 编码				十进制数
	Q_3	Q_2	Q_1	Q_0	
0	0	0	0	0	0
1	0	0	0	1	1
2	0	0	1	0	2
3	0	0	1	1	3
4	0	1	0	0	4
5	0	1	0	1	5
6	0	1	1	0	6
7	0	1	1	1	7
8	1	0	0	0	8
9	1	0	0	1	9
10	0	0	0	0	0

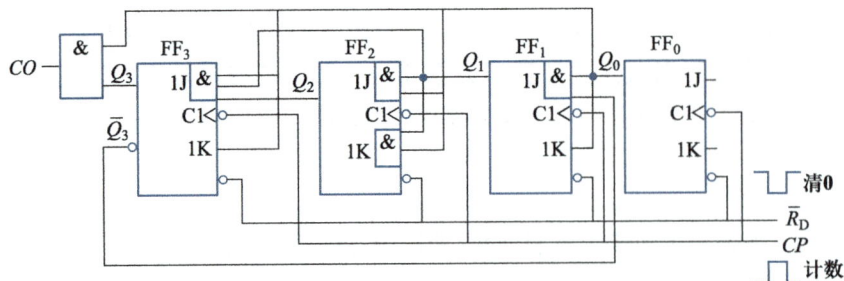

图 7.3.7

按照同样分析方法,可以得到触发器 FF_2 的驱动方程为 $J_2 = K_2 = Q_1 Q_0$。

触发器 FF_3 的驱动方程为 $J_3 = Q_2 Q_1 Q_0$, $K_3 = Q_0$,从而保证出现第 10 个计数脉冲时,$Q_3 \sim Q_0$ 全部复 **0**。图中 CO 为该位(十进制数)的进位输出,其工作波形如图 7.3.8 所示。

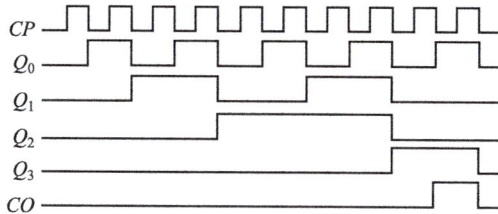

图 7.3.8

图 7.3.9 示出异步十进制加法计数器电路图,其连接方法不难从表 7.3.3 所示的编码表中看出。各触发器的驱动方程和触发脉冲分别为

$FF_0 : J_0 = K_0 = 1$　　　　（CP 计数脉冲触发）

$FF_1 : J_1 = \overline{Q_3}$　$K_1 = 1$　　（Q_0 脉冲触发）

$FF_2 : J_2 = K_2 = 1$　　　　（Q_1 脉冲触发）

$FF_3 : J_3 = Q_2 Q_1$　$K_3 = 1$　　（Q_0 脉冲触发）

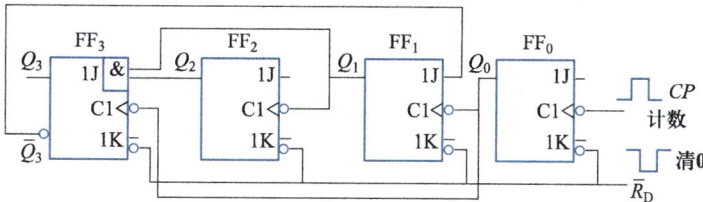

图 7.3.9

各触发器的状态由两个因素决定:一是 J、K 的状态;二是触发脉冲是否出现。图中 FF_0 和 FF_2 触发器均处在计数状态,只要分别出现 CP 计数脉冲和 Q_1 下降沿,Q_0 和 Q_2 的状态必定翻转;FF_1 触发器在 1~7 个 CP 计数脉冲期间处在计数状态,只要 Q_0 出现下降沿,Q_1 状态必定翻转,而出现第 10 个 CP 脉冲时,$J_1 = \overline{Q_3} = 0$, $K_1 = 1$,在 Q_0 下降沿触发下,Q_1 复 **0**;同理分析,FF_3 触发器在出现第 8 个 CP 脉冲时,在 Q_0 下降沿触发下,Q_3 的状态翻转,而出现第 10 个 CP 脉冲时,Q_3 复 **0**。其工作波形与同步计数器完全相同。

7.3.3　任意进制计数器

所谓任意进制计数器就是指 N 进制计数器,即每来 N 个计数脉冲,计数器状态重复一次。一般的分析方法是,对于同步计数器,由于计数脉冲接到每个触

发器的 C 端,因而触发器的状态是否翻转只由其驱动方程判断。而异步计数器还必须同时考虑各触发器的 C 端触发脉冲是否出现。下面通过两个具体电路进行分析,分析步骤是首先根据电路图写出驱动方程,并依此决定各触发器的状态,然后根据状态表判断属于几进制计数器。

图 7.3.10 属于同步计数器,在每个 CP 计数脉冲的下降沿各个触发器的状态就有可能翻转,但究竟能否翻转,还应根据驱动方程判断。3 个触发器的驱动方程分别为

$$\text{FF}_0 : J_0 = \overline{Q_1} \quad K_0 = Q_2$$

$$\text{FF}_1 : J_1 = Q_0 \quad K_1 = \overline{Q_0}$$

$$\text{FF}_2 : J_2 = Q_1 \quad K_2 = \overline{Q_1}$$

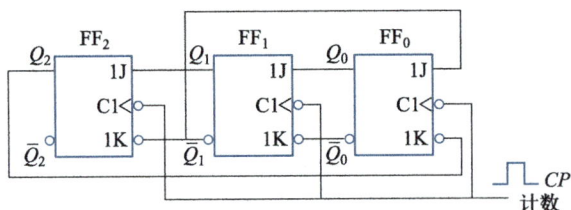

图 7.3.10

列状态表的过程如下:

文本:§ 7.3.6 异步十进制加法计数器

首先确定计数器初值,如 $Q_2 Q_1 Q_0 = 000$,并依此根据驱动方程确定 J、K 初值,然后根据 J、K 值确定在 CP 计数脉冲触发下各触发器的状态,如表 7.3.4 所示。在第 1 个 CP 脉冲触发下,各触发器的状态为 001,按照上述步骤反复判断,直到第 6 个 CP 脉冲触发器的状态又为 001,重复出现第 1 个 CP 脉冲的状态。即每 5 个 CP 脉冲计数器状态重复一次,故而该计数器为五进制计数器,其工作波形如图 7.3.11 所示。

表 7.3.4

文本:§ 7.3.7 五进制计数器

CP	Q_2	Q_1	Q_0	J_0	K_0	J_1	K_1	J_2	K_2
0	0	0	0	1	0	0	1	0	1
1	0	0	1	1	0	1	0	0	1
2	0	1	1	0	0	1	0	1	0
3	1	1	1	0	1	1	0	1	0
4	1	1	0	0	1	0	1	1	0
5	1	0	0	1	1	0	1	0	1
6	0	0	1	1	0	1	0	0	1

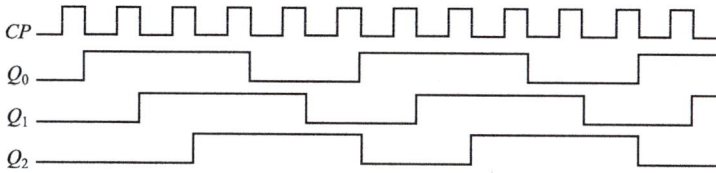

图 7.3.11

图 7.3.12 属于异步计数器，触发器 FF_0、FF_2 由 CP 计数脉冲触发，而 FF_1 由 FF_0 的输出 Q_0 触发，也就是只有在 Q_0 出现下降沿时，Q_1 才能翻转。3 个触发器的驱动方程分别为

$$FF_0 : J_0 = \overline{Q_2}, K_0 = 1 \qquad （CP \text{ 脉冲触发}）$$
$$FF_1 : J_1 = K_1 = 1 \qquad （Q_0 \text{ 脉冲触发}）$$
$$FF_2 : J_2 = Q_1 Q_0, K_2 = 1 \qquad （CP \text{ 脉冲触发}）$$

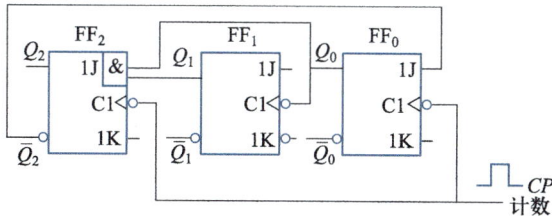

图 7.3.12

填写异步计数器的状态表，它与同步计数器不同之处在于：决定触发器的状态，除了要看它的 J、K 值，还要看它的时钟输入端是否出现触发脉冲下降沿，表 7.3.5 示出该电路的状态表，可以看出，该电路为五进制计数器。

表 7.3.5

CP	Q_2	Q_1	Q_0	J_0	K_0	J_1	K_1	J_2	K_2
0	0	0	0	1	1	1	1	0	1
1	0	0	1	1	1	1	1	0	1
2	0	1	0	1	1	1	1	0	1
3	0	1	1	1	1	1	1	1	1
4	1	0	0	0	1	1	1	0	1
5	0	0	0	1	1	1	1	0	1

用 D 触发器组成任意进制计数器的分析方法与 J-K 触发器类似，具体过程参阅例 7.3.2。

用异步清 0 法也可以实现任意进制计数。所谓异步清 0 是指清 0 操作与

269

CP 脉冲无关, 其原理是在二进制计数器的基础上, 用直接复 0 端 $\overline{R}_D$ 信号强迫某一状态出现时全部触发器复 0。如图 7.3.13 所示电路, 当 $Q_2Q_1Q_0 = 110$ 时, 与非门输出 **0**, 通过 $\overline{R}_D$ 使 $Q_2Q_1Q_0 = 000$, **110** 只是一个瞬时状态, 状态表见表 7.3.6。显然, 该计数器为六进制计数器, 其工作波形如图 7.3.14 所示。当然, 按照同样道理, 实现任意进制计数, 也可以使用直接置 1 端 $\overline{S}_D$, 或 $\overline{R}_D$ 端、$\overline{S}_D$ 端同时使用, 如图 7.3.15 所示。

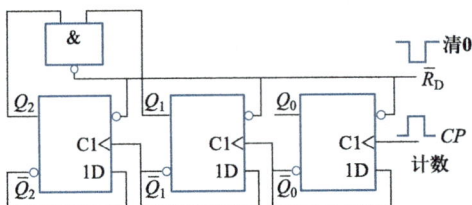

图 7.3.13

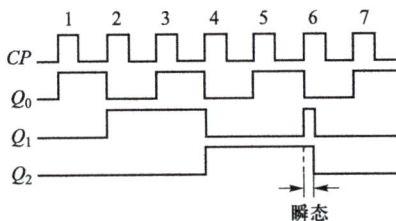

图 7.3.14

表 7.3.6

CP	Q_2	Q_1	Q_0	
0	**0**	**0**	**0**	清 0
1	**0**	**0**	**1**	
2	**0**	**1**	**0**	
3	**0**	**1**	**1**	
4	**1**	**0**	**0**	
5	**1**	**0**	**1**	
6	**1**	**1**	**0**	瞬态
	0	**0**	**0**	清 0

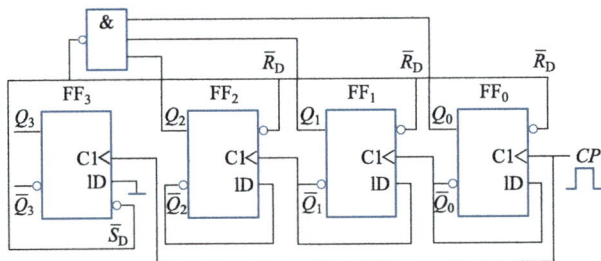

图 7.3.15

例 7.3.1　已知电路图如图 7.3.15 所示, 试列出状态表, 并指明属几进制计数器。设初态为 **0**。

解: 触发器 FF_0、FF_1、FF_2 均接为 T' 触发器, 处在计数工作状态。对于 FF_3, 当出现计数脉冲时, $Q_3 = 0$。因而, 在第 1 到第 6 个计数脉冲期间与一般二进制加法计数器工作过程完全一样, 当出现第 7 个计数脉冲时, $Q_2Q_1Q_0 = 111$, 与非门输出 **0**, 通过 $\overline{S}_D$ 和 $\overline{R}_D$ 使 $Q_3Q_2Q_1Q_0 = 1000$, 出现第 8 个计数脉冲时恢复 **0001**, 状态表见表 7.3.7 (瞬态 **0111** 在状态表中不必列出)。该计数器为七进制计数器。

表 7.3.7

CP	Q_3	Q_2	Q_1	Q_0
0	0	0	0	0
1	0	0	0	1
2	0	0	1	0
3	0	0	1	1
4	0	1	0	0
5	0	1	0	1
6	0	1	1	0
7	1	0	0	0
8	0	0	0	1

例 7.3.2　分析图 7.3.16 所示电路的状态变化规律(设各触发器初态为 0)。

解： 各触发器的驱动方程为

$$D_0 = \overline{Q_2 Q_1} = \overline{Q_2} + \overline{Q_1} \quad D_1 = Q_0 \quad D_2 = Q_1$$

列状态表如表 7.3.8 所示，为五进制计数器。

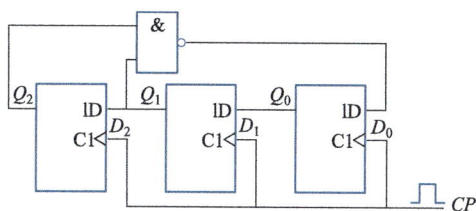

图 7.3.16

文本：§ 7.3.8
集成电路计数器

表 7.3.8

CP	Q_2	Q_1	Q_0	D_2	D_1	D_0
0	0	0	0	0	0	1
1	0	0	1	0	1	1
2	0	1	1	1	1	1
3	1	1	1	1	1	0
4	1	1	0	1	0	0
5	1	0	0	0	0	1
6	0	0	1			

7.3.4　集成电路计数器

前面分析了用触发器组成各种计数器的原理和方法，为进一步学习集成电路计数器打下了必要的基础。集成电路计数器具有功能齐全、使用方便等优点，因而得到广泛应用。下面介绍两种典型的芯片以及它们的使用方法。

1. 4 位同步二进制计数器 74LS161

74LS161 是具有异步清 0、置数、计数、保持等功能的 4 位同步二进制加法计数器,图 7.3.17(a)、(b)分别示出其引脚排列和逻辑符号,逻辑功能见表 7.3.9。

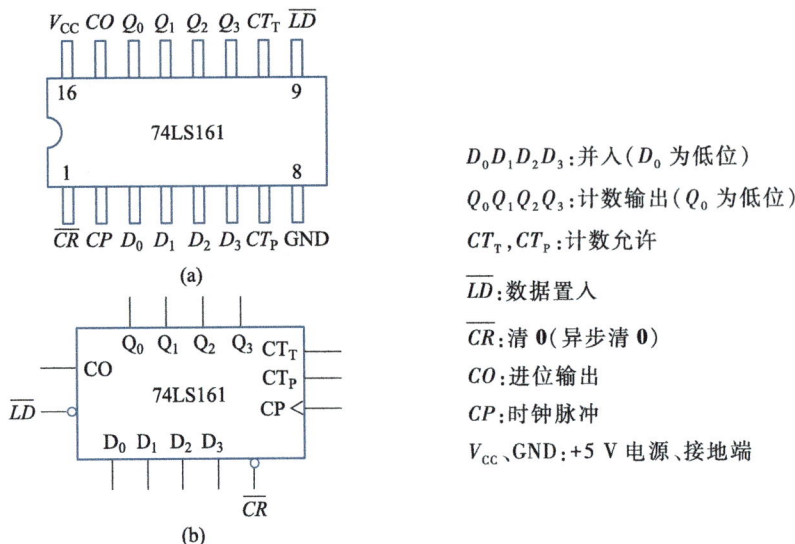

$D_0 D_1 D_2 D_3$:并入(D_0 为低位)

$Q_0 Q_1 Q_2 Q_3$:计数输出(Q_0 为低位)

CT_T,CT_P:计数允许

$\overline{LD}$:数据置入

$\overline{CR}$:清 0(异步清 0)

CO:进位输出

CP:时钟脉冲

V_{CC}、GND:+5 V 电源、接地端

图 7.3.17

表 7.3.9

功能	输入									输出			
	$\overline{CR}$	$\overline{LD}$	CT_P	CT_T	CP	D_0	D_1	D_2	D_3	Q_0	Q_1	Q_2	Q_3
清 0	0	×	×	×	×	×	×	×	×	0	0	0	0
置数	1	0	×	×	↑	d_0	d_1	d_2	d_3	d_0	d_1	d_2	d_3
计数	1	1	1	1	↑	×	×	×	×	计数			
保持	1	1	0	×		×	×	×	×	保持			
			×	0									

功能说明:

① $\overline{CR}$ 端出现低电平 0 时,使 $Q_3 \sim Q_0$ 直接清 0,也称异步清 0,即与 CP 脉冲无关。

② $\overline{CR} = 1$,$\overline{LD} = 0$ 时,在 CP 脉冲上升沿将 4 位二进制数 $d_0 \sim d_3$ 置入 $Q_0 \sim Q_3$,称为同步置数。

③ $\overline{CR} = \overline{LD} = 1$,在 $CT_P = CT_T = 1$ 时,对 CP 脉冲进行同步加法计数(上升沿翻转)。

④ $\overline{CR} = \overline{LD} = 1$、$CT_P \cdot CT_T = 0$ 时,计数器数值保持不变。

⑤ 进位输出 $CO = CT_T \cdot Q_3 Q_2 Q_1 Q_0$,即全为 1 时有进位($CO = 1$)。

74LS161 可以直接用来作为十六进制计数器,如图 7.3.18 所示,工作前用 $\overline{CR}$ 直接清 **0**,也可以将 $D_0 \sim D_3$ 接地,用 $\overline{LD}$ 端同步置 **0**,然后对 CP 脉冲进行计数,当 $Q_3 \sim Q_0 = \mathbf{1111}$ 时,CO 端有进位输出。

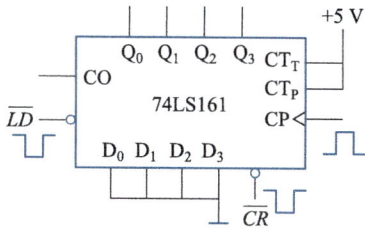

图 7.3.18

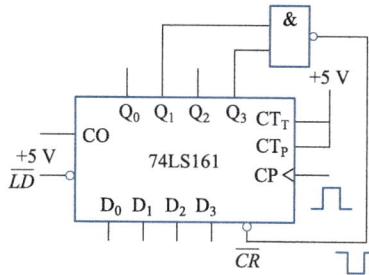

图 7.3.19

74LS161 通过 $\overline{CR}$ 和 $\overline{LD}$ 可以方便地组成小于 16 的任意进制计数器,图 7.3.19 是按异步清 **0** 法,将 Q_3 和 Q_1 通过与非门反馈到 $\overline{CR}$ 实现十进制计数。图 7.3.20 是将 CO 通过非门反馈到 $\overline{LD}$ 实现六进制计数,这种方法称为同步置数法,图中利用 $\overline{LD}$ 在 CP 脉冲上升沿将 **1010** 置入 $Q_3 \sim Q_0$,然后对 CP 脉冲进行加法计数,当 $Q_3 \sim Q_0 = \mathbf{1111}$ 时,$CO = \mathbf{1}$,通过非门在 $\overline{LD}$ 产生低电平 **0**,在下一个 CP 脉冲上升沿使计数器又恢复 **1010** 状态,其状态表见表 7.3.10。当然,也可以不用 CO,取 $Q_3 \sim Q_0$ 的状态,通过与非门驱动 $\overline{LD}$ 同步置入数据实现,电路图读者可自行画出。

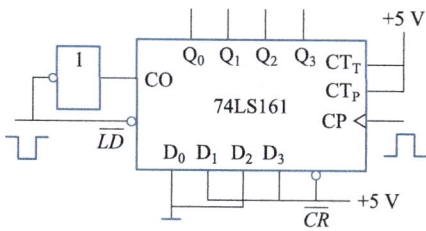

图 7.3.20

表 7.3.10

CP	Q_3	Q_2	Q_1	Q_0
1	**1**	**0**	**1**	**0**
2	**1**	**0**	**1**	**1**
3	**1**	**1**	**0**	**0**
4	**1**	**1**	**0**	**1**
5	**1**	**1**	**1**	**0**
6	**1**	**1**	**1**	**1**
7	**1**	**0**	**1**	**0**

用 1 片 74LS161 只能组成小于等于 16 的任意进制计数器,如果要大于十六进制的计数器,就需要多片串联使用。图 7.3.21 是用两片组成的 $2^{4 \times 2} = 256$ 进制计数器。计数脉冲同时加到两片的 CP 端,但只有 D_1 片有进位输出($CO = \mathbf{1}$)时,D_2 片才能计数。按照同样道理,用 N 片串联可组成 $2^{4 \times N}$ 进制计数器。对于任意进制计数器,可以用异步清 **0** 法或同步置数法实现。图 7.3.22 是一个用异步清 **0** 法实现的六十(即 $3 \times 16 + 12$)进制加法计数器。图 7.3.23 是一个用同样方法实现的 BCD 六十进制加法计数器。

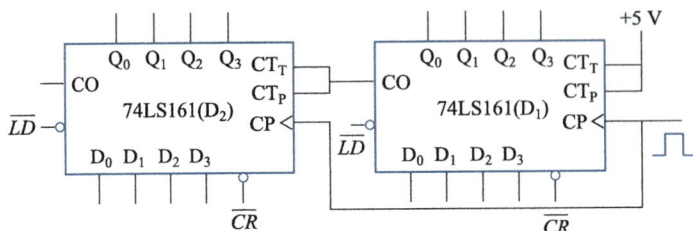

图 7.3.21

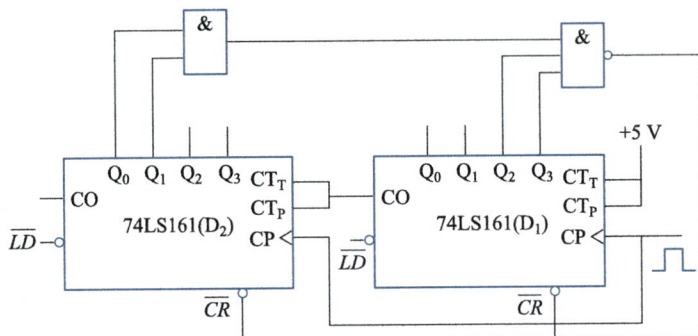

图 7.3.22

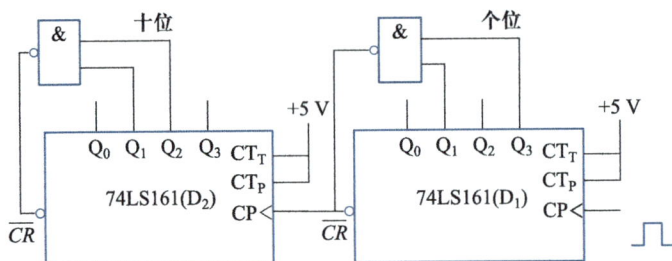

图 7.3.23

例 7.3.3　分析图 7.3.24 所示 BCD 计数电路属几进制计数器。

解：74LS161（D_1）为 BCD 个位计数器，74LS161（D_2）为 BCD 十位计数器。设初值均为 **0**，当 D_1 计数到 **10** 时，其 $Q_3Q_2Q_1Q_0 = $ **1010**，与非门 G_1 输出 **0**，向 D_2 进位，并通过与门使本位计数器复 **0**。D_2 计数到 2 时，其 $Q_3Q_2Q_1Q_0 = $ **0010**，且 D_1 计数到 4，$Q_3Q_2Q_1Q_0 = $ **0100**，使与非门 G_2 输出 **0**，强迫 D_2 和 D_1 同时复 **0**，开始下一轮计数，故而该电路为 BCD 二十四进制计数器。

2. 二-五进制异步计数器 74LS290

74LS290 是具有异步复 **0**、异步置 9 功能的二-五进制异步加法计数器。它的内部电路、引脚排列和逻辑符号如图 7.3.25 所示，其功能表在表 7.3.11 中给出。该计数器内部具有两个独立的计数器，一个是 1 位二进制计数器，CP_A 为计数脉冲输入，Q_0 为输出。另一个是五进制异步计数器，CP_B 为计数脉冲输入，$Q_3Q_2Q_1$ 为输出，工作原理与图 7.3.12 电路完全一样。这两个计数器除了可以构成二进制和五进制计数器外,还可以构成十进制和小于十进制的任意进制计数器。图 7.3.26 是按两种不同编码构成的十进制计数器,其中图(a)为 8421 编码,图(b)为 5421 编码,它们的状态表分别见表 7.3.12 和表 7.3.13。图(b)所示电路中,$Q_3Q_2Q_1$ 的变化规律见表 7.3.5,而 Q_0 的状态只要有 CP_A 触发脉冲出现,便可翻转。如作为分频器使用,图(a)中 Q_3 对计数脉冲进行十分频,而在图(b)中 Q_0 对计数脉冲十分频。它们的工作波形略有不同,读者可根据状态表自行画出。

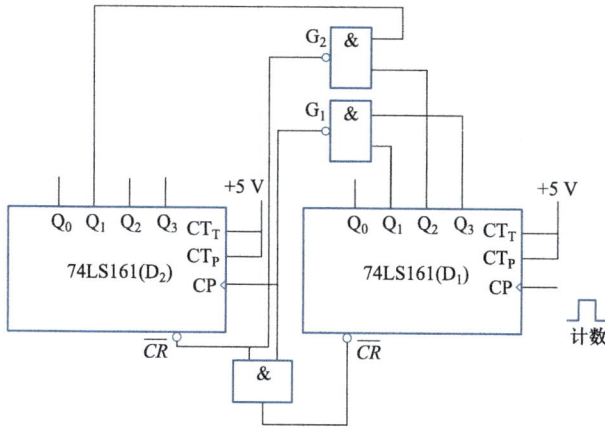

图 7.3.24

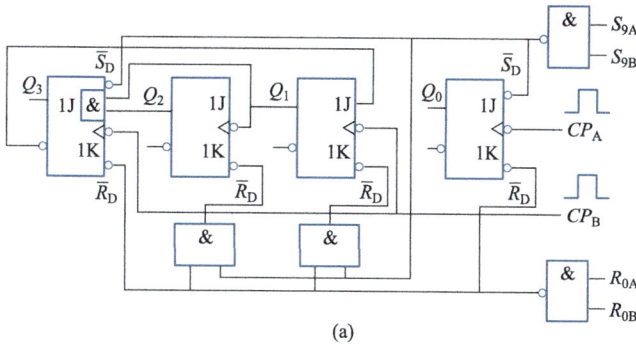

(a)

文本:§ 7.3.11
二 - 五进制异步计数器应用

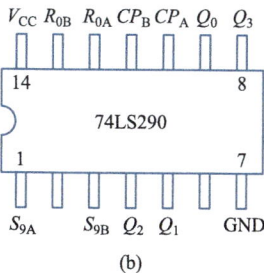

(b)

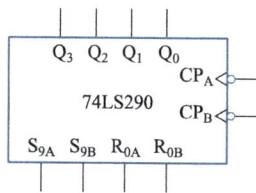

(c)

$Q_0Q_1Q_2Q_3$:输出端(Q_0 为低位)

S_{9A}、S_{9B}:置 9 端

CP_A、CP_B:计数脉冲端

R_{0A}、R_{0B}:复 0 端

V_{CC}、GND:+5 V 电源

图 7.3.25

表 7.3.11

输入					输出			
R_{0A}	R_{0B}	S_{9A}	S_{9B}	CP	Q_3	Q_2	Q_1	Q_0
1	1	0	×	×	0	0	0	0
1	1	×	0	×	0	0	0	0
0	×	1	1	×	1	0	0	1
×	0	1	1	×	1	0	0	1
×	0	×	0	↓		计数		
0	×	0	×	↓		计数		
0	×	×	0	↓		计数		
×	0	0	×	↓		计数		

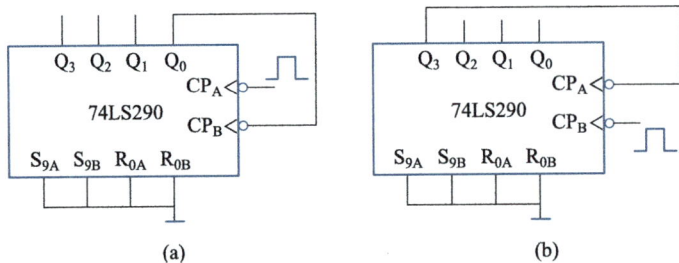

(a)   (b)

图 7.3.26

表 7.3.12						表 7.3.13				
CP	Q_3	Q_2	Q_1	Q_0		CP	Q_0	Q_3	Q_2	Q_1
0	0	0	0	0		0	0	0	0	0
1	0	0	0	1		1	0	0	0	1
2	0	0	1	0		2	0	0	1	0
3	0	0	1	1		3	0	0	1	1
4	0	1	0	0		4	0	1	0	0
5	0	1	0	1		5	1	0	0	0
6	0	1	1	0		6	1	0	0	1
7	0	1	1	1		7	1	0	1	0
8	1	0	0	0		8	1	0	1	1
9	1	0	0	1		9	1	1	0	0
10	0	0	0	0		10	0	0	0	0

用反馈清 **0** 或反馈置数方法可以构成任意进制计数器,图 7.3.27 是用反馈清 **0** 法实现的六进制计数器。

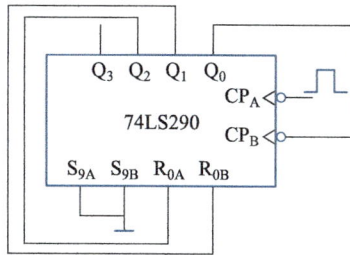

图 7.3.27

文本:§ 7.3.12
六进制计数器

例 **7.3.4** 试列出图 7.3.28 所示电路的状态表,并指出属几进制计数器,设初值为 **0**。

解:图中电路属 8421 编码接法,当计数到 **0100** 时,$Q_2 = 1$,计数器异步置 9,即 $Q_3Q_2Q_1Q_0 = 1001$,来下一个计数脉冲计数器复 **0**,状态表见表 7.3.14,该计数器为五进制计数器。

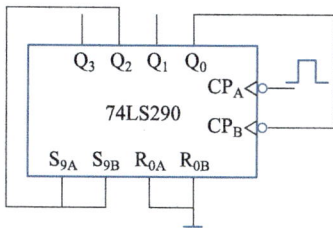

图 7.3.28

表 7.3.14

CP	Q_3	Q_2	Q_1	Q_0
0	0	0	0	0
1	0	0	0	1
2	0	0	1	0
3	0	0	1	1
4	1	0	0	1
5	0	0	0	0

7.3.5 计数器应用举例

计数器的应用极为广泛,下面仅举两个例子加以说明。

1. 转速测量显示电路

在工业控制和日常生活中,经常需要测量运动部件的转速,以电机转速为例,其测速系统框图如图 7.3.29 所示。图中光电转换是将转速转换为连续的电脉冲信号,在定时器控制下,计数器在规定的时间内(如 1 min)对其计数,并将结果存入寄存器,然后进行译码、显示。

光电转换由图 7.3.30 所示电路实现,在电机轴上装一带孔圆盘,电机每转一圈,光电耦合器(D–T)产生一个脉冲,该脉冲经放大、整形后作为计数器的时钟脉冲,对其进行计数。计数、寄存、译码、显示和定时电路如图 7.3.31 所示。测速范围在 0~9 999 r/min 之间。测速显示由四组完全相同的计数、寄存、译码和显示芯片组成,分别选用 74LS290、74LS175、74LS248 和 LC5011 – 11,其中

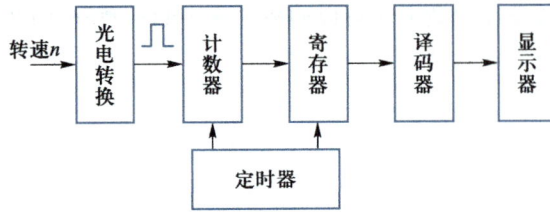

图 7.3.29

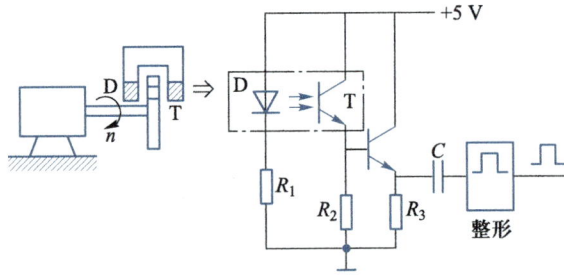

图 7.3.30

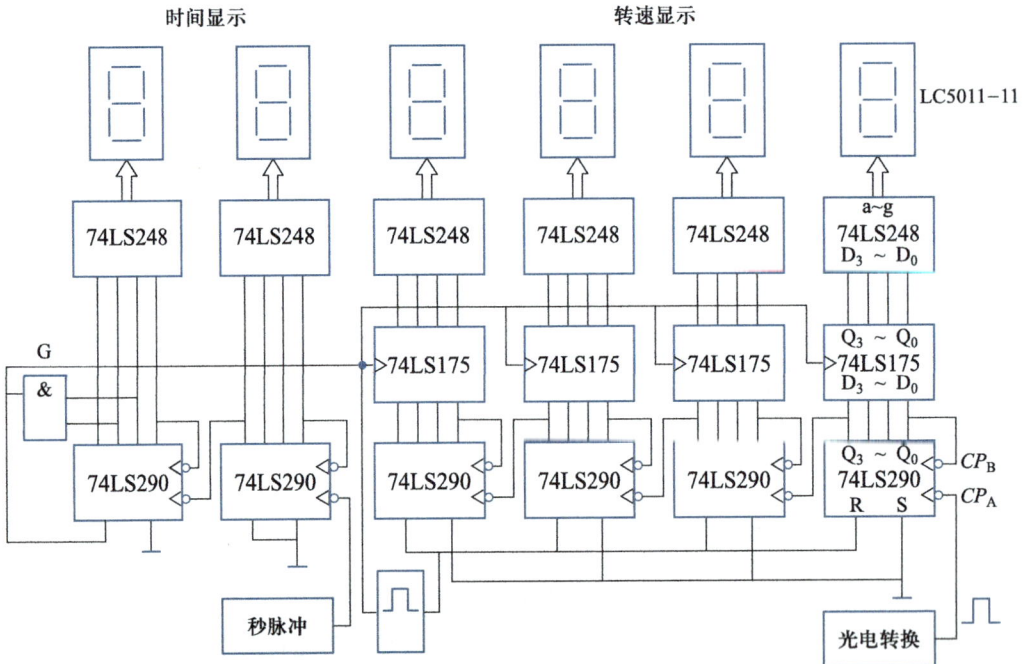

图 7.3.31

74LS290 接成按 8421 编码的十进制计数器,74LS175 为四 D 触发器,作数码寄存器使用,74LS248 为 BCD——七段译码器/驱动器(引脚如图 6.5.17 所示),用来进行译码并驱动共阴极显示器 LC5011-11。定时器按 1 min 定时,由两片74LS290 组成六十进制计数器,对秒脉冲进行计数,当计数到 60 s 时,与门 G 发出正脉冲,将转速计数器的数值存入寄存器 74LS175,该脉冲经延时后使转速计数器清零,然后重新对光电脉冲计数,每次测得的转速数值可显示 1 min。

上述电路也可选用三合一(寄存、译码、显示)或四合一(计数、寄存、译码、显示)CL 系列数显,其具体电路请查阅有关资料,这里不再叙述。

2. 数字电子钟

在各种场合大量使用的电子钟,具有显示秒、分、时和星期,以及自动计时和校正对时等功能。图 7.3.32 示出其具体电路,其中秒、分、时计数器均采用 74LS161,分别接为 BCD 六十进制和二十四进制。星期计数器为七进制,其状态表和对应的显示数码见表 7.3.15,它是用 4 个 D 触发器利用置位、复 **0** 方法实现的,分析过程请见例 7.3.1。译码和显示均采用 74LS248 和 LC5011-11。利用 4 个校对开关 $S_3 \sim S_0$,可分别对星期、时、分、秒用单脉冲发生器(见例 7.1.1)进行校正对时。秒脉冲一般用晶振经多次分频产生。

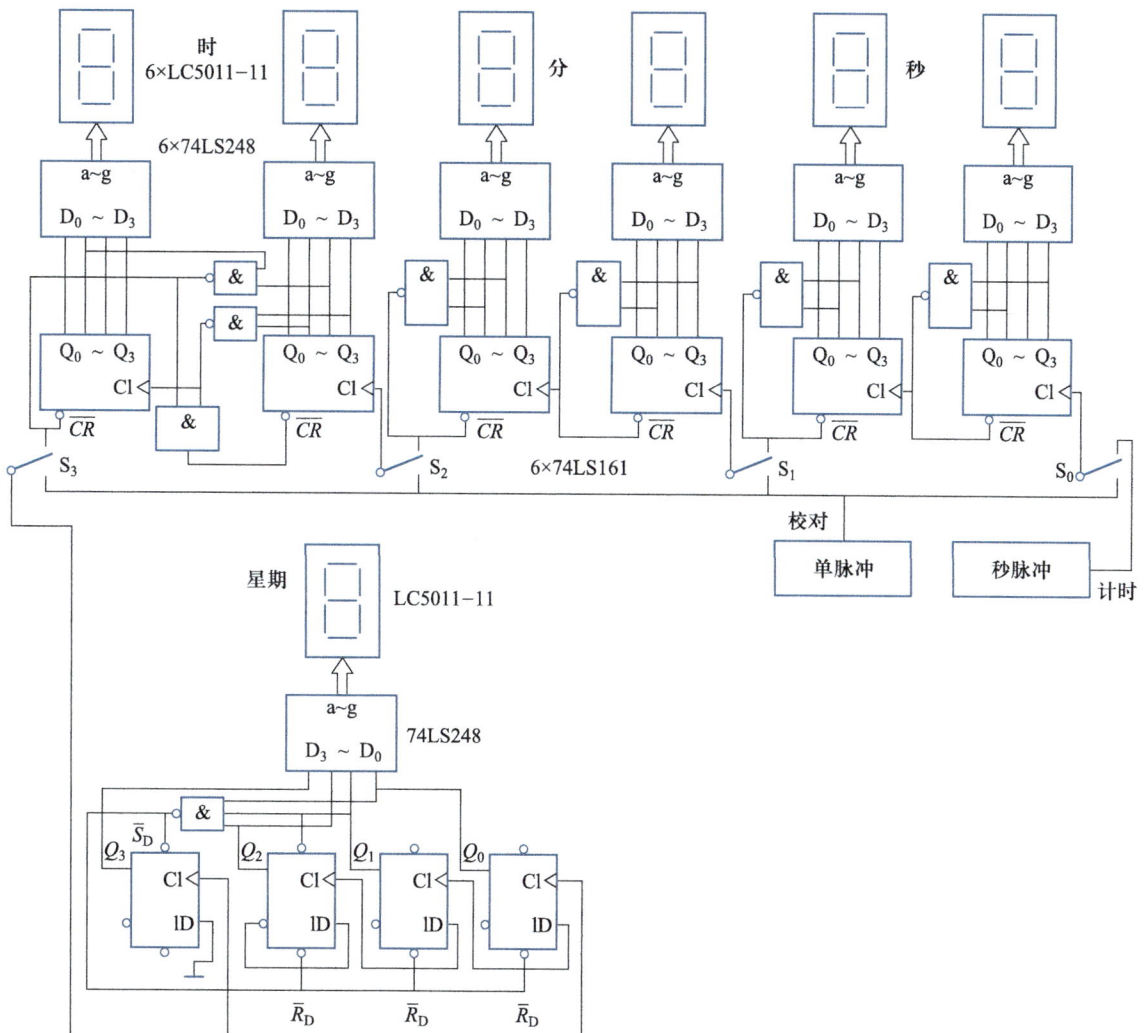

图 7.3.32

279

表 7.3.15

CP	Q_3	Q_2	Q_1	Q_0	显示
1	0	0	0	1	1
2	0	0	1	0	2
3	0	0	1	1	3
4	0	1	0	0	4
5	0	1	0	1	5
6	0	1	1	0	6
7	1	0	0	0	日
8	0	0	0	1	1

思考题

1. 何为二进制计数器？4 个触发器组成的二进制计数器能计几个数？n 个触发器组成的二进制计数器能计几个数？

2. 何为 BCD 计数器？4 个触发器组成的 BCD 计数器能计几个数？n（为 4 的倍数）个触发器组成的 BCD 计数器能计几个数？

3. 二进制计数器皆有二分频、四分频等分频功能，如果要进行十分频应如何实现？

4. 用频率为 1 000 Hz 的脉冲获得秒脉冲，如何进行分频？

5. 图 7.3.1 加法计数器，若 J-K 触发器为上升沿触发，电路应如何连接？对图 7.3.3 电路，若 D 触发器为下降沿触发，电路又应如何连接？

6. 同步计数器和异步计数器应如何区别？在计数速度上有无差异？

7. 如何用移位寄存器组成环形计数器和扭环形计数器？在使用相同触发器（如 4 个）的情况下，输出的状态数哪一个多？

8. 用异步清零法可以实现任意进制计数器，如图 7.3.13 所示的六进制计数器，用置数法能否实现？请画出实现六进制计数器的电路图。

9. 用 74LS161 实现任意进制计数器，可以用异步清零法，也可以用同步置数法，这里的"异步"和"同步"各是什么含义？

10. 74LS290 能按 4 位二进制计数器使用吗？为什么？

本章小结

1. 双稳态触发器具有多种逻辑功能，几种主要触发器的逻辑符号和逻辑功能见下表。

2. 寄存器由触发器和门电路组成，根据存入或取出的方式不同，可分为数码寄存器和移位寄存器。数码寄存器在一个 CP 脉冲作用下，各位数码可同时存入或取出。而移位寄存器在一个 CP 脉冲作用下，只能存入或取出一位数码，

n 位数码必须用 n 个 CP 脉冲作用才能全部存入或取出。集成电路寄存器具有左移、右移、清零、数据并入、并出、串入、串出等多种逻辑功能。

几种主要触发器的逻辑符号和逻辑功能表

名称	基本R-S触发器	可控R-S触发器	D触发器	T触发器	J-K触发器
逻辑符号	(逻辑符号图) $\bar{R}_D$　$\bar{S}_D$	1R C1 1S $\bar{R}_D$　R　CP　S　$\bar{S}_D$	C1 1D $\bar{R}_D$　CP　D　$\bar{S}_D$	C1 1T $\bar{R}_D$　CP　T　$\bar{S}_D$	1K C1 1J $\bar{R}_D$　K　CP　J　$\bar{S}_D$

逻辑功能

$\bar{S}_D$	$\bar{R}_D$	Q
0	0	不定
0	1	1
1	0	0
1	1	不变

CP	S	R	Q
1	0	0	不变
1	0	1	0
1	1	0	1
1	1	1	不定
0	×	×	不变

CP	D	Q_{n+1}
↑	0	0
↑	1	1
⌐	×	Q_n

CP	T	Q_{n+1}
↑	1	$\bar{Q}_n$
×	0	Q_n

CP	J	K	Q_{n+1}
↓	0	0	Q_n
↓	0	1	0
↓	1	0	1
↓	1	1	$\bar{Q}_n$
⌐	×	×	Q_n

3. 计数器由触发器和门电路组成,用来对脉冲进行计数。按照不同的分类方式,有多种类型的计数器。n 个触发器可以组成 n 位二进制计数器,可以计 2^n 个脉冲。4 个触发器组成 1 位十进制计数器,n 位十进制计数器由 $4n$ 个触发器组成。计数脉冲同时作用在所有触发器的 CP 端为同步计数器,否则,为异步计数器。集成电路计数器具有清零、置数、计数等多种逻辑功能。用置数、清零及反馈置数或反馈清零等方法,可以方便地实现十进制计数或任意进制计数。

习题

一、选择题

7.1　下降沿触发的 J–K 触发器,其输出 Q 与输入 K 连接,触发器初始状态为 **0**,在 CP 脉冲作用下,输出 Q 的波形为题 7.1 图中的波形(　　)。

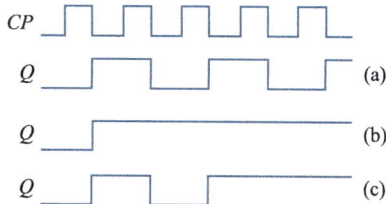

题 7.1 图

7.2　下降沿触发的 D 触发器,其输出 $\bar{Q}$ 与输入 D 连接,触发器初始状态为 **0**,在 CP 脉冲作用下,输出 Q 的波形为题 7.1 图中的波形(　　)。

7.3　下降沿触发的 J-K 触发器,其初始状态为 0,J,K 连接在一起,并加输入信号 T,在 CP 脉冲作用下,输出 Q 的波形为题 7.3 图中的波形(　　)。

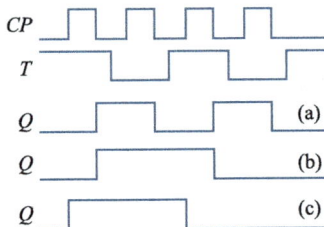

题 7.3 图

7.4　在题 7.4 图所示各电路中,能完成 $Q_{n+1}=\overline{Q_n}$ 功能的电路是图(　　)。

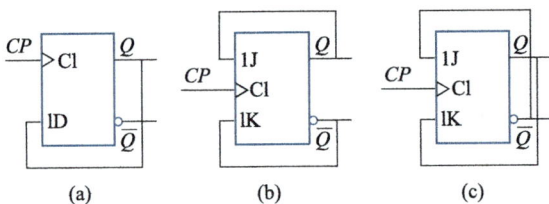

题 7.4 图

7.5　题 7.5 图所示各触发器的初态为 1,在 CP 脉冲到来后,Q 的状态仍保持 1 的是图(　　)。

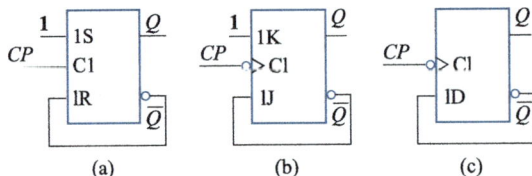

题 7.5 图

7.6　在题 7.6 图所示电路中,触发器的初态 $Q_1Q_0=01$,则在第 1 个 CP 脉冲作用后,输出 Q_1Q_0 为(　　)。

　（a）00　　　　　（b）01　　　　　（c）10

7.7　在题 7.7 图所示电路中,触发器的初态 $Q_1Q_0=00$,则在第 1 个 CP 脉冲作用后,输出 Q_1Q_0 为(　　)。

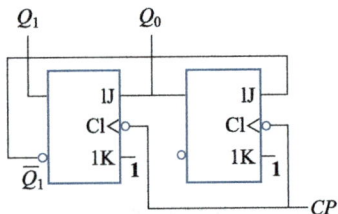
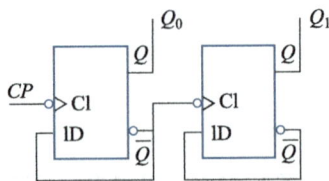

题 7.6 图　　　　　　　　　题 7.7 图

（a）**00**　　　　（b）**01**　　　　（c）**10**

7.8　在题 7.8 图所示电路中,触发器的初态 $Q_1Q_0 = $ **00**,则在第 1 个 CP 脉冲作用后,输出 Q_1Q_0 为( )。

（a）**11**　　　　（b）**01**　　　　（c）**10**

7.9　时序逻辑电路如题 7.9 图所示, Q_1Q_0 原状态为 **10**,当送入 1 个 CP 脉冲后的新状态为( )。

（a）**10**　　　　（b）**01**　　　　（c）**11**

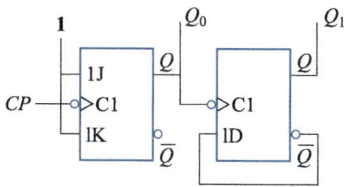
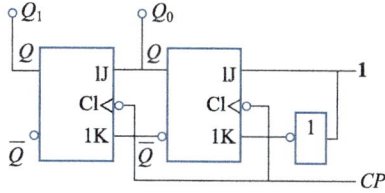

题 7.8 图　　　　　　　　　　　　　　　题 7.9 图

7.10　计数器如题 7.10 图所示, Q_1Q_0 原状态为 **01**,送入 1 个 CP 脉冲后的新状态为( )。

（a）**10**　　　　（b）**11**　　　　（c）**00**

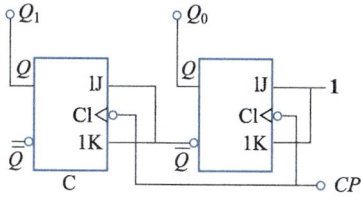
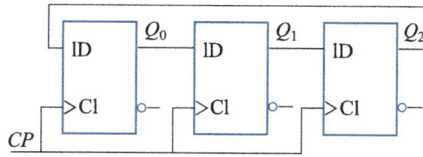

题 7.10 图　　　　　　　　　　　　　　题 7.11 图

7.11　时序逻辑电路如题 7.11 图所示,触发器的初态 $Q_2Q_1Q_0 = $ **100**,在 CP 脉冲作用下,触发器的状态重复一次所需 CP 脉冲的个数为( )。

（a）1 个　　　　（b）3 个　　　　（c）6 个

7.12　时序逻辑电路如题 7.12 图所示,触发器的初态 $Q_2Q_1Q_0 = $ **000**,在 CP 脉冲作用下,触发器的状态重复一次所需 CP 脉冲的个数为( )。

（a）1 个　　　　（b）3 个　　　　（c）6 个

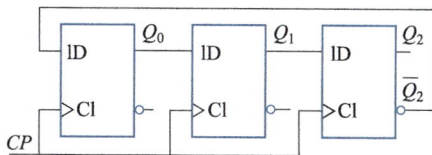

题 7.12 图

7.13　题 7.13 图所示计数器电路的计数制为(　　)。

（a）六进制　　　（b）七进制　　　（c）八进制

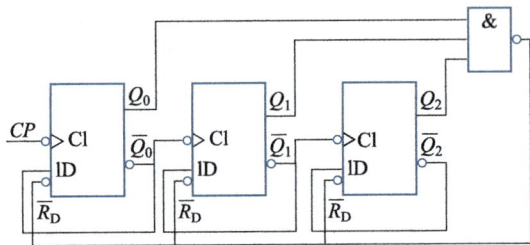

题 7.13 图

7.14　题 7.14 图所示计数器电路的计数制为(　　)。

（a）六进制　　　（b）五进制　　　（c）四进制

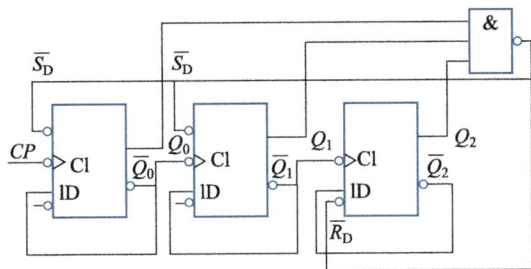

题 7.14 图

7.15　题 7.15 图所示用 74LS161 组成的计数器电路的计数制为(　　)。

（a）九进制　　　（b）七进制　　　（c）八进制

7.16　题 7.16 图所示用 74LS161 组成的计数器电路的计数制为(　　)。

（a）九进制　　　（b）七进制　　　（c）八进制

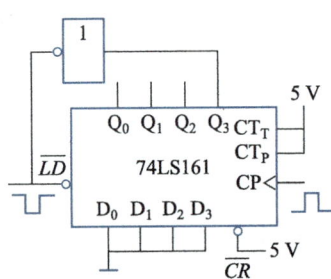

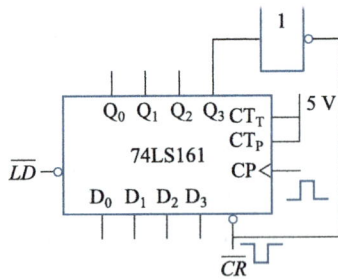

题 7.15 图　　　　　　题 7.16 图

7.17　N 个触发器可以构成寄存(　　)位二进制数码寄存器。

（a）$N-1$　　　　（b）N　　　　　（c）$N+1$

7.18　同步计数器和异步计数器比较其显著优点是(　　)。

（a）工作速度快　　（b）电路简单　　（c）触发器利用率高

7.19 为了把串行输入的数据转换为并行输出的数据,可以使用(　　)。
(a) 锁存器　　　(b) 移位寄存器　　　(c) 计数器

7.20 对于 $J-K$ 触发器,若 $J=\bar{K}$,则可完成(　　)的功能。
(a) T 触发器　　　(b) D 触发器　　　(c) RS 触发器

二、解答题

7.21 基本 $R-S$ 触发器 $\bar{R}_D$ 和 $\bar{S}_D$ 的波形如题 7.21 图所示,试画出 Q 初值分别为 **0** 和 **1** 时的波形。

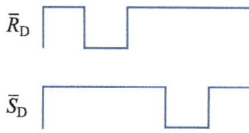

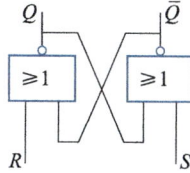

题 7.21 图　　　　题 7.22 图

7.22 用**或非**门组成的基本 $R-S$ 触发器如题 7.22 图所示,试分析其逻辑功能。

7.23 已知可控 $R-S$ 触发器 CP、R、S 的波形如题 7.23 图所示,试画出 Q 初值分别为 **0** 和 **1** 时的波形。

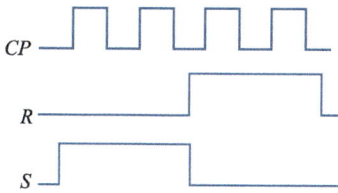

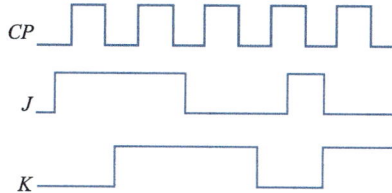

题 7.23 图　　　　题 7.24 图

7.24 $J-K$ 触发器 CP、J、K 的波形如题 7.24 图所示,试画出 Q 的波形。设 Q 初值为 **0**。

7.25 在题 7.25 图所示电路中,已知 CP 和 T 的波形,试画出 Q_1 和 Q_2 的波形。设 Q_1、Q_2 的初值均为 **0**。

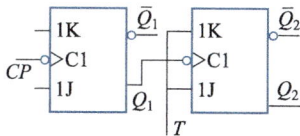

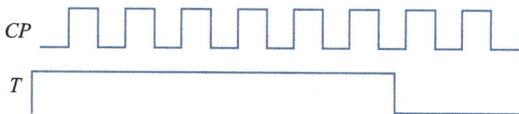

题 7.25 图

7.26　时序逻辑电路如题 7.26 图所示,试分析输入 X、Y 与输出 Q 的逻辑关系,并说明它属于哪种触发器。

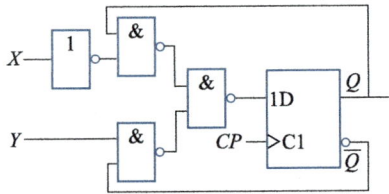

题 7.26 图

7.27　题 7.27 图所示时序逻辑电路,已知 D 触发器的初态为 **0**,试画出在 CP 脉冲作用下输出 F 的波形。

7.28　在题 7.28 图所示电路中,已知时钟脉冲 CP 的频率为 1 000 Hz,试求 Q_1 和 Q_2 波形的频率各为多少?

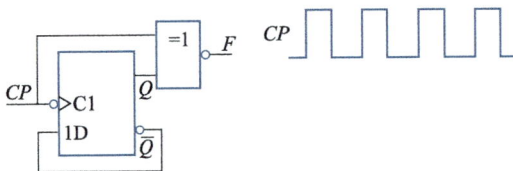
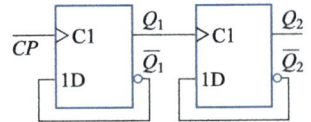

题 7.27 图　　　　　　　　　　　　　　　题 7.28 图

7.29　试画出用 $J-K$ 触发器组成四位数码寄存器的电路图,并说明工作原理。

7.30　由 $J-K$ 触发器组成的移位寄存器如题 7.30 图所示,试列出输入数码 **1001** 的状态表,并画出各 Q 的波形图,设初态为 **0**。

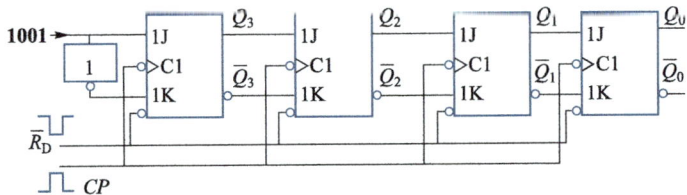

题 7.30 图

7.31　设题 7.31 图所示电路中各触发器的初态 $Q_0Q_1Q_2Q_3 =$ **0001**,已知 CP 脉冲,试列出各触发器 Q 的状态表,并画出波形图。

7.32　设题 7.32 图所示电路中各触发器的初态为 **0**,已知 CP 脉冲,试列出状态表,并画出各 Q 的波形图。

7.33　题 7.33 图所示电路为用双向移位寄存器 74LS194 构成的自启动脉冲分配器,试列出 $Q_3 \sim Q_0$ 的状态表,并画出其波形图。

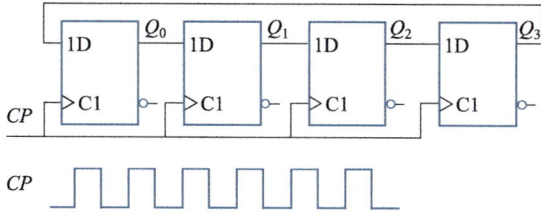

题 7.31 图

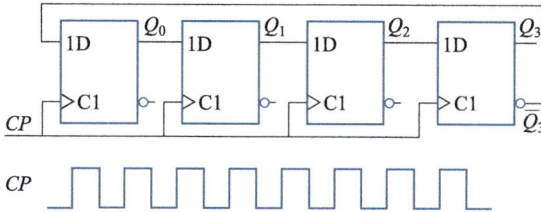

题 7.32 图

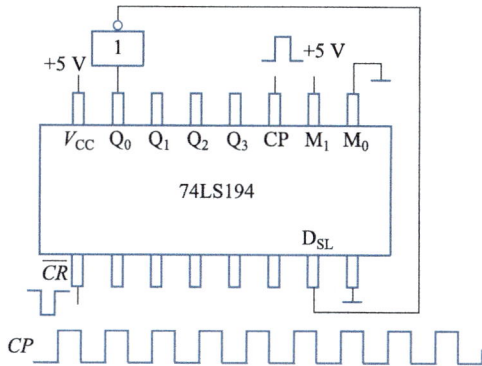

题 7.33 图

7.34　题 7.34 图所示为用两片双向移位寄存器 74LS194 组成的 7 位并-串转换器,试分析其工作原理,并列出两片寄存器的状态表。

7.35　如图 7.3.3 所示的加法计数器,试画出各触发器 Q 端的工作波形图。

7.36　试画出用上升沿触发的 J-K 触发器组成四位异步二进制加法计数器的电路图,并具有计数允许端 CT(高电平有效)。

7.37　试画出用下降沿触发的 J-K 触发器组成 4 位异步二进制减法计数器的电路图。

7.38　分析题 7.38 图所示电路为几进制计数器,设初值为 **0**。

7.39　分析题 7.39 图所示电路的状态变化规律,设初值为 **0**。

7.40　列出题 7.40 图所示脉冲分配器的状态表,并画出各 Q 端的波形图,设初值为 **0**。

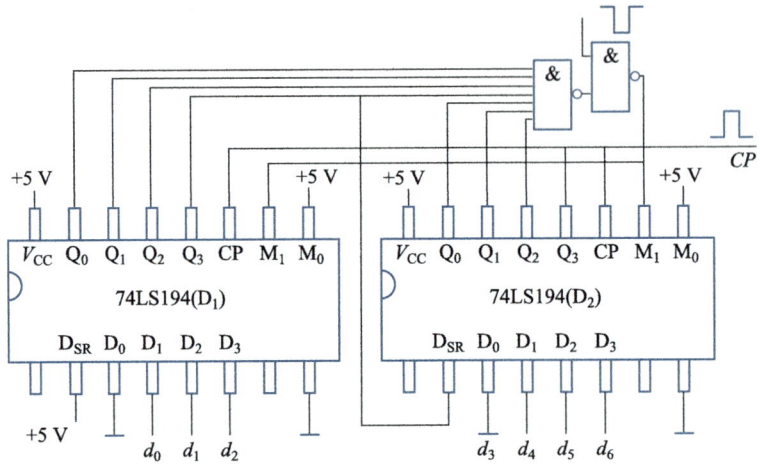

题 7.34 图

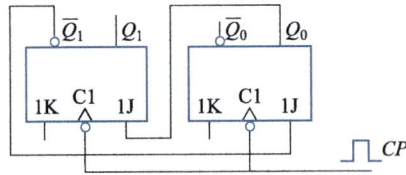

题 7.38 图

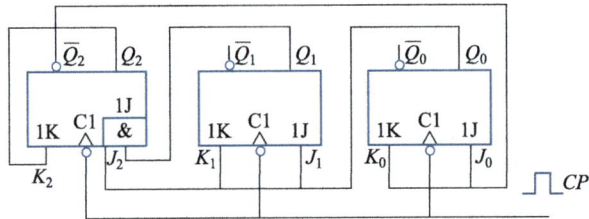

题 7.39 图

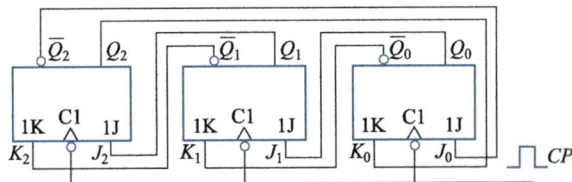

题 7.40 图

7.41　分析题 7.41 图所示环形计数器的状态变化规律,并画出各 Q 端的波形图,设初值为 **0**。

7.42　写出题 7.42 图所示电路的驱动方程,列出状态表,分析该电路为几进制计数器。设初值为 **0**。

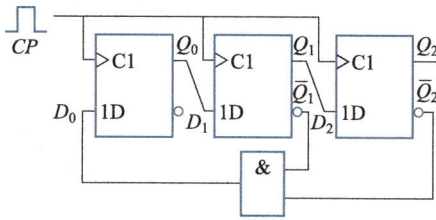

题 7.41 图

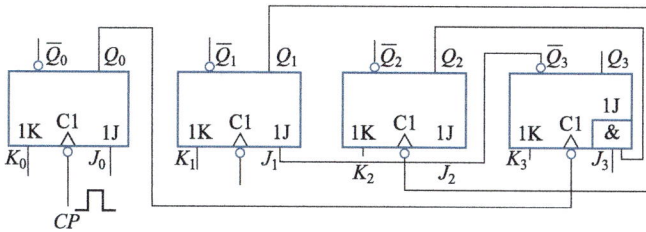

题 7.42 图

7.43　题 7.43 图所示电路为六拍通电方式脉冲分配器,工作时首先送状态预置负脉冲,然后在控制脉冲作用下工作。试列出状态表,并画出各 Q 端的波形图。

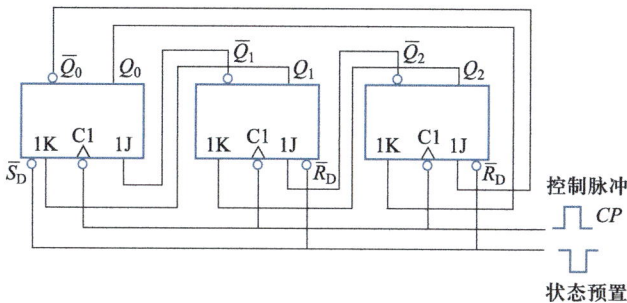

题 7.43 图

7.44　试分析题 7.44 图所示电路为几进制计数器,设初值为 **0**。

7.45　画出用 J-K 触发器按异步清零法实现五进制计数器的电路图。

7.46　用 2 片双 D 触发器 74LS74 和 1 片 4 输入端双**与非**门 74LS20,按异步清零法画出实现下列进制计数器的电路图。(1) 十进制计数器;(2) 七进制计数器。

74LS74 引脚排列如图 7.1.15 所示,74LS20 引脚排列如题 7.46 图所示。

7.47　画出用 4 位二进制计数器 74LS161 按异步清零法实现下列进制计数器的电路图。(1) 六进制;(2) 十二进制;(3) 一百进制;(4) BCD 十二进制。

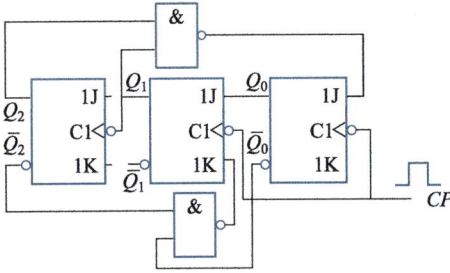

题 7.44 图

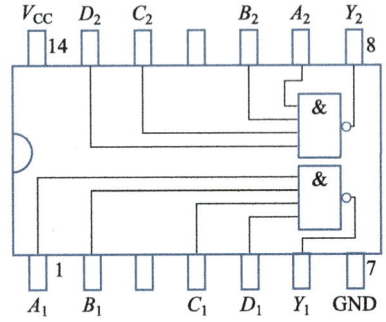

题 7.46 图

7.48　画出用 4 位二进制计数器 74LS161 按同步置数法(分别用 CO 和 $Q_0 \sim Q_3$ 反馈到 $\overline{LD}$)实现下列进制计数器的电路图。(1)十进制;(2)十二进制。

7.49　画出用二-五进制异步计数器 74LS290 实现下列进制计数器的电路图。(1)七进制;(2)九进制。

第8章 脉冲波形的产生和整形

在数字系统中,需要具有一定宽度和幅度的脉冲信号,这些脉冲信号通常采用脉冲振荡器直接产生,或是利用整形电路把已有的周期性变化的信号变换成所要求的脉冲信号。

无稳态触发器(多谐振荡器)和单稳态触发器用于脉冲的产生和整形。本章首先介绍用门电路组成的无稳态和单稳态触发器的工作原理,然后重点介绍集成单稳态触发器、集成 555 定时器以及它们的应用。

§8.1 无稳态触发器(多谐振荡器)

无稳态触发器能输出一定频率和幅度的矩形波或方波,由于输出的方波含有丰富的谐波,故又称为多谐振荡器。多谐振荡器没有稳定状态,只有两个暂稳状态,而且无需外来脉冲触发,电路能自动地交替翻转,使两个暂稳态轮流出现,输出方波。多谐振荡器的电路形式很多,有用分立元件的,有用门电路的,还有集成的多谐振荡电路,下面只介绍常用的几种。

8.1.1 基本的环形振荡器

利用门电路的传输延迟时间,将奇数个门电路首尾相接,构成一个闭合回路,这就是最简单的环形多谐振荡器。如图 8.1.1(a)所示,以三个非门为例:设某一时刻电路的输出 $u_{O3} = 1$(高电平),经过 1 个传输延迟时间 t_{pd} 后,$u_{O1} = 0$(低电平),经过 2 个 t_{pd} 后,$u_{O2} = 1$,经过 3 个 t_{pd} 后,$u_{O3} = 0$。u_{O3} 的状态反馈到 G_1 门输入端,又变成 $u_{O1} = 1, \cdots$,如此自动反复,于是在输出端便得到连续的方波,周期为 $6t_{pd}$,如图 8.1.1(b)所示。

当环路中非门的个数为 n 时,输出方波的振荡周期为

$$T = 2nt_{pd} \quad (\text{其中 } n \text{ 为奇数}) \quad (8.1.1)$$

这种电路结构简单,但由于门电路的传输延迟时间 t_{pd} 很短,因此这种振荡器的振荡频率极高,且频率不可调。为克服这些缺点,通常在环路中串接 RC 延迟环节,组成 RC 环形振荡器。

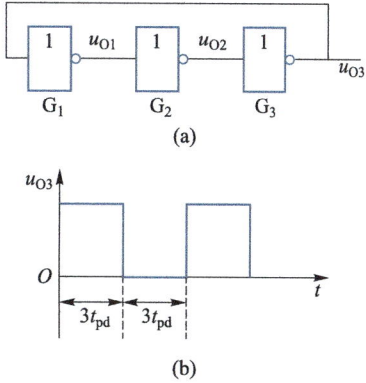

图 8.1.1

8.1.2　*RC* 环形振荡器

RC 环形振荡器是在图 8.1.1 所示电路中加入 *RC* 环路,如图 8.1.2 所示。它不但增大了环路延迟时间,降低了振荡频率,而且通过改变 *RC* 的数值可以调节振荡频率,其工作原理分析如下:

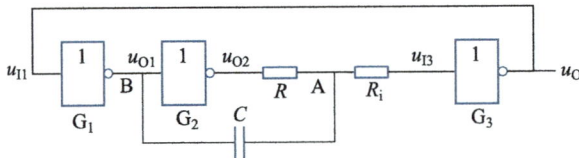

图 8.1.2

图 8.1.2 中电阻 R_i 很小,故 A 点电位 V_A 近似等于 u_{I3},设非门的阈值电压为 U_T,各点波形如图 8.1.3 所示。

在 $t_1 \sim t_2$ 期间:

t_1 时,设 $u_0(u_{I1}) = \mathbf{1}$,且 $V_A = u_{I3} \leqslant U_T$,则 $u_{I2}(u_{O1}) = \mathbf{0}$。即 B 点电位 V_B 下跳到 0,$u_{O2} = \mathbf{1}$。由于电容 C 两端的电压不能突变,因而 A 点电位必随着 B 点下跳,u_{O2} 通过 R 对电容 C 充电,A 点电位(即 u_{I3})按指数规律上升,在 t_2 时,$u_{I3} = U_T$,使 u_0 翻转为 $\mathbf{0}$,则 $u_{I2} = \mathbf{1}$(即 B 点上跳到 $\mathbf{1}$),$u_{O2} = \mathbf{0}$,V_A(即 u_{I3})随 B 点上跳。

在 $t_2 \sim t_3$ 期间:

由于 $u_{O2} = \mathbf{0}$,则电容 C 经 R 放电,u_{I3} 按指数规律下降,在 t_3 时,$u_{I3} = U_T$,使 $u_0 = \mathbf{1}$。情况与 $t_1 \sim t_2$ 期间相同。重复前面的过程。

上述两个过程均称为暂稳态过程。

由于电容 C 的充、放电在自动地进行,因而在 u_0 端可以得到连续的方波脉冲。方波的周期由电容充、放电的时间常数决定。如采用 TTL 门电路,周期近似为

图 8.1.3

$$T \approx 2.2RC \tag{8.1.2}$$

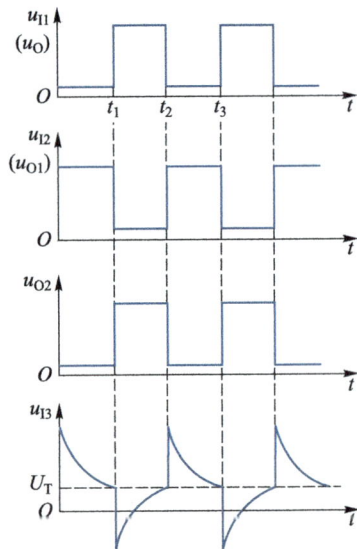

8.1.3　*RC* 耦合式振荡器

另一种使用较多的方波发生器电路如图 8.1.4 所示,由两个非门组成,每一个非门输出端与输入端之间连有一个电阻 R_1 和 R_2,电阻的阻值恰好使非门内的晶体管工作在放大区,一般取 850 Ω ~ 2 kΩ。这样,两个非门通过电容 C_1、C_2 交叉耦合形成反馈环路,相当于两级放大器经 *RC* 耦合一样,形成正反馈回路,就有可能产生振荡。

如电源电压波动或其他原因,使 u_{I1} 有微小的正跳变,由于非门工作在放大区,且电路具有正反馈环,迅速使门 G_1 饱和导通,u_{O1} 输出低电平。因为电容 C_1 电压不能突变,u_{I2} 出现下跳,使门 G_2 截止,u_{O2} 输出高电平,形成 $u_{O1} = 0$,$u_{O2} = 1$ 的暂稳态。此时 u_{O2} 沿 $R_2 - C_1 -$

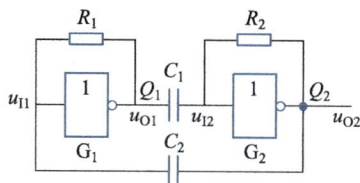

图 8.1.4

Q_1 对 C_1 充电,u_{I2} 随之上升,当 u_{I2} 上升到门 G_2 的阈值电压 U_T 时,门 G_2 饱和导通,u_{O2} 输出低电平。同样,电容 C_2 电压不能突变,使 u_{I1} 出现下跳,迫使 u_{O1} 由 0 变为 1,于是电路进入另一个暂稳态 $u_{O1} = 1$,$u_{O2} = 0$。此时 u_{O1} 沿 $R_1 - C_2 - Q_2$ 对 C_2 充电,同时 C_1 开始放电,随着充放电过程的进行,u_{I1} 随之上升,当 u_{I1} 上升到门 G_1 的阈值电压 U_T 时,门 G_1 再次翻转,使 $u_{O1} = 0$,随之 $u_{O2} = 1$。上述过程不断重复,u_{O1}、u_{O2} 交替出现高低电平。从而在 u_{O1} 和 u_{O2} 处均输出方波信号。图 8.1.5 画出该电路的工作波形。输出方波的周期由电容充、放电的时间常数决定($R_1 C_1 + R_2 C_2$)。当 $R = R_1 = R_2$,$C = C_1 = C_2$ 时,一般振荡周期为

$$T \approx 1.4RC \tag{8.1.3}$$

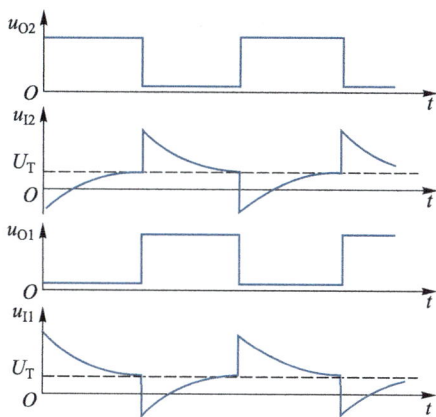

图 8.1.5

前面介绍的几种多谐振荡器有一个共同特点,振荡周期由阻容元件 RC 充放电和门电路阈值电压 U_T 来决定,易受温度、元件性能、电源波动等因素的影响,从而使这些电路振荡频率的稳定性受到一定的限制。为此,常采用在多谐振荡器中串接石英晶体,组成石英晶体振荡器,如图 8.1.6 所示。图中石英晶体相当于一个 RLC 串联谐振电路,有一个极其稳定的串联谐振频率 f_0

$$f_0 = \frac{1}{2\pi\sqrt{LC}} \tag{8.1.4}$$

式中,L、C 均为晶体的固有参数,因而 f_0 又称为晶体固有频率。

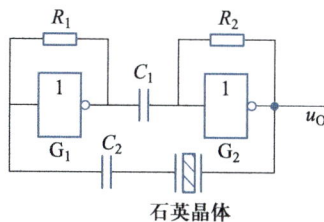

石英晶体

图 8.1.6

石英晶体对频率 f_0 的阻抗近似等于零,而对其他频率均有较大的阻抗。利用石英晶体这种良好的选频特性,如图所示把它与 C_2 串接,这样只有频率为 f_0 的信号满足正反馈条件,使之迅速起振。因此环路的振荡频率只决定于石英晶体本身的谐振频率,与其他元件的参数无关,振荡频率极其稳定。对于频率 f_0 而言,该电路的等效电路与图 8.1.4 相同,故而输出仍为方波。

思考题

1. 基本环形振荡器中非门的个数 n 为偶数能否形成振荡?
2. RC 环形振荡器的振荡频率如何确定?
3. 石英晶体振荡器的振荡频率如何确定?

视频: §8.2.1
单稳态触发器

§8.2　单稳态触发器

单稳态触发器只有一个稳定状态,它能接受外来脉冲的触发而翻转,但翻转后的状态是暂时的,维持一段时间 t_w 后就自动翻回到原来的稳定状态,故称单稳态触发器。暂稳状态的持续时间 t_w 决定于单稳态触发器本身的电路参数,而与外加触发脉冲无关。单稳态触发器主要用于脉冲波形的整形和信号的延迟(定时),其构成形式很多,有积分型、微分型等。这里以微分型单稳态触发器为例,分析其工作原理。

8.2.1　单稳态触发器的工作原理

图 8.2.1(a)是常用的微分型单稳态触发器电路,图中 R 和 C 构成微分型定时元件,单稳态触发器的逻辑符号如图 8.2.1(b)所示。工作过程分析如下(如图 8.2.2 所示)。

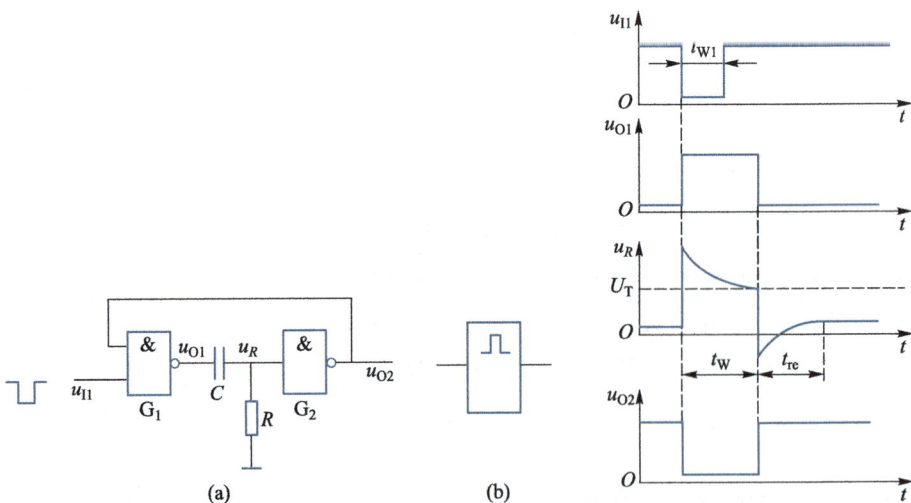

图 8.2.1　　　　　　　　　　　　　图 8.2.2

稳定状态：

选定时电阻 $R<1.4$ kΩ（TTL 集成门电路关门电阻值），与非门 G_2 输入端流出的电流经 R 产生的电压降 $U_R<U_T$（阈值电压），输入端为低电平 **0**，则输出端 u_{O2} 为高电平 **1**。当输入端触发负脉冲没有出现时，$u_{I1}=1$，与非门 G_1 的输出 $u_{O1}=0$。

暂稳状态：

当 u_{I1} 出现小于阈值电压 U_T 的负脉冲时，u_{O1} 由低电平上跳为高电平，由于电容 C 两端电压不能突变，故 u_R 也相应上跳，且大于 U_T，使 $u_{O2}=0$。u_{O1} 通过 R 对电容 C 充电，因而，充电电流和电压 u_R 均按指数规律下降。当 $u_R=U_T$ 时，u_{O2} 由 **0** 翻转到 **1**，且 u_{I1} 负脉冲已过，使 $u_{O1}=0$，又恢复到稳定状态。

恢复过程：

当 u_{O1} 从高电平下跳到低电平时，由于电容 C 两端电压不能突变，u_R 也随之下跳，然后随着电容 C 的放电，u_R 逐渐上升，直到稳态时的数值，恢复时间为 t_{re}。

可见，只要有一个触发负脉冲 u_{I1}，便可输出一个规则的正方波 u_{O1} 和一个负方波 u_{O2}，其幅度和脉宽与 u_{I1} 的幅值、形状无关。这种特性使单稳态触发器具有对不规则的输入脉冲 u_{I1} 进行整形的功能。同时，单稳电路输出方波的脉宽 t_W 由 R、C 决定，改变 R、C 的数值可以改变输出脉冲的宽度，这种特性使单稳电路具有定时（或延时）作用。

这种电路要求输出方波脉宽 t_W 大于输入触发负脉冲的宽度 t_{W1}。

8.2.2 集成单稳态触发器

集成电路单稳态触发器种类很多，下面以 74LS123 为例加以介绍，其引脚排列和接线图如图 8.2.3 所示。组件内有两个独立的单稳态触发器，它们的 A、B 分别为负脉冲（下降沿）和正脉冲（上升沿）触发端，用 A 触发时，B 必为高电平，而用 B 触发时，A 必为低电平。Q 和 $\overline{Q}$ 分别输出一定宽度的正脉冲和负脉冲，$\overline{CR}$ 为清零端，也可作为触发端使用，此时要求 $A=0$，$B=1$，其功能见表 8.2.1。

输出脉冲的宽度 t_W 由外接电阻 R_T 和电容 C_T 决定，当 $C_T>1\ 000$ pF 时，有

$$t_W \approx 0.45 R_T C_T \tag{8.2.1}$$

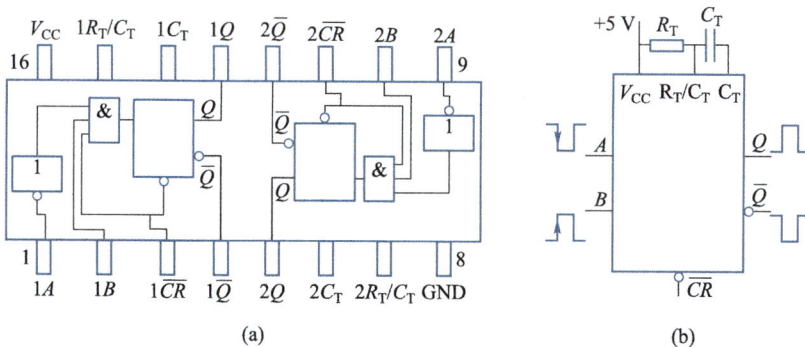

(a)   (b)

图 8.2.3

表 8.2.1

输入			输出		说明
$\overline{CR}$	A	B	Q	$\overline{Q}$	
0	×	×	0	1	稳态
×	×	0	0	1	
×	1	×	0	1	
1	0	↑	⊓	⊔	触发
↑	0	1	⊓	⊔	
1	↓	1	⊓	⊔	

　　这种触发器可以通过调节外接电阻 R_T 和电容 C_T 来改变脉冲的宽度,还具有重复触发功能。重复触发就是在一个触发信号作用后,单稳电路进入暂稳状态,在它即将恢复到原状态前通过在 A 端(或在 B 端)加再触发脉冲再次进行触发,可使单稳态触发器仍保持在暂稳状态下,触发脉冲的重复作用可延长输出脉冲的宽度,具有这种功能的单稳触发器称为可再触发式单稳态触发器。

8.2.3　单稳态触发器应用举例

　　1. 脉冲整形

　　在图 7.3.30 所示的光电转换电路中,从 R_3 输出的电脉冲 u_R,由于光照强弱等因素的影响会出现边沿不陡、幅度不等的现象,用它直接作为计数器的计数脉冲往往会造成漏计或错计。为此,用 u_R 作为单稳态触发器的触发信号,便可在单稳态触发器输出端得到相同数目规则的脉冲信号 u_0,如图 8.2.4 所示,这就是单稳态触发器的脉冲整形作用。

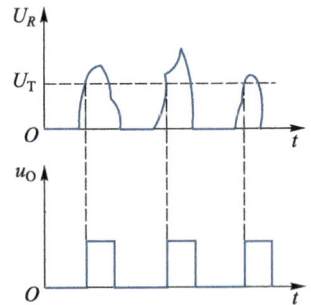

　　2. 定时控制

　　用 2 片 74LS123(4 个单稳态触发器)可以实现生产线四道工序的定时顺序控制,也可实现自动循环控制,如图 8.2.5 所示。将 4 个单稳态触发器串接起来,用前一个输出 Q 的下降沿触发后一个单稳态触发器,每个单稳态触发器输出脉冲的宽度分别由各自的 R、C 决定。当开关 S 合在 1 端时,用 $Q_1 \sim Q_4$ 端的输出脉冲可实现四道工序的定时顺序控制;当开关 S 合在 2 端时,便可实现四道工序的自动循环控制。控制信号波形如图 8.2.6 所示,图中 u_I 为启动信号。

图 8.2.4

296

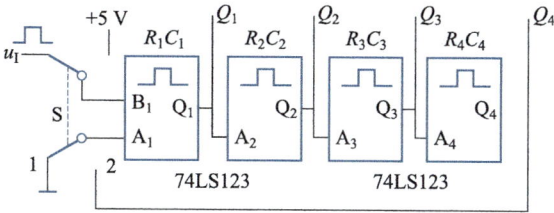

图 8.2.5

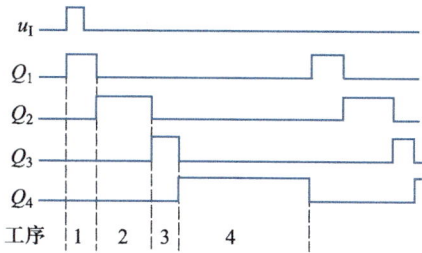

图 8.2.6

思考题

1. 单稳态触发器输出脉冲的宽度 t_w 由谁决定？与输入（触发）脉冲的宽度有无关系？

2. 单稳态触发器为何能用于脉冲整形和定时控制？

3. 集成单稳态触发器 74LS123 两个触发信号 A、B 有何区别？用 B 触发，A 如何处理？反之，用 A 触发，B 如何处理？

4. 用集成单稳态触发器 74LS123 如何组成多谐振荡器？试画出电路图，并说明振荡频率的大小由谁决定。

§8.3 集成定时器 555 的原理和应用

集成定时器 555 属中规模集成电路，是为定时应用而设计的，应用范围广泛。它可通过外部适当的连接和接入合适的电阻、电容，构成定时、延时、脉冲源等各种电路。本节先简单介绍该集成件内部结构和原理，然后再介绍它的应用。

8.3.1 集成定时器 555

图 8.3.1 示出集成定时器 555 的内部结构原理图和引脚排列，定时器由电压比较器 A_1、A_2，基本 R-S 触发器，三个电阻 R 组成的电阻分压器，放电晶体管 T 和功率输出级等部分组成。电阻分压器的三个电阻 R 均为 5 kΩ，"555"由此而得名。电阻分压器为比较器 A_1、A_2 提供参考电压，比较器 A_1 的参考电压作用在同相输入端 5，参考电压值为 $\frac{2}{3}V_{CC}$，比较器 A_2 的参考电压加在反相输入端，参

297

考电压值为 $\frac{1}{3}V_{CC}$。外加输入(触发)信号和两个参考电压比较,当比较器 A_1 的

反相输入端 6 作用的输入信号电压大于 $\frac{2}{3}V_{CC}$ 时,比较器 A_1 的输出为低电平**0**,

使 R-S 触发器复**0**。比较器 A_2 的同相输入端 2 输入的信号电压值小于 $\frac{1}{3}V_{CC}$ 时,

比较器 A_2 的输出为低电平**0**,使 R-S 触发器置**1**。可见基本R-S触发器的输出
状态受比较器 A_1、A_2 的输出端控制。而 A_1、A_2 的输出又受高触发端(TH)和低
触发端(TL)控制。在外触发电压作用下的工作状态见表8.3.1,其中 OUT 为集
成定时器 555 的输出端(引脚 3)。

视频:§8.3.1
集成定时器
555

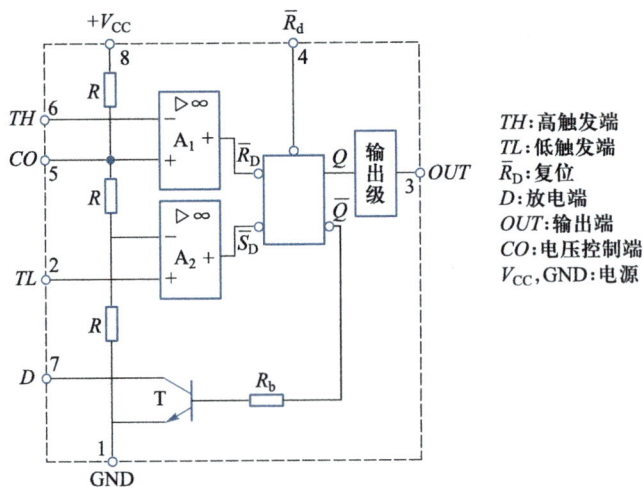

图 8.3.1

表 8.3.1

$\overline{R}_d$	TH	TL	$\overline{R}_D$	$\overline{S}_D$	Q	$\overline{Q}$	OUT
0	×	×	×	×	**0**	**1**	**0**
1	$>\frac{2}{3}V_{CC}$	$>\frac{1}{3}V_{CC}$	**0**	**1**	**0**	**1**	**0**
1	$<\frac{2}{3}V_{CC}$	$<\frac{1}{3}V_{CC}$	**1**	**0**	**1**	**0**	**1**
1	$<\frac{2}{3}V_{CC}$	$>\frac{1}{3}V_{CC}$	**1**	**1**	保持原状态		

引脚 5 是电压控制端 CO,若在 5 端外加一个电压,就可改变比较器的参考
电压值。当此端不用时,一般用 0.01 μF 电容接地,以防外部干扰电压对参考电
压的影响。

引脚 7 是放电端 D,受 $R\text{-}S$ 触发器 $\overline{Q}$ 控制。当 $\overline{Q}=0$ 时,晶体管 T 截止;当 $\overline{Q}=1$ 时,晶体管 T 导通。如果 D 端和地之间外接电容 C,可以通过 D 端经晶体管 T 放电。

引脚 4 是复 0 端 $\overline{R}_d$,低电平 0 有效,可使 $R\text{-}S$ 触发器复 0。不使用时应与电源 V_{cc} 相连,以防止干扰脉冲触发复 0。

引脚 8 为电源电压 V_{cc},在 4.5~18 V 之间。

引脚 1 接地。

8.3.2 由集成定时器 555 组成的无稳态触发器

用由集成定时器 555 组成无稳态触发器(多谐振荡器)时,定时器中的 $R\text{-}S$ 触发器必须不断地在 1、0 状态间转换,这样电路才能输出一定频率的脉冲。为了达到这个要求,电路内的两个比较器 A_1、A_2 输出电压必须在 0,1 和 1,0 间反复改变,为此比较器输入的信号需不断地从小于 $\frac{1}{3}V_{cc}$ 变化到大于 $\frac{2}{3}V_{cc}$,然后再变化到小于 $\frac{1}{3}V_{cc}$,才能实现上述要求。因此在定时器外部接入 RC 充放电电路,如图 8.3.2(a)所示,通过电容的充、放电可使电路输出一定频率的脉冲。

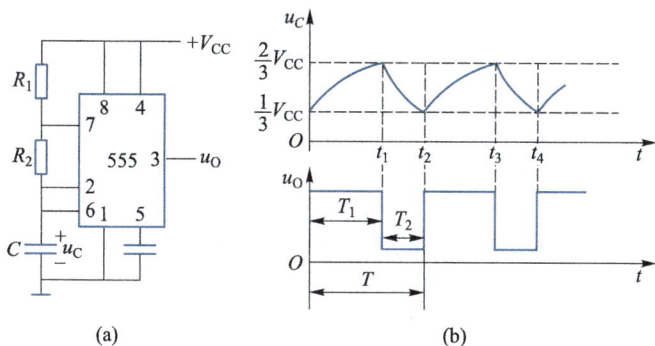

视频:§8.3.2 集成定时器 555 组成的无稳态触发器

图 8.3.2

由图 8.3.2(a)可以看出,两个比较器的输入端均为电容电压 u_c,设电容器的初始电压 $u_c=0$,此时比较器 A_1 的输出为高电平 1,比较器 A_2 的输出为低电平 0,即 $R\text{-}S$ 触发器的 $\overline{R}_D=1$,$\overline{S}_D=0$,触发器输出置 1,使定时器输出 $u_o=1$。

因为 $\overline{Q}=0$,放电晶体管 T 截止,电源 V_{cc} 通过电阻 R_1、R_2 向电容 C 充电,随着电容电压 u_c 按指数规律升高,比较器 A_1、A_2 的输入电压亦上升,当 u_c 上升到 $\frac{1}{3}V_{cc}$ 后,比较器 A_2 的同相输入端电位高于参考电压,A_2 的输出由 0 翻转为 1,这时基本 $R\text{-}S$ 触发器的 $\overline{R}_D$、$\overline{S}_D$ 输入控制电平都是高电平 1,触发器输出状态不变,因此,在 $0<t<t_1$ 期间定时器的输出 u_o 仍为高电平 1,如图 8.3.2(b)所示。

当 $t=t_1$，u_C 上升到稍高于 $\dfrac{2}{3}V_{CC}$ 时，比较器 A_1 反相输入端的电位高于参考

电压，A_1 输出由 1 变为 0，这时 R-S 触发器的 $\overline{R}_D=0$，$\overline{S}_D=1$，触发器复 0，即 $Q=0$，$\overline{Q}=1$，定时器的输出 $u_0=0$。

$t_1<t<t_2$ 期间，因 $\overline{Q}=1$，放电晶体管T导通，电容 C 通过电阻 R_2 和晶体管T放

电。u_C 按指数规律下降 $\left(小于\dfrac{2}{3}V_{CC}\right)$，比较器 A_1 输出电平由 0 变为 1。此时 R-S

触发器 $\overline{R}_D=1$，$\overline{S}_D=1$，Q 的状态保持不变，定时器输出 u_0 仍为低电平 0，在 t_2 时，

u_C 下降到稍低于 $\dfrac{1}{3}V_{CC}$，比较器 A_2 输出由 1 变为 0，R-S 触发器的 $\overline{R}_D=1$，$\overline{S}_D=0$，触

发器置 1，$u_0=1$。此时，$\overline{Q}=0$，T 截止，电源再次对电容 C 充电，重复上述过程。如此不断循环下去，在输出端 u_0 就得到一个方波脉冲。

由以上分析可知，多谐振荡器之所以能产生方波信号，是利用电容 C 的充、放电来控制集成定时器 555 触发端输入电平的变化，使触发器自动交替翻转。输出方波的周期 T 由电阻 R_1、R_2 和电容 C 的数值决定。

充电时间　　　　$T_1=(R_1+R_2)C\ln2\approx0.7(R_1+R_2)C$

放电时间　　　　$T_2=R_2C\ln2\approx0.7R_2C$

因此，方波的振荡周期为

$$T=T_1+T_2=0.7(R_1+2R_2)C \tag{8.3.1}$$

适当改变 R_1、R_2 和 C 的数值，就可改变输出方波的周期和频率。当 $R_2\gg R_1$ 时，则 $T_2\approx T_1$，输出高、低电平的时间间隔接近相等，占空比 δ 为 50%。由 555 定时器组成的振荡器，最高工作频率可达 500 kHz。

例 8.3.1　图 8.3.3 所示电路为双极性 DC-DC 稳压变换器，试计算 555 输出脉冲的频率和占空比，并说明电路的工作原理。

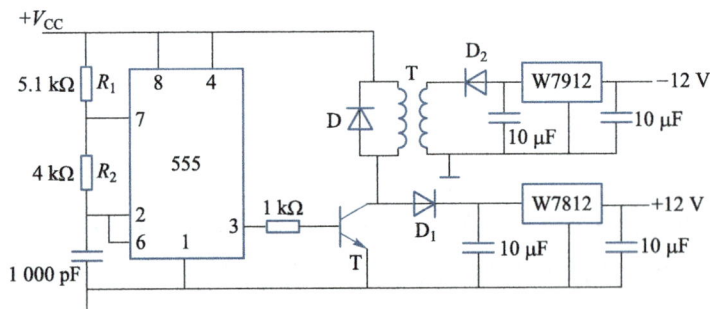

图 8.3.3

解：集成定时器 555 按多谐振荡器方式工作，3 端输出脉冲的周期为

$$T=T_1+T_2=0.7(R_1+2R_2)C$$
$$=0.7\times10^{-6}(5.1+2\times4)\,\text{s}=9.17\ \mu\text{s}$$

频率

$$f = \frac{1}{T} \approx 109 \text{ kHz}$$

占空比

$$\delta = \frac{T_1}{T} \times 100\% \approx 70\%$$

输出脉冲驱动晶体管 T,使之交替导通和截止,经二极管 D_1 整流,W7812 稳压,输出+12 V 电压;通过变压器T经 D_2 整流,W7912 稳压,输出−12 V 电压,将单极性直流电源变换为双极性直流电源。

例 8.3.2 试分析图 8.3.4 所示"叮咚"门铃电路的工作原理。

解:图中集成定时器 555 接成无稳态多谐振荡器。当按钮 S 断开时,电容 C_1 未被充电,4 端处在低电平、集成定时器 555 复 0,扬声器不发声。当按下按钮 S(闭合)时,电流通过二极管 D_1 给 C_1 快速充电。当 4 端达到高电平时,集成定时器 555 开始振荡,振荡的充电时间常数是 $(R_3+R_4)C_2$,放电时间常数是 $R_4 C_2$,扬声器发出"叮叮"的声音。松开 S(断开)时,电容 C_1 经 R_1 缓慢放电,4 端仍处于高电平,集成定时器 555 仍维持振荡,但充电电路串入 R_2 使振荡频率降低,扬声器发出"咚咚"声音,直到 C_1 放电到低电平,集成定时器 555 停止振荡。

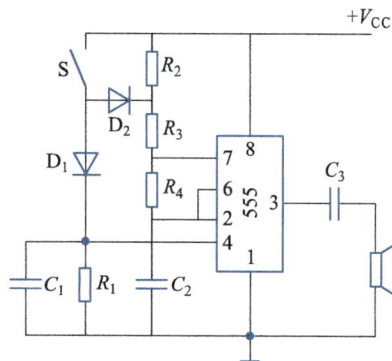

图 8.3.4

8.3.3 集成定时器 555 组成的单稳态触发器

图 8.3.5(a)是集成定时器 555 组成的单稳态触发器,R_T、C_T 是外接元件,触发信号 u_1 是一个负脉冲,作用在比较器 A_2 的同相输入端。结合图 8.3.5(b)分析工作原理如下:

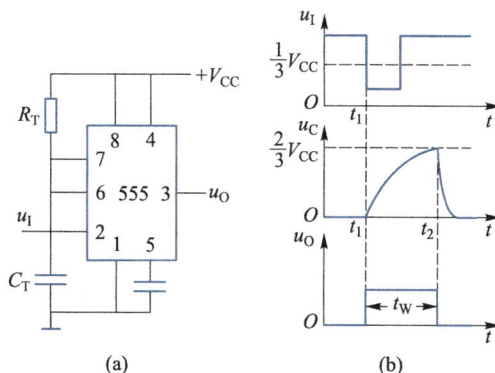

视频:§8.3.3 集成定时器 555 组成的单稳态触发器

(a)　　　　(b)

图 8.3.5

1. 稳定状态（$0 \sim t_1$）

此时输入电压 $u_I > \dfrac{1}{3}V_{CC}$，无触发负脉冲，比较器 A_2 输出 **1**，即 R-S 触发器的 $\overline{S}_D = \mathbf{1}$。

设 $Q(0) = \mathbf{1}, \overline{Q} = \mathbf{0}$，T 管截止，电容 C_T 充电。当 u_c 稍高于 $\dfrac{2}{3}V_{CC}$ 时，比较器 A_1 输出 **0**，即 $\overline{R}_D = \mathbf{0}$。已知 $\overline{S}_D = \mathbf{1}$，则 R-S 触发器复 **0**，即 $Q = \mathbf{0}$；若 $Q(0) = \mathbf{0}, \overline{Q} = \mathbf{1}$，则 T 管导通，电容 C_T 放电。当 u_c 稍低于 $\dfrac{2}{3}V_{CC}$ 时，A_1 输出 **1**，即 $\overline{R}_D = \mathbf{1}$，且 $\overline{S}_D = \mathbf{1}$，$R$-$S$ 触发器状态不变，仍为 **0**。可见，在触发负脉冲 u_I 不出现时，$Q = \mathbf{0}$，输出 u_0 为 **0**，为稳定状态。

2. 暂稳状态（$t_1 \sim t_2$）

在 t_1 时输入电压 u_I 出现触发负脉冲，即 $u_I < \dfrac{1}{3}V_{CC}$，A_2 输出为 **0**，即 $\overline{S}_D = \mathbf{0}$、$R$-$S$ 触发器置 **1**，使 $u_0 = \mathbf{1}, \overline{Q} = \mathbf{0}$。T 管截止，电容 C_T 充电，u_c 按指数规律上升，在 t_2 时，u_c 稍高于 $\dfrac{2}{3}V_{CC}$，A_1 输出为 **0**，即 $\overline{R}_D = \mathbf{0}$，此时负脉冲 u_I 已过去，A_2 输出为 **1**，即 $\overline{S}_D = \mathbf{1}$，$R$-$S$ 触发器复 **0**，使输出 u_0 恢复为 **0**，又回到稳定状态，该过程为暂稳状态。

3. 恢复过程（t_2 以后）

由于 $Q = \mathbf{0}, \overline{Q} = \mathbf{1}$，放电晶体管 T 导通，电容 C_T 迅速放电，使电压 u_c 迅速小于 $\dfrac{2}{3}V_{CC}$，而输入电压 u_I 又大于 $\dfrac{1}{3}V_{CC}$，比较器 A_1、A_2 的输出均为 **1**，即 $\overline{R}_D = \overline{S}_D = \mathbf{1}$，$R$-$S$ 触发器的状态保持不变，输出电压 u_0 保持 **0** 不变。

输出方波 u_0 的脉宽 t_w 由充电电路的电阻 R_T 和电容 C_T 决定，一般取

$$t_w = R_T C_T \ln 3 = 1.1 R_T C_T \tag{8.3.2}$$

例 8.3.3　试分析图 8.3.6 所示温度控制电路的工作原理。

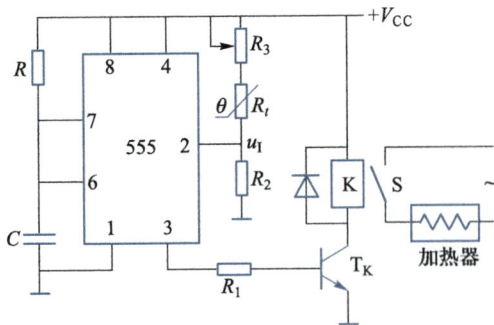

图 8.3.6

解:集成定时器 555 按单稳态方式工作,R_t 为具有负温度系数的热敏电阻。当被控温度为设定值时,应满足 $R_3 + R_t = 2R_2$,2 脚的分压 u_I 恰好为 $\frac{1}{3}V_{CC}$。当被控温度降低时,R_t 阻值增大,使 $u_I < \frac{1}{3}V_{CC}$,3 脚输出高电平,使晶体管 T_K 导通,继电器 K 吸合,接通加热器加热。与此同时,电容 C 开始充电,6 脚的电位按指数规律上升。随着加热而温度升高,R_t 阻值减小,u_I 随之升高直到 $u_I \geqslant \frac{1}{3}V_{CC}$。当暂稳态结束$\left(\text{即电容 } C \text{ 充电,6 脚电位大于 } \frac{2}{3}V_{CC}\right)$时,3 脚输出低电平,晶体管 T_K 截止,加热器停止加热,且电容 C 迅速放电。若温度再下降,则重复上述工作过程,从而使被控温度保持在设定值附近。

例 8.3.4 分析图 8.3.7(a)所示脉宽调制器的工作原理。

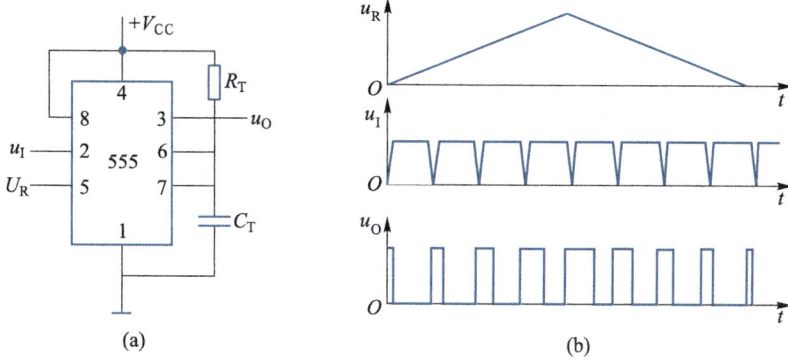

图 8.3.7

解:集成定时器 555 按单稳态方式工作,在电压控制端 5 外加电压 U_R,如图 8.3.7(b)所示,使运放 A_1 的基准电压不是恒定的 $\frac{2}{3}V_{CC}$,而是一个三角波形。在连续的负脉冲 u_I 触发下,随着 U_R 的增大,电容 C_T 充电时间 T_1 增加,输出电压 u_0 的脉冲加宽。当 U_R 达到最大值时,u_0 脉冲最宽,然后随着 U_R 降低,u_0 脉冲宽度又逐渐减小。输出电压 u_0 的脉宽受基准电压 U_R 的控制,这种电路称为脉宽调制器。

8.3.4 集成定时器 555 组成的双稳态触发器

用集成定时器 555 组成的双稳态$(R-S)$触发器如图 8.3.8 所示,6 脚为 R 端,高电平有效,2 脚为 $\overline{S}$ 端,低电平有效。当 R 端出现正脉冲$\left(\text{大于 } \frac{2}{3}V_{CC}\right)$时,$Q = 0$,而 $\overline{S}$ 端出现负脉冲$\left(\text{小于 } \frac{1}{3}V_{CC}\right)$时,$Q = 1$。

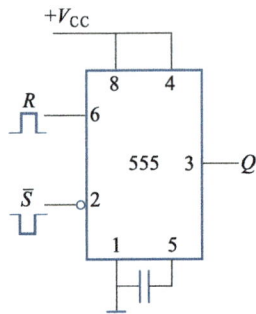

图 8.3.8

8.3.5 集成定时器 555 应用举例

由于集成定时器 555 可以按多谐振荡器方式、单稳方式和双稳方式工作,因而能够组成各种各样、用途广泛的实用电路。本节中已举出的几个例子属于用集成定时器 555 单独组成的实用电路。集成定时器 555 和其他时序逻辑部件(如计数器、分配器、寄存器等)一起,可组成功能更加完善的实用电路。

通用定时控制开关电路如图 8.3.9(a)所示,它由集成定时器 555、移位寄存器和延时倍增开关组成,可以实现多种定时通电、定时断电的功能,是一种通用性较强的定时控制器。集成定时器 555 接成多谐振荡器工作方式,C 是定时电容,R_1+R_2 是充电电阻,R_2 是放电电阻,调节 R_2 可改变振荡周期,变化范围从 1 min 到 2 h。两片移位寄存器 74LS194(D_1 和 D_2)串接成 8 位右移寄存器,它与开关 $S_0 \sim S_7$ 和 8 个二极管组成延时倍增电路,可以将集成定时器 555 输出脉冲的周期增大 1~8 倍,由开关 $S_0 \sim S_7$ 选择倍增数。该电路的输出控制晶体管 T,使之导通或截止,以实现对交流电路的接通或关断。8 位移位寄存器的工作波形如图 8.3.9(b)所示,该电路可以按下列各种方式工作。

1. 通电后定时断电

调整 R_2,使集成定时器 555 的振荡周期为定时时间的1/8,将开关 $S_0 \sim S_7$ 全部接通。按开关 S_0' 进行清 **0**,按开关 S_1',移位寄存器并行送数。倍增电路输出高电平,晶体管 T 导通,接通交流电路。在集成定时器 555 输出脉冲作用下,寄存器高电平 **1** 逐位右移,倍增电路一直输出高电平,直到集成定时器 555 输出 8 个脉冲后,寄存器各位均为低电平,晶体管 T 截止,关断交流电路。

2. 定时接通、定时断电

假定调整集成定时器 555 的振荡周期为 1 h,要求 2 h 后接通交流电路,工作 4 h 后自动断电,则将开关 $S_2 \sim S_5$ 闭合,依次按开关 S_0' 和 S_1',便可实现定时 2 h 接通和定时 4 h 断电的功能。

3. 随时断电

上述两种方式在接通交流电路期间,按开关 S_0' 可以实现随时断电。

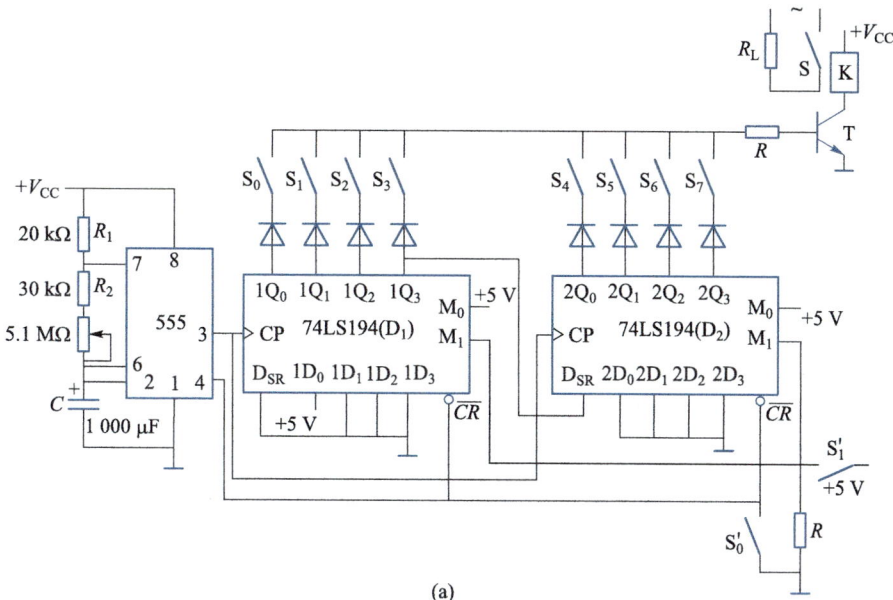

(a)

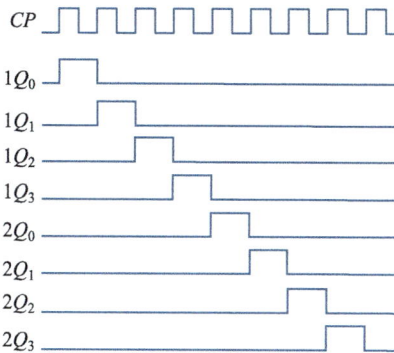

(b)

图 8.3.9

思考题

1. 集成定时器 555 输出端（3 脚）的电平由谁决定？该定时器为何称为"555"？

2. 集成定时器 555 的电压控制端 CO（5 脚）有何作用？对输出电压有何影响？

3. 集成定时器 555 有几种工作方式？在电路连接上有何区别？

4. 集成定时器 555 按多谐振荡器方式工作时，振荡周期由谁决定？满足什么条件时，可输出占空比为 50% 的方波信号？

5. 集成定时器 555 按单稳方式工作时，触发信号施加在哪个引脚？是正脉冲还是负脉冲？输出脉冲的宽度由谁决定？

没有稳定状态的触发器称为无稳态触发器，又称为多谐振荡器。在无任何输入信号的情况下，它的状态总是在 **0** 和1之间自动转换。RC 环形振荡器由非门和 RC 充放电电路组成，输出脉冲的周期与 RC 有关。多谐振荡器主要用作脉冲信号源。

单稳态触发器只有一个稳定状态（**0** 或 **1**），在输入信号的触发下，状态暂时改变，输出脉宽为 t_w 的单脉冲，随后又恢复原来的稳定状态。单稳态触发器由与非门和 RC 充放电电路组成，输出脉冲的脉宽 t_w 只与 RC 有关，与输入信号无关。集成电路单稳态触发器 74LS123 的定时电阻 R_T 和定时电容 C_T 必须外接，输出脉宽 $t_w = 0.45 R_T C_T$。单稳态触发器主要用于波形整形，实现定时控制和顺序控制等。

集成定时器 555 由分压器、比较器、R-S 触发器和放电晶体管等部分组成，通过外部适当的连接和接入合适的电阻、电容，可以构成多谐振荡器、单稳态触发器、双稳态触发器等电路，脉冲周期和定时时间与外接的电阻 R、电容 C 的数值有关，多谐振荡器输出脉冲周期 $T = 0.7 (R_1 + 2R_2) C$，单稳态触发器输出脉宽 $t_w = 1.1 R_T C_T$。集成定时器 555 结构简单，使用灵活、多样，应用十分广泛。

习题

一、选择题

8.1 最简单的环形多谐振荡器是由门电路首尾相接的闭合回路组成，在题 8.1 图所示电路中，正确的电路是图（　　）。

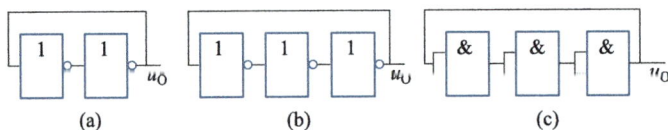

题 8.1 图

8.2 采用 TTL 门电路的 RC 环形振荡器，输出脉冲波形的周期近似为（　　）。

（a）$1.1RC$　　　　（b）RC　　　　（c）$2.2RC$

8.3 下列描述中，不正确的是（　　）。

（a）单稳态触发器是电平触发型电路

（b）单稳态触发器何时翻转到暂稳态取决于输入信号

（c）单稳态触发器何时翻转到稳态取决于电路参数 R 与 C

8.4 集成单稳态触发器 74LS123 输出脉冲的宽度（　　）。

（a）取决于输入脉冲的宽度

（b）与外接电阻 R_T 和外接电容 C_T 的乘积有关

（c）与输入脉冲的频率有关

8.5　用集成单稳态触发器 74LS123 组成的方波振荡器如题 8.5 图所示，B_1 端为启动触发脉冲，外接电阻和外接电容均为 R、C，则方波的周期为（　　）。

（a）0.45RC

（b）0.9RC

（c）2RC

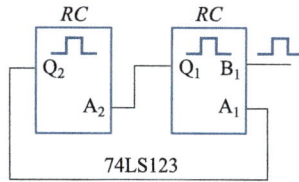

题 8.5 图

8.6　集成定时器 555 的电压控制端 CO（5 脚）外加电压 U，则两个比较器的基准电压分别为（　　）。

（a）$\frac{2}{3}V_{CC}$ 和 $\frac{1}{3}V_{CC}$　　　（b）U 和 $\frac{1}{3}V_{CC}$　　　（c）U 和 $\frac{1}{2}U$

8.7　由集成定时器 555 构成的单稳态触发器，加大定时电容 C，则（　　）。

（a）增大输出脉冲的幅度

（b）增大输出脉冲的宽度

（c）对输出脉冲无影响

8.8　由集成定时器 555 构成的单稳态触发器，在电压控制端 CO（5 脚）外加电压 U，若改变 U 的数值，可改变（　　）。

（a）输出脉冲的幅度

（b）输出脉冲的宽度

（c）输出脉冲波形边沿特性

8.9　由集成定时器 555 构成的多谐振荡器如题 8.9 图所示，要使振荡频率降低，可采取（　　）。

（a）增加 C　　　（b）减小 R_1、R_2

（c）降低电源电压 V_{CC}

8.10　为了提高多谐振荡器频率的稳定性，最有效的方法是（　　）。

（a）提高电容、电阻的精度

（b）提高电源的稳定度

（c）串接石英晶体

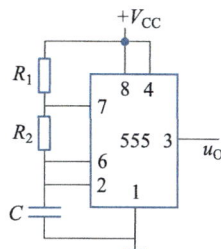

题 8.9 图

二、解答题

8.11　题 8.11 图所示环形振荡器，若每个非门平均传输延迟时间为 $t_{pd}=9.5\ \text{ns}(10^{-9}\text{s})$，求输出电压 u_0 的频率，并画出 u_0 的波形图。

8.12　题 8.12 图所示电路是一个较简单的多谐振荡器，试简要分析其振荡原理，并画出 u_{01}、u_{02} 和 u_R 的波形图。

8.13　RC 环形多谐振荡电路如题 8.13 图所示，其中 $R=200\ \Omega$，$R'=100\ \Omega$，$C=0.022\ \mu\text{F}$，试计算其振荡周期和频率。

8.14　题 8.14 图所示电路，电路起始状态为门 G_1 输出高电平（$\overline{Q}=1$），门

G_2 输出低电平 $(Q=0)$，电容电压 $u_{C_1}=u_{C_2}=0$，试分析该电路工作过程，画出 Q、$\overline{Q}$ 电位变化波形图。

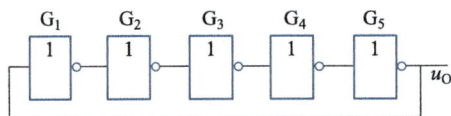
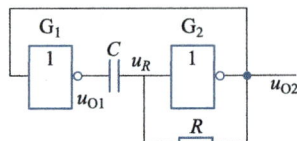

题 8.11 图　　　　　　　　　　　题 8.12 图

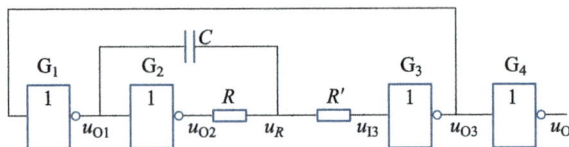

题 8.13 图

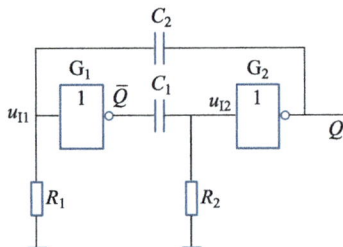

题 8.14 图

8.15　某仪器中的时钟电路如题 8.15 图所示，已知：$R=1$ kΩ，$C=0.22$ μF，Q_1、Q_2 的初值为 **0**。试画出 u_O、Q_1、Q_2 的波形，并求它们的频率。

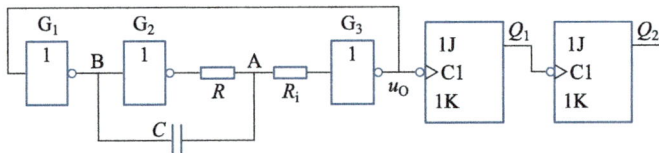

题 8.15 图

8.16　某数字系统的时钟电路如题 8.16 图所示，已知石英晶体的振荡频率为 1 MHz，试画出 u_O 和 F 的波形，并计算 F 波形的频率。

8.17　1 片集成单稳 74LS123 的连接如题 8.17 图所示，当 A_1 出现负脉冲时，画出 Q_1、$\overline{Q}_2$ 的波形。若定时电容 $C_1=C_2=2.2$ μF，要求 Q_1 和 $\overline{Q}_2$ 脉冲宽度分别为 10 ms 和 100 ms，试计算定时电阻 R_1 和 R_2 的阻值。

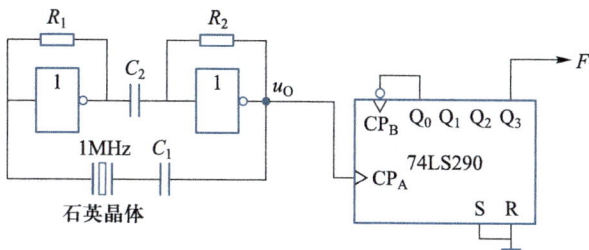

题 8.16 图

8.18   1 片集成单稳态触发器 74LS123 的连接如题 8.18 图所示,若定时电容 $C_1 = C_2 = 10\ \mu F$,定时电阻 $R_1 = 22\ k\Omega$, $R_2 = 220\ k\Omega$,试求 Q_1、Q_2 端输出脉冲的宽度。

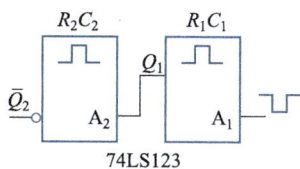

题 8.17 图

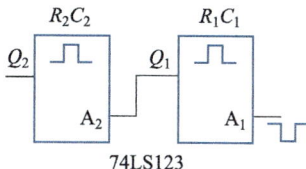

题 8.18 图

8.19   用 1 片集成单稳 74LS123 组成周期为 1 s,占空比为 50% 的方波振荡器,试画出电路连接图。若已知定时电阻 $R = 51\ k\Omega$,求定时电容 C 的数值。

8.20   如图 8.2.5 所示的四道工序定时顺序控制电路,已知定时电容均为 100 μF,若要求定时时间分别为 2 s、4 s、1 s 和 3 s,求定时电阻 $R_1 \sim R_4$ 的阻值。

8.21   用集成单稳 74LS123 和集成移位寄存器 74LS194 组成的彩灯控制器如题 8.21 图所示,试分析工作过程。若已知 CP 移位脉冲,试画出寄存器各输出(Q_0、Q_1、Q_2、Q_3)和单稳输出端(Q_4、$\overline{Q}_5$)的波形。

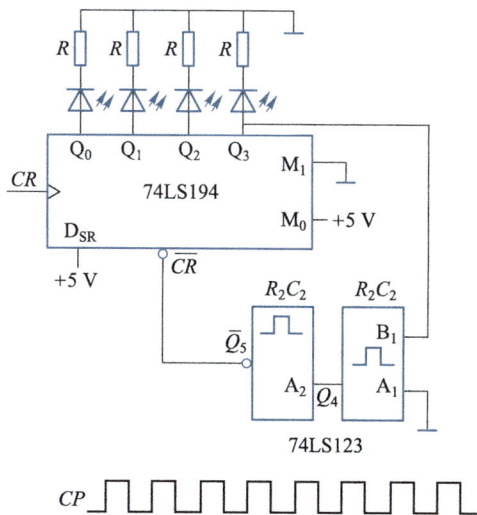

题 8.21 图

8.22 用集成定时器 555 组成的多谐振荡器如题 8.22 图所示,已知:$R_1 =$ 18 kΩ,$R_2 = 56$ kΩ,$C = 0.022$ μF,求所产生矩形波的周期 T 和频率 f。

8.23 用集成定时器 555 组成的光控报警器如题 8.23 图所示,试说明其工作原理。设光电晶体管的饱和管压降为 0,已知:$R_1 = 18$ kΩ,$R_2 = 2$ kΩ,电位器 $R_P = 100$ kΩ,$C = 0.01$ μF。当调节电位器时,求集成定时器 555 输出脉冲频率的变化范围。

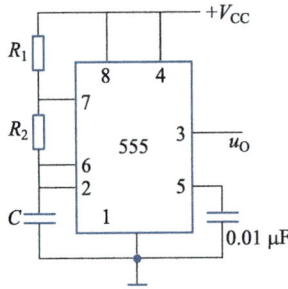

题 8.22 图

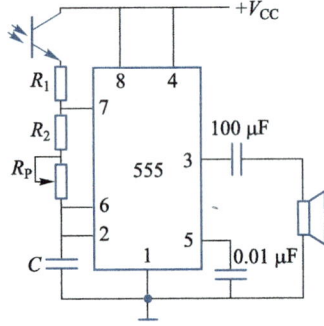

题 8.23 图

8.24 用集成定时器 555 构成的多谐振荡器电路如题 8.24 图所示,已知: $C_1 = 50$ μF,$R_1 = 10$ kΩ,$R_2 = 20$ kΩ。(1)分析电路工作原理,按钮 SB 和电容 C_2 起何作用;(2)灯 EL 闪烁时,亮和灭的时间各为多少?

8.25 用集成定时器 555 构成的门铃电路如题 8.25 图所示,试分析其工作原理,如想改变声响频率,应调整哪几个元件参数?

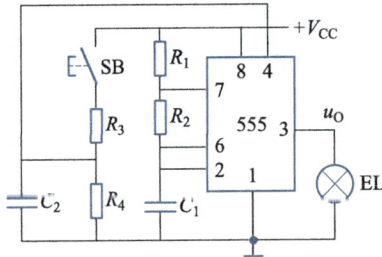

题 8.24 图

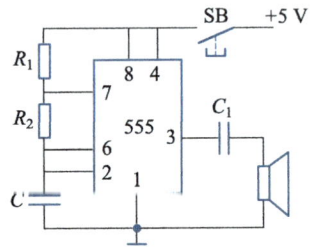

题 8.25 图

8.26 用集成定时器 555 构成的多频率振荡电路如题 8.26 图所示,试分析其工作原理。

8.27 试用集成定时器 555 设计一个防盗报警器(提示:集成定时器 555 接成多谐振荡器电路,引脚 4 复 **0** 端接低电平,振荡器停止工作,接高电平,振荡器工作)。

8.28 用集成定时器 555 构成的多谐振荡器电路如题 8.28 图所示,已知:$C = 0.1$ μF,$R_1 = 18$ kΩ,要求在 A、B、C 三个输出端分别输出频率为 100 Hz、10 Hz 和 1 Hz 的矩形波。(1)求电阻 R_2 应取多大数值? (2)分频器 F_1 和 F_2 应是几分频?

8.29 题 8.29 图所示电路为用集成定时器 555 组成的单稳态触发器,已知定时电容 $C = 10$ μF,若输出脉宽 $t_w = 1.1$ s,问定时电阻 R 应取何值?

8.30 用集成定时器 555 构成的单稳态触发器如题 8.30 图所示,已知:$C = 2\ \mu F$,$R = 470\ k\Omega$,求输出脉冲 u_o 宽度。

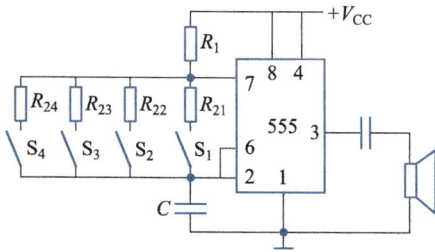
题 8.26 图

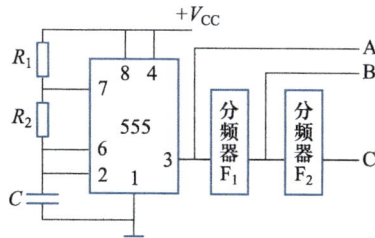
题 8.28 图

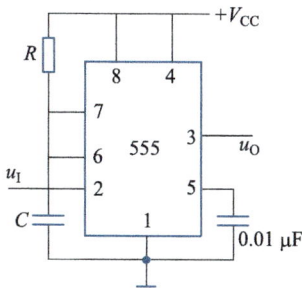
题 8.29 图

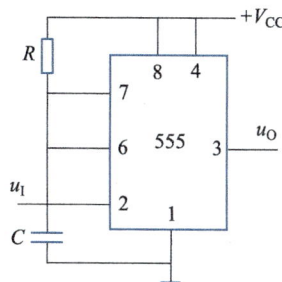
题 8.30 图

8.31 用集成定时器 555 构成的触摸开关电路如题 8.31 图所示,当用手摸一下金属片,人体接收的感应信号加到 2 端,使 3 端输出高电平,指示灯就会发亮一段时间,然后自动熄灭,它可以在晚间作为临时性小照明。如果 $R = 390\ k\Omega$,触摸后指示灯发亮的时间为 20 s,求 C 值。

8.32 集成定时器 555 接成双稳态触发器如题 8.32 图所示,利用其输出 u_o 对微电机起动、停车进行控制,试分析其工作原理。

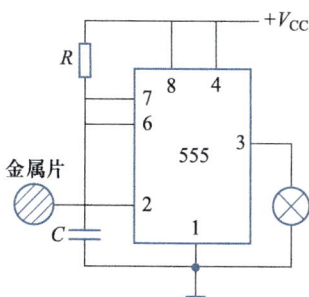
题 8.31 图

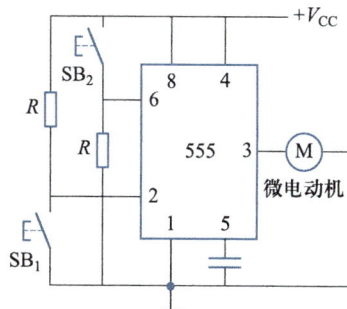
题 8.32 图

311

第9章 模拟量与数字量的转换

模拟量与数字量之间的相互转换,在检测、控制等数字系统中是必不可少的,其系统框图如图 9.0.1 所示。被控量如温度、压力、流量等经传感器产生的模拟信号,必须转换成数字量处理器才能进行处理。处理后的数字量结果又必须转换为模拟量才能实现对被控对象的控制。将模拟量(A)转换为数字量(D)用模数转换器(ADC)实现。反之,将数字量转换为模拟量用数模转换器(DAC)实现,它们都是计算机系统的重要接口部件。

本章首先介绍 DAC 和 ADC 的转换原理以及集成电路转换器的结构和使用方法,然后简要介绍数据采集系统的组成和多点数据采集系统的结构。

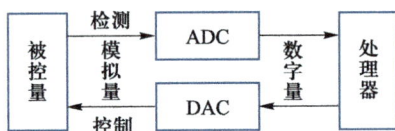

图 9.0.1

§9.1 数模转换器

9.1.1 数模转换器(DAC)

图 9.1.1 示出一个 4 位数模转换器原理电路,由电子开关、电阻网络和电流-电压转换电路组成。其中 $S_3 \sim S_0$ 为电子开关,分别由二进制数 $D_3 \sim D_0$ 控制。当 $D=1$ 时 S 闭合,反之 S 断开。电阻 2^1R、2^2R、2^3R 和 2^4R 组成权电阻网络,若基准电压为 U_R,运算放大器反相输入端为"虚地",则各支路电流(称为权电流)分别为 $\dfrac{I}{2^1}$、$\dfrac{I}{2^2}$、$\dfrac{I}{2^3}$ 和 $\dfrac{I}{2^4}$,其中电流 $I = \dfrac{U_R}{R}$,总电流

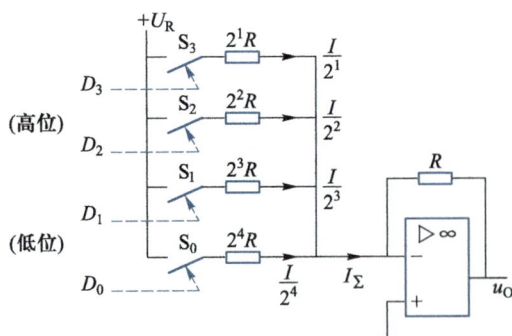

图 9.1.1

312

$$I_{\Sigma} = S_3 \cdot \frac{I}{2^1} + S_2 \cdot \frac{I}{2^2} + S_1 \cdot \frac{I}{2^3} + S_0 \cdot \frac{I}{2^4}$$

$$= I \cdot \left(\frac{S_3}{2^1} + \frac{S_2}{2^2} + \frac{S_1}{2^3} + \frac{S_0}{2^4} \right)$$

式中,开关 S 闭合时取 **1**,反之取 **0**。如果用二进制 $D_3 \sim D_0$ 取代 $S_3 \sim S_0$,得

$$I_{\Sigma} = I \cdot \left(\frac{D_3}{2^1} + \frac{D_2}{2^2} + \frac{D_1}{2^3} + \frac{D_0}{2^4} \right) \tag{9.1.1}$$

电阻网络输出的总电流 I_{Σ} 与二进制数成线性对应关系。经反相输入比例运算放大器放大,实现电流-电压变换,输出电压为

$$u_O = -R I_{\Sigma} = -U_R \left(\frac{D_3}{2^1} + \frac{D_2}{2^2} + \frac{D_1}{2^3} + \frac{D_0}{2^4} \right) \tag{9.1.2}$$

对于 n 位,则有

$$u_O = -U_R \left(\frac{D_{n-1}}{2^1} + \frac{D_{n-2}}{2^2} + \cdots + \frac{D_0}{2^n} \right) \tag{9.1.3}$$

输出电压 u_O 与二进制数 $D_{n-1} \sim D_0$ 成线性对应关系,且与基准电压 U_R 有关。表 9.1.1 示出 4 位 DAC 输入输出关系。从表中可以看出,二进制数每变化 **1**,输出电压 u_O 变化 $\frac{1}{2^4} U_R$。对于 n 位,则变化 $\frac{1}{2^n} U_R$,它与 DAC 的位数 n 和基准电压 U_2 有关。

图 9.1.1 所示电路,对于 n 位 DAC,电阻网络就有 n 个不同阻值的电阻,且最大电阻值为 $2^n R$,这给制造工艺带来极大困难。为了克服该缺点,可以采用仅有两种阻值的 T 型网络。图 9.1.2 示出 4 位 DAC 的 T 型电阻网络,在每个结点处电流被均分,在 $2R$ 支路上的权电流分别为 $\frac{I}{2^1}$、$\frac{I}{2^2}$、$\frac{I}{2^3}$ 和 $\frac{I}{2^4}$。在这些支路上装上用二进制数 $D_3 \sim D_0$ 控制的电子开关,用该网络取代图 9.1.1 中的电阻网络,则输出电压 u_O 与二进制数 $D_3 \sim D_0$ 的关系与式(9.1.2)完全一样。

表 9.1.1

D_3	D_2	D_1	D_0	u_O
0	0	0	0	0
0	0	0	1	$-\frac{1}{2^4} U_R$
0	0	1	0	$-\frac{2}{2^4} U_R$
0	0	1	1	$-\frac{3}{2^4} U_R$
$\vdots$				$\vdots$
1	1	1	0	$-\frac{14}{2^4} U_R$
1	1	1	1	$-\frac{15}{2^4} U_R$

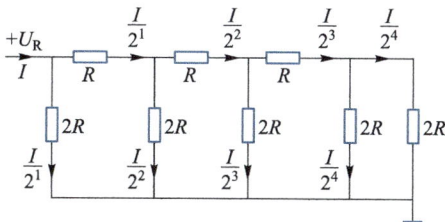

图 9.1.2

9.1.2　主要参数

1. 分辨率

分辨率是用来描述对输出量微小变化的敏感程度,定义为输出最小电压(对应输入数字量最低位为 **1**,其他各位为 **0**)与输出最大电压(对应输入数字量各位全 **1**)之比,该比值取决于 DAC 的位数。4 位 DAC 的分辨率为

$$\frac{\frac{1}{2^4}U_R}{\frac{15}{2^4}U_R}=\frac{1}{2^4-1}$$

对于 n 位,DAC 的分辨率为 $\frac{1}{2^n-1}$。显然,位数 n 越大,该比值越小,表示分辨率越高。

有时也直接用 DAC 的位数表示分辨率,如 8 位、10 位等。

例 9.1.1　要求 10 位 DAC 电路能分辨的最小电压为 9.76 mV,求基准电压 U_R 为多少伏?

解:已知 $\frac{1}{2^{10}}\times U_R=9.76$ mV,则

$$U_R=9.76\times10^{-3}\times2^{10}\text{ V}=9.99\text{ V}\approx10\text{ V}$$

2. 线性度

通常用非线性误差的大小表示 DAC 的线性度。一般取实际转换特性偏离理想特性的最大值,如图 9.1.3 所示。产生偏离主要是模拟开关导通压降、电阻网络各电阻值 R 不相等所致。

3. 输出电压(或电流)的建立时间

从输入数字信号起到输出电压(或电流)达到稳定值所需要的时间称为建立时间。如果输出的是电流(电流型 DAC),其建立时间相当快,一般不超过 1 μs。如果以电压形式输出(电压型 DAC),其建立时间主要取决于运算放大器所需的时间。

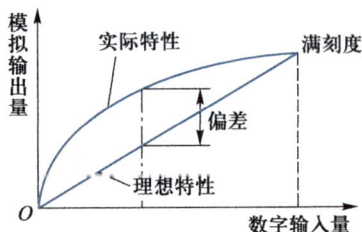
图 9.1.3

除以上主要参数外,还有精度、温度系数等,使用时可查阅有关手册。

9.1.3　集成电路 DAC

AD7533 是一种 10 位数模转换器,图 9.1.4(a)点画线框中示出其电路图,图(b)是它的引脚排列。它由 T 型电阻网络和电子开关组成,属于电流型 DAC,从 OUT₁ 端输出的电流为各权电流之和,与输入数字量 $D_9\sim D_0$ 成线性对应关系。外接运算放大器可构成电压型 DAC,图(a)是一种电压型单极性输出的连接图,输出电压在 $0\sim\frac{1023}{1024}U_R$ 范围内变化。AD7533 也可以连接成双极性输出,其输

出电压在 $-\dfrac{511}{512}U_R \sim +U_R$ 范围内变化,具体电路请查阅有关手册。

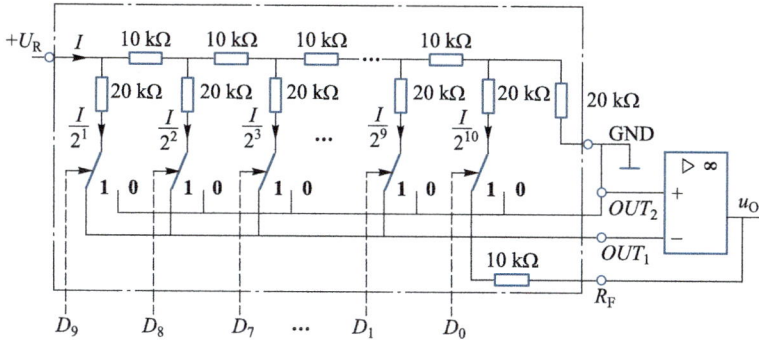

(a)

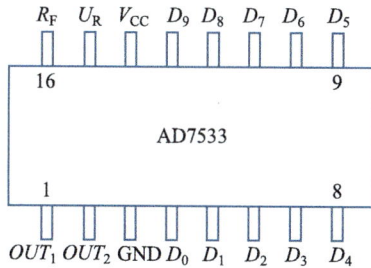

(b)

图 9.1.4

例 **9.1.2** 锯齿波发生器如图 9.1.5 所示,试分析工作原理,并画出输出电压 u_O 的波形。

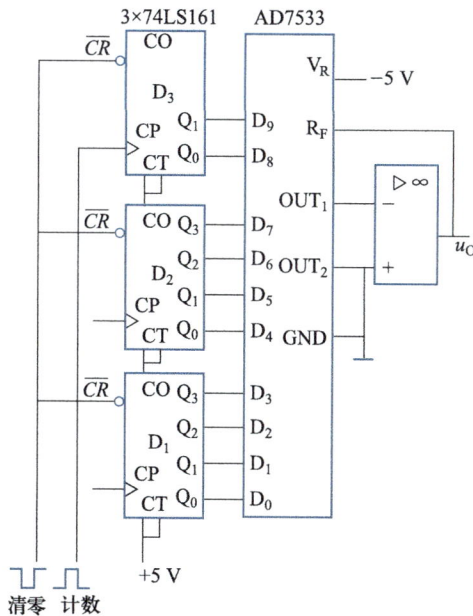

图 9.1.5

315

解:3 片二进制计数器 74LS161 串接组成 1 024 进制计数器,其输出端与 AD7533 的 $D_9 \sim D_0$ 连接。系统工作时首先清零,然后计数器对 CP 计数脉冲进行计数,其计数值作为 AD7533 的输入量,输入量每变化 1,输出电压 u_O 变化 $\dfrac{1}{2^{10}} \times 5\ \text{V} = 0.004\ 882\ \text{V}$,表 9.1.2 示出计数器的状态和输出电压值。输出电压 u_O 的波形如图 9.1.6 所示,调节 CP 计数脉冲的频率可改变 u_O 波形的周期。

表 9.1.2

CP	$D_3(D_9, D_8)$		$D_2(D_7 \sim D_4)$				$D_1(D_3 \sim D_0)$				u_O/V
	Q_1	Q_0	Q_3	Q_2	Q_1	Q_0	Q_3	Q_2	Q_1	Q_0	
0	0	0	0	0	0	0	0	0	0	0	0
1	0	0	0	0	0	0	0	0	0	1	0.004 882
2	0	0	0	0	0	0	0	0	1	0	0.009 765
3	0	0	0	0	0	0	0	0	1	1	0.014 648
⋮	⋮	⋮	⋮	⋮	⋮	⋮	⋮	⋮	⋮	⋮	⋮
15	0	0	0	0	0	0	1	1	1	1	0.073 242
16	0	0	0	0	0	1	0	0	0	0	0.078 125
⋮	⋮	⋮	⋮	⋮	⋮	⋮	⋮	⋮	⋮	⋮	⋮
1 022	1	1	1	1	1	1	1	1	1	0	4.990 234
1 023	1	1	1	1	1	1	1	1	1	1	4.995 117
1 024	0	0	0	0	0	0	0	0	0	0	0

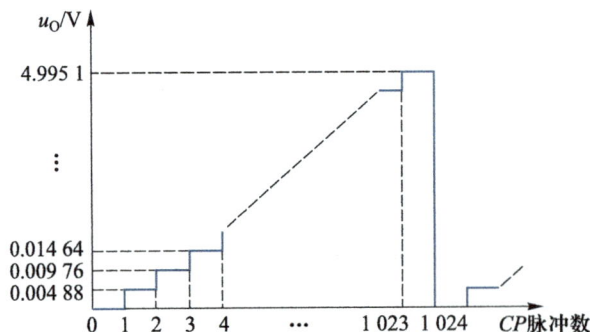

图 9.1.6

1. 电流型 DAC 和电压型 DAC 有何区别？它们的输出模拟量与输入数字量有何关系？

2. 电压型 DAC 输入数字量每变化 1，输出电压变化多少？与 DAC 的位数有何关系？与基准电压有无关系？

3. DAC 的分辨率是如何定义的？它与 DAC 的位数有何关系？与基准电压有无关系？

4. 集成电路 AD7533 属于什么型 DAC？要想组成电压型 DAC 应如何连接电路？

§9.2 模数转换器

9.2.1 逐次逼近模数转换原理

模数转换器 ADC 用来将模拟量转换为数字量，图 9.2.1 示出按逐次逼近原理实现 4 位模数转换的原理框图，由移位寄存器和数码寄存器组成的逐次逼近寄存器（S.A.R）、DAC、比较器和时钟控制逻辑等部分组成。逐次逼近的基本思想类似于用天平称重物，设天平有 4 个砝码，分别为 8 g、4 g、2 g、1 g，被称的重物放在天平的一端，另一端从大到小依次放上砝码，每次放上砝码时若重于重物，则取下，否则保留放上的砝码。当 4 个砝码全部放上，天平上砝码的总数就是重物的重量。显然，整个测量是一个逐次逼近的过程。图中移位寄存器产生 8、4、2、1 四个 4 位二进制数，相当于天平的 4 个砝码，将其依次送入数码寄存器，逐一经 DAC 转换后与被测模拟量 U_x 在比较器进行比较。根据比较结果决定刚送入数码寄存器的二进制数（砝码）是否保留。上述过程均在时钟控制逻辑的控制下进行。设输入模拟量为 U_x，其逼近过程见表 9.2.1。经过 4 次比较、判断（逼近）后，数码寄存器的内容即为 U_x 对应的数字量，图 9.2.2 用图形形式给出逼近过程。显然，转换过程的逼近次数等于逐次逼近寄存器的位数，位数越高，转换的精度也越高。

表 9.2.1

逼近次数	移位寄存器（砝码）	数码寄存器（逼近值）	比较结果	砝码控制	转换结果
1	1000	1000	$U_D<U_X$	保留	1000
2	0100	1100	$U_D>U_X$	去掉	1000
3	0010	1010	$U_D<U_X$	保留	1010
4	0001	1011	$U_D\leqslant U_X$	保留	1011

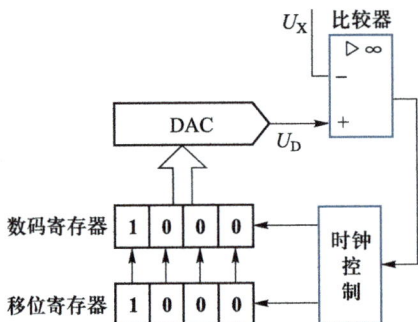

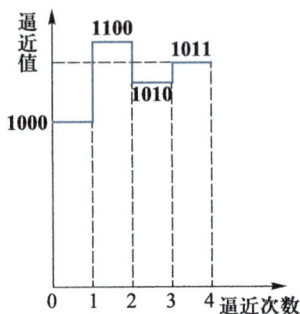

图 9.2.1　　　　　　　　　　　　图 9.2.2

例 9.2.1　10 位逐次逼近型 ADC,设其中 DAC 的基准电压 $U_R = 5$ V。若输入模拟电压 $U_x = 4.882$ V,试计算 ADC 的转换结果。

解: 模数转换器中的 10 位 DAC,输入数字量每变化 1,输出的模拟量变化 $\frac{1}{2^{10}}U_R = 0.004\,882$ V,则 ADC 转换的结果为

$$\frac{U_x}{\frac{1}{2^{10}}U_R} = \frac{4.882}{0.004\,882} = 1\,000$$

写成二进制数为 **1111101000**。

例 9.2.2　已知某个 8 位模数转换器输入模拟电压的范围是 0～5 V,求输入模拟电压为 2 V 时的转换结果。

解: 已知 5 V 的转换结果为 **11111111**,即十进制的 255,所以 1 V 对应 51,则 2 V 为十进制的 102,对应的二进制数为 **01100110**,即 2 V 的转换结果为 **01100110**。

9.2.2　主要参数

1. 分辨率

用输出数字量的二进制位数表示分辨率,如 8 位、10 位等,它表明模数转换的精度。位数越多,转换精度就越高。

2. 转换速度

用来说明完成一次模数转换所需要的时间,一般是从接到转换信号开始,到输出稳定的数字量为止所需的时间,通常在几十微秒左右。

3. 相对精度

相对精度用实际输出的数字量与理想转换特性之间的最大偏差表示。

其他参数还有温度系数、电压范围、功耗等,使用时请查阅有关手册。

9.2.3　集成电路 ADC

各种不同分辨率、不同转换速度的集成电路 ADC 已大量使用,下面以

AD570 为例,介绍集成电路 ADC 的结构和使用方法。

AD570 是一个按逐次逼近原理组成的 8 位 ADC,该芯片将实现 A/D 转换的所有电路均集成在一起,包括 DAC、基准电压、时钟脉冲发生器、比较器、逐次逼近寄存器(S·A·R)以及三态输出缓冲器等。使用起来极为方便,只要施加启动信号,芯片无需其他外部电路即可进行转换,转换时间约为 25 μs。但需要双电源(+5 V,−15 V)供电。图 9.2.3 示出它的引脚排列,转换过程的时序如图 9.2.4 所示,图中启动转换信号 $BLK/\overline{CONV}(B/\overline{C})$ 由计算机发出,其下降沿开始转换,经 25 μs 转换结束,使 $\overline{DR}=\mathbf{0}$,转换结果(8 位数据)便可取走。模拟量的输入方式可以用 *BIP OFF SET* 端选择,该端接地为单向输入,否则为双向输入。

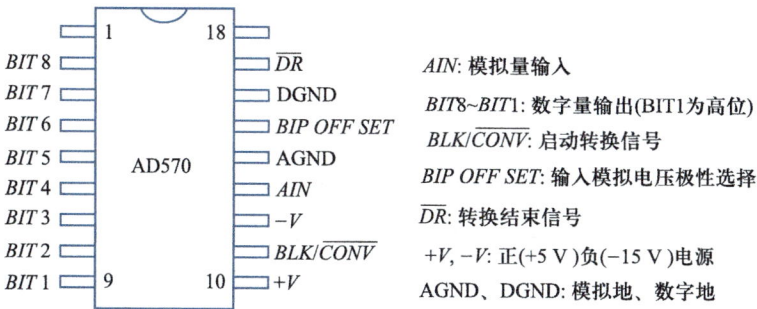

AIN: 模拟量输入

*BIT*8~*BIT*1: 数字量输出(BIT1为高位)

$BLK/\overline{CONV}$: 启动转换信号

BIP OFF SET: 输入模拟电压极性选择

$\overline{DR}$: 转换结束信号

+*V*, −*V*: 正(+5 V)负(−15 V)电源

AGND、DGND: 模拟地、数字地

图 9.2.3

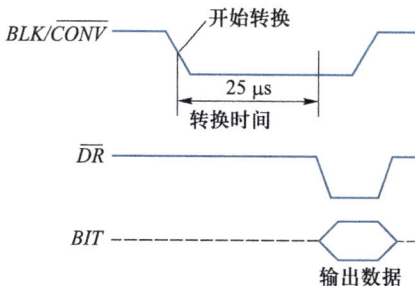

图 9.2.4

图 9.2.5 示出用 4 片 AD570 与计算机组成的 4 点数据采集电路。当计算机执行输出指令时,地址译码器根据指令地址码 A_1A_0 进行译码,产生一个负脉冲作为对应 AD570 芯片的启动转换信号。当转换结束,AD570 送出 $\overline{DR}=\mathbf{0}$ 信号,计算机便可执行输入指令并从数据总线上取走转换结果。只要逐一改变输出指令地址码,便可对各点进行数据采集。

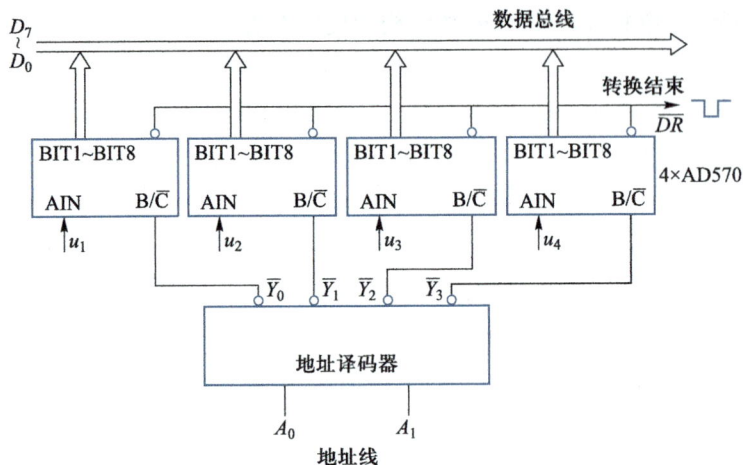

图 9.2.5

思考题

1. 在数字系统中,为什么既要使用 DAC,又要使用 ADC?

2. 在图 9.2.1 所示的原理图中,DAC 框图由哪些部分组成? 当数码寄存器送入 **1000** 数据时,输出电压 U_D 是多少? 送入 **1100** 数据时,U_D 又是多少?

3. 在图 9.2.1 所示的原理图中,移位寄存器有何功用? 逐次逼近次数由什么决定?

4. 逐次逼近 4 位 ADC 和 8 位 ADC 各输入多少伏模拟电压,使输出数字量变化 **1**(设基准电压 $U_R = 5$ V)?

§9.3　数据采集系统

数据采集技术广泛应用于工业控制、交通管理、医疗仪器等领域,图 9.3.1 示出数据采集系统的框图。被测对象一般是现场的各种物理量,如压力、速度、温度、流量等。传感器将它们转换成有确定函数关系的电信号,如电压、电流,这些电信号一般来说是很微弱的,必须经过放大器放大到 A/D 转换所必需的电平。对于高速变化的信号,在 A/D 转换前必须经过采样-保持环节,以保证A/D 转换精度。处理器一般采用计算机,也可以采用专用的数字处理器,其功能是对 A/D 转换器输出的数字量进行加工、处理、存储,处理或存储的结果通过 D/A 转换器转换为相应的模拟量,去控制被控对象,被控对象可以是调节器、显示器或打印设备等。整个系统在处理器统一控制下协调工作。

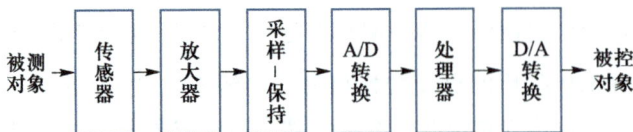

图 9.3.1

9.3.1 传感器

传感器是把非电量(如机械量、热工量、成分量等)转换为电量(如电压、电流等)的器件,在检测和自控系统中是信息采集的首要部件,且置于系统的最前端,在整个系统中占有至关重要的地位。

传感器可以根据工作原理分类,如电阻式传感器是根据电阻值随位移、应变或温度而变化的原理实现转换,用来测量位移、压力和温度等非电量。热电式传感器是根据热电效应的原理实现转换,用来测量温度等非电量;也可以根据传感器功能(被测非电量)进行分类,如压力传感器、温度传感器、位移传感器等,分别用来测量压力、温度和位移等。

由于传感器种类繁多,涉及面较广,下面仅以温度测量为例,介绍几种温度传感器。

1. 利用热电阻测温

传感器的感温元件由金属导体或半导体材料制成,其电阻值与温度具有一定的函数关系,根据电阻值便可测知温度值。如铂热电阻,温度 t 在 $0\sim650\ ^{\circ}\text{C}$ 时的电阻值为

$$R_t = R_0(1+At+Bt^2) \tag{9.3.1}$$

式中,R_0 为 $0\ ^{\circ}\text{C}$ 时的电阻值;A、B 为电阻的温度系数,可由实验测得:$A = 3.968\ 4\times10^{-3}\ 1/^{\circ}\text{C}$,$B=-5.847\times10^{-7}1/^{\circ}\text{C}$。

热电阻除铂热电阻外,还有铅热电阻、热敏电阻等。它们均属于接触式测温器件,具有检测灵敏度高的特点,但测温范围较小,仅适用 $1\ 000\ ^{\circ}\text{C}$ 以内的测量。

2. 利用热电偶测温

测温原理是利用热电效应将被测温度转换为电动势,即将两种不同材料的金属导体一端焊接起来作为热端,置于待测温度处;另一端(冷端)置于另一低温环境中。热端和冷端的温差形成的热电偶产生电动势,其大小与热端的温度有关,通常厂家以分度表给出。常用的热电偶有镍铬-铜镍热电偶、铂铑-铂热电偶、铜-康铜热电偶等。它们也属于接触式测温器件,具有测温范围大的特点,如铂铑$_{30}$-铂铑$_6$热电偶高温可测到 $1\ 700\ ^{\circ}\text{C}$,而铜-金铁热电偶低温可测到 $-270\ ^{\circ}\text{C}$。但热电偶的测量灵敏度较低。

3. 利用辐射温度计测温

辐射温度计为非接触式测温,其原理是利用被测物体的热辐射,通过感温元件的光电、热电效应输出与温度有关的电压或电流。这种测量方法可以测量运动物体、小目标或温度变化快的物体的表面温度,也可测温度场的温度分布。感温元件主要有光电管、硅光电池、硫化铅元件、热敏电阻和热电堆等,具有测量温度范围宽(如热电堆高温可测到 $2\ 000\ ^{\circ}\text{C}$)、响应时间(达 90% 稳定温度所需时间)短(小于 $1\ \text{s}$)等特点。

图 9.3.1 数据采集系统框图中的其他部分,前面有关章节均已介绍过,这里不再重叙。

9.3.2　数据采集系统举例

1. 温度采集-控制系统

图 9.3.2 示出一个恒温控制系统的原理图,控制对象是恒温室中的温度,使其保持在 $t\pm\Delta t$ 的温度范围内,恒温室由电阻加热器加热。下面对系统的各个部分作一简单介绍。

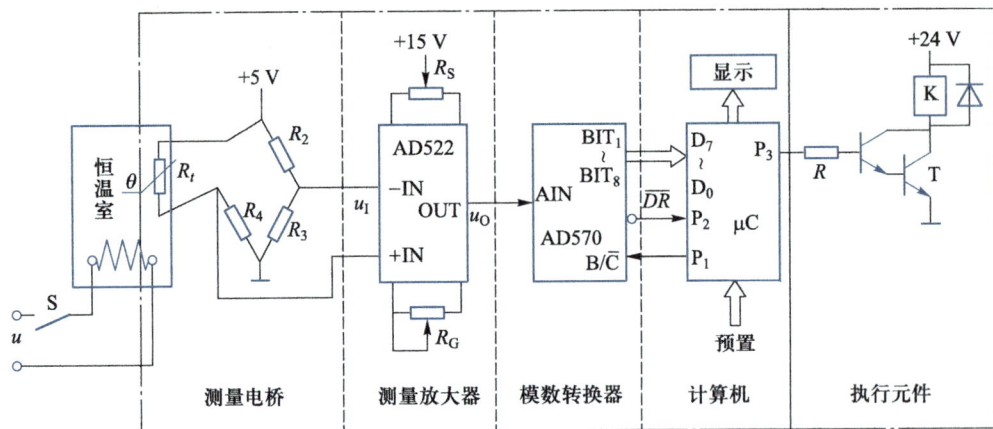

图 9.3.2

　　测量电桥:电桥由 4 个电阻组成,其中一个臂 R_t(铂电阻)作为温度传感器安装在恒温室内,当阻值随室内温度发生变化时,电桥失去平衡,输出一个随温度变化的微小电压 u_I。

　　测量放大器:采用集成精密测量放大器 AD522,图中 R_S 是调零电阻,R_G 调节放大倍数,使输出电压 u_O 满足模数转换器的输入要求。

　　模数转换器:采用集成芯片 AD570,实现将模拟电压 u_O 转换为数字量,从 $BIT_1\sim BIT_8$ 送入计算机接口,转换过程由计算机控制。

　　计算机:可以采用单板机或单片机,从 P_1 口输出低电平启动 AD570。当从 P_2 口接收到转换结束信号时,将转换结果从数据总线 $D_7\sim D_0$ 输入,并与给定的温度范围进行比较。当温度小于 $t-\Delta t$ 时,P_3 口输出高电平;当温度大于 $t+\Delta t$ 时,P_3 口输出低电平;若温度在 $t\pm\Delta t$ 范围内,则 P_3 口的状态保持不变。用 P_3 口的输出电平去控制执行元件。温度给定值 t 和允许变化范围 $\pm\Delta t$ 等信息可以用人工设置(预置),显示器用来随时显示温度等数值。

　　执行元件:由复合管 T 和继电器 K 组成、当 P_3 口输出高电平时,T 管导通,继电器 K 带电,动合触点 K 闭合,电阻加热器加热;当 P_3 口输出低电平时,T 管截止,继电器动合触点断开,加热器停止加热。

　　恒温室的温度可以保持在 $t\pm\Delta t$ 范围内。

2. 多点数据采集系统

多点数据采集系统一般是指对多个模拟量进行巡回检测采样,经模数转换送入计算机加工、处理和存储的数字系统。系统结构大致分为两类,一类是用译码器和多片 ADC 实现多点采样,如图 9.3.3 所示,工作过程参见图 9.2.5 所示的 4 点采集系统,这里不再重复;另一类是用 1 片 ADC 和多路模拟开关实现多点采样,其框图如图 9.3.4 所示。多路模拟开关用来在 n 个通道中选择其中一个模拟量送入 ADC 进行转换。图 9.3.5 示出 8 选 1 模拟开关 AD7501 的框图和引脚排列,功能表见表 9.3.1。

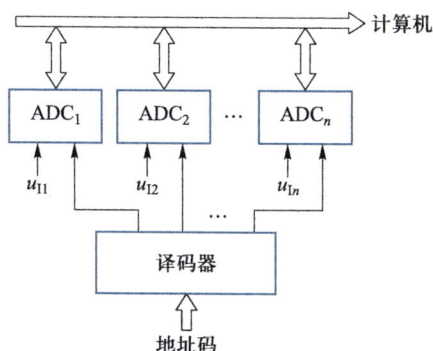

图 9.3.3

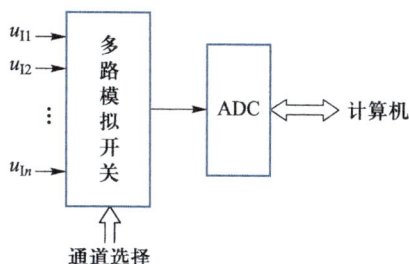

图 9.3.4

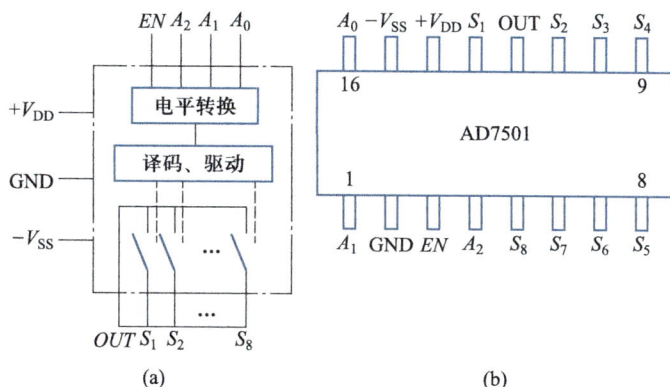

(a)   (b)

$S_1 \sim S_8$:输入端

OUT:输出端

EN:允许端

$A_2 A_1 A_0$:通道选择地址线端

$+V_{DD}$、$-V_{SS}$,GND:正(+5 V)负(-15 V)电源端

图 9.3.5

323

表 9.3.1

EN	A_2	A_1	A_0	OUT 选择
0	×	×	×	无
1	0	0	0	S_1
1	0	0	1	S_2
1	0	1	0	S_3
1	0	1	1	S_4
1	1	0	0	S_5
1	1	0	1	S_6
1	1	1	0	S_7
1	1	1	1	S_8

　　图 9.3.6 示出一个用 2 片 AD7501 和 1 片 AD570 组成的 16 点数据采集系统原理图,16 点(模拟量)的地址见表 9.3.2,工作过程不再重叙,请读者自行分析。

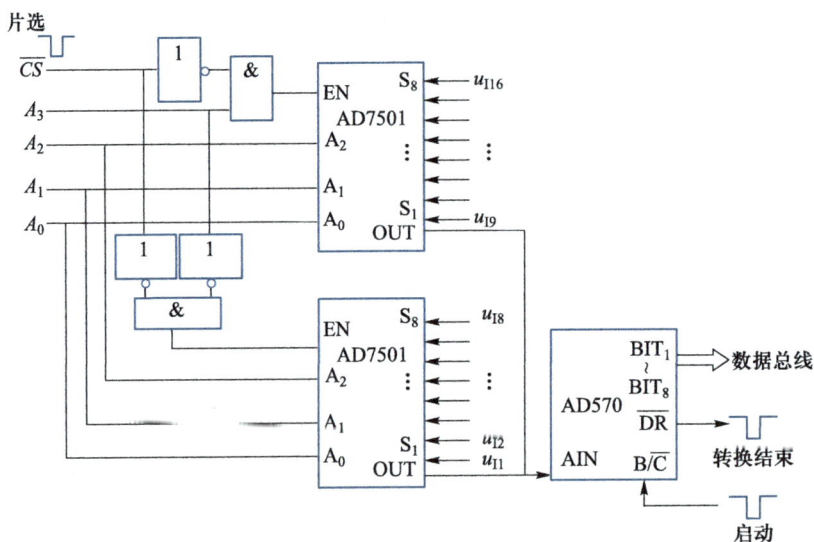

图 9.3.6

表 9.3.2

$\overline{CS}$	A_3	A_2	A_1	A_0	u_i
1	×	×	×	×	无
0	0	0	0	0	1
0	0	0	0	1	2
0	0	0	1	0	3
0	0	0	1	1	4

续表

$\overline{CS}$	A_3	A_2	A_1	A_0	u_i
0	0	1	0	0	5
0	0	1	0	1	6
0	0	1	1	0	7
0	0	1	1	1	8
0	1	0	0	0	9
…		…			…
0	1	1	1	1	16

本章小结

1. 数模转换器(DAC)由模拟开关、电阻网络和电流-电压转换电路组成,用来将二进制数码转换为模拟量(电流或电压)。其模拟输出电压与二进制数码成线性对应关系。转换器的分辨率用二进制数码的位数表示。

2. 逐次逼近模数转换器(ADC)由逐次逼近寄存器(S. A. R)、数模转换器、比较器和控制逻辑等部分组成。转换过程即逼近次数等于 S. A. R 的位数。转换器的分辨率用输出数字量的二进制位数表示。

3. 集成电路 DAC 和 ADC 将转换器的所有部分集成在一起,并具有各种功能的相应引脚,可以方便地与计算机相接,是计算机系统的重要接口部件。

习题

一、选择题

9.1 已知 8 位 DAC 电路的基准电压 $U_R = -5$ V,输入数字量 $D_7 \sim D_0$ 为 **11001001** 时的输出电压 u_0 是( )。

(a) 3. 94 V   (b) 3. 90 V   (c) 3. 92 V

9.2 8 位 DAC 电路的输入数字量为 **00000001** 时,输出电压为 0. 03 V,则输入数字量为 **11001000** 时的输出电压为( )。

(a) 6 V   (b) 3 V   (c) 2. 16 V

9.3 已知 DAC 电路的输入数字量最低位为 **1** 时,输出电压为 5 mV,最大输出电压为10 V,该 DAC 电路的位数是( )。

(a) 10 位   (b) 11 位   (c) 12 位

9.4 已知某个 8 位模数转换器输入模拟电压的范围是 0~5 V,则输入模拟电压为 3 V 时的转换结果为( )。

(a) **01100110**   (b) **10011001**   (c) **10011010**

9.5 已知 8 位 ADC 电路的基准电压 $U_R = 5$ V,输入模拟电压 $U_X = 3.91$ V,则转换结果为( )。

(a) **11001000**   (b) **11001001**   (c) **11000111**

二、解答题

9.6　在图 9.1.1 电路中,已知 $U_R = -5$ V,求 $D_3 \sim D_0$ 分别为 **0011**、**0111**、**1100**、**1111** 时的输出电压 u_O。

9.7　如图 9.1.4 所示的 AD7533,已知 $U_R = -5$ V,求 $D_9 \sim D_0$ 分别为题 9.6 中 4 个数据(高 4 位均为 **0**)时的输出电压 u_O。

9.8　已知 10 位 DAC 电路的基准电压 $U_R = -5$ V,试求 DAC 的最大输出电压。

9.9　8 位 DAC 电路的输入数字量为 **00000001** 时,输出电压为 -0.04 V,试求输入数字量为 **10000000** 和 **01101000** 时的输出电压。

9.10　要求数模转换器的最小分辨电压为 5 mV,最大输出电压为 10.235 V,求该数模转换器的分辨率。

9.11　4 位 DAC 电路如题 9.11 图所示,画出输出电压 u_O 随计数脉冲 CP 变化的波形。

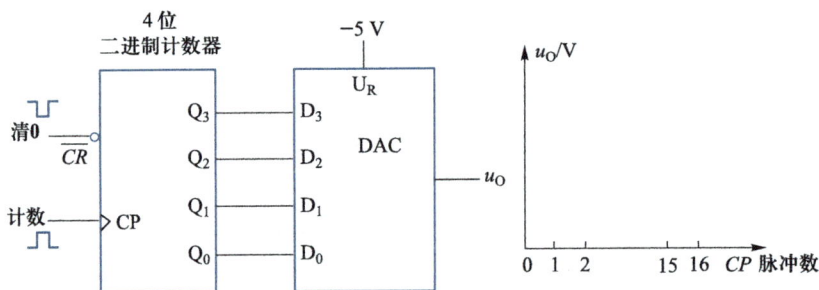

题 9.11 图

9.12　4 位逐次逼近型 ADC,设基准电压 $U_R = 5$ V,输入模拟电压 $U_X = 3.46$ V,试绘图说明转换过程及结果。

9.13　8 位逐次逼近型 ADC,U_R 和 U_X 与上题相同,试计算转换结果。

9.14　已知某个 8 位模数转换器输入模拟电压的范围是 $0 \sim 10$ V,求该模数转换器能分辨的最小模拟电压。

9.15　已知 10 位模数转换器的基准电压 $U_R = 5$ V,求输入模拟电压为 9.77 mV、97.66 mV 和 976.57 mV 的转换结果。

9.16　画出用 1 片 3-8 线译码器 74LS138 和 8 片模数转换器 AD570 实现 8 点数据采集系统的原理图。

9.17　画出用 1 片双 2-4 线译码器 74LS139 和 8 片模数转换器 AD570 实现 8 点数据采集系统的原理图。

9.18　画出用 1 片 3-8 线译码器 74LS138,8 片 8-1 模拟开关 AD7501 和 1 片模数转换器 AD570 实现 64 点数据采集系统的原理图。

9.19　题 9.19 图所示电路中,已知:$R_1 = 1$ kΩ,$R_2 = 100$ kΩ,$C = 0.01$ μF,试画出 u_O 的波形,并计算 u_O 的最大值和周期。

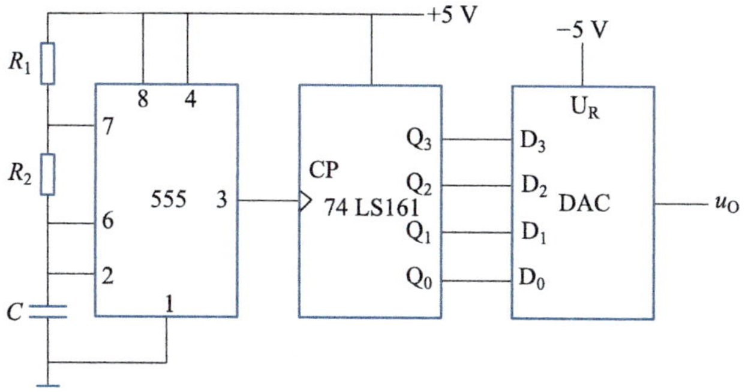

题 9.19 图

第 10 章　存储器

存储器用来存储二进制数，是计算机和一般数字系统必不可少的部件。目前大量使用的有半导体存储器、磁盘存储器和光盘存储器等。根据存储功能分为只读存储器(ROM)和可读写存储器(RAM)两大类。只读存储器是一旦存入数据，其内容一般情况下不能修改，在工作时只能读取已存入的数据。因而这种存储器用来存放固定程序，以及不需修改的数据、表格等。而可读写存储器是在工作时，既可读取已存入的数据，又可随时写入(存入)新的数据。一般用来存放输入、输出数据，中间运算结果等。

本章简要介绍磁盘存储器、光盘存储器、半导体存储器等，主要了解它们的特点和应用场合。

§10.1　磁盘存储器

磁盘存储器是将磁性材料沉积在盘片的基体上形成记录介质，并以绕有线圈的磁头与记录介质的相对运动来写入或读出信息。它具有容量大、成本低、断电后能保存信息等特点。根据结构不同分为硬磁盘存储器和软磁盘存储器。通常均作为计算机的外部存储器使用。由于软磁盘存储器现在已经应用很少了，在此不做介绍。

10.1.1　磁记录原理

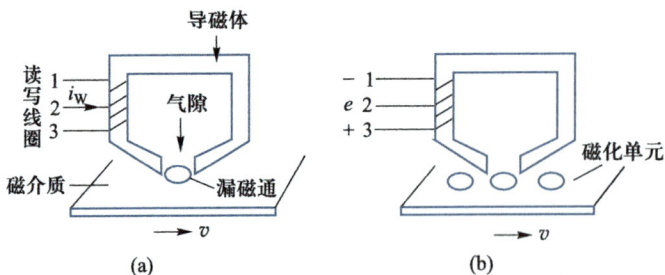

磁盘存储器是通过磁头和记录介质的相对运动完成写入和读出信息的。磁头由带有气隙的导磁体和读写线圈组成，记录介质是涂有薄层硬磁性材料的圆盘。图 10.1.1 示出读写原理，如图(a)所示，写入时，代表二进制信息($\mathbf{0}$或$\mathbf{1}$)的电流 i_W 通过写线圈(2-3)，在导磁体的气隙处通过磁介质表面的漏磁

图 10.1.1

通,使介质表面的一个微小区域被磁化,形成一个具有一定方向和强度的磁化单元,当漏磁通随着电流而消失后,该磁化单元的剩磁状态保存着原来的信息。磁头和磁介质的相对运动,随着写入电流 i_w 的变化,在磁介质表面上形成与之对应的磁化单元序列,完成了将二进制信息写入磁盘的操作。图 10.1.1(b)示出读出过程,该过程与写入过程正好相反,由于磁头与磁介质之间有相对运动,磁头不断地切割介质上磁化单元的磁通,所以在读线圈(1-3)中产生感应电动势 e,它与磁化单元序列一一对应,实现了二进制(0 或 1)信息的读出。

10.1.2　硬磁盘存储器

硬磁盘存储器简称硬盘,其盘面是用圆形铝合金等硬质金属材料作为盘基而得名。硬盘的种类很多,结构各异,性能差别很大。下面以最为典型的温彻斯特磁盘(简称温盘)为例说明硬磁盘存储器的一些主要特点。

温盘的磁盘由一片或多片盘面组成,装在主轴上,每片盘面上都有一个与盘面不接触的浮动磁头,存取数据时,磁盘随主轴高速旋转,磁头在盘面上径向移动。这种结构属于一种可移动磁头、固定(不可更换)盘片的磁盘存储器。厂家将磁头、盘片、电机等驱动部件以及相关电路制成一个不可随意拆卸的整体,并密封组合在一起,因而具有防尘性能好,可靠性高,对使用环境要求不高等优点。

通常说的磁盘存储器由驱动器、控制器和盘片组成,温盘将驱动器和盘片制作在一起。控制器一般是插在主机总线插槽中的一块电路板,它根据主机的命令控制驱动器的读写操作。

10.1.3　移动硬盘

移动硬盘以硬盘为存储介质,具有超大存储容量和很高的数据传输速率,而体积又小到可以放到上衣口袋里。它便于随身携带,使用方便,稳定性好,是非常理想的大容量移动存储设备。适用于资料备份和转储,网络资料下载存储,照片影像留档,歌曲、游戏收藏及桌面出版系统,因而逐渐得到广泛的应用。

移动硬盘通过一条专用线缆和 PC(或个人计算机)的 USB 口连接,由 PC 的 USB 口供电,并支持热插拔和即插即用。移动硬盘的专用线缆在连接 USB 口的一端一般都增加一个辅助供电插头(USB 或者 PS2),当计算机的 USB 口供电不足,使得移动硬盘不能正常工作时,可以将辅助供电插头连接到另一个 USB 口或者 PS2 口(鼠标或者键盘),以提高供电能力,保证移动硬盘正常工作。辅助的 PS2 供电插头上一般都带有 PS2 续接插口,以便续接 PS2 鼠标或者键盘。

移动硬盘的安装非常简单,目前系统可以直接识别。

10.1.4　技术指标

1. 存储密度

存储密度是指磁面单位长度所存储的二进制信息量,通常用道密度和位密度表示。道密度是指沿盘面半径方向单位长度的磁道数(道/毫米),而单位长度磁道所能记录二进制信息的位数称为位密度(位/毫米)。

2. 存储容量

存储容量指磁盘所能存储的二进制信息总量,以字节为单位表示。硬盘有 40 GB、120 GB、160 GB、200 GB、250 GB、300 GB、…1 TB(1 000 GB)…不同容量。

3. 寻址时间

寻址时间包括磁头寻找目标磁道和等待所找扇区旋转到它下方的两部分时间。由于磁盘具有多个磁道和多个扇区,因而寻址时间通常用它们的平均值表示,一般硬盘小于 30 ms。

4. 数据传输率

数据传输率是指磁盘在单位时间内向主机传送数据的位数或字节数。它和存储密度和磁盘的旋转速度有关。目前,硬盘的数据传输率大于 1 000 KB/s。

思考题

磁盘存储器具有什么特点? 使用在什么场合?

§10.2　光盘存储器

光盘存储器是以光学方式读写存储介质上的信息。光盘存储器具有存储容量大、性价比高、读写速度快、数据长期稳定性好等优点,特别适用于存储大量需要长期保存的数据。

光盘存储器包括盘片和驱动器两个组成部分,盘片和驱动器是分离的。

按照存储容量和记录密度分类,光盘存储器可分为 CD(Compact Disc 即小型光盘)和 DVD(Digital Video Disc 即数字视频光盘)。

1. 小型光盘(CD)

CD 原指激光唱盘,现在,人们把各种不同格式的小型光盘统称为 CD。CD的格式大致可分为音乐 CD(CD-Digital Audio,即 CD-DA)、数据 CD(即 CD-ROM)和扩展 CD(CD-ROM eXtended Architecture,即 CD-ROM XA)。

音乐 CD 用于存储各种音乐资料,能够在各种家庭或汽车立体声 CD 播放器上播放,音乐 CD 的容量通常用存储的音乐资料可播放的时间表示。数据 CD 用于存储计算机数据,是备份和存档重要文件的理想工具。数据 CD 上的数据可由 CD-ROM 驱动器、CD-R 刻录机或 CD-RW 驱动器读取,但不能在 CD 播放器上播放。数据 CD 的容量通常以其存储空间的字节数表示。扩展 CD 是为了建立从消费电子领域到计算机的桥梁而开发的,是对 CD-ROM 规格的延伸,视频高密光盘(VCD)是最常见的扩展 CD。

按照数据的读写方式,CD 可分为只读 CD、只写一次 CD(CD-R)和可重写 CD(CD-RW)三种。

(1) 只读 CD

只读 CD 上的数据是通过金属母盘在透明塑料衬底上模压形成的。只读 CD 不仅适用于计算机大数据量信息的存储,而且还能够存储文字、图形、图像、声音、视频等多种媒体的信息,因此,在计算机软件、电子游戏、电子图书、影视节目、教育节目和各种数据库的出版发行中,都将只读 CD 作为首选的信息存储和传播媒体。

只读 CD 上的数据只能被 CD-ROM 驱动器读取,或者在 CD 播放机上播放,而不能被改变,更不能将计算机产生的数据存储到只读 CD 上,这就使得只读 CD 无法与计算机联机进行随机存储,而只能作为后备大容量存储器。

(2) 只写一次 CD

只写一次 CD(CD-R 或称 CD-WO,即 Write Once)只允许写一次,这里的“写一次”是对盘片上的记录介质而言的,即不可擦掉重写,但对于整个盘片,可以进行多次写入(即后面要讲的多段写入方式),一直到写满为止。写完以后的信息无法改变,但可以像只读 CD 一样在 CD-ROM 驱动器上读取,或者在 CD 播放器上播放。

在各种大容量存储设备中,CD-R 的单位记录成本最低,而且其存储寿命长达 100 年,因此 CD-R 已成为档案保存、数据备份、数据交换、数据库分发、小批量复制、发行软件和多媒体电子出版物的理想介质。

(3) 可重写 CD

可重写 CD(CD-RW,即 CD-Re Writable)解决了只读 CD 只能读不能写和 CD-R 只能写一次的缺点。通过 CD-RW 驱动器可对 CD-RW 盘片进行多达上千次的重写。

通过更换 CD-RW 盘片,可以使计算机的存储容量无限制地扩充,因此 CD-RW 是一种真正意义上的光盘存储器。

CD-RW 光盘具有存储容量大、成本低、可随机存取、保存寿命长、工作稳定可靠、轻便易携带等优点。因此,CD-RW 不仅适于各种计算机数据资料的存储、备份和交换,同时还能满足用户自己制作 CD 唱盘、VCD 视盘和 CD-ROM 多媒体光盘的要求。

2. 数字视频光盘(DVD)

DVD(数字视频光盘)是最新一代的大容量光盘存储设备。DVD 光盘的几何尺寸与普通 CD 相同,从外观看,DVD 就像是一张标准的 CD,但是,它可以存储更多的数据,其容量是 CD 的 8~15 倍,为 4.7~17 GB,达到了目前技术上最理想的容量。

与 CD 类似,DVD 也分为只读(DVD-Audio、DVD-Video、DVD-ROM)、只写一次(DVD-R)和可重写三种规格。

思考题

1. 光盘存储器与磁盘存储器相比,有何主要特点?
2. 光盘存储器如何分类? 各有何特点? 应用在何种场合?

§10.3　半导体存储器

半导体存储器是由半导体集成电路制成,具有集成度高、存取速度快、体积小等特点,通常作为计算机的内部存储器使用。存储器的容量用能存储二进制数的字数与每个字的位数的乘积表示,如 1 024×1(1K),2 048×8(16K)等。

10.3.1　可读写存储器(RAM)

RAM 的结构方框图如图 10.3.1 所示,由地址译码器、存储矩阵(N 字×M 位)和读写控制器组成。当地址线为 P 时,具有的字数 $N = 2^P$,每个字具有 M 位,存储单元数为 $N×M$(容量),双向数据线数等于位数 M。

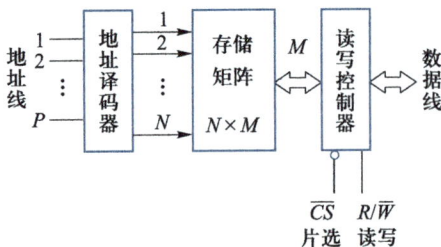

图 10.3.1

每个存储单元由 MOS 管双稳态触发器组成,可以存储 1 位二进制数(**0** 或 **1**)。当用地址线通过地址译码器选中对应单元时,在片选信号 $\overline{CS}$ 和读写信号 $R/\overline{W}$ 控制下,从双向数据线上可以将数据写入($\overline{CS} = 0, R/\overline{W} = 0$ 时)该单元,或从该单元读出($\overline{CS} = 0, R/\overline{W} = 1$ 时)数据。这种结构的 RAM 称为静态可读写存储器。

为了提高集成度,还有一种称为动态 RAM 的可读写存储器(DRAM),它的存储单元是利用电容的充电原理来存储信息,其具体电路这里不再介绍。

10.3.2　只读存储器(ROM)

只读存储器有固定 ROM 和可编程 ROM 两类。

固定 ROM 由存储阵列、地址译码器和输出缓冲器三部分组成。容量为4×4的 ROM 原理图如图 10.3.2 所示,图中的存储阵列具有 4 个字线和 4 个位线,表示能存储 4 个字,每个字有 4 位。字线和位线的相交处称为存储单元,该处如有 MOS 管,存储内容为 **0**,否则为 **1**。地址译码器的输出(高电平有效)与存储阵列

的字线相连,地址线 A_1A_0 通过译码对 4 个字线进行选择,图中各个字的地址及其内容如表 10.3.1 所示。当片选信号 $\overline{CS}$ 为低电平时,选中字的内容经三态缓冲器由数据线 $D_3 \sim D_0$ 输出。由于各存储单元的内容由 MOS 管的分布决定,因而 ROM 一旦由厂家制造好后,其存储内容就不能改变。

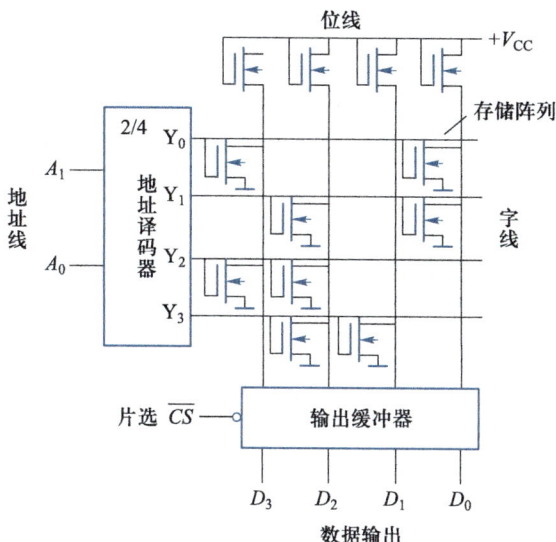

图 10.3.2

文本:§ 10.3.3
只读存储器

可编程 ROM 包含一次可编程 ROM(PROM)、光擦可编程 ROM(EPROM)、电擦可编程 ROM(EEPROM 或 E^2PROM)、快闪存储器(Flash Memory)等几种类型。

PROM 存储器所有存储单元的内容在出厂时为全 **1**(或全 **0**),用户可根据需要将任何存储单元改为 **0**(或保持 **1**)。图 10.3.3 示出熔丝结构的 PROM 存储单元示意图,出厂时所有存储单元的内容为 **1**。若用户使熔丝通过大电流而烧断,则该单元变为 **0**。由于熔丝被烧断后不能再接通,因而用户写入内容后就不能再修改。

表 10.3.1

地址		字线	位线			
A_2	A_0	Y	D_3	D_2	D_1	D_0
0	0	Y_0	0	1	1	0
0	1	Y_1	1	0	1	0
1	0	Y_2	0	0	1	1
1	1	Y_3	1	0	0	1

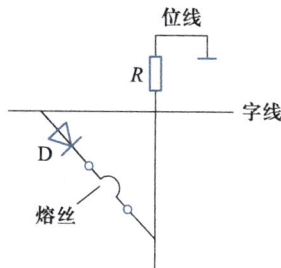

图 10.3.3

EPROM 芯片解决了 PROM 芯片只能写入一次的弊端。紫外线透过其正面的陶瓷封装的玻璃窗口,可以擦除其内部存储的数据,使其可重复擦除和写入。

EPROM 的擦除为一次全部擦除,数据写入需要通用或专用的编程器。

E²PROM 的功能和使用方式与 EPROM 类似,不同之处是 E²PROM 是通过电气方法将芯片中的存储内容擦除,而后就可以进行复写,擦除时间较快,甚至可以在联机状态下操作。更改局部数据时,芯片无需全部擦除;无需使用附加的专用设备即可改写芯片内容。它既具有 ROM 的非易失性,又可以随时改写。

快闪存储器(Flash ROM)是 20 世纪 80 年代中期出现的新一代电擦除可编程 ROM,它突破了传统的存储器体系,改善了现有存储器的特性。

Flash ROM 中的内容或数据不像 RAM 一样需要电源支持才能保存,但又像 RAM 一样具有可重写性。在某种低电压下,其内部信息可读不可写,类似于 ROM,而在较高的电压下,其内部信息可以更改和删除,类似于 RAM。Flash ROM 集成度高、功耗小、数据写入速度快,可整片或分区电擦除,是一种高密度、非易失性的读写半导体存储器。

利用闪存(Flash 芯片)作为存储介质相继出现的大量应用产品,如闪存盘(又称 U 盘)、存储卡、固态硬盘(SSD)等,由于没有普通硬盘的机械旋转介质,因此这些存储设备启动迅速、读取延迟时间短、无噪声、功耗低、抗振动,即将取代磁记录式的计算机硬盘。

思考题

1. 说明 ROM 和 RAM 在功能上有何区别,各用在什么场合。
2. EPROM 与 E²PROM 数据擦除方式有何不同?

本章小结

1. 磁盘存储器是通过磁头和记录介质磁性材料的相对运动进行写入(存储)和读出二进制信息。它具有存储容量大、断电后能保持信息的特点。存储容量用能存储多少字节的二进制信息的总量表示。

2. 光盘存储器是以光学方式读写信息,可分为 CD(小型光盘)和 DVD(数字视频光盘)两种,具有存储容量大、性价比高、读写速度快、数据可长期保存等优点。

3. 半导体存储器有只读存储器(ROM)和可读写存储器(RAM)两大类,一般用作计算机的内存。其容量用能存储二进制数的字数与每个字的位数的乘积表示。

附录

附录1 半导体器件型号命名方法

根据国家标准(GB 249—74),半导体分立器件的型号由五部分组成(见附表1),其中场效应器件、半导体特殊器件、复合管、PIN 型管和激光器件的型号命名只有第三、四、五部分。

附表1

第一部分		第二部分	
用数字表示器件的电极数目		用汉语拼音字母表示器件的材料和极性	
符号	意义	符号	意义
2	二极管	A	N 型,锗材料
		B	P 型,锗材料
		C	N 型,硅材料
		D	P 型,硅材料
3	晶体管	A	PNP 型,锗材料
		B	NPN 型,锗材料
		C	PNP 型,硅材料
		D	NPN 型,硅材料
		E	化合物材料

第三部分				第四部分	第五部分
用汉语拼音字母表示器件的类型				用数字表示器件序号	用汉语拼音字母表示规格号同序号器件按性能分
符号	意义	符号	意义		
P	普通管	D	低频大功率管 $f_c < 3\ \text{MHz}, P_C \geqslant 1\ \text{W}$		
V	微波管				
W	稳压管	A	高频大功率管 $f_c \geqslant 3\ \text{MHz}, P_C \geqslant 1\ \text{W}$		
C	参量管				
Z	整流器	T	半导体闸流管(可控整流器)		
L	整流堆				
S	隧道管	Y	体效应器件		

续表

第三部分				第四部分	第五部分
用汉语拼音字母表示器件的类型				用数字表示器件序号	用汉语拼音字母表示规格号同序号器件按性能分
符号	意义	符号	意义		
N	阻尼管	B	雪崩管		
U	光电器件	J	阶跃恢复管		
K	开关管	CS	场效应器件		
X	低频小功率管	BT	半导体特殊器件		
	$f_c < 3$ MHz, $P_C < 1$ W	FH	复合管		
G	高频小功率管	PIN	PIN 型管		
	$f_c \geqslant 3$ MHz, $P_C < 1$ W	JG	激光器件		

附例 1-1　锗 PNP 型高频小功率晶体管　3AG11C

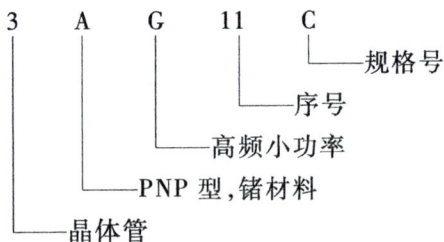

```
3    A    G    11    C
                     └── 规格号
               └── 序号
          └── 高频小功率
     └── PNP 型, 锗材料
└── 晶体管
```

附例 1-2　场效应器件　CS2B

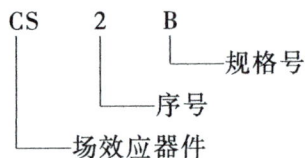

```
CS    2    B
           └── 规格号
      └── 序号
└── 场效应器件
```

附录2　国产半导体集成电路型号命名方法

1. 根据中华人民共和国国家标准 GB 3430—89 命名

国产半导体集成电路的型号由五部分组成,其中各部分所代表的符号和意义见附表2。此标准适用于按国家标准规定的半导体集成电路系列和品种所生产的半导体集成电路。

附表 2

第零部分		第一部分		第二部分	
用字母表示器件符合国家标准		用字母表示器件的类型		用阿拉伯数字表示器件的系列和品种代号	
符号	意义	符号	意义	符号	意义
C	中国制造	T	TTL		
		H	HTL		
		E	ECL		
		C	CMOS		
		F	线性放大器		
		D	音响、视频电路		
		W	稳压器		
		J	接口电路		
		B	非线性电路		
		M	存储器		
		μ	微型机电器		

第三部分		第四部分	
用字母表示器件的工作温度范围		用字母表示器件的封装	
符号	意义	符号	意义
C	0 ℃~70 ℃	H	黑瓷扁平
E	−40 ℃~85 ℃	B	塑料扁平
R	−55 ℃~85 ℃	F	多层陶瓷扁平
M	−55 ℃~125 ℃	D	多层陶瓷双列直插
…	…	P	塑料双列直插
		J	黑陶瓷双列直插
		K	金属菱形
		T	金属圆形

附例 2-1　肖特基 TTL 双 4 输入与非门　CT3020ED

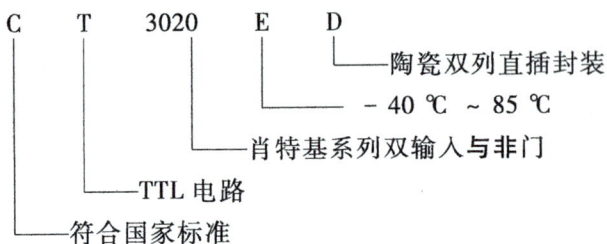

　　　　　　　C　　T　　3020　　E　　D
　　　　　　　│　　│　　│　　│　　└── 陶瓷双列直插封装
　　　　　　　│　　│　　│　　└──── - 40 ℃ ~ 85 ℃
　　　　　　　│　　│　　└────── 肖特基系列双输入与非门
　　　　　　　│　　└──────── TTL 电路
　　　　　　　└────────── 符合国家标准

附例 2-2　CMOS 8 选 1 数据选择器　CC14512MF

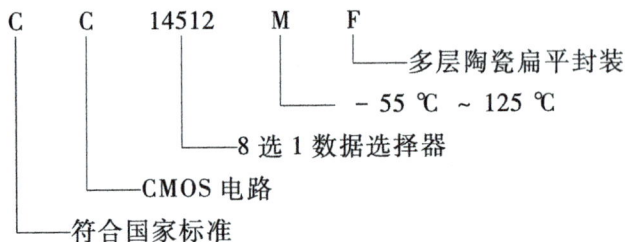

　　　　　　　C　　C　　14512　　M　　F
　　　　　　　│　　│　　│　　│　　└── 多层陶瓷扁平封装
　　　　　　　│　　│　　│　　└──── - 55 ℃ ~ 125 ℃
　　　　　　　│　　│　　└────── 8 选 1 数据选择器
　　　　　　　│　　└──────── CMOS 电路
　　　　　　　└────────── 符合国家标准

附例 2-3　通用型运算放大器　CF0741CT

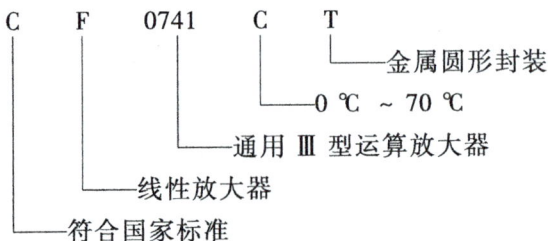

　　　　　　　C　　F　　0741　　C　　T
　　　　　　　│　　│　　│　　│　　└── 金属圆形封装
　　　　　　　│　　│　　│　　└──── 0 ℃ ~ 70 ℃
　　　　　　　│　　│　　└────── 通用 Ⅲ 型运算放大器
　　　　　　　│　　└──────── 线性放大器
　　　　　　　└────────── 符合国家标准

2. 根据中华人民共和国机械电子工业部部标准 SJ611—77 命名

国产半导体集成电路的型号由四部分组成,其符号及各部分的意义见附表 3。

附表 3

第一部分		第二部分	
电路的类型用汉语拼音字母表示		电路的系列及品种序号用三位阿拉伯字母表示	
符号	意义	符号	意义
T	TTL		由有关工业部门制定的
H	HTL		"电路系列和品种"中
E	ETL		所规定的电路品种确定
I	ITL		
P	PMOS		
N	NMOS		
C	CMOS		
F	线性放大器		
W	集成稳压器		
J	接口电路		

续表

第三部分		第四部分	
电路的规格号用汉语拼音字母表示		电路的封装用汉语拼音字母表示	
符号	意义	符号	意义
A	每个电路品种的主要	A	陶瓷扁平
B	参数分档	B	塑料扁平
C	…	C	陶瓷双列
…		D	塑料双列
		Y	金属圆壳
		F	F 型

附例 2-4　TTL 中速 4 输入端双**与非门**　T063AB

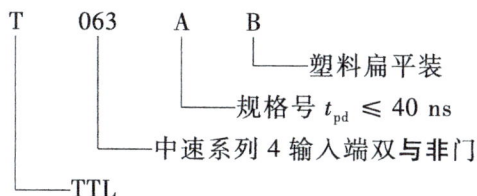

```
T      063      A      B
                       └── 塑料扁平装
                └────── 规格号 t_pd ≤ 40 ns
         └───────────── 中速系列 4 输入端双与非门
└──────────────────────  TTL
```

附例 2-5　CMOS 二-十进制同步加法计数器　C150BC

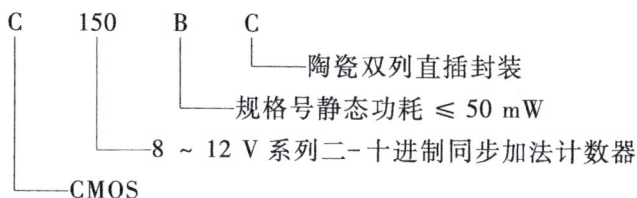

```
C      150      B      C
                       └── 陶瓷双列直插封装
                └────── 规格号静态功耗 ≤ 50 mW
         └───────────── 8 ～ 12 V 系列二-十进制同步加法计数器
└──────────────────────  CMOS
```

附例 2-6　低功耗运算放大器　F010CY

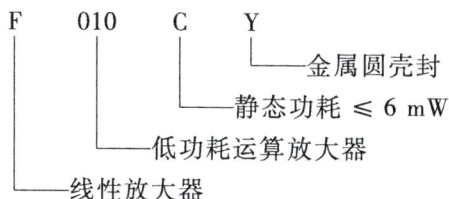

```
F      010      C      Y
                       └── 金属圆壳封
                └────── 静态功耗 ≤ 6 mW
         └───────────── 低功耗运算放大器
└──────────────────────  线性放大器
```

3. T0000 型号的四个系列

1977 年国内生产 TTL 集成电路的单位选取了与国际 54/74 TTL 电路系列完全一致的品种作为优选系列品种，统一采用 T0000 型号，分四个系列：T1000、T2000、T3000 和 T4000。四个系列的性能优劣，用速度（即平均传输延迟时间）和功耗两个参数的乘积表示。各系列的主要参数见附表 4。

附表 4

参数	单位	T1000	T2000	T3000	T4000
t_{pd}（平均延时/每门）	ns	10	6	3	9.5
P（平均功耗/每门）	mW	10	22	19	2
f_{max}（最高工作频率）	MHz	35	50	125	45

　　T1000 系列为标准系列，T2000、T3000 为高速系列，分别相当于国际上的 54S/74S 肖特基系列和 54H/74H 高速系列，T4000 为低功耗系列，相当于国际上的 54LS/74LS 低功耗肖特基系列。

　　附例 2-7　CT4290CP

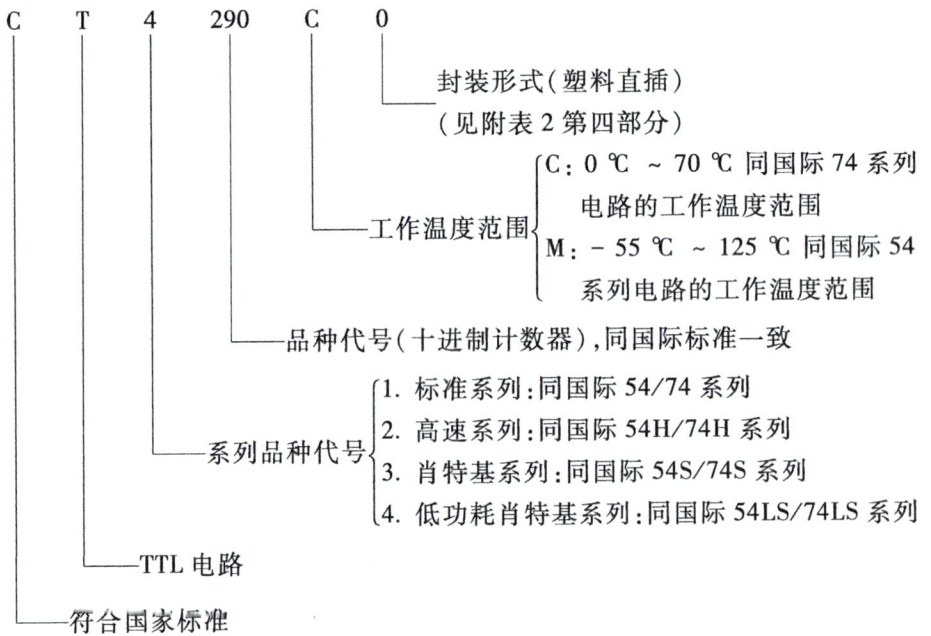

```
C   T   4   290   C   0
                       └──── 封装形式（塑料直插）
                             （见附表 2 第四部分）
```

工作温度范围 { C：0 ℃ ~ 70 ℃ 同国际 74 系列电路的工作温度范围
　　　　　　　 M：- 55 ℃ ~ 125 ℃ 同国际 54 系列电路的工作温度范围 }

品种代号（十进制计数器），同国际标准一致

系列品种代号 {
1. 标准系列：同国际 54/74 系列
2. 高速系列：同国际 54H/74H 系列
3. 肖特基系列：同国际 54S/74S 系列
4. 低功耗肖特基系列：同国际 54LS/74LS 系列
}

TTL 电路

符合国家标准

　　附例 2-8　CT74198

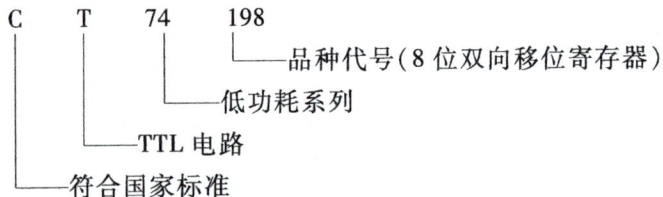

```
C   T   74   198
                 └──── 品种代号（8 位双向移位寄存器）
```

低功耗系列

TTL 电路

符合国家标准

340

附录3 国标、部标和国外逻辑门符号对照表

名称	国标	部标	国外
与 门	A —[&]— F B	A —[ ]— F B	A B —D— F
或 门	A —[≥1]— F B	A —[+]— F B	A B —)— F
非 门	A —[1]o— F	A —[ ]o— F	A —▷o— F
与非门	A —[&]o— F B	A —[ ]o— F B	A B —Do— F
或非门	A —[≥1]o— F B	A —[+]o— F B	A B —)o— F
异或门	A —[=1]— F B	A —[⊕]— F B	A B —))— F
同或门	A —[=1]o— F B	A —[⊙]— F B	A B —))o— F
集电极开路与非门	A B C —[& ◇]o— F	A B C —[ ]— F	
三态与非门（低电平有效）	A B —[& ▽ EN]o— F	A B $\bar{E}$ —[ ]o— F	
三态与非门（高电平有效）	A B —[& ▽ EN]o— F	A B E —[ ]o— F	

附录4 触发器新、旧符号对照表

名称	新符号	旧符号
基本 R-S 触发器		
可 控 R-S 触发器 （电平触发）		
D 触发器 （锁存器）		
D 触发器 （上升沿触发）		
T 触发器 （上升沿触发）		
J-K 触发器 （上升沿触发）		
J-K 触发器 （下降沿触发）		
单稳态触发器		

部分习题答案

第1章

一、选择题

1.1 （c）　　1.2 （b）　　1.3 （b）　　1.4 （a）　　1.5 （a）

1.6 （b）　　1.7 （b）　　1.8 （b）　　1.9 （a）　　1.10 （b）

1.11 （b）　　1.12 （a）　　1.13 （c）　　1.14 （a）　　1.15 （a）

1.16 （c）　　1.17 （c）　　1.18 （a）

二、解答题

1.19 略　　1.20 略　　1.21 略

1.22 （1）$V_F = 0$ V　（2）$V_F = 3$ V　（3）$V_F = 0$ V

1.23 当 $U_I = 10$ V 时，$U_O = 5$ V；当 $U_I = 15$ V 时，$U_O = 6$ V

1.24 $I_Z = 80$ mA$> I_{ZM}$

1.26 输入电压波动$\pm 10\%$时，电路可以正常工作；若波动$\pm 30\%$时，稳压管的电流超过 I_{ZM}，电路不能正常工作

1.27 $U_I = 22.5 \sim 35$ V

1.28 略

1.29 PNP，锗管，C、E、B

1.30 （1）$\beta_1 = \beta_2 = 50$　（2）$\bar{\beta}_1 = 45$，$\bar{\beta}_2 = 47.5$

1.31 （1）I_B、I_C减小，U_{CE}增大　（2）I_B、I_C不变，U_{CE}减小

1.32 （1）$I_C > I_{CM}$，不正常　（2）正常　（3）$P_C > P_{CM}$，不正常

1.33 （1）截止　（2）放大　（3）饱和

1.34 （1）N 沟道耗尽型　（2）$U_{GS(off)} = -3$ V　（3）$I_{DSS} = 6$ mA

第2章

一、选择题

2.1 （b）　　2.2 （c）　　2.3 （c）　　2.4 （c）　　2.5 （a）

2.6 （b）　　2.7 （b）　　2.8 （b）　　2.9 （a）　　2.10 （a）

2.11 （a）　　2.12 （a）　　2.13 （b）　　2.14 （c）　　2.15 （c）

2.16　（b）　2.17　（b）　2.18　（c）　2.19　（a）　2.20　（c）

二、解答题

2.21　（a）无电压放大作用　（b）无电压放大作用
　　　　（c）有电压放大作用　（d）无电压放大作用

2.22　$I_{BQ}=30$ μA　$I_{CQ}=1.5$ mA　$U_{CEQ}=15$ V

2.23　$U_{CEQ}=10.9$ V　$R_{B}=453$ kΩ

2.24　$R_{B}=376.7$ kΩ　$R_{C}=4$ kΩ

2.25　$I_{BQ}=41.4$ μA　$I_{CQ}=2.07$ mA　$U_{CEQ}=5.67$ V

2.26　$R_{C}=3$ kΩ　$R_{B}=565$ kΩ

2.27　（1）$I_{BQ}=40$ μA　$I_{CQ}=2$ mA　$U_{CEQ}=7.2$ V
　　　　（2）$R_{C}=2$ kΩ　$R_{B}=200$ kΩ

2.28　$I_{BQ}=17.5$ μA　$I_{CQ}=1.05$ mA　$U_{CEQ}=5.7$ V

2.29　（1）$A_{u}=-73.7$　$r_{i}=1.39$ kΩ　（2）$A_{u}=-83$　$r_{i}=2.47$ kΩ
　　　　（3）$A_{u}=-122$　$r_{i}=0.84$ kΩ

2.30　（1）$I_{BQ}=13.7$ μA　$I_{CQ}=0.69$ mA　$U_{CEQ}=7.86$ V
　　　　（3）$r_{i}=1.7$ kΩ　$r_{o}=3$ kΩ
　　　　（4）$A_{u}=-34.1$　$A_{us}=-12.3$

2.31　$r_{i}=6.22$ kΩ　$r_{o}=3.9$ kΩ　$A_{u}=-14.8$　$A_{us}=-12.7$

2.32　（1）$I_{BQ}=20.9$ μA　$I_{CQ}=1.05$ mA　$U_{CEQ}=3.2$ V
　　　　（2）$r_{i}=1.49$ kΩ　$r_{o}=2$ kΩ
　　　　（3）$A_{u}=-40$

2.33　$I_{BQ}=0.09$ mA　$I_{EQ}=4.59$ mA　$U_{CEQ}=7.4$ V
　　　　$r_{i}=19.3$ kΩ　$r_{o}=0.43$ kΩ　$A_{u}=0.977$
　　　　$A_{us}=0.2$

2.34　（1）$A_{u1}=-0.98$　（2）$A_{u2}=0.99$
　　　　（3）$u_{o1}=-0.98\sqrt{2}\sin \omega t$ mV$\approx-u_{i}$　$u_{o2}=0.99\sqrt{2}\sin \omega t$ mV$\approx u_{i}$

2.35　$A_{u}=-80.6$

2.36　$A_{u}=-2.5$　$r_{i}=41.66$ kΩ　$r_{o}=5$ kΩ

2.37　$r_{i}=R_{G}$　$A_{u}=\dfrac{g_{m}R_{L}'}{1+g_{m}R_{L}'}$　$r_{o}=R_{S}//\dfrac{1}{g_{m}}$

2.38　（1）$r_{i}=0.97$ kΩ　$r_{o}=2$ kΩ
　　　　（2）$A_{u1}=-47$　$A_{u2}=-72$　$A_{u}=3\ 384$
　　　　（3）$U_{o}=16.66$ mV

2.39　（1）$I_{CQ1}=1.04$ mA　$I_{BQ1}=20.8$ μA　$U_{CEQ1}=4.72$ V
　　　　$I_{BQ2}=41.4$ μA　$I_{CQ2}=2.07$ mA　$U_{CEQ2}=5.73$ V
　　　　（2）$A_{u1}=-89.8$　$A_{u2}=0.99$　$A_{u}=-88.9$

2.40　$A_u = -161.6$　$r_i = 19.2 \text{ k}\Omega$　$r_o = 3 \text{ k}\Omega$

2.41　$A_{u1} = -91.9$　$A_{u2} = 0.977$　$A_u = -89.8$

2.42　（1）$A_u = 91$　　　（2）$r_i = 1.153 \text{ M}\Omega$　　　$r_o = 5 \text{ k}\Omega$

2.43　（1）$A_u = 112$　　　（2）$r_i = 5 \text{ M}\Omega$　　　$r_o = 8 \text{ k}\Omega$

2.45　$I_{BQ} = 20 \text{ μA}$　$I_{CQ} = 1 \text{ mA}$　$U_{CEQ} = 5 \text{ V}$

2.46　（1）$A_d = -40$　（2）$u_o = -2 \text{ V}$

2.47　（a）NPN　（b）PNP　（c）PNP　（d）NPN

2.49　$P_{om} = 1.89 \text{ W}$　$\eta = 72\%$

2.50　（1）$u_O = 2 \text{ V}$　（2）$u_O = -2 \text{ V}$　（3）$u_O = -1 \text{ V}$　（4）$u_O = -13 \text{ V}$

第 3 章

一、选择题

3.1　（b）　　　3.2　（c）　　　3.3　（c）　　　3.4　（a）　　　3.5　（a）

3.6　（c）　　　3.7　（b）　　　3.8　（a）　　　3.9　（c）　　　3.10　（b）

二、解答题

3.11　（a）R_F:并联电压负反馈

　　　（b）R_{E1}:串联电流负反馈

　　　（c）R_F:并联电压负反馈;R_E:串联电压负反馈

　　　（d）R_E:串联电流负反馈

　　　（e）R:串联电流负反馈

　　　（f）R_E:串联电流负反馈;R_F:并联电流负反馈

　　　（g）串联电压负反馈

3.12　（a）R_E,串联电压负反馈

　　　（b）R_F、C_F,并联电压负反馈

　　　（c）R_F,并联电压负反馈

3.13　（a）R_F,串联电流负反馈

　　　（b）R_F,串联电压负反馈

　　　（c）R_F,并联电压负反馈

3.14　$A = 2\,500$　$F = 0.01$

3.15　$A_f = \dfrac{A_1 A_2}{1 + F_2 A_2 + F_1 A_1 A_2}$

第 4 章

一、选择题

4.1　（b）　　　4.2　（a）　　　4.3　（b）　　　4.4　（b）　　　4.5　（c）

4.6　(c)　　4.7　(b)　　4.8　(c)　　4.9　(c)　　4.10　(c)

4.11　(b)　　4.12　(a)　　4.13　(c)　　4.14　(b)　　4.15　(c)

4.16　(a)　　4.17　(b)

二、解答题

4.18　$u_0 = 5$ V

4.19　(1) $u_0 = 0.5$ V　(2) $u_0 = -5\sqrt{2}\sin\omega t$ V

　　　(3) $u_0 = -12$ V　(4) $u_0 = 12$ V

4.20　$U_0 = 6 \sim 12$ V　R_L无影响

4.21　$U_0 = 0 \sim -6$ V　R_L无影响

4.22　输出电压 U_0 的变化范围为 $6 \sim 1$ V

4.23　$u_0 = -5$ V

4.24　$i_0 = \dfrac{u_I}{R}$　R_L无影响

4.25　$i_0 = \dfrac{u_I}{R}$

4.26　$i_0 = \dfrac{U}{R}$

4.27　$u_0 = -\dfrac{R_3(R_4+R_F)}{R_1R_4} \cdot u_I$

4.28　$u_0 = -\dfrac{1}{R_1}\left(R_{F1}+R_{F2}+\dfrac{R_{F1}R_{F2}}{R_{F3}}\right) \cdot u_I$

4.29　$u_0 = 2.5$ V

4.30　$u_0 = -2(u_{I1}+u_{I2})$

4.31　$u_0 = \dfrac{1}{2}(u_{I1}+u_{I2})$

4.32　$u_0 = 0.6$ V

4.33　$u_0 = 12$ V

4.36　$u_0 = u_{I2}-u_{I1}$

4.37　$u_0 = 4(u_{I2}-u_{I1})$

4.38　$u_0 = u_{I1}+u_{I2}+u_{I3}$

4.39　$u_0 = -(0.5t+0.3\cos\omega t)$ V

4.42　(1) $u_0 = -5\displaystyle\int u_I\mathrm{d}t$　　(2) $u_0 = -5$ V　$t=3$ s

4.43　$u_0 = 10.1$ V

4.44　$u_0 = -\dfrac{1}{R_2C}\displaystyle\int (u_{I2}-u_{I1})\,\mathrm{d}t$

4.45　$t=1$ s　$u_0 = -11$ V；$t=2$ s　$u_0 = -12$ V

4.46　$u_0 = \dfrac{R_1 + R_2}{R_1} u_1 + \dfrac{1}{R_1 C} \int u_1 \mathrm{d}t$

4.47　$u_0 = -\left(\dfrac{C}{C_F} u_I + \dfrac{1}{RC_F} \int u_I \mathrm{d}t \right)$

4.48　$u_0 = -\left[\left(\dfrac{R_F}{R} + \dfrac{C}{C_F} \right) u_I + \dfrac{1}{RC_F} \int u_I \mathrm{d}t + R_F C \dfrac{\mathrm{d}u_I}{\mathrm{d}t} \right]$

4.49　$R_1 = 1\ \mathrm{k\Omega}$　$R_2 = 9\ \mathrm{k\Omega}$　$R_3 = 90\ \mathrm{k\Omega}$　$R_4 = 900\ \mathrm{k\Omega}$

4.50　$50\ \mu\mathrm{A}$

4.51　$R_F = 99\ \Omega$

4.52　$u_0 = -558\ \mathrm{mV}$

4.53　$A_u(\mathrm{j}\omega) = -\dfrac{R_F}{R} \cdot \dfrac{1}{1 - \mathrm{j}\dfrac{1}{\dfrac{\omega}{\omega_c}}}$

4.54　略

4.55　略

4.56　频率变化范围约为 $80\ \mathrm{Hz} \sim 16\ \mathrm{kHz}$

第 5 章

一、选择题

5.1　（c）　　5.2　（c）　　5.3　（b）　　5.4　（b）　　5.5　（a）

5.6　（b）　　5.7　（b）　　5.8　（c）　　5.9　（b）　　5.10　（b）

5.11　（b）　　5.12　（b）　　5.13　（a）　　5.14　（c）　　5.15　（a）

5.16　（c）　　5.17　（a）　　5.18　（b）

二、解答题

5.19　按开关频率:PR-MOSFET,IGBT,GTR,GTO,SCR

　　　按开关容量:SCR,GTO,IGBT,GTR,PR-MOSFET

5.20　非自关断器件:SCR

　　　自关断器件:GTR,GTO,PR-MOSFET,IGBT,P-MCT

5.21　（1）$U_0 = 9\ \mathrm{V}$　$I_0 = 90\ \mathrm{mA}$

　　　（2）$U_0 = 4.5\ \mathrm{V}$　$I_0 = 45\ \mathrm{mA}$

　　　（3）短路

　　　（4）$U_0 = 12\ \mathrm{V}$

5.22　（1）$U_{O1} = 5.4\ \mathrm{V}$,上"+",下"-"

　　　　　$U_{O2} = 5.4\ \mathrm{V}$,下"+"上"-"

　　　（2）$I_{D1} = 54\ \mathrm{mA}$

$$I_{D2} = I_{D3} = 27 \text{ mA}$$

5.23　（1）4.5 V　（2）14.1 V　（3）9V　（4）12 V　（5）6 V

5.24　$U_2 = 122$ V

　　　二极管：$I_{DM} > I_D = 1.1$ A　$U_{DRM} > U_{RM} = 173$ V　选 2CZ12B

5.25　二极管：$I_{DM} > I_D = \dfrac{1}{2} I_0 = 75$ mA　$U_{DRM} > U_{RM} = 35.3$ V　2CZ53C

　　　电容：$C \geqslant 250 \text{ μF}$　$U_c \geqslant 35.3$ V

5.26　$U_2 = 20$ V　$I_D = 240$ mA　$U_{RM} = 28.3$ V

　　　选 2CZ54B（0.5 A,50 V）　$C = 1\,000 \text{ μF}$,耐压 50 V

5.27

$\beta/(°)$	0	45	90	135	180
U_0/V	0	14.5	49.5	84.5	99
I_0/mA	0	14.5	49.5	84.5	99

5.28　$\alpha = 90°$

5.29　$\alpha = 0°$时：$U_0 = 198$ V　$I_0 = 198$ mA；$\alpha = 90°$时：$U_0 = 99$ V

　　　$I_0 = 99$ mA

5.30　30 V：$\beta = 45.8°$；60 V：$\beta = 66.8°$

5.31　$\alpha = 180° \sim 0°$

5.32　$I_0 = 2$ A 时，$\beta = 90.5°$；$I_0 = 1$ A 时，$\beta = 60.5°$

5.33　$U_0 = 6 \sim 12$ V

5.34　（1）$U_{0\max} = 16$ V　$U_{0\min} = 3.69$ V

5.35　$R_1 = R_2 = R_P$

5.38　$U_0 = 18 \sim 36$ V

5.39　$U_0 = 1.25 \sim 13.75$ V

5.40　（1）$U_0 = 12$ V　（2）$U_I = 15$ V　（3）$U_2 = 12.5$ V

5.41　（2）$K = 15.5$　$I_{DM} > I_D = 250$ mA　$U_{DRM} > U_{RM} = 20$ V　选 2CZ54C　C_1 取

　　　$2\,000 \text{ μF}$,耐压 25 V　C_2 取 1 μF,耐压 25 V

5.42　$\delta = 0.25 \sim 0.75$

　　　$T_{on} = 0.25 \sim 0.75$ ms

5.43　$T_{on} = 0.2 \sim 0.5$ ms

5.44　$U_0 = 0 \sim 70.7$ V

5.45　$t_W = 0 \sim 18°$

第 6 章

一、选择题

6.1　（c）　　6.2　（a）　　6.3　（a）　　6.4　（b）　　6.5　（b）

6.6　（b）　　6.7　（b）　　6.8　（b）　　6.9　（a）　　6.10　（a）

6.11　（c）　　6.12　（b）　　6.13　（a）　　6.14　（a）　　6.15　（c）

6. 16　（c）　6. 17　（b）　6. 18　（a）　6. 19　（a）　6. 20　（b）

二、解答题

6. 21　（a）$F=A+BC$　（b）$F=(B+C)A$　（c）$F=\overline{A}(B+C)$

6. 22　（1）$F_1=ABC$　$F_2=A+B+C$

6. 23　$F=\overline{A+B+C}$

6. 24　$F_1=\overline{AB}$　$F_2=\overline{A+B}$　$F_3=A\overline{B}+\overline{A}B$　$F_4=\overline{A\overline{B}+\overline{A}B}=\overline{A}\,\overline{B}+AB$

6. 26　$F_1=\overline{A+B}$　$F_2=\overline{A}+B$

6. 27　$F_1=\overline{A}$　$F_2=\overline{\overline{AB}+\overline{CD}}$

　　　$F_3=\overline{AB}\,\overline{BC}$

　　　$F_4=\overline{\overline{AB}+\overline{CD}}$

6. 28　$F_1=\overline{\overline{A}+\overline{B}}$　$F_2=\overline{\overline{A}\overline{B}}$　$F_3=A\overline{B}+\overline{A}B$　$F_4=\overline{\overline{AB}\,\overline{CD}}$

6. 30　$F=\overline{\overline{ABA}\,\overline{ABB}\,\overline{ABC}}$

6. 31　$F=\overline{A}\,\overline{B}\,\overline{C}+\overline{A}B\,\overline{C}+\overline{A}BC+AB\,\overline{C}+ABC$

6. 32　（1）$F=\overline{A}\,\overline{B}+\overline{A}B+A\overline{B}$或 $F=\overline{AB}$

6. 33　（1）$F=B$　（2）$F=A+B$　（3）$F=AB+C$　（4）$F=A+C$

　　　（5）$F=A\overline{B}+A\overline{C}+B\overline{C}$或 $F=\overline{A}B+\overline{A}C+\overline{B}C$

6. 35　（1）$F=\overline{\overline{\overline{ABC}}}$　　　　　（2）$F=\overline{\overline{A}\,\overline{B}\,\overline{C}}$

　　　（3）$F=\overline{\overline{ABC}\,\overline{DEG}}$　　　（4）$F=\overline{\overline{A}\,\overline{B}\,\overline{C}}$

　　　（5）$F=\overline{A\,\overline{B}\,\overline{AB}}$　　　　（6）$F=\overline{\overline{AB}\,\overline{A}\,\overline{B}}$

　　　（7）$F=\overline{\overline{A}\,\overline{B}\,\overline{A}\,\overline{C}\,B\,\overline{C}}$　　（8）$F=\overline{A\,\overline{B}\,A\,\overline{C}\,ABC}$

6. 36　（1）$F=B$　（2）$F=\overline{B}C+\overline{A}\,\overline{B}D+A\overline{B}\,\overline{D}$

　　　（3）$F=A\overline{B}+B\overline{C}+AD$　（4）$F=\overline{B}+\overline{C}\,\overline{D}$

6. 37　$F=A\overline{C}+\overline{A}C$

6. 38　（a）$F_1=\overline{\overline{AB}\,\overline{\overline{A}}\,\overline{\overline{B}}}=\overline{A}B+A\overline{B}$

　　　（b）$F_2=\overline{\overline{\overline{AB}}\,BC}=\overline{A}BC$

　　　（c）$F_3=\overline{\overline{AB}\,\overline{BC}}=AB+BC$

　　　（d）$F_4=\overline{A\,\overline{AB}\,B\,\overline{AB}}=A\overline{B}+\overline{A}B$

（e）$F_5 = \overline{\overline{\overline{AB}} + \overline{A\overline{B}} + \overline{B}} = \overline{AB}$

6.40　$F = A\,\overline{\overline{ABC}} + B\,\overline{\overline{ABC}} + C\,\overline{\overline{ABC}} = ABC + \overline{A}\,\overline{B}\,\overline{C}$

6.41　$F = A \oplus B \oplus C$，判奇电路，即输入变量 **1** 的个数为奇数时，输出 F 为 **1**；判奇电路取非即为判偶电路

6.42　E 为控制端的 2-1 数据选择器

6.43　E 为控制端的 1-2 数据分配器

6.49　$F = \overline{A}_3 + \overline{A}_2 + \overline{A}_1 + \overline{A}_0$

6.54　（1）$F = D_0\,\overline{A}_1\overline{A}_0 + D_1\overline{A}_1 A_0 + D_2 A_1\overline{A}_0 + D_3 A_1 A_0$

第 7 章

一、选择题

7.1　（a）	7.2　（a）	7.3　（b）	7.4　（c）	7.5　（a）
7.6　（c）	7.7　（b）	7.8　（a）	7.9　（b）	7.10　（c）
7.11　（b）	7.12　（c）	7.13　（b）	7.14　（c）	7.15　（a）
7.16　（c）	7.17　（b）	7.18　（a）	7.19　（b）	7.20　（b）

二、解答题

7.22　基本 $R\text{-}S$ 触发器，R、S 高电平有效

7.26　$J\text{-}K$ 触发器

7.28　$f_1 = 500\ \text{Hz}$　$f_2 = 250\ \text{Hz}$

7.30

CP	Q_3	Q_2	Q_1	Q_0
0	0	0	0	0
1	1	0	0	0
2	0	1	0	0
3	0	0	1	0
4	1	0	0	1

7.31

CP	Q_0	Q_1	Q_2	Q_3
0	0	0	0	1
1	1	0	0	0
2	0	1	0	0
3	0	0	1	0
4	0	0	0	1

7. 32

CP	Q_0	Q_1	Q_2	Q_3
0	**0**	**0**	**0**	**0**
1	**1**	**0**	**0**	**0**
2	**1**	**1**	**0**	**0**
3	**1**	**1**	**1**	**0**
4	**1**	**1**	**1**	**1**
5	**0**	**1**	**1**	**1**
6	**0**	**0**	**1**	**1**
7	**0**	**0**	**0**	**1**
8	**0**	**0**	**0**	**0**

7. 33

CP	Q_3	Q_2	Q_1	Q_0
0	**0**	**0**	**0**	**0**
1	**1**	**0**	**0**	**0**
2	**1**	**1**	**0**	**0**
3	**1**	**1**	**1**	**0**
4	**1**	**1**	**1**	**1**
5	**0**	**1**	**1**	**1**
6	**0**	**0**	**1**	**1**
7	**0**	**0**	**0**	**1**
8	**0**	**0**	**0**	**0**

7. 34

CP	D_1				D_2			
	Q_0	Q_1	Q_2	Q_3	Q_0	Q_1	Q_2	Q_3
1	**0**	d_0	d_1	d_2	d_3	d_4	d_5	d_6
2	**1**	**0**	d_0	d_1	d_2	d_3	d_4	d_5
3	**1**	**1**	**0**	d_0	d_1	d_2	d_3	d_4
4	**1**	**1**	**1**	**0**	d_0	d_1	d_2	d_3
5	**1**	**1**	**1**	**1**	**0**	d_0	d_1	d_2
6	**1**	**1**	**1**	**1**	**1**	**0**	d_0	d_1

续表

CP	D₁				D₂			
	Q_0	Q_1	Q_2	Q_3	Q_0	Q_1	Q_2	Q_3
7	1	1	1	1	1	1	0	d_0
8	1	1	1	1	1	1	1	0
9	0	d_0	d_1	d_2	d_3	d_4	d_5	d_6

7.38 三进制计数器

7.39

CP	Q_2	Q_1	Q_0	J_2	K_2	J_1	K_1	J_0	K_0
0	0	0	0	0	0	0	0	1	1
1	0	0	1	0	0	1	1	1	1
2	0	1	0	0	0	0	0	1	1
3	0	1	1	1	0	1	1	1	1
4	1	0	0	0	1	0	0	0	0
5	0	0	0						

7.40

CP	Q_2	Q_1	Q_0	J_2	K_2	J_1	K_1	J_0	K_0
0	0	0	0	0	1	0	1	1	0
1	0	0	1	0	1	1	0	1	0
2	0	1	1	1	0	1	0	1	0
3	1	1	1	1	0	1	0	0	1
4	1	1	0	1	0	0	1	0	1
5	1	0	0	0	1	0	1	0	1
6	0	0	0						

7.41

CP	Q_2	Q_1	Q_0	D_2	D_1	D_0
0	0	0	0	0	0	1
1	0	0	1	0	1	1
2	0	1	1	1	1	0
3	1	1	0	1	0	0
4	1	0	0	0	0	0
5	0	0	0			

7.42　十进制计数器(8421 码)

7.43

CP	Q_0	Q_1	Q_2
0	1	0	0
1	1	1	0
2	0	1	0
3	0	1	1
4	0	0	1
5	1	0	1
6	1	0	0

7.44　七进制计数器

第 8 章

一、选择题

8.1　(b)　　8.2　(c)　　8.3　(a)　　8.4　(b)　　8.5　(a)

8.6　(c)　　8.7　(b)　　8.8　(b)　　8.9　(a)　　8.10　(c)

二、解答题

8.11　$f = 10.5$ MHz

8.13　$T = 9.68$ μs　$f = 100$ kHz

8.15　$f_{u_o} = 2.07$ kHz　$f_{Q1} = 1.04$ kHz　$f_{Q2} = 0.52$ kHz

8.16　$f_F = 10^5$ Hz

8.17　$R_1 = 10$ kΩ　$R_2 = 101$ kΩ

8.18　Q_1的脉宽 $t_{w1} = 0.1$ s　Q_2的脉宽 $t_{w2} = 1$ s

8.19　$C = 22$ μF

8.20　$R_1 = 44$ kΩ　$R_2 = 89$ kΩ　$R_3 = 22$ kΩ　$R_4 = 67$ kΩ

8.22　$T = 2$ ms　$f = 0.5$ kHz

8.23　$0.64 \sim 6.5$ kHz

8.24　(2) $T_1 = 1.05$ s(亮)　$T_2 = 0.7$ s(灭)

8.28　(1) $R_2 = 62.5$ kΩ　(2) F_1为十分频,F_2对 F_1再十分频

8.29　$R = 100$ kΩ

8.30　$t_w = 1$ s

8.31　$C = 47$ μF

第9章

一、选择题

9.1 （c）　　9.2 （a）　　9.3 （b）　　9.4 （b）　　9.5 （a）

二、解答题

9.6　0.94 V　2.19 V　3.75 V　4.69 V

9.7　14.65 mV　34.18 mV　58.59 mV　73.24 mV

9.8　4.995 V

9.9　输入 **10000000** 时,输出-5.12 V;输入 **01101000** 时,输出-4.16 V

9.10　11 位,分辨率$=0.048\ 8\%$

9.12　**1011**(二进制)

9.13　**10110001**(二进制)

9.14　39.21 mV

9.15　9.77 mV→**0000000010**;97.66 mV→**0000010100**;976.57 mV→
0011001000

9.19　$U_{OM}=4.69$ V　$T=22.56$ ms

参考文献

［1］秦曾煌.电工学（下册）［M］.7 版.北京:高等教育出版社,2009.

［2］段玉生,王艳丹,王鸿明.电工与电子技术（下册）［M］.3 版.北京:高等教育出版社,2017.

［3］唐介,王宁.电工学（少学时）［M］.5 版.北京:高等教育出版社,2020.

［4］董诗白,华成英.模拟电子技术基础 ［M］.5 版.北京:高等教育出版社,2015.

［5］侯世英,周静.电路与电子技术［M］.2 版.北京:高等教育出版社,2017.

［6］康华光,张林.电子技术基础 模拟部分［M］.7 版.北京:高等教育出版社,2021.

［7］康华光,张林.电子技术基础 数字部分［M］.7 版.北京:高等教育出版社,2021.

［8］史仪凯.电子技术［M］.4 版.北京:高等教育出版社,2021.

［9］侯建军.数字电子技术基础［M］.3 版.北京:高等教育出版社,2016.

［10］杨振坤,陈国联.电工电子技术［M］.西安:西安交通大学出版社,2010.

［11］沈任元.数字电子技术基础［M］.2 版.北京:机械工业出版社,2021.

［12］王兆安.电力电子技术［M］.5 版.北京:机械工业出版社,2021.

［13］谢国坤.数字电子技术基础［M］.北京:电子工业出版社,2020.

［14］李媛媛,王宇嘉,张颖.现代电力电子技术［M］.北京:清华大学出版社,2014.

郑重声明

高等教育出版社依法对本书享有专有出版权。任何未经许可的复制、销售行为均违反《中华人民共和国著作权法》，其行为人将承担相应的民事责任和行政责任；构成犯罪的，将被依法追究刑事责任。为了维护市场秩序，保护读者的合法权益，避免读者误用盗版书造成不良后果，我社将配合行政执法部门和司法机关对违法犯罪的单位和个人进行严厉打击。社会各界人士如发现上述侵权行为，希望及时举报，我社将奖励举报有功人员。

反盗版举报电话　（010）58581999　58582371

反盗版举报邮箱　dd@hep.com.cn

通信地址　北京市西城区德外大街 4 号　高等教育出版社法律事务部

邮政编码　100120

读者意见反馈

为收集对教材的意见建议，进一步完善教材编写并做好服务工作，读者可将对本教材的意见建议通过如下渠道反馈至我社。

咨询电话　400-810-0598

反馈邮箱　gjdzfwb@pub.hep.cn

通信地址　北京市朝阳区惠新东街 4 号富盛大厦 1 座
　　　　　　高等教育出版社总编辑办公室

邮政编码　100029

防伪查询说明

用户购书后刮开封底防伪涂层，使用手机微信等软件扫描二维码，会跳转至防伪查询网页，获得所购图书详细信息。

防伪客服电话　（010）58582300

网络增值服务使用说明

一、注册/登录

访问 http://abook.hep.com.cn/，点击"注册"，在注册页面输入用户名、密码及常用的邮箱进行注册。已注册的用户直接输入用户名和密码登录即可进入"我的课程"页面。

二、课程绑定

点击"我的课程"页面右上方"绑定课程"，正确输入教材封底防伪标签上的 20 位密码，点击"确定"完成课程绑定。

三、访问课程

在"正在学习"列表中选择已绑定的课程，点击"进入课程"即可浏览或下载与本书配套的课程资源。刚绑定的课程请在"申请学习"列表中选择相应课程并点击"进入课程"。

如有账号问题，请发邮件至：abook@hep.com.cn。